东南土木·青年教师·科研论丛

网格式可展结构体系与分析

蔡建国　著

项目基金资助：
国家自然科学基金(51278116 和 51308106)
江苏省自然科学基金(BK20130614)
教育部高等学校博士学科点专项科研基金(20130092120018)

东南大学出版社
·南京·

内容提要

本书系统论述了网格式可展结构的体系设计、运动过程和受力性能。具体内容包括：结合螺旋互易定理，证明了多种成角度剪式单元的可动性，其组成连杆机构的自由度为体系约束方程 Jacobian 矩阵的零向量空间数量；讨论了四连杆机构运动过程数值模拟中的运动奇异点问题，采用坐标转换矩阵法对连杆机构的连续运动进行模拟计算，在结构的分歧点引入高阶方程来求解结构体系下一步可能的运动路径；从能量的角度出发，利用 Lagrange 乘子法将约束条件添加到目标函数中，并应用梯度法进行优化，从而得到考虑约束条件索杆张力结构的形状；提出多种可开启式屋盖结构、索杆式折叠网格结构和折叠索穹顶结构方案，并对其受力性能进行了深入的研究。

本书可作为结构工程专业的教师、研究生和高年级本科生使用，也可供相关领域的工程技术人员提高创新设计能力之用。

图书在版编目(CIP)数据

网格式可展结构体系与分析/蔡建国著. —南京：东南大学出版社，2013.12
(东南土木青年教师科研论丛)
ISBN 978-7-5641-4655-9

Ⅰ. ①网… Ⅱ. ①蔡… Ⅲ. ①土木结构—结构力学—研究 Ⅳ. ①TU311

中国版本图书馆 CIP 数据核字(2013)第 278793 号

网格式可展结构体系与分析

著　　者	蔡建国
责任编辑	丁　丁
编辑邮箱	d.d.00@163.com
出版发行	东南大学出版社
出 版 人	江建中
社　　址	南京市四牌楼 2 号(邮编：210096)
网　　址	http://www.seupress.com
经　　销	全国各地新华书店
发行热线	025—83790519　83791830
印　　刷	兴化印刷有限责任公司
开　　本	787 mm×1 092 mm　1/16
印　　张	15
字　　数	366 千
版　　次	2013 年 12 月第 1 版　2013 年 12 月第 1 次印刷
书　　号	ISBN 978-7-5641-4655-9
定　　价	58.00 元

序

作为社会经济发展的支柱性产业，土木工程是我国提升人居环境、改善交通条件、发展公共事业、扩大生产规模、促进商业发展、提升城市竞争力、开发和改造自然的基础性行业。随着社会的发展和科技的进步，基础设施的规模、功能、造型和相应的建筑技术越来越大型化、复杂化和多样化，对土木工程结构设计理论与建造技术提出了新的挑战。尤其经过三十多年的改革开放和创新发展，在土木工程基础理论、设计方法、建造技术及工程应用方面，均取得了卓越成就，特别是进入21世纪以来，在高层、大跨、超长、重载等建筑结构方面成绩尤其惊人，国家体育场馆、人民日报社新楼以及京沪高铁、东海大桥、珠港澳桥隧工程等高难度项目的建设更把技术革新推到了科研工作的前沿。未来，土木工程领域中仍将有许多课题和难题出现，需要我们探讨和攻克。

另一方面，环境问题特别是气候变异的影响将越来越受到重视，全球性的人口增长以及城镇化建设要求广泛采用可持续发展理念来实现节能减排。在可持续发展的国际大背景下，“高能耗”、“短寿命”的行业性弊病成为国内土木界面临的最严峻的问题，土木工程行业的技术进步已成为建设资源节约型、环境友好型社会的迫切需求。以利用预应力技术来实现节能减排为例，预应力的实现是以使用高强高性能材料为基础的，其中，高强预应力钢筋的强度是建筑用普通钢筋的3～4倍以上，而单位能耗只是略有增加；高性能混凝土比普通混凝土的强度高1倍以上甚至更多，而单位能耗相差不大；使用预应力技术，则可以节省混凝土和钢材20％～30％，随着高强钢筋、高强等级混凝土使用比例的增加，碳排放量将相应减少。

东南大学土木工程学科于1923年由时任国立东南大学首任工科主任的茅以升先生等人首倡成立。在茅以升、金宝桢、徐百川、梁治明、刘树勋、方福森、胡乾善、唐念慈、鲍恩湛、丁大钧、蒋永生等著名专家学者为代表的历代东大土木人的不懈努力下，土木工程系迅速壮大。如今，东南大学的土木工程学科以土木工程学院为主，交通学院、材料科学与工程学院以及能源与环境学院参与共同建设，目前拥有4位院士、6位国家千人计划特聘专家和4位国家青年千人计划入选者、7位长江学者和国家杰出青年基金获得者、2位国家级教学名师；科研成果获国家技术发明奖4项，国家科技进步奖20余项，在教育部学位与研究生教育发展中心主持的2012年全国学科评估排名中，土木工程位列全国第三。

近年来，东南大学土木工程学院特别注重青年教师的培养和发展，吸引了一批海外知名大学博士毕业青年才俊的加入，8人入选教育部新世纪优秀人才，8人在35岁前晋升教授或博导，有12位40岁以下年轻教师在近5年内留学海外1年以上。不远的将来，这些青年学者们将会成为我国土木工程行业的中坚力量。

时逢东南大学土木工程学科创建暨土木工程系（学院）成立90周年，东南大学土木工程学院组织出版《东南土木青年教师科研论丛》，将本学院青年教师在工程结构基本理论、新材料、新型结构体系、结构防灾减灾性能、工程管理等方面的最新研究成果及时整理出版。本丛书的出版，得益于东南大学出版社的大力支持，尤其是丁丁编辑的帮助，我们很感谢他们对出版年轻学者学术著作的热心扶持。最后，我们希望本丛书的出版对我国土木工程行业的发展与技术进步起到一定的推动作用，同时，希望丛书的编写者们继续努力，并挑起东大土木未来发展的重担。

东南大学土木工程学院领导让我为本丛书作序，我在《东南土木青年教师科研论丛》中写了上面这些话，算作序。

中国工程院院士：吕志涛

2013.12.23.

前　言

可展结构是一类可以自由地大尺度改变几何构形的结构。它们可以从体积较小的闭合或者收缩状态变换到开启或者展开状态。相对于传统结构而言，可展结构具有建造速度快、施工方便等优点，而且便于运输和存储，可反复使用，因而在民用、军事、航天等领域被广泛应用。可展结构的概念在日常生活中也得到广泛应用，例如折扇、雨伞等。在土木工程中，可展结构的思想可运用于折叠帐篷、可开启式屋盖、可开启式桥梁等方面。Buckminster Fuller 是早期最有影响的可展结构倡导者和建议者。1960 年，Buckminster Fuller 首先提出了可展结构的概念。1961 年，西班牙年轻建筑师 Pinero 在 Fuller 的启发下，成功地将可展结构的概念应用于“可移动剧院”的设计，在世界建筑作品大奖赛中展示出其设计的跨度为 300 ft(约为 91.44 m)的穹顶折叠式可移动歌剧院。

可展结构按照构件的形式可以分为网格式可展结构、板壳式可展结构和折叠膜结构等，本书主要针对网格式可展结构的共性问题及关键技术。目前，基于剪式单元的折叠网格结构的研究最为系统，但其在大跨结构中使用较少，主要原因有：① 折叠网格结构的节点设计一般比较复杂，目前尚缺乏构造简单且实用、造价低廉的适合工程应用的节点设计；② 折叠网格结构的构件除受轴力外，还受一定弯矩，受力性能不佳，造价较高；③ 折叠网格结构的刚度很差，位移较难满足使用要求。为此，对新型折叠网格结构进行系统研究，使之能够应用于大跨度开启屋盖等体系显得十分必要。

索杆结构体系由高强度索和压杆组成，其质量较小，收纳率较大，且索杆连接的节点相对简单。体系的基本特点是其一部分刚度由预应力提供，可以节省大量的材料；另外由于其应力态恒定，它也是一种结构效率很高的体系。所以索杆结构体系可以应用于大尺寸可展空间结构。而现阶段研究的索杆式可展结构大多基于刚性杆折叠体系，拉索仅作为被动索和用于驱动的主动索，不能称之为真正意义上的索杆结构体系。对于由索杆单元组成的可展索杆体系的几何构形、受力性能等的研究较少，阻碍了可展索杆体系的发展与应用。

从目前国内外对可展结构的研究现状来看，对其展开过程的研究是不够的，绝大部分研究都局限于对单个或几个构件组成的可动结构进行仿真分析或试验研究。而对于复杂的大型可展空间结构则较少涉及，尤其是运动过程中的受力性能。对于逐步展开的可展结构，其运动过程持续时间较长，运用多刚体动力学分析时，长时间域微分方程积分工作量巨大，且较难获得理想的解。而为了保证可展空间结构的可靠运行，在展开过程分析时需同时考虑机构运动与弹性变形；大多数柔性多体系统动力学的研究中，需要对构件的弹性变形建立模态坐标，当求解大型结构时坐标转换复杂，建模困难。本书运用非线性有限元方法对多种可展结构的运动过程进行深入研究，其研究成果对可展结构的设计分析具有重要的参考价值。

本书对多种新型可展结构的几何构成、运动过程以及受力性能进行了深入的研究，具体研究内容及成果包括：① 结合螺旋互易定理，利用两个连杆公共节点处约束螺旋相等，证明了 Hoberman 连杆机构、交叉及非交叉成角度剪式单元的可动性。随后，利用剪式单元组成连杆机构体系，其自由度为体系约束方程 Jacobian 矩阵的零向量空间数量。在对由 Hoberman 剪式单元组成的径向可开启平面结构进行运动特性分析的基础上，深入研究了体系闭合后的受力性能以及开启闭合过程中的受力性能。② 依据平面四连杆机构的运动规律，提出了一类可应用于开启式屋盖的折叠网架体系，分析了屋盖体系在完全闭合状态的受力性能，并对体系的运动过程进行了深入的研究。同时研究了四连杆机构运动过程数值模拟中的运动奇异点问题，采用坐标转换矩阵法对连杆机构的连续运动进行模拟计算，对于体系在一般位形时采用一阶分析，即传统的算法，并利用预测——修正方法进行计算；在结构的分歧点引入了高阶方程来求解结构体系下一步可能的运动路径。③ 从能量的角度出发，建立了基于梯度优化的索杆体系找形方法。利用 Lagrange 乘子法将约束条件添加到目标函数中，并应用梯度法进行优化，从而得到考虑约束条件索杆张力结构的形状。在给定初始条件下，该方法可以找到同时满足能量最小和一定形态要求的索杆张力体系。提出了两种折叠索穹顶方案，并以体系刚度最大、预应力分布均匀及拉索受拉、压杆受拉为目标函数，利用优化方法寻找自应力模态组合系数。④ 分别基于 CP 和 DP 索杆单元，提出了新型索杆式折叠网格体系，给出了关键节点的设计方案，利用模型试验验证了理论分析的正确性。利用有限元软件分析了两种体系在完全展开状态下的受力性能，针对两种常见的荷载工况：满跨均布荷载和非对称荷载，分析了结构的构件内力和节点位移随荷载变化的规律。另外，为了深入理解预应力水平、温度变化以及拉索破断等参数变化对结构的影响，本书还对新型索杆式折叠结构进行了参数分析，得出了一些有益的结论。

本书也汇集了众多专家学者的研究成果，有的文献出处无法在参考文献中一一列出，作者在此表示感谢和歉意。

本文的部分工作是作者攻读博士学位期间在导师冯健教授的悉心指导下完成的。从本科学习优秀生至博士研究生的八年多来，恩师对我学习上的严格要求和生活上无微不至的关怀让我终生难忘。他严谨的治学态度，踏实认真的工作作风给我留下了深刻的印象。借此机会向导师表示诚挚的敬意和最衷心的感谢！

东南大学土木工程学院的孟少平教授、郭正兴教授、吴京教授、张晋副教授等，都就本书的内容和相关研究工作与作者进行过深入的讨论。在本书付梓之际，作者对他们表示衷心的感谢。

感谢美国加州理工学院 Pellegrino Sergio 教授对作者在美国学习期间的指导和帮助。感谢英国牛津大学 You Zhong 博士、Strathclyde 大学 Xu Yixiang 博士，日本名古屋市立大学 Zhang Jingyao 博士对作者有关可展结构科研上的帮助。

感谢作者所在单位东南大学土木工程学院和国家预应力工程技术研究中心的领导和同事，他们在本书的写作和修改过程中给予了作者很大的帮助，他们的支持是作者完成本书的坚强后盾。

本书的工作是在国家自然科学基金项目“索杆式多稳态结构的形态、运动过程与预应力优化研究”、“索支撑径向开合屋盖结构体系及其运动过程研究”，江苏省自然科学基金项目“大跨度几何可变屋盖结构的形体设计、运动过程与受力性能研究”，教育部高等学校博士学科点专项科研基金“径向可开启屋盖结构的形体分析与运动过程研究”，江苏省江苏高校优势学科建设工程资助项目，东南大学优秀博士学位论文基金和东南大学优秀博士学位论文培育项目等课题的资助下完成的，特此致谢！

由于作者水平有限，书中不足之处在所难免，恳请读者批评指正。电子邮件联系方式：j. cai@seu. edu. cn。

蔡建国

2013 年 10 月于东南大学

目　录

1　绪论 ·········· 1

1.1　可展结构的概念 ·········· 1

1.2　国内外研究现状与分析 ·········· 4

1.2.1　可展结构的历史 ·········· 4

1.2.2　可展结构理论研究 ·········· 4

1.2.3　单元构架式可展结构 ·········· 7

1.2.4　折叠网格结构 ·········· 9

1.2.5　索杆式可展结构 ·········· 12

1.2.6　可展张拉整体结构 ·········· 13

1.3　本书的结构安排 ·········· 15

2　成角度剪式单元及其连杆机构的可动性分析 ·········· 17

2.1　几何学方法 ·········· 18

2.1.1　径向可动的几何条件 ·········· 18

2.1.2　剪式单元的运动轨迹分析 ·········· 20

2.2　螺旋互易定理简介 ·········· 21

2.2.1　运动和约束的螺旋描述 ·········· 21

2.2.2　螺旋互易定理 ·········· 21

2.3　剪式单元的可动性判断 ·········· 22

2.3.1　Hoberman 单元 ·········· 24

2.3.2　GAE1 单元以及非交叉剪式单元 ·········· 26

2.3.3　GAE2 单元 ·········· 27

2.4　基于体系约束 Jacobian 矩阵的自由度分析方法 ·········· 28

2.4.1　刚性约束条件 ·········· 28

2.4.2　铰接节点约束条件 ·········· 29

2.4.3　成角度剪式单元约束条件 ·········· 29

2.4.4　边界约束条件 ·········· 29

2.4.5　系统约束方程 ·········· 29

2.4.6　计算流程 ·········· 30

2.5　基于成角度剪式单元平面连杆机构的自由度分析 ·········· 30

2.5.1　Hoberman 连杆机构 ·········· 30

2.5.2　You 和 Pellegrino 等腰三角形连杆机构 ·········· 32

2.5.3 You 和 Pellegrino 相似三角形连杆机构 …… 33
2.5.4 非交叉单元连杆机构 …… 34
2.6 基于平行四边形法则的平面连杆机构 …… 36
2.7 本章小结 …… 37

3 连杆机构运动过程中运动奇异点分析 …… 39
3.1 基于螺旋互易定理的运动奇异点判断 …… 39
3.1.1 平面四连杆机构的可动性 …… 39
3.1.2 运动奇异点判断 …… 41
3.2 矩阵分析法 …… 41
3.2.1 运动学描述 …… 41
3.2.2 闭环连杆机构 …… 43
3.3 一阶分析 …… 44
3.3.1 预测步 …… 44
3.3.2 修正步 …… 46
3.3.3 计算结果 …… 47
3.4 二阶分析 …… 47
3.4.1 理论推导 …… 47
3.4.2 计算结果 …… 49
3.5 本章小结 …… 50

4 径向可开启屋盖结构的运动过程研究 …… 51
4.1 二维体系的运动特性 …… 51
4.1.1 几何分析 …… 51
4.1.2 运动界线 …… 54
4.2 三维体系的几何分析 …… 55
4.3 受力性能分析 …… 56
4.3.1 基本模型 …… 56
4.3.2 计算结果 …… 57
4.4 运动过程分析 …… 58
4.4.1 基本模型的运动过程分析 …… 58
4.4.2 初始缺陷的影响 …… 61
4.4.3 矢跨比的影响 …… 62
4.5 具有固定支座体系的几何设计 …… 64
4.6 本章小结 …… 65

5 径向展开式索撑网壳结构受力性能研究 …… 66
5.1 基本模型 …… 66

5.1.1　几何构形 …… 66
5.1.2　索撑网壳单元的基本力学特性 …… 67
5.1.3　有限元模型 …… 68
5.2　静力特性分析 …… 69
5.2.1　索撑网壳与普通网壳的静力特性分析 …… 70
5.2.2　矢跨比对结构静力特性的影响 …… 71
5.2.3　钢杆件截面对结构静力特性的影响 …… 72
5.2.4　索截面对结构静力特性的影响 …… 73
5.2.5　索初始预应力对结构静力特性的影响 …… 74
5.3　结构参数对弹塑性极限承载能力的影响 …… 74
5.3.1　矢跨比对弹塑性极限承载能力的影响 …… 76
5.3.2　钢杆件截面对弹塑性极限承载能力的影响 …… 77
5.3.3　索截面对弹塑性极限承载能力的影响 …… 78
5.3.4　索初始预应力对弹塑性极限承载能力的影响 …… 78
5.4　索撑网壳的缺陷稳定性分析 …… 80
5.4.1　缺陷模式对弹塑性极限承载能力的影响 …… 80
5.4.2　缺陷大小对弹塑性极限承载能力的影响 …… 82
5.5　本章小结 …… 83

6　折叠网架结构的受力性能及其运动过程研究 …… 85
6.1　几何设计 …… 85
6.1.1　平面四连杆机构 …… 85
6.1.2　折叠网架结构 …… 86
6.2　折叠网架结构受力性能分析 …… 87
6.2.1　计算模型 …… 87
6.2.2　折叠网架结构的极限承载力分析 …… 88
6.3　初始缺陷对结构极限承载力的影响 …… 89
6.4　折叠网架结构的运动过程分析 …… 90
6.4.1　理想结构的运动过程分析 …… 90
6.4.2　有初始缺陷结构的运动过程分析 …… 91
6.4.3　初始缺陷大小对折叠网架折叠完成时最大应力的影响 …… 91
6.5　本章小结 …… 92

7　基于剪式单元网壳结构的运动过程及其承载能力分析 …… 93
7.1　体系介绍 …… 93
7.2　基本模型 …… 94
7.3　柱面索拉网壳施工过程分析 …… 95
7.4　结构参数对柱面索拉网壳施工过程影响 …… 97

7.4.1 矢跨比对柱面索拉网壳施工过程影响 …… 98
7.4.2 钢杆件截面对柱面索拉网壳施工过程影响 …… 99
7.4.3 单元网格长宽比对柱面索拉网壳施工过程影响 …… 100
7.4.4 外扩跨度对柱面索拉网壳施工过程影响 …… 101
7.5 柱面索拉网壳弹塑性极限承载能力分析 …… 102
7.6 结构参数对结构极限承载能力的影响 …… 104
7.6.1 矢跨比对结构极限承载能力的影响 …… 104
7.6.2 钢杆构件截面对结构极限承载能力的影响 …… 105
7.6.3 索截面对结构极限承载能力的影响 …… 105
7.6.4 索初始预应力对结构极限承载能力的影响 …… 106
7.6.5 单元网格长宽比对结构极限承载力的影响 …… 107
7.6.6 外扩跨度对结构极限承载力的影响 …… 108
7.7 其他材料对结构施工过程的影响 …… 108
7.8 本章小结 …… 109

8 索杆张力结构的初始预应力水平设计 …… 110
8.1 基本理论 …… 110
8.1.1 平衡矩阵 …… 110
8.1.2 结构稳定性分析 …… 111
8.1.3 初始预应力的确定 …… 112
8.2 算例分析 …… 114
8.2.1 平面索杆结构 …… 114
8.2.2 张拉整体结构 …… 116
8.2.3 空间索杆结构 …… 118
8.3 本章小结 …… 122

9 考虑约束条件的索杆张力结构找形研究 …… 123
9.1 能量法 …… 123
9.1.1 理论基础 …… 123
9.1.2 力密度法的缺点 …… 124
9.1.3 能量法 …… 125
9.2 计算流程 …… 126
9.3 算例 …… 127
9.3.1 平面索杆结构 …… 127
9.3.2 索穹顶结构 …… 129
9.3.3 空间索桁结构 …… 132
9.4 本章小结 …… 136

10　索杆式折叠帐篷结构的受力性能研究 ………… 137
10.1　基本力学特性 ………… 137
10.1.1　几何分析 ………… 137
10.1.2　初始预应力水平 ………… 138
10.1.3　最短压杆长度 ………… 139
10.1.4　最大承载能力 ………… 142
10.2　有限元分析 ………… 142
10.2.1　基本模型 ………… 142
10.2.2　静力性能分析 ………… 143
10.2.3　特征值屈曲分析 ………… 144
10.2.4　非线性屈曲分析 ………… 145
10.2.5　初始缺陷的影响 ………… 145
10.3　参数分析 ………… 147
10.3.1　矢跨比的影响 ………… 147
10.3.2　竖向压杆长度的影响 ………… 148
10.3.3　初始预应力水平的影响 ………… 149
10.4　本章小结 ………… 149

11　索杆式折叠网架结构的理论分析与试验研究 ………… 151
11.1　基于CP单元折叠网架的几何分析 ………… 151
11.1.1　基本单元及其初始预应力水平 ………… 151
11.1.2　折叠体系 ………… 151
11.1.3　折叠展开方式 ………… 152
11.2　基于CP单元折叠网架的节点设计和模型制作 ………… 153
11.2.1　节点设计 ………… 154
11.2.2　模型制作 ………… 155
11.3　基于CP单元折叠网架的受力性能分析 ………… 156
11.3.1　静力性能分析 ………… 156
11.3.2　自应力水平对结构静力性能的影响 ………… 160
11.3.3　温度变化对结构静力性能的影响 ………… 162
11.3.4　拉索破断对结构静力性能的影响 ………… 163
11.4　基于DP单元折叠网架的几何分析 ………… 164
11.4.1　基本单元 ………… 164
11.4.2　折叠体系 ………… 165
11.4.3　折叠展开方式 ………… 166
11.5　基于DP单元折叠网架的节点设计和模型制作 ………… 166
11.5.1　节点设计 ………… 168
11.5.2　模型制作 ………… 169

11.6 基于DP单元折叠网架受力性能分析 …… 170
11.6.1 静力性能分析 …… 170
11.6.2 自应力水平对结构静力性能的影响 …… 175
11.6.3 温度变化对结构静力性能的影响 …… 177
11.6.4 拉索破断对结构静力性能的影响 …… 178
11.7 本章小结 …… 180

12 折叠索穹顶的几何及其预应力水平分布研究 …… 182
12.1 几何分析 …… 182
12.1.1 折叠索穹顶 …… 182
12.1.2 径向可开启式索穹顶 …… 183
12.2 预应力分布的确定 …… 184
12.2.1 数学模型 …… 184
12.2.2 算例 …… 186
12.3 考虑压杆初弯曲的张拉整体结构受力性能分析 …… 189
12.3.1 基本模型 …… 189
12.3.2 解析法 …… 189
12.3.3 分析结果 …… 191
12.3.4 有限元验证 …… 193
12.4 本章小结 …… 194

13 基于2V型索杆单元折叠结构的受力性能研究 …… 195
13.1 几何分析 …… 195
13.1.1 基于拉索方式的折叠模型 …… 195
13.1.2 基于压杆方式的折叠模型 …… 197
13.1.3 改进后的折叠模型 …… 198
13.2 受力性能分析 …… 198
13.2.1 基本模型 …… 198
13.2.2 拉索滑移的考虑 …… 198
13.2.3 计算结果 …… 203
13.3 温度变化对结构静力性能的影响 …… 207
13.4 拉索断裂对结构静力性能的影响 …… 207
13.5 本章小结 …… 208

参考文献 …… 210

1 绪　　论

1.1 可展结构的概念

可展结构是近半个多世纪以来发展起来的一种新型结构，在宇航、建筑结构和军事工程等领域起着重要作用。可展结构的主要特征是具有两种稳定的构形：完全折叠状态和完全展开工作状态。在折叠状态时，结构收拢在某一特定形状，在外界驱动力的作用下，结构逐步展开，达到完全展开的工作状态，然后锁定为稳定状态。在展开过程中可展结构为一个不稳定的体系，需要分析展开过程中体系的运动轨迹、运动时间、速度、加速度、约束反力等[1]。可展结构的概念在日常生活中得到广泛应用，例如图 1.1 所示的折扇、雨伞等[2]。在土木工程中，可展结构的思想可运用于折叠帐篷（图 1.2）、可开启式屋盖[3]（图 1.3）、可开启式桥梁（图 1.4）等方面。

(a) 折扇

(b) 雨伞

图 1.1　可展结构在生活中的应用示例

图 1.2　折叠帐篷

(a) 刚性开启方式　　(b) 柔性开启方式

图 1.3　可开启式屋盖

可展结构的另一个广泛应用的领域就是航天工程中的空间结构，例如伸展臂（图 1.5）、太阳能帆板和天线（图 1.6）。可展结构的概念还被用于其他领域，如汽车的折叠顶篷（图 1.7）。

图 1.4　可开启式桥梁

图 1.5　伸展臂示意图

(a) AstroMesh可展天线

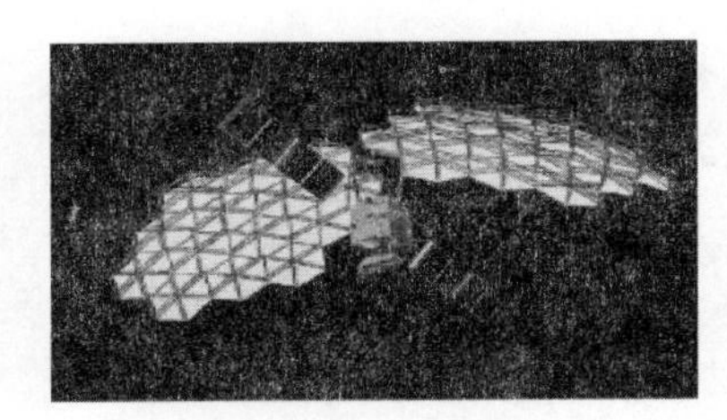

(b) 日本Engineering Test SatelliteⅧ号卫星

(c) 伸展臂式可展天线

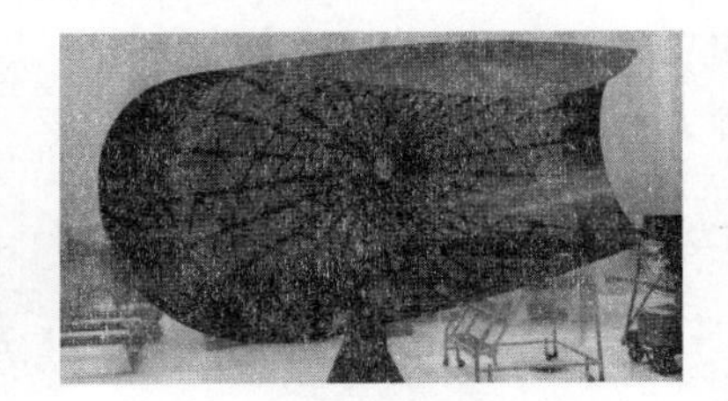

(d) Spring-Back可展天线

图 1.6　太阳能帆板和可展天线示意图

图 1.7　汽车顶篷的折叠和展开状态

对于许多临时和半永久的建筑，可展结构具有可重复利用的显著优点，且经济指标较好。临时建筑主要可以用于遭遇地震和洪水等自然灾害时的紧急救助，有助于解决灾民的生活问题。折叠网架施工方便，如图 1.8 所示，和传统的帐篷相比，具有更大的容积和更好的生活环境。半永久建筑可以作为建筑工地或其他活动的场所，可展结构可以随着任务的变化而方便地转移，并可以设计成各种美观的造型，具备良好的安全性。随着人们生活水平的不断提高，人们希望享受更舒适的生活，传统的住房已难以满足一些较高的要求。一些使用者希望根据气象条件和心情自主地选择是否接受阳光和星星。可展结构的出现能满足人们的这些愿望。展开时，能挡风遮雨和保暖；折叠时，能让人们在夏日的夜晚享受露天酒会的浪漫。西班牙的可展游泳池网架就是一个典型的例子。不久的将来，会有越来越多的高级游泳池、网球场等体育设施采用折叠结构。

图 1.8 折叠网架展开折叠示意图

在航天领域，可展结构的概念由初始阶段杆件的折叠展开，发展到现在的充气硬化展开、材料变形展开等。后来，甚至在太空空间站上还出现了靠记忆性材料的特性来实现天线的展开折叠，例如图 1.9 所示基于形状记忆材料铰链的展开过程[4]。可展结构的概念在建筑领域也得到了很大的发展，并且逐渐与新型结构体系如张力集成体系等的应用结合在一起，不断出现更新颖、更稳定可靠的可展结构。与其他空间结构形式相比，可展空间结构要求建筑、结构、机械与控制等学科之间的联系更为紧密，因此针对可展空间结构的研究更为综合、复杂，也更具有挑战性。

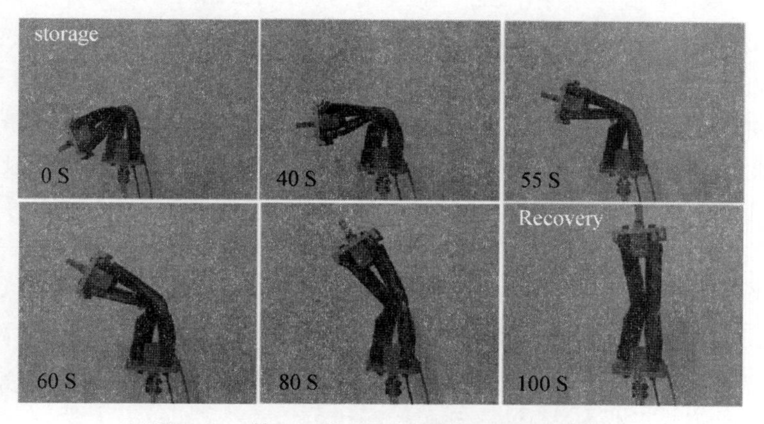

图 1.9 基于形状记忆材料铰链的展开过程

尽管迄今为止，世界上已有超过一百栋采用可展空间结构体系的大型建筑，积累了相当多的工程经验，但与之相称的关于大型可展空间结构的系统研究却很少，与之相关的文献大多是针对具体工程的讨论分析。我国对这一领域的研究取得了一定的进展，而对于可展空间结构体系的形态构成与优化、不同情况下的荷载取用、可展驱动和移动的方式与控制、结构可能出现的故障原因与分析、灾害荷载下的结构可靠度等很多与其设计、安全密切相关的问题尚未得到系统的解答。

1.2　国内外研究现状与分析

1.2.1　可展结构的历史

Buckminster Fuller 是早期最有影响的可展结构倡导者和建议者。1960 年，Buckminster Fuller 首先提出了可展结构的概念。1961 年，西班牙年轻建筑师 Pinero 在 Fuller 的启发下，成功地将可展结构的概念应用于“可移动剧院”的设计，如图 1.10 所示，在世界建筑作品大奖赛中展示出其设计的跨度为 300 ft(约为 91.44 m) 的穹顶折叠式可移动歌剧院。

图 1.10　Pinero 设计的可移动剧院

20 世纪 90 年代，希腊学者 Gantes 对自稳定折叠网架进行了大量的研究，特别是折叠网架的几何设计。在建成的折叠网架中，最著名的当属西班牙的 San Pablo 体育中心游泳池可展屋盖。该游泳池的水池面积为 50 m×22 m，可展屋盖由三个 30 m×30 m 的切割球壳组合而成，四角落地，建筑效果很美观。冬天，折叠网架展开，可以保温和抵抗风雨雪；夏天，折叠网架折叠并整体放置于贮藏室。随着航空航天技术的发展，在剑桥大学以 Pellegrino 教授为首建立了可展结构实验室，与欧洲宇航局一起进行可展结构的研究，对可展结构的理论研究以及在航天结构中的应用都产生了深远的影响。法国学者 Motro 利用机构理论对可展张力集成体系进行了大量的研究，包括折叠准则、基本可展模型、展开过程模拟等。美国学者 Cornel Sultan 和 Robert Skelton 从动力学方面对张力集成体系的展开过程进行了分析研究。目前，国外对可展结构的研究单位主要有英国的剑桥大学、牛津大学，美国的 NASA、麻省理工学院和加州理工学院，希腊的雅典国际科技大学，西班牙塞维利亚大学，日本东京大学等，国内的研究单位主要有浙江大学、同济大学、天津大学、哈尔滨工业大学、上海交通大学、北京交通大学、长安大学、东南大学等。他们中的众多学者做了大量且富有成效的工作，推动了可展结构的发展和应用。

1.2.2　可展结构理论研究

可展结构从展开、施加驱动力成形到荷载态是一个既包括弹性变形又包括刚体位移，既有线性又有非线性的复杂过程。从可展结构的工作过程来分，可展结构的分析、设计包括三部分：① 保证结构能够顺利展开的几何设计。② 可展结构展开过程中对整个机构体系的运动路径的设计与控制，保证体系能够按着预定的轨道运动，并将约束反力控制在合理的范围内。③ 处于工作状态的可展结构在荷载作用下的受力分析。目前国内外对可展结构的分析方法主要有机构理论、多体系统动力学[5,6]和广义逆矩阵理论。

用力法对可展结构进行研究的代表人物有 Pellegrino、Calladine、Kuznetsov 等。其中剑桥大学的 Pellgrino 教授(现在美国加州理工学院工作)基于力法研究的机构理论对可展结构的研究作出了巨大的贡献。1978 年 Calladine[7] 首先从 Maxwell 准则出发,用线性代数知识直观地分析了 Fuller 型张拉整体结构自应力模态和机构的特点。此后 Pellegrino[8-14] 系统地研究了预应力空间铰接杆系结构的静态和运动特性,并用高斯消去法和奇异值分解法确定结构的机构位移模态和自应力模态,同时完善了力法,进一步提出自动搜索法得到了多自应力模态下静不定且动不定结构体系几何稳定性判据。他在 1992 年提出了力法中对平衡矩阵、协调矩阵和柔度矩阵的缩减技术,并采用奇异值分解对平衡矩阵进行分解,把平衡矩阵分解为列空间、左零空间、行空间和零空间等四个子矩阵,求出机构的自应力模态。Pellegrino 的力法可以广泛地应用于大多数预应力索网结构和张力集成体系。该方法是线性方法,最适用于小变形的预应力机构。当体系发生较大的运动时,需要考虑其几何非线性效应进行多次迭代计算。Pellegrino[15-18] 在此基础上还对机构运动路径中运动分歧点问题进行了研究,采用基于力法的非线性分析方法能够有效地分析包括动不定、静不定体系在内的各种结构形式,解决体系中含机构位移以及机构位移和弹性位移耦合的结构受力或形态分析问题,反映初应变、初应力的影响。Kuznetsov[19-21] 从广义约束方程和虚功原理的角度出发,详细研究了欠约束结构的静态和运动特性,提出此类结构的分析准则并强调几何构形对结构静态和运动特性的影响。另外法国学者 Motro 教授[22-24],英国 Surrey 大学的 Nooshin 教授[25],以及日本学者 Kawaguchi[26] 也对机构理论进行了研究。

国内学者刘郁馨和吕志涛等[27-30] 从能量与平衡的普遍关系入手,得出判定体系可变性的能量准则,并提出了多自应力模态下结构体系可变性的叠加判别方法。罗尧治等[31-34] 以空间铰接杆件体系为研究对象,基于结构稳定理论讨论了影响杆系结构几何稳定性的主要因素和判定准则,以及杆系机构系统多平衡形态解析问题;并在总结 Pellegrino 等学者关于结构体系分类准则的基础上,分析动不定结构的机动特性、传力途径和工作机理,提出了更广义的体系判定准则。陶亮[35] 对铰接杆系的机构运动作了深入的研究,通过机构位移分析方法追踪机构在外力作用下的运动路径,并探讨了运动过程中的分岔现象。邓华[36,37] 对预应力杆系机构的稳定性条件作出统一解释,基于结构稳定的能量准则和对系统切线刚度矩阵的分析,对杆件体系的几何稳定性准则、可行预应力性准则、杆系机构的一般稳定条件进行了统一论述,阐明了机构的稳定仅来源于可行内力(预应力或外荷载效应)的强化效应。张其林[38-40] 应用改进的有限元法进行了索杆式可变结构体系和板壳式可变结构体系的运动过程分析,并考虑了索杆体系的机构运动及其与弹性变形的混合问题。赵洪斌等[41,42] 通过引入平衡矩阵奇异值分解方法对可展结构中的动不定、静不定体系进行分析,确定了力法分析的求解方法;并通过算例分析证明该算法可以对所有几何稳定结构进行静动力分析。程万海等[43] 将结构形状分析归结为一个最优化问题,用 Gram-Schmit 法逐步缩小目标函数值,最终求出结构的平衡位置,给出了此法在折叠结构中应用的算例。

虽然力法较有限元位移法具有更广的适用性,但是从算法上来说,力法所建立的平衡方程中,平衡矩阵是不对称的满阵,和位移法建立的刚度矩阵为对称、稀疏阵相比,计算机计算能力要求更高,而且矩阵的奇异值分解所需的计算量比刚度矩阵的三角分解大得多。因此,力法主要用于可展结构的机构分析和形态分析。

多体系统是指有大范围相对运动的多个物体构成的系统，是航空航天器、机器人、车辆、兵器与机构等复杂机械系统的力学模型。根据多体系统中物体的力学特性可分为多刚体系统、柔性多体系统和刚柔混合多体系统。多体系统动力学能够对系统进行运动学分析和动力学分析。运动学分析是研究组成机构体系相互连接构件系统的位置、速度和加速度，其与产生运动的力无关。运动学数学模型是非线性和线性的代数方程。动力学分析是研究外力偶作用下机构的动力学响应，包括构件系统的加速度、速度和位置，以及运动过程中的约束反力。

在过去的几十年中，多体系统动力学得到了巨大的发展，它的建模方法大致可分两类：即以牛顿－欧拉方法为代表的矢量力学方法和以 Lagrange 方程为代表的分析力学方法。矢量力学方法主要包括 Newton-Euler 方法和旋量方法等。分析力学方法主要包括虚功原理方法、Kane 方法、Lagrange 方法、变分原理、Roberson-Wittenburg 方法等[44]。此外，国内外大量学者同时进行了其他方面的针对性研究工作。

陈务军等[45] 以欧拉参数为广义坐标(准坐标)，相对角速度和相对移动速度为广义速率，采用 Kane 方程的 Huston 形式对折叠结构建立多体系统的运动方程。洪嘉振教授团队[46,47] 以子结构离散的柔性多体系统动力学为基础，引入与碰撞有关的约束条件，推导了描述碰撞过程的柔性多体系统的动力学方程。刘明治[48,49] 等在可展天线的动力学建模、动力分析、系统辨识和控制系统设计等方面做了相关的研究工作，给出了可展天线展开末瞬时速度的一种智能控制方法。为了有效地解释无功力和去除理想约束反力的影响，胡其彪[50,51] 采用达朗贝尔 - 拉格朗日原理推导 Kane 方程，并依次与 Newton-Euler 方程、D'Alembert 原理、Lagrange 方程、Hamilton 正则方程和 Gibbs 方程等进行了对比，结果表明就复杂结构来说，采用 Kane 方程是较优的选择；采用 Kane 方法时，虽然能够灵活选取广义速率，但对于计算机应用来讲，程序员希望广义速率的选取能够规范化，如果需要灵活选取显然不利于编程，文章讨论了如何利用优点、避免缺点。

刘银虎[52] 根据所研究的一类可展桁架结构的特点，分别用第二类 Lagrange 方程和 Kane 方法，建立了空间可展桁架的动力学模型，两种方法得到了相同的动力学模型。李莉[53] 运用 ADAMS 软件建立了折叠翼机构的展开动力学模型，分析了折叠翼展开过程的动力学性能，探讨了机构各参数对展开时间和冲击过载的影响。王泽云[54] 基于柔性多体系统动力学理论，推导了可展空间索杆结构的运动学与动力学方程。同时考虑了展开过程中的刚体机构运动与弹性变形以及两者的耦合效应，反映了索的只拉特性，计算展开全过程中的运动轨迹与静定平衡位置。熊天齐[5] 以节点坐标为广义坐标，建立适合建筑结构分析中应用的多体系统运动学动力学控制方程；并建立了一个约束库，在对可展结构进行分析时，可以从约束库中选择相应约束组的约束方程，并且研究了识别冗余约束的数值方法以及可展结构动力学控制方程的求解方法。张春[55] 采用多柔体动力学理论，将有限元技术、子结构原理和 Lagrange 方程结合，推导了大范围刚体运动情况下，柔体之间的耦合质量阵、耦合刚度阵和广义力阵，建立了展开机构的多柔体动力学方程；并采用数值方法在 MATLAB 平台上进行了多柔体动力学分析。

陈务军、关富玲等[56] 以笛卡儿坐标系下节点自然坐标为未知量，建立了可展桁架结构的基本运动方程，并推导了桁架结构中常用节点的附加几何约束方程，相应约束的 Jacobian 矩阵及其导数矩阵，采用奇异值分解法求约束 Jacobian 矩阵的零空间基和 Moore-Penrose 广义逆，并由矩阵缩减法建立了带约束桁架体系的运动方程及其求解方法。陈务军、董石麟等[57]阐述了可展桁架结构稳定过程的力学机理，提出了稳定目标函数，同时分析了稳定状态的力学特点并考虑了几何约束二阶项对稳定过程解的影响。陈务军等[58,59]根据零空间基和Moore-Penrose广义逆理论，推导了结构非线性增量平衡方程极值点与非临界点解的统一形式，并直接表示为增广矩阵零空间基的形式；并提出可展桁架拟静力展开分析的违约问题，根据受约束动力系统违约稳定与广义逆理论，采用位置违约的最小范数最小二乘解进行主动校正，有效降低位置违约，使展开过程位形模拟更准确。

聂润兔[60]对可展桁架结构展开运动学和动力学进行了系统分析，基于约束方程得到了运动学分析的递推公式，并利用 D'Alembert 原理推导了桁架展开的动力学方程。陈向阳[61]针对可展桁架结构展开模拟所遇到的完整定常约束，发展了一种简单实用且精度较高的能量和速度违约校正方法。余永辉[62]在已有算法的基础上，着重对违约的修正、约束 Jacobian 矩阵的生成、Jacobian 矩阵的 Moore-Penrose 广义逆计算进行推导和修正，进一步完善用广义逆方法求解可展桁架运动过程的动力学仿真算法。赵孟良[63]基于广义逆矩阵的理论提出了空间可展杆系结构机构运动与弹性变形的混合分析新方法，解决了机构运动与弹性变形的耦合问题，取得了较好的展开分析精度。

1.2.3 单元构架式可展结构

单元构架式可展结构，由较一致的桁架单元组成，这种结构形式多样，可以满足复杂几何形状、刚度、精度、重复性等要求，具有良好的收纳率，其构成单元最常见的是六棱柱单元，也可以采用三棱柱单元。由于可展桁架结构具有广泛的工程应用前景，已经引起各国学者的注意，对可展桁架结构的展开机理和受力特性进行了较为全面的研究。

20世纪70年代，美国NASA[64,65]就开始对由桁架单元组成的可展天线的刚度、静力、动力等特性进行了初步的研究。尔后 Rogers 等[66,67]又对这类可展天线进行了深入系统的讨论。Ario[68]研究了多层可展桁架结构的基本力学性能以及在动力荷载下的屈曲后性能。Bastiaan 等[69]应用图论分析方法研究了可展桁架结构的运动学问题。Nagaraj 等[70]利用约束 Jacobian 矩阵的零空间来得到可展桁架的自由度以及桁架中多余的节点；并利用一种基于符号计算的方法，得到三角形以及矩形伸展臂的运动学方程。Ingham 等[71]讨论了由桁架单元组成的可展空间结构的微动力学问题以及热应力分析。Raskin 等[72]进行了桁架式伸缩臂在受压时的非线性分析。

浙江大学关富玲教授团队在可展桁架结构研究方面成果丰富。陈务军等[73-76]分析了正八面体单元伸展臂的构成原理；并基于空间机构学和拓扑理论，提出了五种八面体及其派生桁架单元，如图 1.11 所示，根据平衡矩阵的条件数和刚度矩阵的条件数与最小特征值，评价了这些基本单元的结构特征。岳建如[77-79]提出了一种空间可展桁架结构，它由六面体基本单元组成，这种空间可展桁架结构的空间几何关系在展开和收拢状态时比较复杂，文中详细分析了它的几何协调性，并给出了可伸缩杆件的位置和长度计算的方式，并根据这种可展桁架结构的构成原理，设计和制作了一个切割旋转抛物面可展桁架结构模型，给出了它的几何协调性分析结果。张淑杰[80,81]用蒙特卡罗模拟法计算作用力的大小和方向误差引起的这种抛物面天线表面敏感性，结果表明构架式可展天线的曲面形状可通过改变索长来控制，能在不影响曲面上其他部分形状的条件下，改善局部表面变形；并对这种天线进行了热分析。

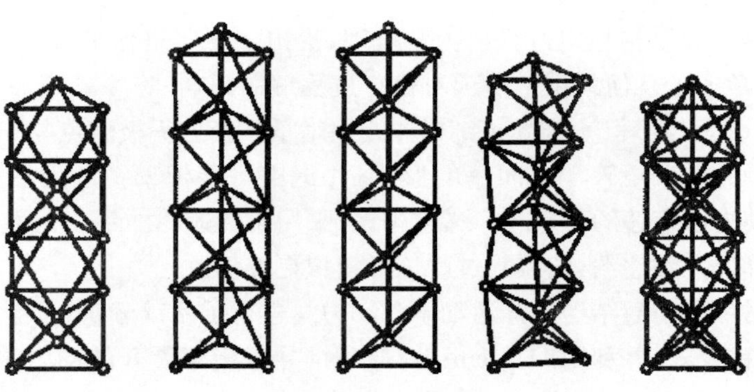

图 1.11　八面体及其派生单元

张京街[82,83] 提出了一个口径为 5m 的弹簧驱动单元构架式可展结构方案，讨论了四面体单元的展开收拢过程以及单元的工作机理，提出了结构空间节点定位的方案和方法，阐述了节点角度的确定方法和具体实施步骤，设计了节点和杆件以及各节点的细部构造，制作了相应的可展结构模型。如图 1.12 所示，结构由基本的四面体单元组合而成，三个底边构成天线背架的上下弦杆，三棱为斜腹杆；弦杆中间和弦杆节点设有扭簧，使结构能同步展开。结构折叠状态为柱体，直径基本上由所有杆件和节点大小决定，可以做到结构“完全”折叠，获得高的收纳率。结构折叠时，主动节点储蓄能量，解锁后节点释放能量，驱动上弦杆向上展开，下弦杆向下展开，腹杆绕节点向外转动。

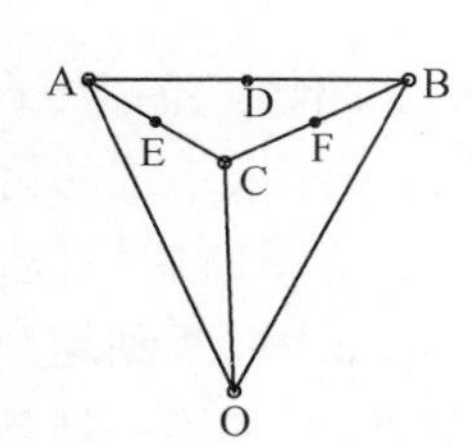

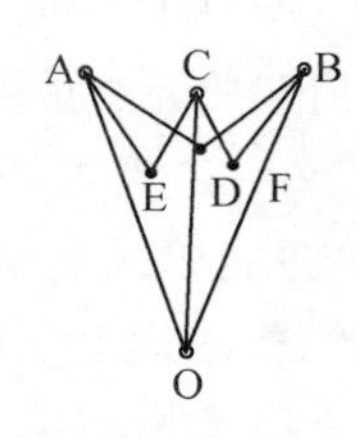

图 1.12　扭簧驱动四面体单元示意图

图 1.13　环形桁架可展开天线示意图

胡其彪[84] 提出了三维可展结构的一种简化设计方法，并分析了可展天线在完全展开状态的静力和动力特性。侯国勇[85,86] 在四面体桁架式可展天线结构设计理论的基础上，开发了参数化仿真建模程序，使用 Autocad 的二次开发工具，通过 Lisp 语言在 Autocad 显示整个天线的实体模型更改输入参数，可建立任何尺寸天线的实体模型，然后运用该设计程序设计并加工了一个 2 m × 2 m 的天线模型，验证结构设计程序的可靠性。

Thomson[87] 给出了一种环形桁架可展天线（AstroMesh）的概念。如图 1.13 所示，AstroMesh 天线在构造上主要由四部分组成：周边环形可展桁架、前索网、后索网、中层竖向拉索，前、后索网周边固定在环形桁架上，通过中层竖向拉索相互联系，在索网中施加预拉力后，使前索网形成所需的抛物面，金属反射网附着于前索网完成电波反射任务。与其他形式的网格状可展天线形式相比，环形桁架可展天线的应用范围比较大，天线口径可以满足 6 ～ 150 m 的需求，并且随着口径增大，天线重量不会成比例增加，因而是目前大型卫星天线的一种理想形式。

李刚[88-90] 基于抛物面索网结构的平衡矩阵奇异值分解，采用含线性不等式约束及线性等式约束的线性规划方法，寻找抛物面索网最优预拉力配置，并对抛物面索网结构平衡矩阵的形成、奇异值分解、线性约束优化方法的数学模型、约束矩阵的集成等关键技术进行了详细的推导说明，同时，根据理论推导编写了相应的程序，对环形桁架可展天线的三种常用抛物面索网布置形式进行了算例分析，采用非线性有限元法对分析结果进行了验证，证明了该方法的正确性。赵孟良[91-95] 采用广义逆矩阵方法分析空间可展桁架结构的运动过程；以笛卡儿坐标系下节点的自然坐标为未知量，建立桁架结构展开过程的动力学基本方程，将约束方程嵌入动力学方程，导出一组不含乘子且方程数目等于结构自由度数的动力学方程，采用主动校正法对数值分析的约束违约进行了修正，提出了一种切实有效的数学算法构造了约束方程及其 Jacobian 矩阵，实时地模拟了结构收纳过程的约束条件；并提出了几种有效的网状天线防缠绕设计方案并进行了模型试验验证理论的正确性。

陈向阳[96] 研究了可展结构展开过程数值分析和约束稳定的理论与算法，分析了可展网架和自稳定筒壳的静力、动力特性。韦娟芳[97] 对 4 ～ 10 m 空间可展天线的研制技术作了归纳总结，包括设计要考虑的因素、主要的分析内容和分析方法、必需的试验和测试项目等。缪炳棋[98] 针对一类可展桁架结构，推导了其动力学模型，提供了求解相应非线性微分 —— 代数方程组的方法。杨玉龙[99,100] 利用有限元对可展构架式抛物线天线进行了温度场以及热变形分析，并讨论了可展天线的几何设计问题。占甫[101] 研究了具有非线性 homologous 变形约束条件的桁架结构形态分析问题。侯国勇[102] 利用随机函数的矩法和可靠度分析中的一次二阶矩法，为天线展开过程中的各个分解步骤构建了按矩的功能函数和按功的功能函数对应的可靠度计算表达式。戈冬明[103] 根据弹性稳定理论与卡氏能量原理，分别推导出局部卷压屈曲和整体螺旋屈曲的临界压力表达式，并据此进行了参数分析。阎绍泽[104-108] 基于间隙铰的接触变形模式，建立了含间隙的可展结构动力学模型，考察了间隙铰对航天器可展结构动力学性能的影响，并进行了试验研究。

1.2.4 折叠网格结构

折叠网格结构，主要是折叠网架以及折叠网壳结构，具有工期短、易搬迁和可重复利用等优点，已引起了现代建筑师的极大兴趣。国外对折叠网格结构的研究成果已经相当丰富，并已有应用的工程实例，其中对这种结构研究比较著名的有希腊学者 Gantes。

Shan[109] 讨论了由剪式单元组成的折叠网格结构的计算分析方法，利用单杆的三节点梁式单元形成的单元刚度矩阵，并考虑三个节点中一个节点的转动自由度形成结构的刚度矩阵。Kaveh 等[110] 利用“杆件对” 的单元刚度矩阵形成结构的总刚，最后对几个算例进行了分析，并和 Shan 的“单杆” 形成刚度矩阵的结果进行了对比。文献[111]利用递推二次规划方法对折叠网架结构、折叠柱面网壳结构以及伸展臂等空间结构进行了优化设计。文献[112]利用图乘积进行了空间结构的成形过程分析。Chen 等[113] 指出了常规剪式单元构成折叠网架结构的刚度较低，并且杆件除受轴力外，还受一定弯矩，受力性能不佳，对于大跨结构情况更加严重；文中提出了一种新的形式来改善这些缺点，主要是在满足可展结构几何性能的情况下在原有的剪式单元下面增加斜腹杆以及下弦杆，如图 1.14 所示。

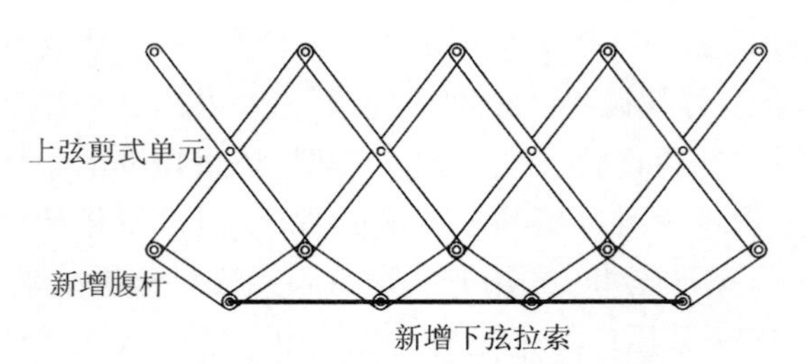

图 1.14　改进后的折叠网架体系

Gantes 等[114] 通过在剪式单元铰接处增加非线性弹簧来模拟铰接处的摩擦力，文章的数值计算结果与试验吻合较好，验证了简化模型的正确性。文献[115] 研究了折叠网架展开状态时的受力情况，基于结构在荷载作用下的线性反应，文章给出了折叠网架结构的等效连续刚度。文献[116] 为了减少在初步设计阶段的计算量，提出了三个预测折叠网架以及折叠网壳展开过程跃越现象的分析模型，并利用精细有限元分析验证了文章推荐的分析模型。文献[117] 介绍了运用符号运算作为手段来设计可展穹顶结构的方法。目前，自稳定可展结构在展开和收拢两种情况下都是自我稳定和压力释放的；但是在展开过程中，体系是几何不相容的，这个不利条件会导致体系中的杆件在运动过程中产生较大的应力。文献[118] 对任意曲率自稳定可展拱形结构进行了研究。

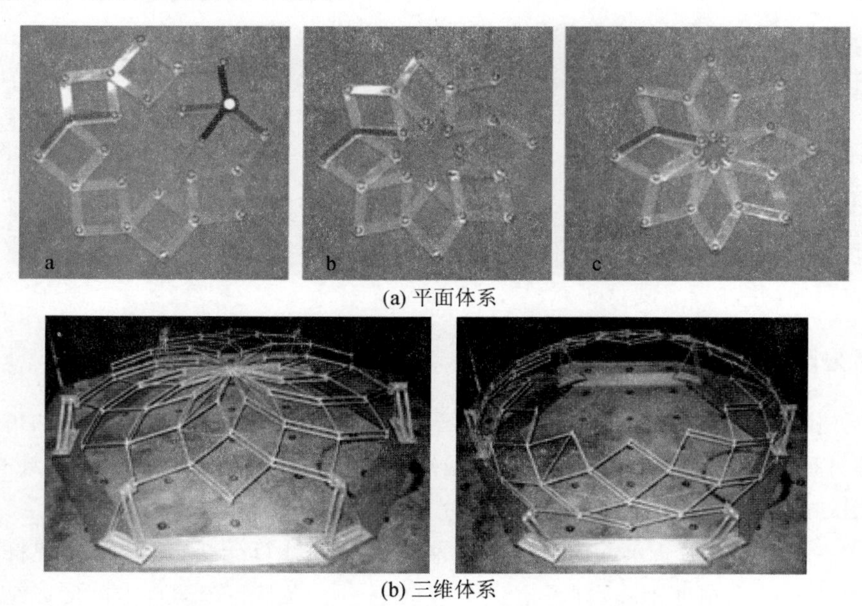

(a) 平面体系

(b) 三维体系

图 1.15　成角度单元组成的折叠体系

You 和 Pellegrino[119,120] 采用了一种带有折角的杆件单元，折角杆件由多个杆件刚接组成，由此单元构成的可展结构通过枢轴销接在一起，销接在一起的上下两层杆件可以自由地相互转动，其平面模型和三维模型如图 1.15 所示。另外，You 和 Pellegrino 还提出了另外一种利用剪式单元组成的径向折叠展开的体系[121]。如图 1.16 所示，该体系的内圈杆件用 Type(a) 剪式单元，外圈杆件用 Type(c) 剪式单元，连接内外圈的杆件用 Type(b) 剪式单元。其完全折叠状态和完全展开状态如图 1.16(b) 和 1.16(c) 所示。

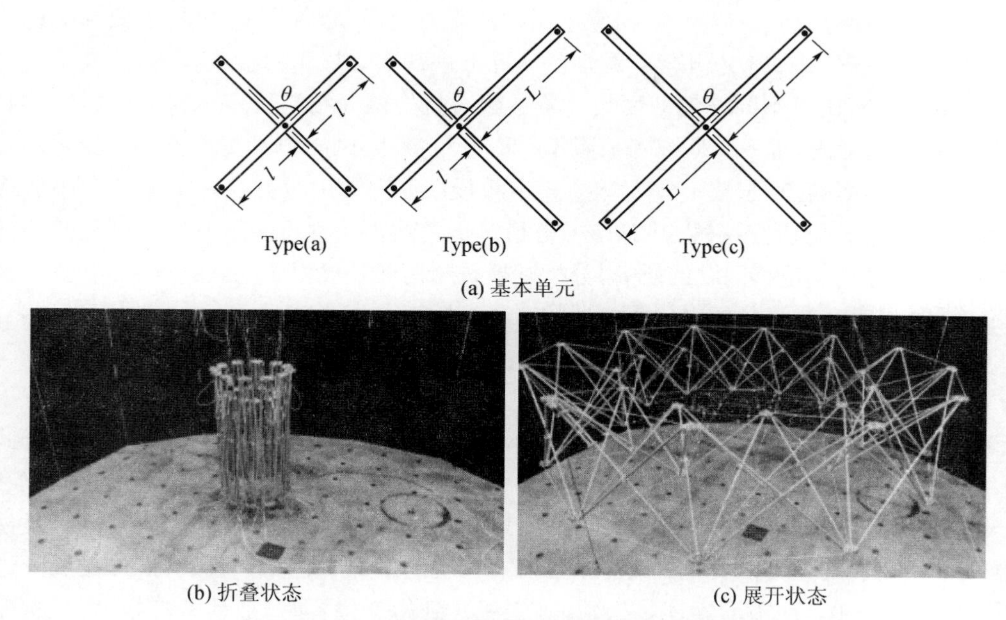

(a) 基本单元

(b) 折叠状态　　(c) 展开状态

图 1.16　基于剪式单元的径向运动连杆机构

Gutierrez 等[122] 讨论了投影形状为四边形的折叠网格结构的几何设计、展开过程分析以及在正常使用时的受力性能。Langbecker[123,124] 运用纯粹的几何方法对一类在展开过程中无应力的折叠网格结构的展开过程进行了详细的分析；并对折叠柱面网壳进行了运动学分析，以及考察了这种结构在横向风以及纵向风作用下结构的非线性受力性能。Zhao[125] 等利用螺旋互易定理系统地讨论了剪式可展单元的机构理论以及其在可展结构中的应用情况。Schmidt 等[126] 讨论了柱面网壳“折叠展开式”施工时的几何相容性问题。

浙江大学陈向阳等[127,128] 利用主从自由度概念分析了剪式单元的力学模型，并推导了混合坐标下剪式单元的刚度矩阵和自由振动方程；提出了一种推导折叠结构宏单元刚度矩阵的新方法，推导出剪式单元三节点梁大位移小变形的几何非线性切线刚度矩阵。李桃[129] 对可展结构中可折叠刚性杆进行了设计，并进行了静力、模态和稳定等方面的分析。王永丽[130] 针对可展结构在完全展开状态下的响应，借助 Fortran 程序语言，编制了有限元程序，并使用该程序对可展结构的线弹性及几何非线性行为进行了研究。

天津大学刘锡良等[131-134] 分析了基于剪式单元折叠网架的受力情况，并对现有的折叠网架节点进行了综合分析比较，在此基础上提出了一种非偏心的新型节点 —— 焊接板井字节点，且对其设计理论进行了研究，给出了简化的设计方法。同时对折叠网架的计算模型进行了详细的分析与讨论，利用有限元中的主从节点技术将这种特殊的三节点梁单元转化为通用的两节点梁单元，并对折叠网架模型进行了试验研究。此外，还对折叠网架进行了动力特性以及抗震性能分析。分析结果表明，对于折叠网架，其地震所引起的附加内力可以忽略不计。所以，折叠网架具有良好的抗震性能，非常适合用于地震灾区的建设需要。

长安大学颜卫亨教授团队[135-140] 针对折叠式帐篷的使用情况和自身特点，研究确定了对结构产生主要影响的控制荷载，建立了相应的计算方法。在此基础上，运用正位试验的方法，对折叠式柱面网壳结构进行了足尺试验研究。通过对结构荷载 — 位移的全过程跟踪分析，并结合非线性有限元数值模拟，研究了结构的受力机理、薄弱位置、失稳现象和失稳传播过程以及破坏机理。并在考虑几何非线性的情况下进行了大规模的参数分析，研究了不同拱肋间距、不同矢跨比及不同杆件截面尺寸等参数对折叠网壳结构稳定承载力的影响。同时，从实际应用角度考虑，进一步研究了荷载不对称分布、不同风向角及支承条件对折叠网壳结构稳定承载力的影响。哈尔滨工业大学吴知丰教授团队[141-143]对自稳定折叠结构中剪式单元的几何构形进行了研究探讨，并总结了自稳定折叠结构实现折叠展开所需满足的几何条件。通过对大变形、小位移问题的研究，分析了折叠结构展开过程中的跃越失稳问题；并提出了简化分析模型，在初步分析中代替繁琐的有限元计算。

1.2.5　索杆式可展结构

索杆式可展结构是由一系列索、杆构成的结构。现阶段大量研究并有所应用的索杆式伸展臂结构，如图 1.17 所示，它的主要受力构件为桁架单元，加上连接于节点上的被动索和沿着桁架单元上选定路线穿过众多滑轮的主动索。在折叠状态时，主动索和被动索都是松弛的。而主动索的长度是可以变化的，随着主动索长度的缩短，体系在逐步展开；在展开过程中，主动索是拉紧的，而被动索还是松弛的。当展开到指定位置时，被动索被张紧，机构变为结构。拉索在完全展开状态时有预应力，因而提高了整个结构的刚度。

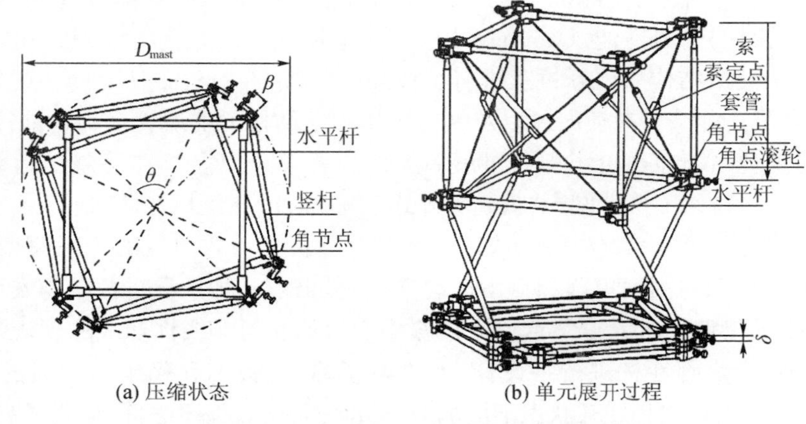

(a) 压缩状态　　(b) 单元展开过程

图 1.17　八面体索杆式可展结构示意图

陈务军等[144-146]分析了索杆式可展结构中正八面体单元的特性，设计了一可展馈源支撑架方案，讨论了伸展臂展开过程的几何变化规律，并建立了可滑动－转动单元的刚度矩阵和伸展臂的数值分析模型。谢铁华等[147,148]总结了基于八面体单元的索杆式伸展臂结构设计的基本原理和方法，列出了其主要的性能指标，详细叙述了空间索杆式伸展臂结构设计的内容，包括材料选择、杆件及节点设计、锁定点的设计等，并加工制作出了伸展臂的实物模型。同时，针对空间索杆式展开结构的特点，利用多刚体动力学的研究成果建立展开过程分析的动力学模型，分析了约束方程及其雅可比矩阵的形成，结合系统的约束方程来分析机构的运动状态。苏斌等[149-151]结合如图 1.17 所示索杆式伸展臂的模型制作，对伸展臂展开后的结构进行了动力分析，包括模态、频率响应和冲击响应分析，并介绍了该类伸展臂相关的驱动装置的技术要求，最后对伸展臂模型进行了模态实验，通过实验模态频率和计算模态频率的比较，验证了该类型索杆式伸展臂高刚性的特点。石卫华[152]对伸展臂的自振频率、动力响应进行了详细的理论分析，分别比较了刚性平面的转角、杆件及索的截面大小、索张力等因素对结构性能的影响；另外，研究了节点偏心对结构动力性能的影响。

新加坡国立大学的Liew等[153,154]基于索杆式可展结构的运动学特性提出了一种索杆式可展结构的几何准则，并利用这个准则通过计算机模拟来研究新的索杆式可展结构形式，如图1.18所示即为新型索杆式折叠体系。同时，利用非线性有限元方法分析了索杆式可展结构的受力性能，指出这种可展结构有较大的结构刚度，和传统的双层网架结构进行了对比，进行了详细的参数分析，包括矢跨比、结构几何外形等，分析结果表明一定跨度范围内的索杆式可展结构比传统的双层网架结构的受力性能更加优越。日本学者Mitsugi等[155]利用多柔体动力学对一种可展天线的展开过程进行了数值模拟。美国航空航天局Smeltzer Ⅲ[156]对多种可展结构使用的节点形式进行了详细的分析。

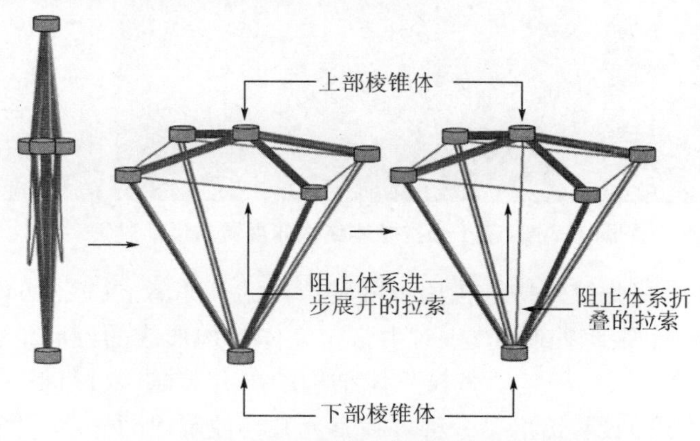

图1.18 新型索杆折叠体系

1.2.6 可展张拉整体结构

随着建筑中新型结构形式的出现，可展结构的概念在建筑领域得到了推广。早期的折叠网架通过剪式单元的旋转实现结构展开折叠。预应力钢结构、索穹顶结构等的张拉成形过程中，包含了索杆体系的机构运动，体系经历较大的机构运动和一定的弹性变形达到工作状态，在工作状态体系依靠预应力获取刚度。开合结构各个组成部分通过在轨道里滑移，运动到预定的位置，实现结构的开启关闭。充气膜结构在室内外产生压力差的情况下，逐步展开成形到工作状态。张力集成体系也可以通过改变索长或者杆长来实现展开折叠。

Pellegrino和Tibert[157-161]提出了一种基于张拉整体结构的可展天线，该结构包括前后两个相同的索面，反射面在前索网上，图1.19为其运动过程示意图。他们对张拉整体结构形成的伸展臂也进行了深入的研究，包括初始构形、结构分析、制造工艺以及展开过程(图1.20)，并和常规伸展臂结构进行了对比，发现由张拉整体结构形成的可展结构弯曲刚度较弱[162]。Tibert[163]指出可以通过把可展张拉整体结构中的索更换为薄壁管，来达到可展结构自动展开的目的。当这些薄壁管受到内部压力时，可展结构自动展开，并通过在零重力环境下的数值模拟验证了这种展开方式的可行性。

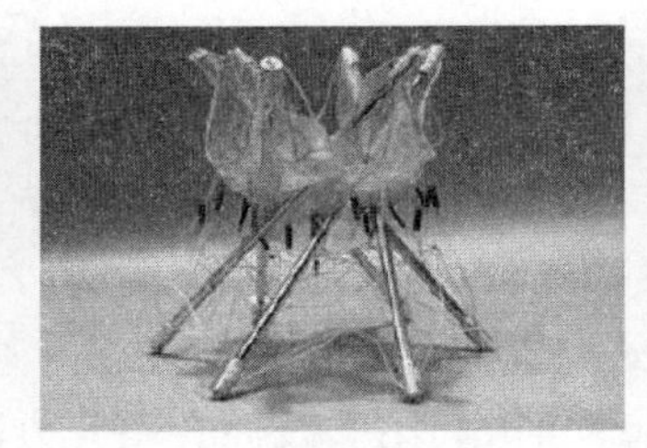
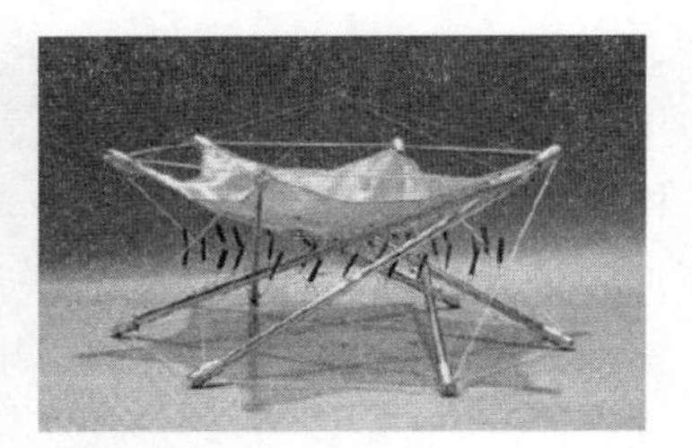

图 1.19　基于张拉整体结构可展天线的运动过程

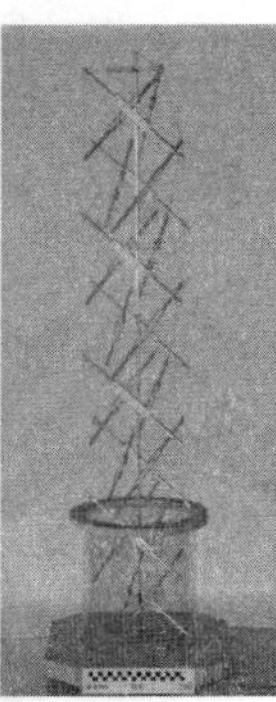

图 1.20　基于张拉整体结构伸展臂的运动过程

Skelton 是另一个将张拉整体结构用于可展结构的开拓者。文献[164] 把张拉整体结构的展开过程看作是一个跟踪控制问题，对由张拉整体结构形成的可展结构的几何形态进行了分析。文献[165] 给出了一种可展张拉整体结构的展开策略。文献[166] 讨论了张拉整体结构的非对称结构变形问题，给出了一种寻找索元开环控制律的方法，并且用模型试验验证了这种方法对于可展张拉整体结构形态控制的有效性。一般张拉整体结构的压杆是不相连的，这种结构称为第一类张拉整体结构，文献[167] 研究了第二类张拉整体结构的展开过程问题，这类结构的压杆通过铰链相连。Knight[168] 在 Skelton 的指导下讨论了张拉整体结构应用于可展结构的运动学问题，通过对张拉整体八面体、四棱柱体、六棱柱体单元的运动学分析，研究了这些张拉整体结构单元作为可展结构时的稳定性能。

Swartz 和 Hayes[169] 讨论了一类具有一个空间自由度的折叠张拉整体结构的运动学以及动力学问题，这类结构是由三个平面张拉整体结构形成的三棱柱。Powell 等[170] 提出了一种应用于大型空间结构的自展开式索结构。Smaili 和 Motro[171] 研究了张拉整体结构在运动过程中不去除自应力模态的折叠方法。通过如图 1.21 所示的运动机制实现体系的折叠，并且依靠自应力效应确保各构件在折叠过程中的稳定，通过真实的模型和计算机仿真验证了理论分析的正确性。

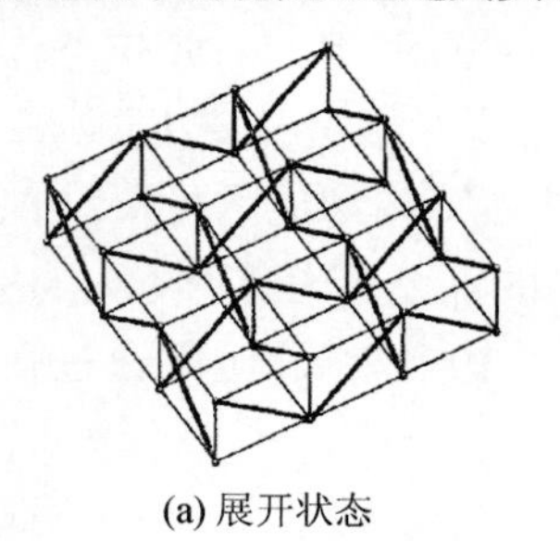

(a) 展开状态

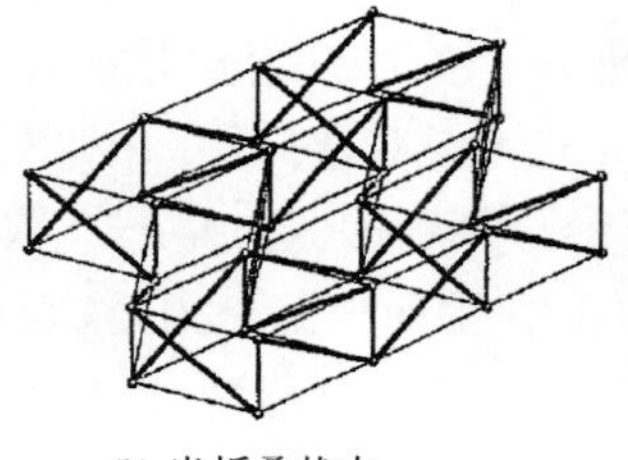

(b) 半折叠状态

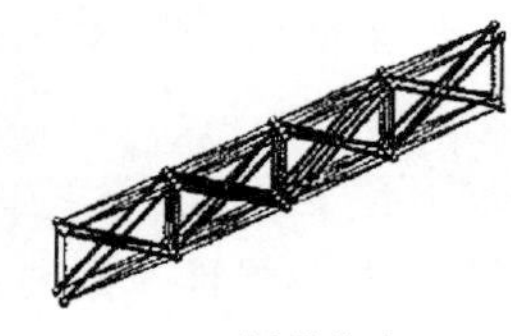

(c) 折叠状态

图 1.21　张拉整体结构保持自应力模态的折叠过程

1.3 本书的结构安排

可展结构的运动原理主要分为：机构的运动、拉索的张拉松弛和薄膜的褶皱，本书主要涉及前者中的剪式单元以及连杆机构的运动，而预应力拉索是本课题的特色，所以本书主要以这三种运动方案为主线展开全文的研究，由于时间和精力关系，薄膜的褶皱本书没有涉及。

具体内容包括：

第 2 章在简要介绍约束和运动的螺旋描述的基础上，运用互易螺旋定理对几种成角度剪式单元的可动性进行了判断，并揭示了其运动特征。随后，介绍了成角度剪式单元的刚性约束条件、铰接节点约束条件、单元约束条件以及边界约束条件，在此基础上形成系统约束条件，从而求得其 Jacobian 矩阵；然后利用体系约束方程 Jacobian 矩阵的零向量空间数量求得连杆机构的自由度。

第 3 章针对连杆机构数值模拟运动过程中的奇异点问题，采用坐标转换矩阵法对连杆机构的连续运动进行模拟计算，并以平面四连杆机构为模型进行了分析。在结构体系的一般位形下采用一阶分析，即传统的算法，并利用预测 —— 修正方法进行计算。在结构的分歧点引入了高阶方程来求解结构体系下一步可能的运动路径，以便设计者可以选择合适的路径来保证结构按照预定的方式运动。

第 4 章以 Hoberman 连杆机构组成的径向可开启屋盖体系为研究对象，在对平面结构运动特性分析的基础上，介绍了由二维体系向三维体系转变的过程，并分析了体系在开启闭合过程中的受力性能。

第 5 章将索撑网壳的概念引入到径向开启屋盖体系中，在对单个索撑网壳单元力学特性分析的基础上，对该体系分别进行了静力特性分析和弹塑性极限承载能力分析，并与几何尺寸相同的单层网壳进行了对比，发现由于预应力拉索的作用，结构的刚度、整体性以及极限承载能力均得到了加强。另外，还分析了各个参数对结构的静力特性以及弹塑性极限承载能力的影响，分析了不同缺陷形式以及缺陷大小对结构的弹塑性极限承载能力的影响。

第 6 章依据平面四连杆机构的运动规律，提出了一类可应用于开启式屋盖的折叠网架体系，分析了屋盖体系在完全闭合状态的受力性能，并对体系的运动过程进行了深入的研究。

第 7 章将剪式单元的可动性作为单层柱面网壳的施工手段。将剪式单元形成的平面网格结构看成是施工前的状态，通过对若干点施加强制位移，可以得到最终的形状。在此基础上，对单层柱面网壳的施工过程及其成形后的极限承载能力进行了详细的研究。

第 8 章介绍了索杆体系的平衡矩阵以及结构稳定性的判别方法，并在索杆张力结构的拓扑和几何已知的情况下，基于平衡矩阵理论，给出一种考虑外部约束索杆张力结构的初始预应力设计方法。

第 9 章针对索杆张力结构的“找形”问题，在阐述常用力密度法优缺点的基础上，建立和力密度法相等价的能量函数为目标函数、以压杆长度为约束条件的约束优化数学模型。利用

Lagrange 乘子法将约束条件添加到目标函数中，并应用梯度法进行优化，从而得到考虑约束条件索杆张力结构的形状。

第 10 章基于 CP 索杆单元提出了一种折叠帐篷结构形式，并讨论了其基本单元的初始预应力分布、最短压杆长度和最大承载能力等问题。在此基础上，利用有限元软件对其在展开状态时的受力性能进行了深入的研究。

第 11 章分别基于 CP 和 DP 索杆单元，提出了新型索杆式折叠网格体系，给出了关键节点的设计方案，利用模型试验验证了理论分析的正确性。利用有限元软件分析了两种体系在完全展开状态下的受力性能，针对两种常见的荷载工况：满跨均布荷载和非对称荷载，分析了结构的构件内力和节点位移随荷载变化的规律。另外，为了深入理解预应力水平、温度变化以及拉索破断等参数变化对结构的影响，本书还对新型索杆式折叠结构进行了参数分析。

第 12 章给出了两种折叠索穹顶方案，一种是将索穹顶外圈环梁替换为环形连杆机构，这样可以利用环向连杆机构的运动带动整个索穹顶体系的折叠展开。另外一种是外圈环梁固定不动，移除索穹顶内部的自应力模态，使之成为机构，然后利用主动索和被动索的概念，使体系能够径向展开折叠。同时，以体系刚度最大、预应力分布均匀以及拉索受拉、压杆受拉为目标函数，利用优化方法寻找自应力模态组合系数。

第 13 章介绍了已有的基于 2V 索杆单元的折叠展开方式，讨论了现有方法的优缺点。在此基础上，提出了新的折叠体系。并对该体系的受力性能进行了深入的研究。

2　成角度剪式单元及其连杆机构的可动性分析

自20世纪60年代西班牙建筑师Pinero首先成功地将可展结构的概念应用于“可移动剧院”的设计[1]，可开启式屋盖在大跨度空间结构中的应用得以迅速增加[172]。另一方面，随着人们探索外太空步伐的加快，可展结构受到了广泛的关注，相关研究成果已应用到空间的太阳能帆板、卫星天线中[71-76]。而当前应用最为广泛的主要是基于剪式单元(scissor like element)的可展结构[118,123,173,174]。从几何学角度来考虑，这类可展结构的基本原理是每对连杆通过一个柱铰相连，每对连杆仅能绕垂直与该对连杆所在平面的轴线作相对转动，而其他自由度完全受到了限制；同时剪式单元间的连接是通过单元端部节点铰接实现[125,175]。

当连接两根连杆的柱铰位于杆件的中部时，形成的是平行剪式单元，如图 2.1(a) 所示；当连接两根连杆的柱铰不是位于杆件的中部时，形成的是极线剪式单元，如图 2.1(b) 所示。这两种剪式单元常被用于折叠网架或者折叠网壳中，以 Gantes 为代表的学者对这类结构进行了详细的分析[1]。美国工程师 Hoberman 对剪式单元进行改进，提出了成角度的剪式单元(angulated element)，它是由相等的两根弯折角梁单元通过剪式铰在中部连接，当两个角梁单元绕着中间的剪式铰转动时，梁端的夹角保持不变，如图 2.1(c) 所示。图 2.2 为制作的 Hoberman 单元组成的连杆机构示意图。

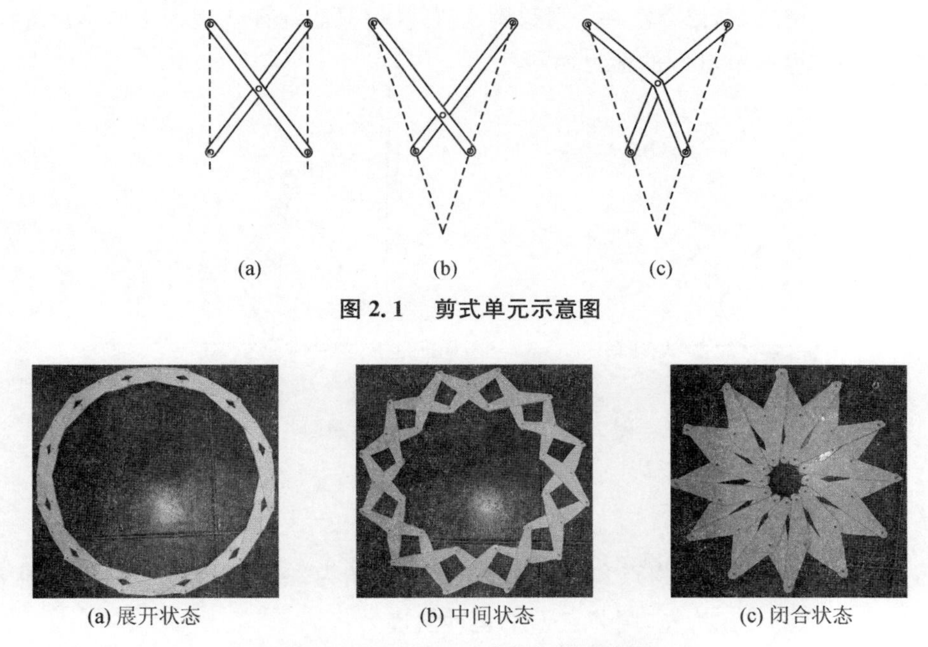

(a)　(b)　(c)

图 2.1　剪式单元示意图

(a) 展开状态　(b) 中间状态　(c) 闭合状态

图 2.2　Hoberman 连杆机构示意图

You 和 Pellegrino 拓展了 Hoberman 的剪式单元，提出了两大类可以保持梁端夹角不变的剪式单元，并设计了多种平面和空间开合结构。他们把所有这些成角度剪式单元组合而成的连杆机构称为折叠杆系结构(Foldable Bar Structures，简称为 FBS)[120,176]。Patel 和 Ananthasuresh 运用几何学方法对 You 和 Pellegrino 提出的基本单元的可动性进行了研究[177]。Wohlhart 则认为由交叉单元构成的 FBS 和由非交叉单元构成的 Kempe 连杆机构一样，都是由两圈连杆结构通过剪式铰连接构成，并将它们统称为双链形连杆机构[178]。随后，毛德灿等对基于不变角度单元以及平行四边形法则形成的双链形连杆机构进行了深入的分析[179-181]。

本章首先基于几何学方法统一推导了 You 和 Pellegrino 给出的交叉剪式单元以及 Wohlhart 给出的非交叉剪式单元的形式。在此基础上，利用螺旋互易定理证明了这两类剪式单元的可动性；并利用体系约束条件的 Jacobian 矩阵计算成角度剪式单元组成闭环机构的自由度，分析机构的冗余约束和冗余杆件。

2.1 几何学方法

由文献[176]可知，由成角度剪式单元(angulated scissor like element) 组成的FBS的最大特征是，在结构运动过程中，每个单元端部连线所形成的夹角保持不变。如图 2.3(a) 所示，直线 P_1 和 P_2 之间的交角在单元运动过程中保持不变。文献[177]在此基础上，提出了可以将该单元看成是两个 PRRP 连杆机构，其中 ABE 连杆机构如图 2.3(b) 所示。如果连杆机构 ABE 和连杆机构 CDE 在其公共点 E 处的运动轨迹相同，则其组成的剪式单元是可动的。需要指出的是，PRRP 连杆机构中 P 和 R 分别是指机构分析中的滑移副和转动副，因为节点 A 只能沿着直线 P_1 滑移，所以存在一个滑移副，而杆件也只能绕着 A 点与平面垂直的轴转动，所以存在一个转动副，节点 B 的情况相同。

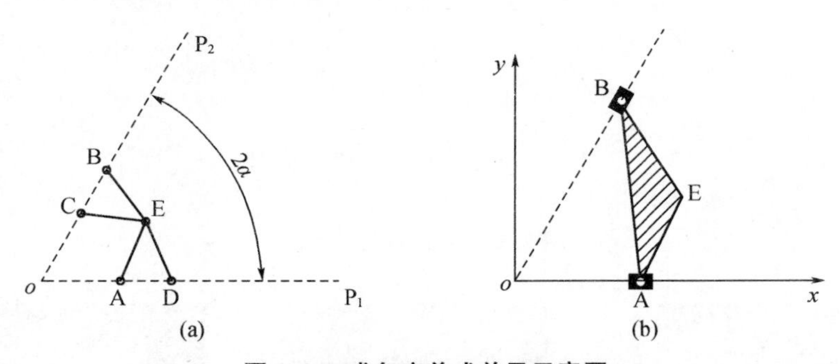

图 2.3 成角度剪式单元示意图

2.1.1 径向可动的几何条件

由文献[177]可知，如果 A 点和 B 点轨迹之间的夹角为 2α，AE 和 BE 的长度分别为 p_1 和 q_1，AE 和 BE 之间的夹角为 θ_1，则节点 E 的运动轨迹为：

$$m_1x^2 + m_2y^2 + m_3xy + m_4 = 0 \tag{2.1}$$

其中系数 m_1 至 m_4 分别可以表述为：

$$\begin{cases} m_1 = p_1^2 \tan 2\alpha \\ m_2 = q_1^2 + q_1^2 \tan^2 2\alpha + p_1^2 - 2p_1 q_1 \cos\theta_1 + 2p_1 q_1 \tan 2\alpha \sin\theta_1 \\ m_3 = -2p_1 q_1 \tan^2 2\alpha \sin\theta_1 + 2p_1 q_1 \tan 2\alpha \cos\theta_1 - 2p_1^2 \tan^2 2\alpha \\ m_4 = -p_1^2 q_1^2 (\tan 2\alpha \cos\theta_1 + \sin\theta_1)^2 \end{cases}$$

同理，如果 DE 和 CE 的长度分别为 p_2 和 q_2，CE 和 DE 之间的夹角为 θ_2，可以得到连杆 CDE 中节点 E 的运动轨迹为：

$$n_1 x^2 + n_2 y^2 + n_3 xy + n_4 = 0 \tag{2.2}$$

其中系数 n_1 至 n_4 分别可以表述为：

$$\begin{cases} n_1 = p_2^2 \tan 2\alpha \\ n_2 = q_2^2 + q_2^2 \tan^2 2\alpha + p_2^2 - 2p_2 q_2 \cos\theta_2 + 2p_2 q_2 \tan 2\alpha \sin\theta_2 \\ n_3 = -2p_2 q_2 \tan^2 2\alpha \sin\theta_2 + 2p_2 q_2 \tan 2\alpha \cos\theta_2 - 2p_2^2 \tan^2 2\alpha \\ n_4 = -p_2^2 q_2^2 (\tan 2\alpha \cos\theta_2 + \sin\theta_2)^2 \end{cases}$$

如果剪式单元 AB-E-CD 可动，则连杆 ABE 和 CDE 中 E 点的运动轨迹必须相同。则由式(2.1) 和式(2.2) 表述的两条曲线的系数关系可以表示为：

$$\frac{m_1}{n_1} = \frac{m_2}{n_2} = \frac{m_3}{n_3} = \frac{m_4}{n_4} = \omega^2 \tag{2.3}$$

下面分两种情况讨论：

(a) $\omega = 1$

利用式(2.1) 和式(2.2) 可以求得两条曲线相同的必要条件为：

$$\begin{cases} p_1 = p_2 \\ q_1 = q_2 \\ \cos\theta_2 - \cos\theta_1 = \tan 2\alpha(\sin\theta_2 - \sin\theta_1) \end{cases} \tag{2.4}$$

对式(2.4) 中第三个条件进行化简可以得到：

$$-\sin\frac{\theta_2 + \theta_1}{2}\sin\frac{\theta_2 - \theta_1}{2} = \tan 2\alpha \cos\frac{\theta_2 + \theta_1}{2}\sin\frac{\theta_2 - \theta_1}{2} \tag{2.5}$$

由上式求得式(2.5) 成立的条件为：

$$\sin\frac{\theta_2 - \theta_1}{2} = 0 \quad \text{或者} \quad -\tan\frac{\theta_2 + \theta_1}{2} = \tan 2\alpha \tag{2.6}$$

由此可以得到折角 θ_1 和 θ_2 需要满足的条件为：

$$\frac{\theta_2 - \theta_1}{2} = k\pi \tag{2.7}$$

$$\text{或者} \quad \frac{\theta_2 + \theta_1}{2} = k\pi - 2\alpha \tag{2.8}$$

当式(2.7) 中 $k = 0$ 时，即为 Hoberman 连杆机构。

而当式(2.8) 中 $k = 1$ 时，可以分为三种情况讨论。第一种情况为：折角 θ_1 和 θ_2 均小于 180°，即为 You 和 Pellegrino 中的 GAE1 单元[14]，如图 2.4 所示；第二种情况为：折角 θ_1 和 θ_2 中有一个大于 180°，一个小于 180°，也即为毛德灿等提出的非交叉角单元[18]，如图 2.5 所示；第三种情况较为特殊，折角 θ_1 和 θ_2 中有一个等于 180°，则折杆中有一个变化为直杆，这在 You 和 Pellegrino 的论文中也曾提到，本书对这种情况不作过多分析。

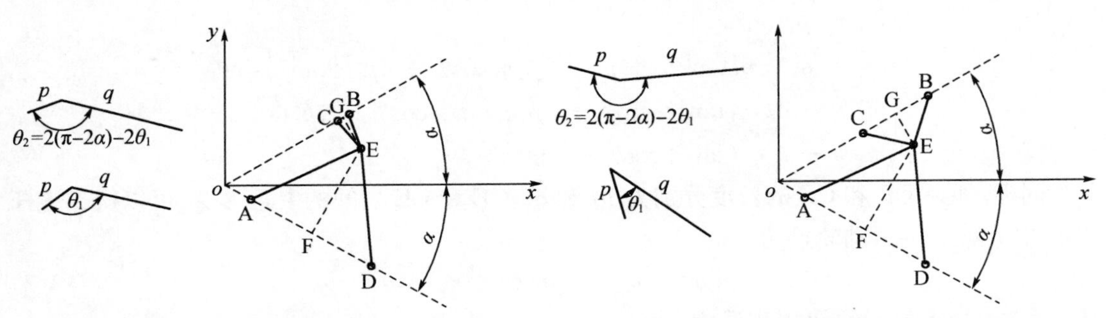

图 2.4　GAE1 单元示意图　　　　图 2.5　非交叉单元示意图

(b) $\omega \neq 1$

利用式(2.1) 和式(2.2) 可以求得两条曲线相同的必要条件为：

$$\begin{cases} p_2 = \omega p_2 \\ q_2 = \omega q_2 \\ \tan\alpha\cos\theta_1 + \sin\theta_1 = \tan 2\alpha\cos\theta_2 + \sin\theta_2 = 0 \end{cases} \tag{2.9}$$

由上式可以得到折角 θ_1 和 θ_2 需要满足的条件为：

$$\theta_2 = \theta_1 = k\pi - 2\alpha \tag{2.10}$$

当式(2.10) 中 $k = 1$ 时，即为 You 和 Pellegrino 中的 GAE2 单元[14]，如图 2.6 所示。

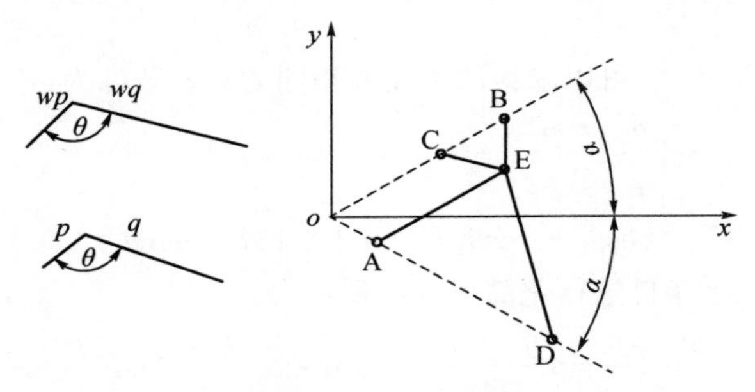

图 2.6　GAE2 单元示意图

2.1.2　剪式单元的运动轨迹分析

剪式单元中间节点的运动轨迹可以通过式(2.1) 描述，轨迹的几何形状需通过下式来判断：

$$\Delta = \frac{m_3^2}{4} - m_1 m_2 \tag{2.11}$$

将系数代入可得：

$$\Delta = \frac{-p^2 q^2 (1 - \cos^2\alpha)\ \sin(\alpha + \theta)^2}{\cos^4\alpha} \tag{2.12}$$

由上式可以判断 $\Delta \leqslant 0$。

也即当 $\theta = \pi - 2\alpha$ 时，式(2－12) 可以得到 $\Delta = 0$，则 E 点的运动轨迹为一直线。

而当 $\theta \neq \pi - 2\alpha$ 时，式(2－12) 可以得到 $\Delta < 0$，则 E 点的运动轨迹为一椭圆。

由此可知，Hoberman 连杆结构以及 GAE2 单元连杆机构的中间节点的运动轨迹为直线，而 GAE1 单元连杆机构以及非交叉单元连杆机构中间节点的运动轨迹为椭圆。

2.2　螺旋互易定理简介

2.2.1　运动和约束的螺旋描述

空间刚体的任意瞬间运动和所受到的刚体约束都可以看作螺旋量。作定轴转动的刚体的瞬时运动可以用螺旋表述为：

$$\mathbf{\Phi} = \begin{bmatrix} \mathbf{w} \\ \mathbf{v} \end{bmatrix} \tag{2.13}$$

式中：$\mathbf{w}$ 为有向转轴的单位方向向量$(w_1, w_2, w_3)^{\mathrm{T}}$；$\mathbf{v}$ 为轴线对坐标原点的矩，可以表述为：

$$\mathbf{v} = -\mathbf{w} \times \mathbf{q} = \mathbf{\Omega q} \tag{2.14}$$

其中，向量 $\mathbf{q}$ 为到原点的位置向量$(q_1, q_2, q_3)^{\mathrm{T}}$；矩阵 $\mathbf{\Omega}$ 矩阵可以表述为：

$$\mathbf{\Omega} = \begin{bmatrix} 0 & -w_3 & w_2 \\ w_3 & 0 & -w_1 \\ -w_2 & w_1 & 0 \end{bmatrix} \tag{2.15}$$

如果刚体作瞬时螺旋运动，则刚体的瞬时运动可以用螺旋表述为：

$$\mathbf{\Phi} = \begin{bmatrix} \mathbf{w} \\ \mathbf{v} + h\mathbf{w} \end{bmatrix} \tag{2.16}$$

其中 h 为瞬时运动螺旋的节距。如果节距 h 趋向于无穷大，则其运动螺旋退化为：

$$\mathbf{\Phi} = \begin{bmatrix} 0 \\ \mathbf{w} \end{bmatrix} \tag{2.17}$$

类似的，刚体所受的外力螺旋也可以表示为：

$$\mathbf{\Gamma} = \begin{bmatrix} \mathbf{s} \\ -\mathbf{s} \times \mathbf{R} + h_{\mathrm{r}}\mathbf{s} \end{bmatrix} \tag{2.18}$$

式中：$\mathbf{s}$ 为力作用线的单位方向向量；$-\mathbf{s} \times \mathbf{R}$ 描述了沿 $\mathbf{s}$ 方向的单位作用力对坐标原点的矩；h_{r} 是力螺旋的节矩，它描述了沿轴线方向作用在刚体上的扭矩对作用力的变化。

2.2.2　螺旋互易定理

运动机构的终端提供给它所链接刚体的有效约束称为运动机构的终端约束，根据螺旋互易定理，运动机构的终端约束力螺旋与刚体运动螺旋的互易积为零，可以表述为：

$$\mathbf{\Phi}^{\mathrm{T}} \mathbf{E} \mathbf{\Gamma} = 0 \tag{2.19}$$

其中矩阵 $\mathbf{E}$ 可以表示为：

$$\mathbf{E} = \begin{bmatrix} 0 & \mathbf{I}_3 \\ \mathbf{I}_3 & 0 \end{bmatrix} \quad 和 \quad \mathbf{I}_3 = \begin{bmatrix} 1 & 0 & 0 \\ 0 & 1 & 0 \\ 0 & 0 & 1 \end{bmatrix}。$$

这里给出本书中将会用到的两个运动副的运动螺旋及其约束螺旋，其余常见运动副的螺旋表述可以参见文献[12]。

(a) 转动副

当螺旋的节距 $h=0$ 时，螺旋副就退化为转动副。建立如图 2.7 所示的坐标系，其中 x 轴与转动副的转轴重合，则其运动螺旋可以表述为：

$$\boldsymbol{\Phi}_R=[1\quad 0\quad 0\quad 0\quad 0\quad 0]^T \tag{2.20}$$

则通过转动副相连的两个构件间的约束力螺旋为：

$$\boldsymbol{\Gamma}_R=[\boldsymbol{\Gamma}_1\quad \boldsymbol{\Gamma}_2\quad \boldsymbol{\Gamma}_3\quad \boldsymbol{\Gamma}_4\quad \boldsymbol{\Gamma}_5]^T \tag{2.21}$$

式中：$\boldsymbol{\Gamma}_1=[1\,0\,0\,0\,0\,0]^T$ 表示沿 x 轴方向的约束力；$\boldsymbol{\Gamma}_2=[0\,1\,0\,0\,0\,0]^T$ 表示沿 y 轴方向的约束力；$\boldsymbol{\Gamma}_3=[0\,0\,1\,0\,0\,0]^T$ 表示沿 z 轴方向的约束力；$\boldsymbol{\Gamma}_4=[0\,0\,0\,0\,1\,0]^T$ 表示沿 y 轴方向的约束力矩；$\boldsymbol{\Gamma}_5=[0\,0\,0\,0\,0\,1]^T$ 表示沿 z 轴方向的约束力矩。

(b) 滑移副

当螺旋的节距 h 趋向于无穷大时，螺旋副就退化为滑移副。建立如图 2.8 所示的坐标系，其中 x 轴平行于相对移动的方向，则其运动螺旋可以表述为：

$$\boldsymbol{\Phi}_S=[0\quad 0\quad 0\quad 1\quad 0\quad 0]^T \tag{2.22}$$

则通过滑移副相连的两个构件间的约束力螺旋为：

$$\boldsymbol{\Gamma}_S=[\boldsymbol{\Gamma}_1\quad \boldsymbol{\Gamma}_2\quad \boldsymbol{\Gamma}_3\quad \boldsymbol{\Gamma}_4\quad \boldsymbol{\Gamma}_5]^T \tag{2.23}$$

式中：$\boldsymbol{\Gamma}_1=[0\,1\,0\,0\,0\,0]^T$ 表示沿 y 轴方向的约束力；$\boldsymbol{\Gamma}_2=[0\,0\,1\,0\,0\,0]^T$ 表示沿 z 轴方向的约束力；$\boldsymbol{\Gamma}_3=[0\,0\,0\,1\,0\,0]^T$ 表示沿 x 轴方向的约束力矩；$\boldsymbol{\Gamma}_4=[0\,0\,0\,0\,1\,0]^T$ 表示沿 y 轴方向的约束力矩；$\boldsymbol{\Gamma}_5=[0\,0\,0\,0\,0\,1]^T$ 表示沿 z 轴方向的约束力矩。

图 2.7　转动副

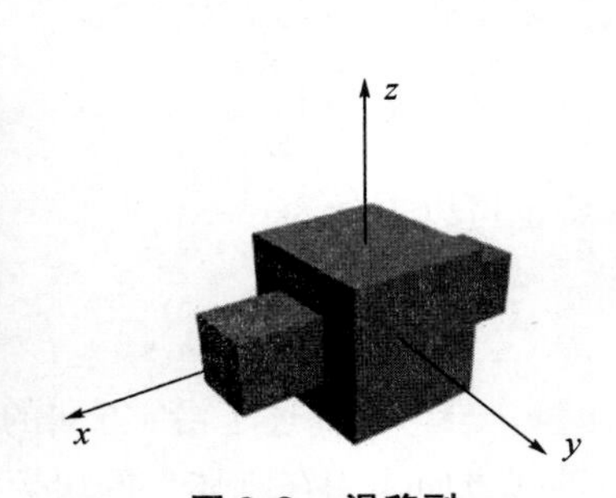

图 2.8　滑移副

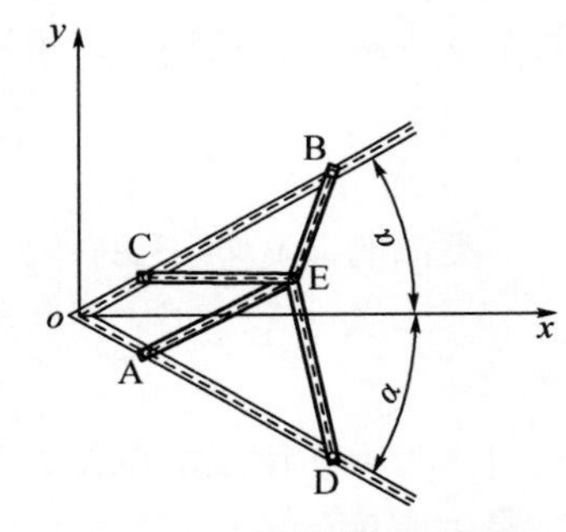

图 2.9　剪式单元示意图

2.3　剪式单元的可动性判断

图 2.9 所示为一剪式单元，可以看出其为一并联机构，链杆 ABE 和链杆 CDE 通过 E 点相连。先讨论链杆 ABE 的运动情况，如图 2.9 所示，A 点同时存在一个转动副和滑移副，其运动螺旋可以表示为：

$$\boldsymbol{\Phi}_A=[\boldsymbol{\Phi}_{A_R}\quad \boldsymbol{\Phi}_{A_S}] \tag{2.24}$$

其中，

$$\boldsymbol{\Phi}_{A_R}=\{0\quad 0\quad 1\quad y_A\quad -x_A\quad 0\}^T$$
$$\boldsymbol{\Phi}_{A_S}=\{0\quad 0\quad 0\quad \cos\alpha\quad -\sin\alpha\quad 0\}^T。$$

根据螺旋互易定理，可以得到转动副和滑移副对链杆 ABE 中节点 A 的约束螺旋为：

$$\mathbf{\Gamma}_{A}=[\mathbf{\Gamma}_{A,1}\quad \mathbf{\Gamma}_{A,2}\quad \mathbf{\Gamma}_{A,3}\quad \mathbf{\Gamma}_{A,4}]\begin{bmatrix}f_1\\f_2\\f_3\\f_4\end{bmatrix}\tag{2.25}$$

其中，

$$\mathbf{\Gamma}_{A,1}=\{-\sin\alpha\quad -\cos\alpha\quad 0\quad 0\quad 0\quad -x_A\cos\alpha+y_A\sin\alpha\}^{T}$$
$$\mathbf{\Gamma}_{A,2}=\{0\quad 0\quad 1\quad 0\quad 0\quad 0\}^{T}$$
$$\mathbf{\Gamma}_{A,3}=\{0\quad 0\quad 0\quad 1\quad 0\quad 0\}^{T}$$
$$\mathbf{\Gamma}_{A,4}=\{0\quad 0\quad 0\quad 0\quad 1\quad 0\}^{T}$$

同理可以得到滑移副和转动副对链杆 ABE 中节点 B 的约束螺旋为：

$$\mathbf{\Gamma}_{B}=[\mathbf{\Gamma}_{B,1}\quad \mathbf{\Gamma}_{B,2}\quad \mathbf{\Gamma}_{B,3}\quad \mathbf{\Gamma}_{B,4}]\begin{bmatrix}f_5\\f_6\\f_7\\f_8\end{bmatrix}\tag{2.26}$$

其中，

$$\mathbf{\Gamma}_{B,1}=\{\sin\alpha\quad -\cos\alpha\quad 0\quad 0\quad 0\quad -x_B\cos\alpha-y_B\sin\alpha\}^{T}$$
$$\mathbf{\Gamma}_{B,2}=\{0\quad 0\quad 1\quad 0\quad 0\quad 0\}^{T}$$
$$\mathbf{\Gamma}_{B,3}=\{0\quad 0\quad 0\quad 1\quad 0\quad 0\}^{T}$$
$$\mathbf{\Gamma}_{B,4}=\{0\quad 0\quad 0\quad 0\quad 1\quad 0\}^{T}$$

由式(2.24)和式(2.25)可以得到支座约束施加在链杆 ABE 上的约束螺旋为：

$$\mathbf{\Gamma}_{ABE}=[\mathbf{\Gamma}_{A,1}\quad \mathbf{\Gamma}_{B,1}\quad \mathbf{\Gamma}_{A,2}\quad \mathbf{\Gamma}_{A,3}\quad \mathbf{\Gamma}_{A,4}]\begin{bmatrix}f_1\\f_5\\f_2+f_6\\f_3+f_7\\f_4+f_8\end{bmatrix}\tag{2.27}$$

链杆 ABE 的运动螺旋可以通过螺旋互易定理得到：

$$\mathbf{\Phi}_{ABE}^{T}\mathbf{E}\mathbf{\Gamma}_{ABE}=0\tag{2.28}$$

其运动螺旋为：

$$\mathbf{\Phi}_{ABE}=\begin{Bmatrix}0\\0\\1\\\frac{1}{2}[y_A+y_B+(x_A+x_B)\cot\alpha]\\\frac{1}{2}[(y_A-y_B)\tan\alpha-(x_A+x_B)]\\0\end{Bmatrix}\tag{2.29}$$

而节点 E 处的转动副的运动螺旋可以表示为：

$$\boldsymbol{\Phi}_{E_R} = \{0 \quad 0 \quad 1 \quad y_E \quad -x_E \quad 0\}^T \tag{2.30}$$

由式(2.28)和式(2.29)可以得到节点E的运动螺旋：

$$\boldsymbol{\Phi}_E = [\boldsymbol{\Phi}_{E_R} \quad \boldsymbol{\Phi}_{ABE}] \tag{2.31}$$

则链杆ABE施加给节点E的约束螺旋可以通过螺旋互易定理得到：

$$\boldsymbol{\Phi}_E^T \mathbf{E} \boldsymbol{\Gamma}_E = 0 \tag{2.32}$$

其约束螺旋为：

$$\boldsymbol{\Gamma}_E = \begin{Bmatrix} \beta_1 & 0 & 0 & 0 \\ \beta_2 & 0 & 0 & 0 \\ 0 & 1 & 0 & 0 \\ 0 & 0 & 1 & 0 \\ 0 & 0 & 0 & 1 \\ \beta_3 & 0 & 0 & 0 \end{Bmatrix} \begin{bmatrix} f_9 \\ f_{10} \\ f_{11} \\ f_{12} \end{bmatrix} \tag{2.33}$$

式中系数为：

$$\begin{cases} \beta_1 = x_E + \frac{1}{2}[(y_A - y_B)\tan\alpha - (x_A + x_B)] \\ \beta_2 = y_E - \frac{1}{2}[y_A + y_B - (x_A - x_B)\cot\alpha] \\ \beta_3 = -\frac{1}{2}\{y_E[(y_A - y_B)\tan\alpha - (x_A + x_B)] + x_E[y_A + y_B - (x_A - x_B)\cot\alpha]\} \end{cases} \tag{2.34}$$

同理可以得到链杆CDE施加给节点E的约束螺旋为：

$$\boldsymbol{\Gamma}_{E'} = \begin{Bmatrix} \beta_1' & 0 & 0 & 0 \\ \beta_2' & 0 & 0 & 0 \\ 0 & 1 & 0 & 0 \\ 0 & 0 & 1 & 0 \\ 0 & 0 & 0 & 1 \\ \beta_3' & 0 & 0 & 0 \end{Bmatrix} \begin{bmatrix} f_{13} \\ f_{14} \\ f_{15} \\ f_{16} \end{bmatrix} \tag{2.35}$$

式中系数为：

$$\begin{cases} \beta_1' = x_E + \frac{1}{2}[(y_D - y_C)\tan\alpha - (x_D + x_C)] \\ \beta_2' = y_E - \frac{1}{2}[y_D + y_C - (x_D - x_C)\cot\alpha] \\ \beta_3' = -\frac{1}{2}\{y_E[(y_D - y_C)\tan\alpha - (x_D + x_C)] + x_E[y_D + y_C - (x_D - x_C)\cot\alpha]\} \end{cases} \tag{2.36}$$

要证明剪式单元的可动性，也即证明链杆ABE和链杆CED施加给节点E的约束螺旋相等。

2.3.1 Hoberman 单元

图2.10给出了一Hoberman剪式单元。由图2.10a可见，△ADE和△BCE关于αx轴对称。由此可以得到各节点坐标之间的关系为：

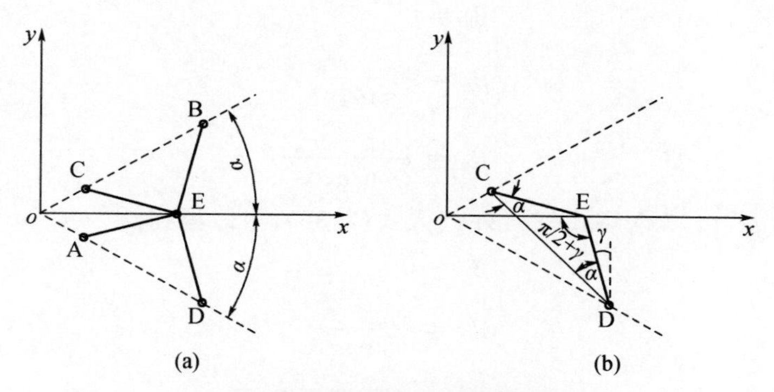

图 2.10 Hoberman 剪式单元

$$\begin{cases} x_A = x_C, y_A = -y_C \\ x_B = x_D, y_B = -y_D \\ y_E = 0 \end{cases} \tag{2.37}$$

同时，可以得到节点 A、B、C 和 D 在 ox 轴和 oy 轴坐标之间的关系为：

$$\begin{cases} \tan\alpha = \dfrac{y_B}{x_B} = \dfrac{y_C}{x_C} \\ \tan\alpha = -\dfrac{y_A}{x_A} = -\dfrac{y_D}{x_D} \end{cases} \tag{2.38}$$

由图 2.10b 所示，杆件 CE 和 DE 的长度为 p，则节点 D 的坐标可以表示为：

$$\begin{cases} x_D = x_E + p\sin\gamma \\ y_D = -p\cos\gamma \end{cases} \tag{2.39}$$

节点 C 的坐标可以表示为：

$$\begin{cases} x_C = x_E - p\cos\left[\dfrac{\pi}{2} - (2\alpha + \gamma)\right] \\ y_C = p\sin\left[\dfrac{\pi}{2} - (2\alpha + \gamma)\right] \end{cases} \tag{2.40}$$

式(2.39) 还可以表述为：

$$\begin{cases} p\sin\gamma = x_E - x_D \\ p\cos\gamma = -y_D \end{cases} \tag{2.41}$$

将式(2.41) 代入式(2.40) 中节点 C 的 x 向坐标，可以得到用节点 C 和 D 坐标表示的节点 E 的坐标为：

$$x_E = \frac{y_C - y_D}{\sin 2\alpha} \tag{2.42}$$

同理可以用节点 A 和 B 坐标表示的节点 E 的坐标为：

$$x_E = \frac{y_B - y_A}{\sin 2\alpha} \tag{2.43}$$

将式(2.37)、式(2.38) 和式(2.43) 代入式(2.34)，可以得到：

$$\begin{cases}\beta_1 = 0 \\ \beta_2 = \dfrac{x_A - x_B}{\sin 2\alpha} \\ \beta_3 = \dfrac{x_B^2 - x_A^2}{2\sin 2\alpha\cos^2\alpha}\end{cases} \tag{2.44}$$

将式(2.37)、式(2.38) 和式(2.42) 代入式(2.36),可以得到:

$$\begin{cases}\beta_1' = 0 \\ \beta_2' = \dfrac{x_D - x_C}{\sin 2\alpha} \\ \beta_3' = \dfrac{x_C^2 - x_D^2}{2\sin 2\alpha\cos^2\alpha}\end{cases} \tag{2.45}$$

将式(2.44) 和式(2.45) 代入式(2.33) 和式(2.35),可知链杆 ABE 和链杆 CED 施加给节点 E 的约束螺旋相等,则 Hoberman 剪式单元是可动的。

2.3.2 GAE1 单元以及非交叉剪式单元

由 GAE1 以及非交叉剪式单元的几何条件可知,如图 2.4 和 2.5 所示,△ADE 和 △BCE 为等腰三角形。在 △ADE 中,F 为边 AD 的中点,由于 △ADE 是等腰三角形,则 EF 垂直于 AD,由此可以得到 EF 的直线方程为:

$$y = \cot\alpha x + b \tag{2.46}$$

将 F 点的坐标代入上式,可得:

$$y = \cot\alpha x - \frac{x_A + x_D}{\sin 2\alpha} \tag{2.47}$$

同理可以求得 EG 的直线方程为:

$$y = -\cot\alpha x + \frac{x_B + x_C}{\sin 2\alpha} \tag{2.48}$$

由于 EF 和 EG 的交点为 E 点,可以求得 E 点的坐标为:

$$\begin{cases}x_E = \dfrac{x_A + x_B + x_C + x_D}{4}\dfrac{1}{\cos^2\alpha} \\ y_E = \dfrac{x_B + x_C - x_A - x_D}{4}\dfrac{1}{\sin\alpha\cos\alpha}\end{cases} \tag{2.49}$$

将式(2.38) 和式(2.49) 代入式(2.34),可以得到:

$$\begin{cases}\beta_1 = \dfrac{x_C + x_D - x_A - x_B}{4}\sec^2\alpha \\ \beta_2 = \dfrac{x_C - x_D + x_A - x_B}{2\sin 2\alpha} \\ \beta_3 = \dfrac{x_A x_C - x_B x_D}{2\sin 2\alpha\cos^2\alpha}\end{cases} \tag{2.50}$$

将式(2.38) 和式(2.49) 代入式(2.36),可以得到:

$$\begin{cases} \beta_1' = \dfrac{x_A + x_B - x_C - x_D}{4}\sec^2\alpha \\ \beta_2' = \dfrac{x_B + x_D - x_A - x_C}{2\sin 2\alpha} \\ \beta_3' = \dfrac{-x_A x_C + x_B x_D}{2\sin 2\alpha\cos^2\alpha} \end{cases} \tag{2.51}$$

将式(2.50)和式(2.51)代入式(2.33)和式(2.35)，可知链杆 ABE 和链杆 CED 施加给节点 E 的约束螺旋相等，则 GAE1 以及非交叉剪式单元是可动的。

2.3.3　GAE2 单元

如图 2.6 所示，由 GAE2 剪式单元的几何条件可知，

$$\begin{cases} \dfrac{AE}{DE} = \dfrac{BE}{CE} \\ \angle AED = \angle BEC \end{cases} \tag{2.52}$$

则 $\triangle ADE$ 和 $\triangle BCE$ 为相似三角形，由此可以得到：

$$\frac{AE}{BE} = \frac{DE}{CE} = \frac{AD}{BC} \tag{2.53}$$

也即：

$$\frac{(y_E - y_A)^2 + (x_E - x_A)^2}{(y_E - y_B)^2 + (x_E - x_B)^2} = \frac{(y_E - y_D)^2 + (x_E - x_D)^2}{(y_E - y_C)^2 + (x_E - x_C)^2} = \frac{(y_A - y_D)^2 + (x_A - x_D)^2}{(y_B - y_C)^2 + (x_B - x_C)^2} \tag{2.54}$$

再利用式(2.38)可以得到 E 点的坐标为：

$$\begin{cases} x_E = \dfrac{x_A x_C - x_B x_D}{x_A - x_B + x_C - x_D} \\ y_E = \dfrac{x_A x_C - x_B x_D}{x_A + x_B - x_C - x_D}\tan\alpha \end{cases} \tag{2.55}$$

将式(2.55)和式(2.38)代入式(2.34)，可以得到：

$$\begin{cases} \beta_1 = \dfrac{1}{2}\dfrac{(2x_A x_C\cos^2\alpha - 2x_B x_D\cos^2\alpha + x_A x_D - x_A x_C - x_A^2 + x_B x_D + x_B^2 - x_B x_C)}{(x_A + x_C - x_B - x_D)\cos^2\alpha} \\ \beta_2 = -\dfrac{1}{2}\dfrac{(2x_A x_C\cos^2\alpha - 2x_B x_D\cos^2\alpha + x_A x_D - x_A x_C - x_A^2 + x_B x_D + x_B^2 - x_B x_C)}{(x_A + x_B - x_C - x_D)\sin\alpha\cos\alpha} \\ \beta_3 = -\dfrac{1}{2}\dfrac{(x_A x_C - x_B x_D)(2x_A x_C\cos^2\alpha - 2x_B x_D\cos^2\alpha + x_A x_D - x_A x_C - x_A^2 + x_B x_D + x_B^2 - x_B x_C)}{(x_A + x_B - x_C - x_D)(x_A + x_C - x_B - x_D)\sin\alpha\cos\alpha} \end{cases} \tag{2.56}$$

将式(2.55)和式(2.38)代入式(2.36)，可以得到：

$$\begin{cases} \beta_1' = \dfrac{1}{2}\dfrac{(2x_A x_C\cos^2\alpha - 2x_B x_D\cos^2\alpha + x_B x_C - x_C^2 - x_A x_C + x_D^2 + x_B x_D - x_A x_D)}{(x_A + x_C - x_B - x_D)\cos^2\alpha} \\ \beta_2' = -\dfrac{1}{2}\dfrac{(2x_A x_C\cos^2\alpha - 2x_B x_D\cos^2\alpha + x_B x_C - x_C^2 - x_A x_C + x_D^2 + x_B x_D - x_A x_D)}{(x_A + x_B - x_C - x_D)\sin\alpha\cos\alpha} \\ \beta_3' = -\dfrac{1}{2}\dfrac{(x_A x_C - x_B x_D)(2x_A x_C\cos^2\alpha - 2x_B x_D\cos^2\alpha + x_B x_C - x_C^2 - x_A x_C + x_D^2 + x_B x_D - x_A x_D)}{(x_A + x_B - x_C - x_D)(x_A + x_C - x_B - x_D)\sin\alpha\cos\alpha} \end{cases} \tag{2.57}$$

由式(2.56) 和式(2.57) 可以得到：

$$\begin{cases}\dfrac{\beta_1}{\beta_2}=-\dfrac{x_A+x_B-x_C-x_D}{x_A+x_C-x_B-x_D}\tan\alpha \\ \dfrac{\beta_1}{\beta_3}=-\dfrac{x_A+x_B-x_C-x_D}{x_Ax_C-x_Bx_D}\sin\alpha\cos\alpha\end{cases} \tag{2.58}$$

$$\begin{cases}\dfrac{\beta_1'}{\beta_2'}=-\dfrac{x_A+x_B-x_C-x_D}{x_A+x_C-x_B-x_D}\tan\alpha \\ \dfrac{\beta_1'}{\beta_3'}=-\dfrac{x_A+x_B-x_C-x_D}{x_Ax_C-x_Bx_D}\sin\alpha\cos\alpha\end{cases} \tag{2.59}$$

由式(2.58) 和式(2.58) 可以得到：

$$\beta_1:\beta_2:\beta_3=\beta_1':\beta_2':\beta_3' \tag{2.60}$$

将式(2.60) 代入式(2.33) 和式(2.35)，可知链杆 ABE 和链杆 CED 施加给节点 E 的约束螺旋相等，则 GAE2 剪式单元是可动的。

2.4 基于体系约束 Jacobian 矩阵的自由度分析方法

螺旋互易定理虽然能够准确地分析成角度剪式单元的可动性，但是当剪式单元组成连杆机构后，其杆件和节点数量很多，计算工作量大。Nagaraj 等提出利用约束条件的 Jacobian 矩阵判断体系的自由度[70]，但其研究对象只考虑了约束条件相对简单的平行剪式单元，本章在给出成角度剪式单元约束条件的基础上，对由成角度剪式单元组成闭环机构的运动学进行深入分析，不仅可以求出体系的自由度，而且可以得到机构的冗余约束和冗余杆件。

成角度剪式单元的示意图如图 2.11 所示，它是由销接节点 p 将两个成角度的折杆 12 和 34 相连。而折杆 12 可以看成是两个直杆 1p 和 p2 组成，其杆件长度分别为 a 和 b。同样，折杆 34 可以看成是两个直杆 3p 和 p4 组成，其杆件长度分别为 c 和 d。下面推导该单元组成结构的约束条件。

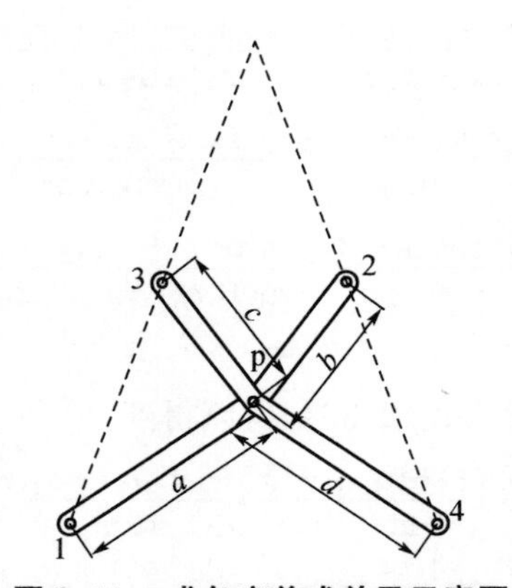

图 2.11 成角度剪式单元示意图

2.4.1 刚性约束条件

连接两个节点的杆件为刚性杆件，其长度是不变的，该条件可以表述为：

$$\mathbf{X}_{ij}\mathbf{X}_{ij} = l_{ij}^2 \tag{2.61}$$

其中 l_{ij} 为杆件 ij 的长度，也即节点 i 和节点 j 之间的距离；$\mathbf{X}_{ij}$ 为节点 j 至节点 i 的向量，可以表示为$[(x_i - x_j),(y_i - y_j),(z_i - z_j)]^{\mathrm{T}}$，而$(x_i,y_i,z_i)$，$(x_j,y_j,z_j)$ 分别为节点 i 和 j 的笛卡儿坐标。

由图 2.11 可以得到 4 根直杆的长度约束表达式为：

$$\begin{aligned}
&(x_{\mathrm{p}} - x_1)^2 + (y_{\mathrm{p}} - y_1)^2 + (z_{\mathrm{p}} - z_1)^2 - a^2 = 0 \\
&(x_{\mathrm{p}} - x_2)^2 + (y_{\mathrm{p}} - y_2)^2 + (z_{\mathrm{p}} - z_2)^2 - b^2 = 0 \\
&(x_{\mathrm{p}} - x_3)^2 + (y_{\mathrm{p}} - y_3)^2 + (z_{\mathrm{p}} - z_3)^2 - c^2 = 0 \\
&(x_{\mathrm{p}} - x_4)^2 + (y_{\mathrm{p}} - y_4)^2 + (z_{\mathrm{p}} - z_4)^2 - d^2 = 0
\end{aligned} \tag{2.62}$$

2.4.2 铰接节点约束条件

同一个节点相连的两个或多个杆件之间的相对运动关系可以用节点约束来表示。如果在形成系统约束条件方程时，两个或者多个杆件共用一个节点，则其铰接节点的约束条件自动满足。

2.4.3 成角度剪式单元约束条件

如图 2.11 所示，节点 p 为一个销接节点，形成折杆 12 的直杆 1p 和 p2 通过销接节点相连，其位置向量的叉乘可以表示为：

$$|\mathbf{X}_{1\mathrm{p}} \times \mathbf{X}_{\mathrm{p}2}| - ab\sin\alpha = 0 \tag{2.63}$$

其中，α 为直杆 1p 和 p2 之间的夹角。同理可以得到折杆 34 的约束方程为：

$$|\mathbf{X}_{3\mathrm{p}} \times \mathbf{X}_{\mathrm{p}4}| - cd\sin\beta = 0 \tag{2.64}$$

其中，β 为直杆 3p 和 p4 之间的夹角。

式(2.63) 和(2.64) 即为成角度剪式单元的约束条件。

2.4.4 边界约束条件

可以利用边界约束条件来消除体系的整体刚体位移。例如，如果节点 1 是固定的，则其约束条件可以表示为：

$$x_1 = y_1 = z_1 = 0 \tag{2.65}$$

而如果由剪式单元组成的为平面结构，其约束条件为：

$$z_1 = z_2 = z_3 = z_4 = z_{\mathrm{p}} = \cdots = 0 \tag{2.66}$$

2.4.5 系统约束方程

上述的刚性约束条件、节点约束条件以及边界约束条件等可以统一表述为：

$$f_j(x_1,x_2,\cdots,x_n,y_1,y_2,\cdots,y_n,z_1,z_2,\cdots,z_n) = 0 \quad j = 1,2,\cdots,m \tag{2.67}$$

其中，m 为约束方程的个数，n 为体系节点数。

对式(2.67) 进行求导，可以得到其 Jacobian 矩阵表述为：

$$[\mathbf{B}]\dot{\mathbf{X}} = 0 \tag{2.68}$$

式(2.68) 是一个齐次方程，如果矩阵 $\mathbf{B}$ 至少存在一个零空间向量，则可以得到非零的向量 $\dot{\mathbf{X}}$。所以，Jacobian 矩阵的零向量空间的数量即为体系的自由度数。体系的机构位移模态可以通过非零向量 $\dot{\mathbf{X}}$ 得到。

2.4.6　计算流程

如果体系拥有 n 个节点，则其笛卡儿坐标个数为 $2n$（二维体系）或者 $3n$（三维体系）。本章讨论的结构体系，各剪式单元之间的节点连接为铰接，在形成系统约束方程组时，如果共用节点，其节点约束条件自动满足，所以不需要额外考虑。本章计算步骤如下：

(1) 首先给出所有杆件的刚性约束条件，判断体系约束方程 Jacobian 矩阵 **B** 的零向量空间数量。

(2) 分步给出成角度剪式单元的约束条件，分步计算体系约束方程 Jacobian 矩阵 **B** 的零向量空间数量，如果增加约束后其零向量空间数量并没有减少，则可以认为这个约束是冗余的。

(3) 分步给出边界约束条件，并计算体系约束方程 Jacobian 矩阵 **B** 的零向量空间数量，如果增加边界约束后其零向量空间数量并没有减少，则可以认为这个边界约束是多余的。

(4) 最后根据体系约束方程 Jacobian 矩阵 **B** 的零向量空间数量给出体系的自由度。

2.5　基于成角度剪式单元平面连杆机构的自由度分析

2.1 节给出了 4 种保持梁端夹角不变的剪式单元，本节将讨论由这些单元组成连杆机构的自由度。

2.5.1　Hoberman 连杆机构

图 2.12 为由 Hoberman 成角度单元组成的平面连杆机构，它由 6 个剪式单元组成。每个剪式单元有 4 个刚性约束条件以及 2 个剪式单元约束条件。边界条件为节点 13 的 x 和 y 向固定，以及节点 1 的 y 向固定。连杆结构的各节点坐标如表 2.1 所示，其约束方程的 Jacobian 矩阵的情况如表 2.2 所示。由表可知，增加最后两个剪式单元约束时，体系 Jacobian 矩阵的零向量空间数量没有改变。则最后两个剪式单元的约束条件是多余的。增加三个边界条件后，Hoberman 连杆机构的自由度数减为 1。

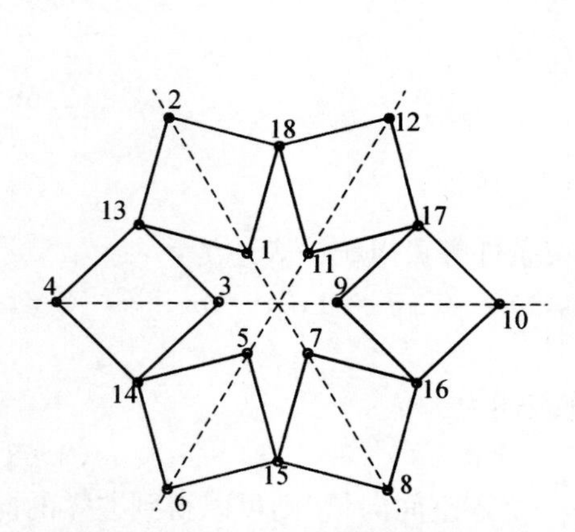

图 2.12　Hoberman 连杆机构示意图

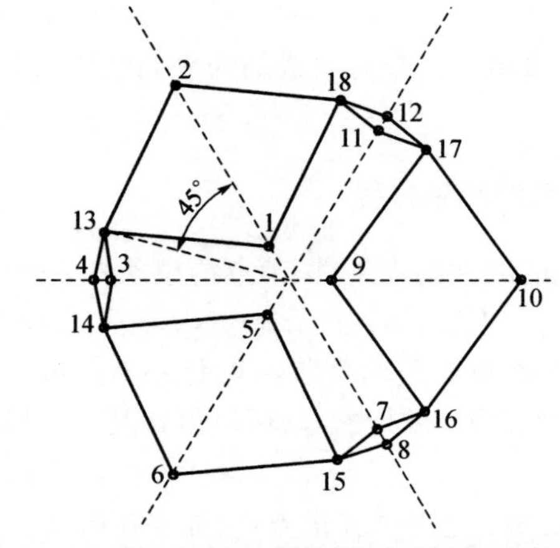

图 2.13　You 和 Pellegrino 等腰三角形连杆机构示意图

表 2.1　Hoberman 连杆机构的节点坐标

节点编号	X(m)	Y(m)
Joint 1	−0.366 0	0.634 0
Joint 2	−1.366 0	2.366 0
Joint 3	−0.732 1	0
Joint 4	−2.732 1	0
Joint 5	−0.366 0	−0.634 0
Joint 6	−1.366 0	−2.366 0
Joint 7	0.366 0	−0.634 0
Joint 8	1.366 0	−2.366 0
Joint 9	0.732 1	0
Joint 10	2.732 1	0
Joint 11	0.366 0	0.634 0
Joint 12	1.366 0	2.366 0
Joint 13	−1.732 1	1.000 0
Joint 14	−1.732 1	−1.000 0
Joint 15	0	−2.000 0
Joint 16	1.732 1	−1.000 0
Joint 17	1.732 1	1.000 0
Joint 18	0	2.000 0

表 2.2　体系 Jacobian 矩阵的详细情况

约束条件	矩阵 **B** 大小	零向量空间数量	备注
长度约束	(24,36)	12	
＋Cross1	(26,36)	10	
＋Cross2	(28,36)	8	
＋Cross3	(30,36)	6	
＋Cross4	(32,36)	4	
＋Cross5	(34,36)	4	Cross5 是冗余的
＋Cross6	(36,36)	4	Cross6 是冗余的
＋BC1(x13)	(37,36)	3	
＋BC2(y13)	(38,36)	2	
＋BC3(y1)	(39,36)	1	

2.5.2 You 和 Pellegrino 等腰三角形连杆机构

You 和 Pellegrino 拓展了 Hoberman 的发现，他们提出了两大类可以保持梁端夹角不变的剪式单元。这两类剪式单元比 Hoberman 全等三角形更为一般。他们把这两类剪式单元分别称为 Type Ⅰ GAE 和 Type Ⅱ GAE。其中，Type Ⅰ GAE 剪式单元保持梁端夹角不变的条件是 13p 和 24p 三角形为等腰三角形，标记如图 2.11 所示；Type Ⅱ GAE 剪式单元保持梁端夹角不变的条件是 13p 和 24p 三角形为相似三角形。本章将由这两类剪式单元组成的连杆机构分别称之为：You 和 Pellegrino 等腰三角形连杆机构，You 和 Pellegrino 相似三角形连杆机构。

图 2.13 为由 You 和 Pellegrino 等腰三角形剪式单元组成的平面连杆机构，它由 6 个剪式单元组成。每个剪式单元有 4 个刚性约束条件以及 2 个剪式单元约束条件。边界条件为节点 13 的 x 和 y 向固定，以及节点 1 的 y 向固定。连杆结构的各节点坐标如表 2.3 所示，其约束方程的 Jacobian 矩阵的情况如表 2.4 所示。由表可知，增加最后两个剪式单元约束时，体系 Jacobian 矩阵的零向量空间数量没有改变。则最后两个剪式单元的约束条件是多余的。增加三个边界条件后，You 和 Pellegrino 等腰三角形连杆机构的自由度数减为 1。

表 2.3 You 和 Pellegrino 等腰三角形连杆机构的节点坐标

Y (m)	节点编号	X (m)
Joint 1	−0.212 0	0.367 2
Joint 2	−1.202 2	2.082 3
Joint 3	−1.840 6	0
Joint 4	−2.023 1	0
Joint 5	−0.212 0	−0.367 2
Joint 6	−1.202 2	−2.082 3
Joint 7	0.920 3	−1.594 0
Joint 8	1.011 6	−1.752 1
Joint 9	0.424 0	0
Joint 10	2.404 5	0
Joint 11	0.920 3	1.594 0
Joint 12	1.011 6	1.752 1
Joint 13	−1.931 9	0.517 6
Joint 14	−1.931 9	−0.517 6
Joint 15	0.517 6	−1.931 9
Joint 16	1.414 2	−1.414 2
Joint 17	1.414 2	1.414 2
Joint 18	0.517 6	1.931 9

表 2.4　You 和 Pellegrino 等腰三角形连杆机构 Jacobian 矩阵的详细情况

约束条件	矩阵 **B** 大小	零向量空间数量	备注
长度约束	(24,36)	12	
＋Cross1	(26,36)	10	
＋Cross2	(28,36)	8	
＋Cross3	(30,36)	6	
＋Cross4	(32,36)	4	
＋Cross5	(34,36)	4	Cross5 是冗余的
＋Cross6	(36,36)	4	Cross6 是冗余的
＋BC1(x13)	(37,36)	3	
＋BC2(y13)	(38,36)	2	
＋BC3(y1)	(39,36)	1	

2.5.3　You 和 Pellegrino 相似三角形连杆机构

图2.14为由You和Pellegrino相似三角形剪式单元组成的平面连杆机构，它由6个剪式单元组成，每个剪式单元有4个刚性约束条件以及2个剪式单元约束条件。边界条件为节点13的x和y向固定，以及节点1的y向固定。连杆结构的各节点坐标如表2.5所示，其约束方程的Jacobian矩阵的情况如表2.6所示。由表可知，增加最后两个剪式单元约束时，体系Jacobian矩阵的零向量空间数量没有改变。则最后两个剪式单元的约束条件是多余的。增加三个边界条件后，You和Pellegrino相似三角形连杆机构的自由度数减为1。

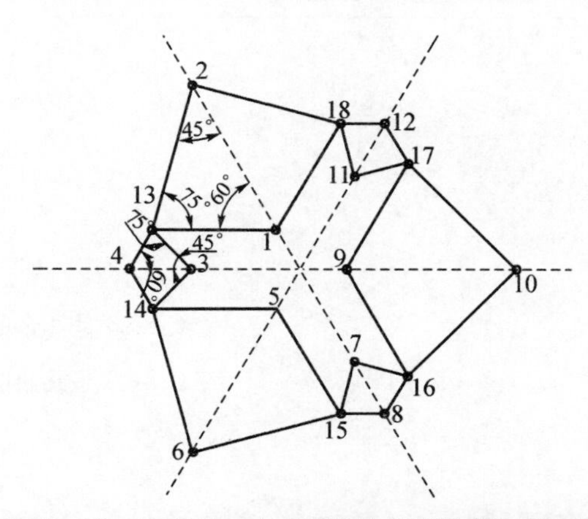

图 2.14　You 和 Pellegrino 相似三角形连杆机构示意图

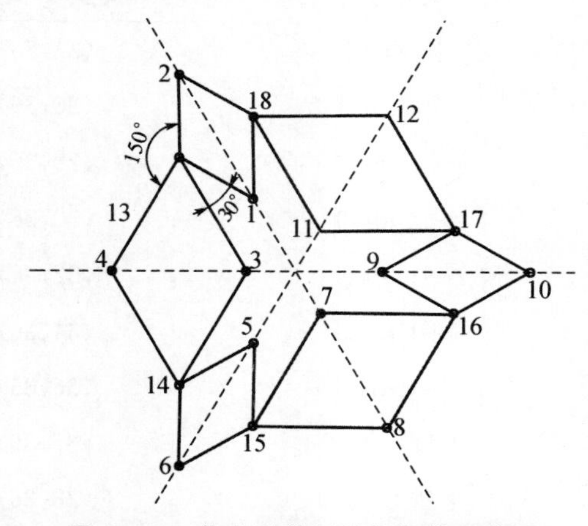

图 2.15　非交叉单元连杆机构示意图

表 2.5　You 和 Pellegrino 相似三角形连杆机构的节点坐标

节点编号	X(m)	Y(m)
Joint 1	−0.298 9	0.517 6
Joint 2	−1.414 2	2.449 5

续表 2.5

节点编号	X(m)	Y(m)
Joint 3	−1.414 2	0
Joint 4	−2.230 7	0
Joint 5	−0.298 9	−0.517 6
Joint 6	−1.414 2	−2.449 5
Joint 7	0.707 1	−1.224 7
Joint 8	1.115 4	−1.931 9
Joint 9	0.597 7	0
Joint 10	2.828 4	0
Joint 11	0.707 1	1.224 7
Joint 12	1.115 4	1.931 9
Joint 13	−1.931 9	0.517 6
Joint 14	−1.931 9	−0.517 6
Joint 15	0.517 6	−1.931 9
Joint 16	1.414 2	−1.414 2
Joint 17	1.414 2	1.414 2
Joint 18	0.517 6	1.931 9

表 2.6 You 和 Pellegrino 相似三角形连杆机构 Jacobian 矩阵的详细情况

约束条件	矩阵 **B** 大小	零向量空间数量	备注
长度约束	(24,36)	12	
+Cross1	(26,36)	10	
+Cross2	(28,36)	8	
+Cross3	(30,36)	6	
+Cross4	(32,36)	4	
+Cross5	(34,36)	4	Cross5 是冗余的
+Cross6	(36,36)	4	Cross6 是冗余的
+BC1(x13)	(37,36)	3	
+BC2(y13)	(38,36)	2	
+BC3(y1)	(39,36)	1	

2.5.4 非交叉单元连杆机构

Wohlhart 在文献[178]中给出了他发现的一类新的闭合环形连杆机构。与前面 Hoberman 以及 You 和 Pellegrino 提出的剪式单元不同，Wohlhart 提出的剪式单元是由一对非交叉角梁构成的。随后，毛德灿等对此类单元组成的连杆机构进行了深入的研究。图 2.15 为由非交叉剪式单元组成的平面连杆机构，它由 6 个剪式单元组成。每个剪式单元有 4 个刚性约束条件以及 2 个剪式单元约束条件。边界条件为节点 13 的 x 和 y 向固定，以及节点 1 的 y 向固定。连杆结构的各节点坐标如表 2.7 所示，其约束方程的 Jacobian 矩阵的情况如表 2.8 所示。由表可知，增加最后两个剪式单元约束时，体系 Jacobian 矩阵的零向量空间数量没有改变。则最后两个剪式单元的约束条件是多余的。增加三个边界条件后，非交叉单元连杆机构的自由度数减为 1。

表 2.7 非交叉单元连杆机构的节点坐标

节点编号	X(m)	Y(m)
Joint 1	−0.517 6	0.896 6
Joint 2	−1.414 2	2.449 5
Joint 3	−0.597 7	0
Joint 4	−2.230 7	0
Joint 5	−0.517 6	−0.896 6
Joint 6	−1.414 2	−2.449 5
Joint 7	0.298 9	−0.517 6
Joint 8	1.115 4	−1.931 9
Joint 9	1.035 3	0
Joint 10	2.828 4	0
Joint 11	0.298 9	0.517 6
Joint 12	1.115 4	1.931 9
Joint 13	−1.414 2	1.414 2
Joint 14	−1.414 2	−1.414 2
Joint 15	−0.517 6	−1.931 9
Joint 16	1.931 9	−0.517 6
Joint 17	1.931 9	0.517 6
Joint 18	−0.517 6	1.931 9

表 2.8 非交叉单元连杆机构 Jacobian 矩阵的详细情况

约束条件	矩阵 **B** 大小	零向量空间数量	备注
长度约束	(24,36)	12	
+Cross1	(26,36)	10	
+Cross2	(28,36)	8	
+Cross3	(30,36)	6	
+Cross4	(32,36)	4	

续表 2.8

约束条件	矩阵 **B** 大小	零向量空间数量	备注
＋Cross5	(34,36)	4	Cross5 是冗余的
＋Cross6	(36,36)	4	Cross6 是冗余的
＋BC1(x13)	(37,36)	3	
＋BC2(y13)	(38,36)	2	
＋BC3(y1)	(39,36)	1	

2.6　基于平行四边形法则的平面连杆机构

在上一节中，我们假定体系中剪式单元在机构展开过程中始终保持梁端夹角不变，由此构造了平面连杆机构，并证明了其可动性。另外，毛德灿等人在 Wohlhart 的基础上提出了基于平行四边形法则的平面连杆机构[179,180]。如图 2.16 所示，图中有 4 个平行四边形，将平行四边形赋予不同的剪式单元。则平行四边形法则就是：构成平面连杆机构的所有相邻剪式单元之间的四边形为平行四边形。

图 2.16 为由非交叉剪式单元组成的平面连杆机构，它由 4 个剪式单元组成。每个剪式单元有 4 个刚性约束条件以及 2 个剪式单元约束条件。边界条件为节点 9 的 x 和 y 向固定，以及节点 1 的 y 向固定。连杆结构的各节点坐标如表 2.9 所示，其约束方程的 Jacobian 矩阵的情况如表 2.10 所示。由表可知，增加最后两个剪式单元约束时，体系 Jacobian 矩阵的零向量空间数量没有改变。则最后两个剪式单元的约束条件是多余的。增加三个边界条件后，基于平面四边形法则的平面连杆机构的自由度数减为 1。

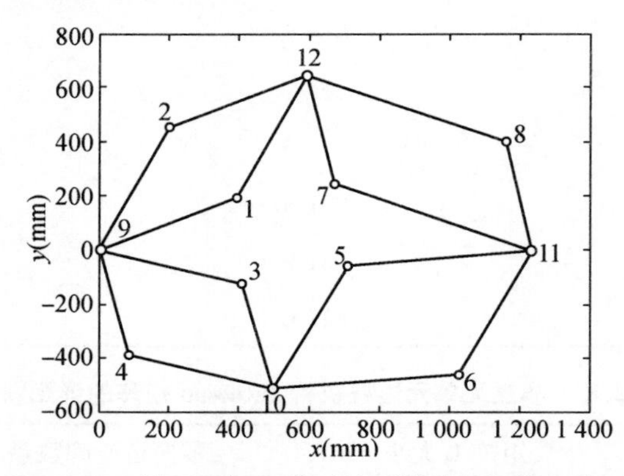

图 2.16　基于平行四边形法则的连杆机构示意图

表 2.9　基于平行四边形法则连杆机构的节点坐标

节点编号	X(m)	Y(m)
Joint 1	0.392 2	0.190 4
Joint 2	0.203 2	0.451 9

续表 2.9

节点编号	X(m)	Y(m)
Joint 3	0.410 4	−0.121 9
Joint 4	0.086 9	−0.390 6
Joint 5	0.707 5	−0.055 4
Joint 6	1.026 4	−0.463 2
Joint 7	0.671 6	0.239 1
Joint 8	1.160 5	0.397 1
Joint 9	0	0
Joint 10	0.497 3	−0.512 5
Joint 11	1.236 6	−0.006 1
Joint 12	0.595 4	0.642 3

表 2.10 基于平行四边形法则连杆机构 Jacobian 矩阵的详细情况

约束条件	矩阵 **B** 大小	零向量空间数量	备注
长度约束	(16,24)	8	
+Cross1	(18,24)	6	
+Cross2	(20,24)	4	
+Cross3	(22,24)	4	Cross3 是冗余的
+Cross4	(24,24)	4	Cross4 是冗余的
+BC1(x9)	(25,24)	3	
+BC2(y9)	(26,24)	2	
+BC3(y1)	(27,24)	1	

2.7 本章小结

本章将成角度剪式单元看成是两个 PRRP 机构，然后利用两个连杆公共节点处轨迹相同的原则，推导了 Hoberman 连杆机构、You 和 Pellegrino 的 GAE1 和 GAE2 以及非交叉单元的几何条件。从中可以看出，You 和 Pellegrino 的 GAE1 机构和非交叉连杆机构的几何条件是相同的，只是两个机构各自折梁单元的夹角不一样。在此基础上，给出了几种机构中间节点的运动轨迹：Hoberman 连杆结构以及 GAE2 单元连杆机构的中间节点的运动轨迹为直线，而 GAE1 单元连杆机构以及非交叉单元连杆机构中间节点的运动轨迹为椭圆。所以从中间节点的运动轨迹来看，GAE1 和非交叉单元连杆机构是 GAE2 连杆机构的特例。螺旋互易定理是近年来机构学中求解自由度、研究运动链终端约束等的重要手段。本章在简要介绍约束和运动的螺旋描述的基础上，运用互易螺旋定理对几种成角度剪式单元的可动性进行了判断，并揭示了其运动特征。

本章随后介绍了成角度剪式单元的刚性约束条件、铰接节点约束条件、单元约束条件以及边界约束条件；并在此基础上形成系统约束条件，从而求得其 Jacobian 矩阵。分别讨论基于不变角度单元和平行四边形法则形成的连杆机构的自由度，可以得到如下结论：

(1) 对于由 6 个不变角度剪式单元组成的 Hoberman 连杆机构、You 和 Pellegrino 等腰三角形以及相似三角形连杆机构、Wohlhart 非交叉单元连杆机构，可以看出这些体系的最后 2 个剪式单元的单元约束条件都是冗余的。

(2) 对于基于平行四边形法则由 4 个剪式单元组成连杆机构，该机构的最后 2 个剪式单元的单元约束条件也是冗余的。

3　连杆机构运动过程中运动奇异点分析

在使用传统算法对可展结构进行运动模拟时，当体系运动到某些位置时，模拟会出现病态并停止运算。当对该位置的体系施加一个很小的扰动使模拟重新开始时，体系的运动特性对这个扰动变得非常敏感，这就是由于体系在运动路径下存在分歧点的缘故[182,183]。

Kumar 和 Pellegrino 采用平衡矩阵准则中定义的机构位移模态以及高阶相容方程建立了一套铰接杆系机构运动路径的跟踪策略[182]。Lengyel 和 You 也深入地分析了杆系机构的运动分岔、可动性及协调条件[184,185]。然而，由于采用了小变形假定的协调条件，平衡矩阵准则在分析杆系机构可动性，以及一些特殊运动形态特性时在理论上并不能给予完善的解答。针对这些问题，浙江大学邓华等建立了杆系机构的一般运动控制方程，将杆系的可动性在数学上归纳为对控制方程在满足运动连续性前提下的非零解的存在性判别问题[186,187]。而对于一般连杆机构，其运动过程通常借助于坐标转换矩阵，从而形成运动控制方程[188]。

本章采用坐标转换矩阵法对连杆机构的连续运动进行模拟计算，并以平面四连杆机构为模型进行了分析。在结构体系的一般位形下采用一阶分析，即传统的算法，并利用预测 —— 修正方法进行计算。在结构的分岐点引入了高阶方程来求解结构体系下一步可能的运动路径，以便设计者可以选择合适的路径来保证结构按照预定的方式运动。

3.1　基于螺旋互易定理的运动奇异点判断

3.1.1　平面四连杆机构的可动性

图 3.1 所示为平面四连杆机构，其几何尺寸如图所示，各点的坐标为：A 点$(0,0,0)$，B 点$(l\cos\theta, l\sin\theta, 0)$，C 点$(l+l\cos\theta, l\sin\theta, 0)$，D 点$(l,0,0)$。平面四连杆机构的可动性可以通过杆件 BC 的运动螺旋来判断。

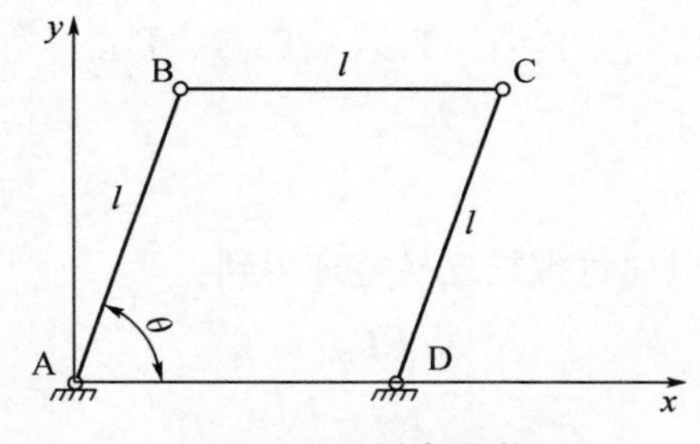

图 3.1　四连杆机构

A 点存在一个转动副,其运动螺旋为:

$$\boldsymbol{\Phi}_{A} = \{0 \quad 0 \quad 1 \quad 0 \quad 0 \quad 0\}^{T} \tag{3.1}$$

B 点也存在一个转动副,其运动螺旋为:

$$\boldsymbol{\Phi}_{B} = \{0 \quad 0 \quad 1 \quad l\sin\theta \quad -l\cos\theta \quad 0\}^{T} \tag{3.2}$$

则两个转动副施加给杆件 AB 的约束螺旋为:

$$\boldsymbol{\Gamma}_{AB} = [\boldsymbol{\Gamma}_{AB,1} \quad \boldsymbol{\Gamma}_{AB,2} \quad \boldsymbol{\Gamma}_{AB,3} \quad \boldsymbol{\Gamma}_{AB,4}]\begin{bmatrix} f_1 \\ f_2 \\ f_3 \\ f_4 \end{bmatrix} \tag{3.3}$$

其中,

$$\boldsymbol{\Gamma}_{AB,1} = \{-l\cos\theta \quad -l\sin\theta \quad 0 \quad 0 \quad 0 \quad 0\}^{T}$$
$$\boldsymbol{\Gamma}_{AB,2} = \{0 \quad 0 \quad 1 \quad 0 \quad 0 \quad 0\}^{T}$$
$$\boldsymbol{\Gamma}_{AB,3} = \{0 \quad 0 \quad 0 \quad 1 \quad 0 \quad 0\}^{T}$$
$$\boldsymbol{\Gamma}_{AB,4} = \{0 \quad 0 \quad 0 \quad 0 \quad 1 \quad 0\}^{T}$$

同理可以得到两个转动副施加给杆件 CD 的约束螺旋为:

$$\boldsymbol{\Gamma}_{CD} = [\boldsymbol{\Gamma}_{CD,1} \quad \boldsymbol{\Gamma}_{CD,2} \quad \boldsymbol{\Gamma}_{CD,3} \quad \boldsymbol{\Gamma}_{CD,4}]\begin{bmatrix} f_5 \\ f_6 \\ f_7 \\ f_8 \end{bmatrix} \tag{3.4}$$

其中,

$$\boldsymbol{\Gamma}_{CD,1} = \{-l\cos\theta \quad -l\sin\theta \quad 0 \quad 0 \quad 0 \quad -l^2\sin\theta\}^{T}$$
$$\boldsymbol{\Gamma}_{CD,2} = \{0 \quad 0 \quad 1 \quad 0 \quad 0 \quad 0\}^{T}$$
$$\boldsymbol{\Gamma}_{CD,3} = \{0 \quad 0 \quad 0 \quad 1 \quad 0 \quad 0\}^{T}$$
$$\boldsymbol{\Gamma}_{CD,4} = \{0 \quad 0 \quad 0 \quad 0 \quad 1 \quad 0\}^{T}$$

如果 $\sin\theta \neq 0$,由式(3.3)和式(3.4)可以得到支座约束施加在链杆 BC 上的约束螺旋为:

$$\boldsymbol{\Gamma}_{BC} = [\Gamma_{AB,1} \quad \boldsymbol{\Gamma}_{CD,1} \quad \boldsymbol{\Gamma}_{AB,2} \quad \boldsymbol{\Gamma}_{AB,3} \quad \boldsymbol{\Gamma}_{AB,4}]\begin{bmatrix} f_1 \\ f_5 \\ f_2 + f_6 \\ f_3 + f_7 \\ f_4 + f_8 \end{bmatrix} \tag{3.5}$$

链杆 BC 的运动螺旋可以通过螺旋互易定理得到:

$$\boldsymbol{\Phi}_{BC}^{T}\boldsymbol{E}\boldsymbol{\Gamma}_{BC} = 0 \tag{3.6}$$

其运动螺旋为：

$$\boldsymbol{\Phi}_{BC} = \begin{Bmatrix} 0 \\ 0 \\ 0 \\ \sin\theta \\ -\cos\theta \\ 0 \end{Bmatrix} \tag{3.7}$$

则机构的自由度为1。

3.1.2　运动奇异点判断

由式(3.3)和式(3.4)可知，如果 $\sin\theta=0$，则AB杆和CD杆施加在BC杆上的约束是相同的，则BC杆的约束螺旋的维数为4，由螺旋互易定理可知，BC杆运动螺旋的维数为2。也即平面四连杆机构的自由度为2。当 $\theta=0^\circ$ 时，其自由度为2，可以产生两条运动路径，如图3.2所示。$\theta=180^\circ$ 的运动路径如图3.3所示。

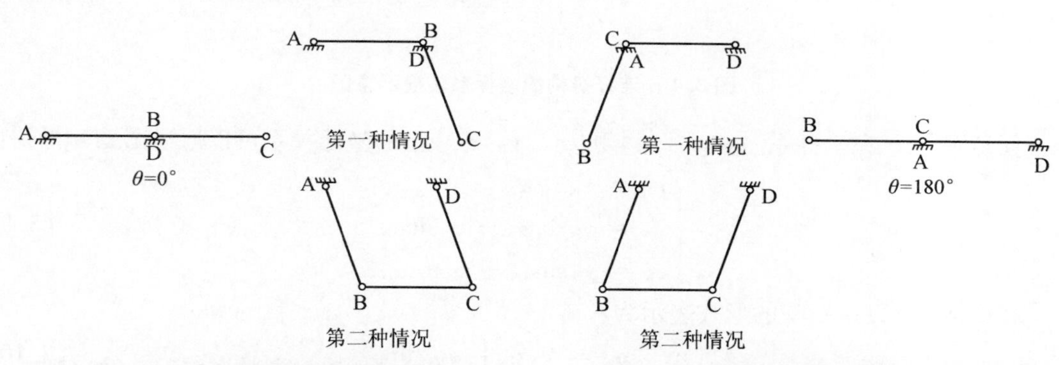

图3.2　$\theta=0^\circ$ 时产生的两条运动路径　　图3.3　$\theta=180^\circ$ 时产生的两条运动路径

3.2　矩阵分析法

3.2.1　运动学描述

本节主要介绍用笛卡儿坐标表示空间连杆机构的运动学方程。连杆机构是指由一系列运动构件相连的组合体。其中每个杆件都有两个节点和其相邻的构件相连。

用数学模型描述空间机构第一个要解决的问题就是构件在坐标系中的位置描述。数学上有许多方法可以描述，本书采用的是坐标矩阵转换方法。该方法是通过固定构件以及运动构件上的两个笛卡儿坐标系之间的坐标转换，来描述体系的运动。假定 $[x,y,z]$ 为一固定坐标系，$[x',y',z']$ 为运动构件上的随动坐标系。固定坐标系上的节点P的坐标可以通过随动坐标系上的坐标表示为：

$$\mathbf{p}=\mathbf{Q}\mathbf{p}'+\mathbf{q},\mathbf{p}=[x,y,z]^{\mathrm{T}},\mathbf{p}'=[x',y',z']^{\mathrm{T}} \tag{3.8}$$

式中：$\mathbf{Q}$ 为 3×3 的转换矩阵；$\mathbf{q}$ 为随动坐标系原点在固定坐标系上的坐标向量。

下面将上述的矩阵转换方法应用于连杆机构。如图3.4，连接杆件 N 的节点为 N 和 $N+1$，

节点 N 和 $N+1$ 轴线的共法线长度为 a_N。轴线 N 上，杆件 N 和 $N-1$ 节点轴线共法线之间的距离为 r_N。这两根共法线之间的夹角为 θ_N，这里需要指出的是这些法线的正方向为从编号小的杆件指向编号大的杆件。α_N 为轴线 N 和 $N+1$ 之间的夹角，逆时针为正。坐标系 $[x_N, y_N, z_N]$ 和 $[x_{N-1}, y_{N-1}, z_{N-1}]$ 如图 3.4 所示。杆件 N 的随动坐标系 $[x'_N, y'_N, z'_N]$ 也在图 3.4 中给出了。

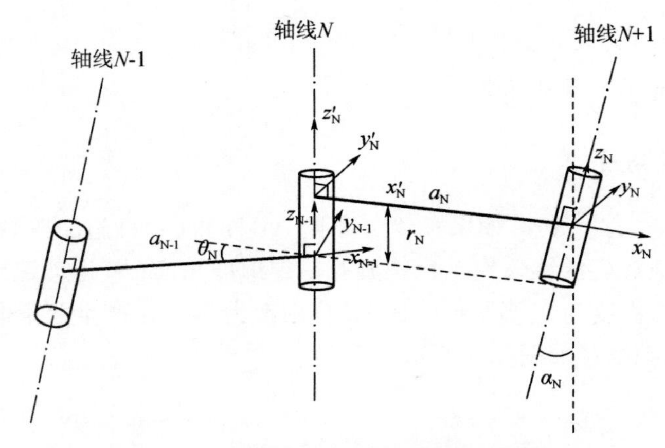

图 3.4 连杆机构的坐标系转换示意图

任意一点 P 在坐标系 $[x_N, y_N, z_N]$ 和 $[x'_N, y'_N, z'_N]$ 上的坐标关系可以通过图 3.5 得到：

$$\begin{cases} x'_N = x_N + a_N \\ y'_N = y_N\cos\alpha_N - z_N\sin\alpha_N \\ z'_N = y_N\sin\alpha_N + z_N\cos\alpha_N \end{cases} \tag{3.9}$$

式(3.9) 可以用矩阵的形式表示为：

$$\mathbf{p}'_N = \mathbf{V}_N\mathbf{p}_N + \mathbf{v}_N \tag{3.10}$$

式中：

$$\mathbf{V}_N = \begin{bmatrix} 1 & 0 & 0 \\ 0 & \cos\alpha_N & -\sin\alpha_N \\ 0 & \sin\alpha_N & -\cos\alpha_N \end{bmatrix}, \mathbf{v}_N = \begin{bmatrix} a_N \\ 0 \\ 0 \end{bmatrix}$$

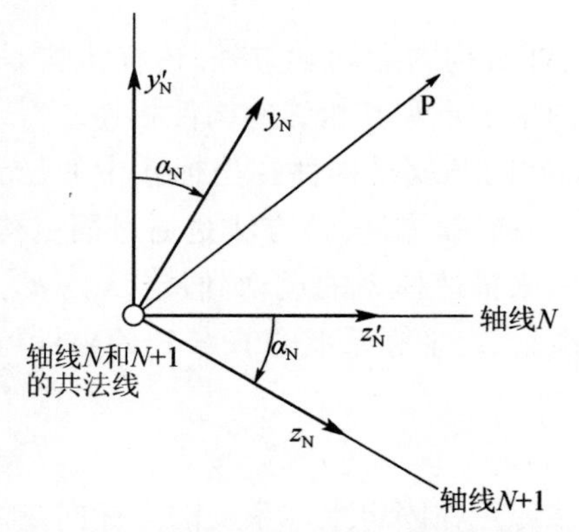

图 3.5 轴线 N 和 N+1 共法线向的视图

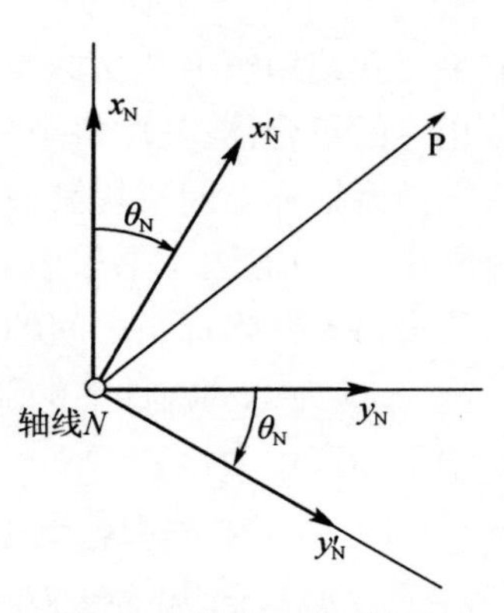

图 3.6 轴线 N 向的视图

图 3.6 为坐标系$[x_{N-1},y_{N-1},z_{N-1}]$和$[x'_N,y'_N,z'_N]$在轴线 N 向的视图，则这两个坐标系上任意点 **P** 坐标关系为：

$$\begin{cases} x_{N-1}=x'_N\cos\theta_N-y'_N\sin\theta_N \\ y_{N-1}=x'_N\sin\theta_N+y'_N\cos\theta_N \\ z_{N-1}=z'_N+r_N \end{cases} \tag{3.11}$$

式(3.11) 可以用矩阵的形式表示为：

$$\mathbf{p}_{N-1}=\mathbf{U}_N\mathbf{p}_N+\mathbf{u}_N \tag{3.12}$$

式中：

$$\mathbf{U}_N=\begin{bmatrix}\cos\theta_N & -\sin\theta_N & 0\\ \sin\theta_N & \cos\theta_N & 0\\ 0 & 0 & 1\end{bmatrix},\mathbf{u}_N=\begin{bmatrix}0\\0\\r_N\end{bmatrix}$$

将式(3.10) 代入式(3.12) 可得：

$$\mathbf{p}_{N-1}=\mathbf{U}_N(\mathbf{V}_N\mathbf{p}_N+\mathbf{s}_N) \tag{3.13}$$

式中：

$$\mathbf{s}_N=\mathbf{v}_N+\mathbf{U}_N^T\mathbf{u}_N=[a_N\quad 0\quad r_N]^T$$

由式(3.13) 可以得到杆件 N 和杆件 $N-1$ 坐标系之间的转换可以表示为：

$$\mathbf{P}_{N-1}=\mathbf{T}_N\mathbf{P}_N \tag{3.14}$$

式中：

$$\mathbf{T}_N=\begin{bmatrix}\cos\theta_N & -\sin\theta_N\cos\alpha_N & \sin\theta_N\sin\alpha_N & a_N\cos\theta_N\\ \sin\theta_N & \cos\theta_N\cos\alpha_N & -\cos\theta_N\sin\alpha_N & a_N\sin\theta_N\\ 0 & \sin\alpha_N & \cos\alpha_N & r_N\\ 0 & 0 & 0 & 1\end{bmatrix}$$

$$\mathbf{P}_{N-1}=[x_{N-1}\quad y_{N-1}\quad z_{N-1}\quad 1]^T \text{ 和 } \mathbf{P}_N=[x_N\quad y_N\quad z_N\quad 1]^T$$

式(3.14) 中前三个等式和式(3.13) 相同，第 4 个等式为恒等式 $1=1$。

矩阵 $\mathbf{T}_N$ 不是正交矩阵，一般而言其逆矩阵比较难以求得。现从式(3.13) 出发，

$$\mathbf{p}_N=\mathbf{V}_N^T(\mathbf{U}_N^T\mathbf{p}_{N-1}-\mathbf{s}_N) \tag{3.15}$$

由式(3.15) 可以得到杆件 N 和杆件 $N-1$ 坐标系之间的转换可以表示为：

$$\mathbf{P}_N=\mathbf{T}_N^{-1}\mathbf{P}_{N-1}$$

式中：

$$\mathbf{T}_N^{-1}=\begin{bmatrix}\cos\theta_N & -\sin\theta_N & 0 & -a_N\\ -\sin\theta_N\cos\alpha_N & \cos\theta_N\cos\alpha_N & \sin\alpha_N & -r_N\sin\alpha_N\\ \sin\theta_N\sin\alpha_N & -\cos\theta_N\sin\alpha_N & \cos\alpha_N & -r_N\cos\alpha_N\\ 0 & 0 & 0 & 1\end{bmatrix}$$

3.2.2 闭环连杆机构

利用式(3.14) 可以求得闭合连杆机构之间的关系为：

$$\mathbf{I}=\mathbf{T}_A\mathbf{T}_B\mathbf{T}_C\cdots\mathbf{T}_i\cdots\mathbf{T}_n \tag{3.16}$$

式中 n 为闭环连杆机构杆件的数量。

3.3　一阶分析

对于平面四连杆机构，如果四边都相等，则有 $a_N=1, r_N=0, \alpha_N=0$，如图 3.1 所示，其四个夹角为 $\theta_i, i=A,B,C,D$，代入式(3.14)，有

$$\mathbf{T}_i=\begin{bmatrix}\cos\theta_i & -\sin\theta_i & 0 & \cos\theta_i\\ \sin\theta_i & \cos\theta_i & 0 & \sin\theta_i\\ 0 & 0 & 1 & 0\\ 0 & 0 & 0 & 1\end{bmatrix} \tag{3.17}$$

由于机构闭合，代入式(3.16) 可得：

$$\mathbf{T}_A\mathbf{T}_B\mathbf{T}_C\mathbf{T}_D=\mathbf{I} \tag{3.18}$$

下面将介绍求解式(3.18) 的一般方法，本书利用文献中广泛使用的 Newton-Raphson 迭代法，将求解过程分成预测和修正两个步骤，如图 3.7 所示，从构形 R^i 到 R^{i+1}，在预测步时，可以求得构形 $\bar{R}^i$，然后利用修正步求得真解 R^{i+1}。

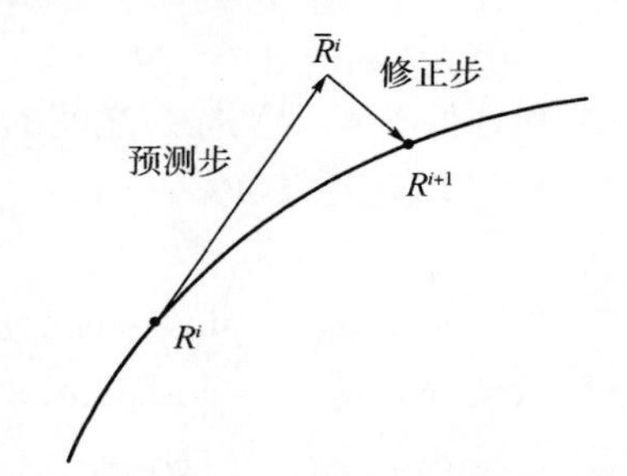

图 3.7　Newton-Raphson 迭代示意图

3.3.1　预测步

由式(3.18) 可知，当连杆机构在其初始态时，其控制方程可以表述为：

$$\mathbf{T}_{A_0}\mathbf{T}_{B_0}\mathbf{T}_{C_0}\mathbf{T}_{D_0}=I \tag{3.19}$$

当杆件间的夹角有微小变化时，如果此时杆件没有弹性变形，则连杆机构在运动后形态的控制方程为：

$$\mathbf{T}_A\mathbf{T}_B\mathbf{T}_C\mathbf{T}_D=I \tag{3.20}$$

其中矩阵 $\mathbf{T}_A,\mathbf{T}_B,\mathbf{T}_C,\mathbf{T}_D$ 所对应的杆件夹角为 $\theta_A,\theta_B,\theta_C,\theta_D$。

对 $\sin\theta$、$\cos\theta$ 进行泰勒展开并忽略高阶项，有

$$\begin{aligned}\sin(\theta_{A_0}+\Delta\theta_{A_0})&\approx\sin\theta_{A_0}+\cos\theta_{A_0}(\Delta\theta_{A_0})\\ \cos(\theta_{A_0}+\Delta\theta_{A_0})&\approx\cos\theta_{A_0}-\sin\theta_{A_0}(\Delta\theta_{A_0})\end{aligned} \tag{3.21}$$

将上式代入转换矩阵的表达式可得：

$$\mathbf{T}_A=\begin{bmatrix}\cos(\theta_{A_0}+\Delta\theta_{A_0}) & -\sin(\theta_{A_0}+\Delta\theta_{A_0}) & 0 & \cos(\theta_{A_0}+\Delta\theta_{A_0})\\ \sin(\theta_{A_0}+\Delta\theta_{A_0}) & \cos(\theta_{A_0}+\Delta\theta_{A_0}) & 0 & \sin(\theta_{A_0}+\Delta\theta_{A_0})\\ 0 & 0 & 1 & 0\\ 0 & 0 & 0 & 1\end{bmatrix}$$

$$\approx \mathbf{T}_{A_0} + \begin{bmatrix} -\sin\theta_{A_0} & -\cos\theta_{A_0} & 0 & -\sin\theta_{A_0} \\ \cos\theta_{A_0} & -\sin\theta_{A_0} & 0 & \cos\theta_{A_0} \\ 0 & 0 & 0 & 0 \\ 0 & 0 & 0 & 0 \end{bmatrix} \Delta\theta_{A_0} \tag{3.22}$$

$$= \mathbf{T}_{A_0} + \mathbf{T}'_{A_0}\Delta\theta_{A_0}$$

将式(3.22)代入式(3.20)可得：

$$(\mathbf{T}_{A_0} + \mathbf{T}'_{A_0}\Delta\theta_{A_0})(\mathbf{T}_{B_0} + \mathbf{T}'_{B_0}\Delta\theta_{B_0})(\mathbf{T}_{C_0} + \mathbf{T}'_{C_0}\Delta\theta_{C_0})(\mathbf{T}_{D_0} + \mathbf{T}'_{D_0}\Delta\theta_{D_0}) = \mathbf{I} \tag{3.23}$$

将上式展开，并忽略 θ 的高阶项，

$$\begin{aligned} &\mathbf{T}_{A_0}\mathbf{T}_{B_0}\mathbf{T}_{C_0}\mathbf{T}_{D_0} + \mathbf{T}'_{A_0}\mathbf{T}_{B_0}\mathbf{T}_{C_0}\mathbf{T}_{D_0}\Delta\theta_{A_0} + \mathbf{T}_{A_0}\mathbf{T}'_{B_0}\mathbf{T}_{C_0}\mathbf{T}_{D_0}\Delta\theta_{B_0} \\ &+ \mathbf{T}_{A_0}\mathbf{T}_{B_0}\mathbf{T}'_{C_0}\mathbf{T}_{D_0}\Delta\theta_{C_0} + \mathbf{T}_{A_0}\mathbf{T}_{B_0}\mathbf{T}_{C_0}\mathbf{T}'_{D_0}\Delta\theta_{D_0} = \mathbf{I} \end{aligned} \tag{3.24}$$

将式(3.19)代入式(3.24)可得：

$$\mathbf{A}\theta_{A_0} + \mathbf{B}\theta_{B_0} + \mathbf{C}\Delta\theta_{C_0} + \mathbf{D}\Delta\theta_{D_0} = [0] \tag{3.25}$$

式中：

$$\begin{cases} \mathbf{A} = \mathbf{T}'_{A_0}\mathbf{T}_{B_0}\mathbf{T}_{C_0}\mathbf{T}_{D_0} \\ \mathbf{B} = \mathbf{T}_{A_0}\mathbf{T}'_{B_0}\mathbf{T}_{C_0}\mathbf{T}_{D_0} \\ \mathbf{C} = \mathbf{T}_{A_0}\mathbf{T}_{B_0}\mathbf{T}'_{C_0}\mathbf{T}_{D_0} \\ \mathbf{D} = \mathbf{T}_{A_0}\mathbf{T}_{B_0}\mathbf{T}_{C_0}\mathbf{T}'_{D_0} \end{cases}$$

其中 **A**、**B**、**C**、**D** 有共同的矩阵形式，以 **A** 为例，可以表示为：

$$\mathbf{A} = \begin{bmatrix} 0 & A_{12} & 0 & A_{14} \\ A_{12} & 0 & 0 & A_{24} \\ 0 & 0 & 0 & 0 \\ 0 & 0 & 0 & 0 \end{bmatrix} \tag{3.26}$$

其中独立非零项为：A_{12}、A_{14}、A_{24}。则矩阵 A、B、C、D 中独立非零项可整理为：

$$\mathbf{M} = \begin{bmatrix} A_{12} & A_{14} & A_{24} \\ B_{12} & B_{14} & B_{24} \\ C_{12} & C_{14} & C_{24} \\ D_{12} & D_{14} & D_{24} \end{bmatrix} \tag{3.27}$$

则式(3.25)可写成：

$$\mathbf{M}^{\mathrm{T}}[\Delta\theta_{A_0} \quad \Delta\theta_{B_0} \quad \Delta\theta_{C_0} \quad \Delta\theta_{D_0}]^{\mathrm{T}} = [0] \tag{3.28}$$

利用式(3.28)可以求得杆件夹角的增量。如果机构的自由度为1，则 M 矩阵的秩为3，也即式(3.28)存在一组非零解。对 **M** 进行 SVD 分解，可得

$$\mathbf{M}_{4\times3} = \mathbf{U}_{4\times4}\mathbf{S}_{4\times3}\mathbf{V}^{\mathrm{T}}_{3\times3} \tag{3.29}$$

零应变的机构位移量为 **U** 的第 4 列，从而可以求得预测值为：

$$[\Delta\theta_{A} \quad \Delta\theta_{B} \quad \Delta\theta_{C} \quad \Delta\theta_{D}] = [u'_{14} \quad u'_{24} \quad u'_{34} \quad u'_{44}] \tag{3.30}$$

其中，**U** 中第 4 列 u_i 相对值，规格化为绝对值 u'_i。

3.3.2 修正步

设 θ_{A_0} 为初始值，$\Delta\theta_{\bar{A}}$ 为预测值，$\Delta\theta_{A}^{*}$ 为修正值，θ_{A_1} 为终值，则有

$$\theta_{A_1} = \theta_{\bar{A}} + \Delta\theta_{A}^{*} = \theta_{A_0} + \Delta\theta_{\bar{A}} + \Delta\theta_{A}^{*} \tag{3.31}$$

其余三个角也相同。

对于预测值构形 $\bar{R}$，有

$$\mathbf{T}_{\bar{A}}\mathbf{T}_{\bar{B}}\mathbf{T}_{\bar{C}}\mathbf{T}_{\bar{D}} = \mathbf{I} + \mathbf{E} \tag{3.32}$$

其中 $\mathbf{E}$ 为误差。同理利用 3.3.1 中的一阶方法，可得

$$\bar{\mathbf{A}}\theta_{A}^{*} + \bar{\mathbf{B}}\theta_{B}^{*} + \bar{\mathbf{C}}\Delta\theta_{C}^{*} + \bar{\mathbf{D}}\Delta\theta_{D}^{*} = -\mathbf{E} \tag{3.33}$$

式中：

$$\begin{cases} \bar{\mathbf{A}} = \mathbf{T}'_{\bar{A}}\mathbf{T}_{\bar{B}}\mathbf{T}_{\bar{C}}\mathbf{T}_{\bar{D}} \\ \bar{\mathbf{B}} = \mathbf{T}_{\bar{A}}\mathbf{T}'_{\bar{B}}\mathbf{T}_{\bar{C}}\mathbf{T}_{\bar{D}} \\ \bar{\mathbf{C}} = \mathbf{T}_{\bar{A}}\mathbf{T}_{\bar{B}}\mathbf{T}'_{\bar{C}}\mathbf{T}_{\bar{D}} \\ \bar{\mathbf{D}} = \mathbf{T}_{\bar{A}}\mathbf{T}_{\bar{B}}\mathbf{T}_{\bar{C}}\mathbf{T}'_{\bar{D}} \end{cases}$$

则矩阵 $\bar{\mathbf{A}}$、$\bar{\mathbf{B}}$、$\bar{\mathbf{C}}$、$\bar{\mathbf{D}}$ 中独立非零项可整理为：

$$\mathbf{N} = \begin{bmatrix} \bar{A}_{12} & \bar{A}_{14} & \bar{A}_{24} \\ \bar{B}_{12} & \bar{B}_{14} & \bar{B}_{24} \\ \bar{C}_{12} & \bar{C}_{14} & \bar{C}_{24} \\ \bar{D}_{12} & \bar{D}_{14} & \bar{D}_{24} \end{bmatrix} \tag{3.34}$$

误差矩阵 $\mathbf{E}$ 可以表示为：

$$\mathbf{E} = \begin{bmatrix} & & & e_{14} \\ & \mathbf{F} & & e_{24} \\ & & & 0 \\ 0 & 0 & 0 & 0 \end{bmatrix} \tag{3.35}$$

$\mathbf{F}$ 可分解为对称和反对称部分，取反对称部分为：

$$\mathbf{F}_{\text{sym}} = \frac{(\mathbf{F} - \mathbf{F}^{\mathrm{T}})}{2} \tag{3.36}$$

其独立非零项为 $\bar{e}_{12}$，则有：

$$\begin{bmatrix} \bar{A}_{12} & \bar{A}_{14} & \bar{A}_{24} \\ \bar{B}_{12} & \bar{B}_{14} & \bar{B}_{24} \\ \bar{C}_{12} & \bar{C}_{14} & \bar{C}_{24} \\ \bar{D}_{12} & \bar{D}_{14} & \bar{D}_{24} \end{bmatrix}^{\mathrm{T}} \begin{bmatrix} \Delta\theta_{A}^{*} \\ \Delta\theta_{B}^{*} \\ \Delta\theta_{C}^{*} \\ \Delta\theta_{D}^{*} \end{bmatrix} = - \begin{bmatrix} \bar{e}_{12} \\ e_{14} \\ e_{24} \end{bmatrix} \tag{3.37}$$

对矩阵 $\mathbf{N}$ 的 SVD 分解可得

$$\mathbf{N} = \mathbf{U}'\mathbf{S}'\mathbf{V}'^{\mathrm{T}} \tag{3.38}$$

由式(3.37) 可知，该方程组有三个方程，但有 4 个未知数，可以利用最小二乘解求得由于误差引起的修正值为：

$$\Delta\boldsymbol{\theta}^{*} = -\sum_{i=1}^{r} \frac{\mathbf{U}'_i \mathbf{V}'^{\mathrm{T}}_i}{S'_{ii}} \mathbf{e} \tag{3.39}$$

式中：$\mathbf{U}'_i$ 为矩阵 $\mathbf{U}'$ 的第 i 列，$\mathbf{V}'_i$ 为矩阵 $\mathbf{V}'$ 的第 i 列；S'_{ii} 为矩阵 $\mathbf{S}'$ 的对角线上第 i 个数；$-\mathbf{e}$ 向量是式(3.37) 中等号右边的向量。

将式(3.39) 所求得的修正值代入式(3.31)，就可以求得几何构形 R^{i+1} 处杆件的夹角。

3.3.3　计算结果

利用MATLAB编制相应程序，计算四边相等的平面四连杆机构，假定 θ_A 角的初值为1°，变化范围为1°～179°，每次增量为0.1°。其余角度 θ_B、θ_C 和 θ_D 随着 θ_A 变化趋势如图3.8所示。从图中可以看出，θ_C 随着 θ_A 线性增加；θ_B 和 θ_D 的曲线几乎重合，且随着 θ_A 的增加而线性减小，和平面四连杆机构的解析解完全一致，验证了本书方法以及编制程序的正确性。

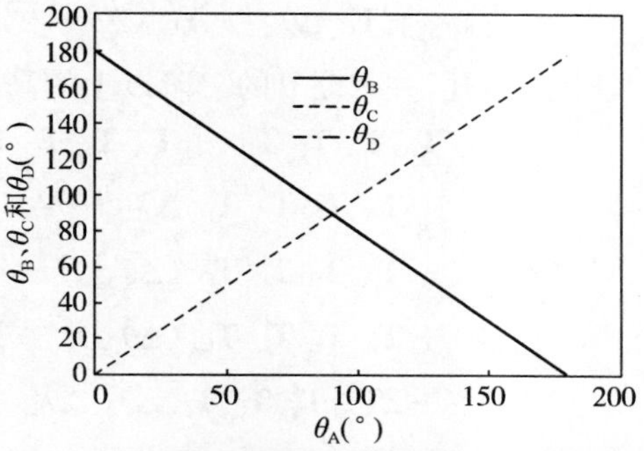

图3.8　平面四连杆机构运动过程角度的变化

3.4　二阶分析

3.4.1　理论推导

由3.1节的分析可知，当 $\theta_A = 0°$ 或者180°时，平面四连杆机构存在运动奇异点，即存在两条或者多条运动路径通过此点。在3.3节式(3.28)中 **M** 矩阵的秩为2，机构瞬时存在两个自由度。此时，无法用3.3节讨论的一阶方法分析问题，本节主要讨论如何利用二阶方法使数值分析能够顺利通过运动奇异点以及选择运动路径。

对 $\sin\theta$、$\cos\theta$ 进行泰勒展开时，保留至二阶项，有

$$\begin{aligned}\sin(\theta_{A_0}+\Delta\theta_{A_0}) &\approx \sin\theta_{A_0}+\cos\theta_{A_0}(\Delta\theta_{A_0})-\frac{1}{2}\sin\theta_{A_0}(\Delta\theta_{A_0})^2\\ \cos(\theta_{A_0}+\Delta\theta_{A_0}) &\approx \cos\theta_{A_0}-\sin\theta_{A_0}(\Delta\theta_{A_0})-\frac{1}{2}\cos\theta_{A_0}(\Delta\theta_{A_0})^2\end{aligned}\tag{3.40}$$

将上式代入转换矩阵的表达式可得：

$$\begin{aligned}\mathbf{T}_A &= \begin{bmatrix}\cos(\theta_{A_0}+\Delta\theta_{A_0}) & -\sin(\theta_{A_0}+\Delta\theta_{A_0}) & 0 & \cos(\theta_{A_0}+\Delta\theta_{A_0})\\ \sin(\theta_{A_0}+\Delta\theta_{A_0}) & \cos(\theta_{A_0}+\Delta\theta_{A_0}) & 0 & \sin(\theta_{A_0}+\Delta\theta_{A_0})\\ 0 & 0 & 1 & 0\\ 0 & 0 & 0 & 1\end{bmatrix}\\
&\approx \mathbf{T}_{A_0}+\begin{bmatrix}-\sin\theta_{A_0} & -\cos\theta_{A_0} & 0 & -\sin\theta_{A_0}\\ \cos\theta_{A_0} & -\sin\theta_{A_0} & 0 & \cos\theta_{A_0}\\ 0 & 0 & 0 & 0\\ 0 & 0 & 0 & 0\end{bmatrix}\Delta\theta_{A_0}\\
&\quad+\begin{bmatrix}-\frac{\cos\theta_{A_0}}{2} & \frac{\sin\theta_{A_0}}{2} & 0 & -\frac{\cos\theta_{A_0}}{2}\\ -\frac{\sin\theta_{A_0}}{2} & -\frac{\cos\theta_{A_0}}{2} & 0 & -\frac{\sin\theta_{A_0}}{2}\\ 0 & 0 & 0 & 0\\ 0 & 0 & 0 & 0\end{bmatrix}(\Delta\theta_{A_0})^2\\
&= \mathbf{T}_{A_0}+\mathbf{T}'_{A_0}\Delta\theta_{A_0}+\mathbf{T}''_{A_0}(\Delta\theta_{A_0})^2\end{aligned}\tag{3.41}$$

将式(3.41)代入式(3.20)可得：

$$[\mathbf{T}_{A_0}+\mathbf{T}'_{A_0}\Delta\theta_{A_0}+\mathbf{T}''_{A_0}(\Delta\theta_{A_0})^2][\mathbf{T}_{B_0}+\mathbf{T}'_{B_0}\Delta\theta_{B_0}+\mathbf{T}''_{B_0}(\Delta\theta_{B_0})^2]$$
$$[\mathbf{T}_{C_0}+\mathbf{T}'_{C_0}\Delta\theta_{C_0}+\mathbf{T}''_{C_0}(\Delta\theta_{C_0})^2][\mathbf{T}_{D_0}+\mathbf{T}'_{D_0}\Delta\theta_{D_0}+\mathbf{T}''_{\Delta D_0}(\Delta\theta_{D_0})^2]=\mathbf{I} \tag{3.42}$$

将上式展开，并忽略 θ 的二阶以上的高阶项，有：

$$\begin{aligned}
&\mathbf{T}_{A_0}\mathbf{T}_{B_0}\mathbf{T}_{C_0}\mathbf{T}_{D_0}+\mathbf{T}'_{A_0}\mathbf{T}_{B_0}\mathbf{T}_{C_0}\mathbf{T}_{D_0}\Delta\theta_{A_0}+\mathbf{T}_{A_0}\mathbf{T}'_{B_0}\mathbf{T}_{C_0}\mathbf{T}_{D_0}\Delta\theta_{B_0}\\
&+\mathbf{T}_{A_0}\mathbf{T}_{B_0}\mathbf{T}'_{C_0}\mathbf{T}_{D_0}\Delta\theta_{C_0}+\mathbf{T}_{A_0}\mathbf{T}_{B_0}\mathbf{T}_{C_0}\mathbf{T}'_{D_0}\Delta\theta_{D_0}\\
&+\mathbf{T}''_{A_0}\mathbf{T}_{B_0}\mathbf{T}_{C_0}\mathbf{T}_{D_0}(\Delta\theta_{A_0})^2+\mathbf{T}_{A_0}\mathbf{T}''_{B_0}\mathbf{T}_{C_0}\mathbf{T}_{D_0}(\Delta\theta_{B_0})^2\\
&+\mathbf{T}_{A_0}\mathbf{T}_{B_0}\mathbf{T}''_{C_0}\mathbf{T}_{D_0}(\Delta\theta_{C_0})^2+\mathbf{T}_{A_0}\mathbf{T}_{B_0}\mathbf{T}_{C_0}\mathbf{T}''_{D_0}(\Delta\theta_{D_0})^2\\
&+2\mathbf{T}'_{A_0}\mathbf{T}'_{B_0}\mathbf{T}_{C_0}\mathbf{T}_{D_0}\Delta\theta_{A_0}\Delta\theta_{B_0}+2\mathbf{T}_{A_0}\mathbf{T}'_{B_0}\mathbf{T}'_{C_0}\mathbf{T}_{D_0}\Delta\theta_{B_0}\Delta\theta_{C_0}\\
&+2\mathbf{T}_{A_0}\mathbf{T}_{B_0}\mathbf{T}'_{C_0}\mathbf{T}'_{D_0}\Delta\theta_{C_0}\Delta\theta_{D_0}+2\mathbf{T}'_{A_0}\mathbf{T}_{B_0}\mathbf{T}_{C_0}\mathbf{T}'_{D_0}\Delta\theta_{D_0}\Delta\theta_{A_0}\\
&+2\mathbf{T}'_{A_0}\mathbf{T}_{B_0}\mathbf{T}'_{C_0}\mathbf{T}_{D_0}\Delta\theta_{C_0}\Delta\theta_{A_0}+2\mathbf{T}_{A_0}\mathbf{T}'_{B_0}\mathbf{T}_{C_0}\mathbf{T}'_{D_0}\Delta\theta_{D_0}\Delta\theta_{B_0}\approx\mathbf{I}
\end{aligned} \tag{3.43}$$

将式(3.24)代入式(3.43)，可以得到：

$$\begin{aligned}
&\mathbf{AA}(\Delta\theta_{A_0})^2+\mathbf{BB}(\Delta\theta_{B_0})^2+\mathbf{CC}(\Delta\theta_{C_0})^2+\mathbf{DD}(\Delta\theta_{D_0})^2+2\mathbf{AB}\Delta\theta_{A_0}\Delta\theta_{B_0}\\
&+2\mathbf{BC}\Delta\theta_{B_0}\Delta\theta_{C_0}+2\mathbf{CD}\Delta\theta_{C_0}\Delta\theta_{D_0}+2\mathbf{AD}\Delta\theta_{D_0}\Delta\theta_{A_0}+2\mathbf{AC}\Delta\theta_{C_0}\Delta\theta_{A_0}+2\mathbf{BD}\Delta\theta_{D_0}\Delta\theta_{B_0}\approx[0]
\end{aligned} \tag{3.44}$$

式中：

$$\begin{cases}\mathbf{AA}=\mathbf{T}''_{A_0}\mathbf{T}_{B_0}\mathbf{T}_{C_0}\mathbf{T}_{D_0}\\ \mathbf{BB}=\mathbf{T}_{A_0}\mathbf{T}''_{B_0}\mathbf{T}_{C_0}\mathbf{T}_{D_0}\\ \mathbf{CC}=\mathbf{T}_{A_0}\mathbf{T}_{B_0}\mathbf{T}''_{C_0}\mathbf{T}_{D_0}\\ \mathbf{DD}=\mathbf{T}_{A_0}\mathbf{T}_{B_0}\mathbf{T}_{C_0}\mathbf{T}''_{D_0}\end{cases}\text{和}\begin{cases}\mathbf{AB}=\mathbf{T}'_{A_0}\mathbf{T}'_{B_0}\mathbf{T}_{C_0}\mathbf{T}_{D_0}\\ \mathbf{AC}=\mathbf{T}'_{A_0}\mathbf{T}_{B_0}\mathbf{T}'_{C_0}\mathbf{T}_{D_0}\\ \mathbf{AD}=\mathbf{T}'_{A_0}\mathbf{T}_{B_0}\mathbf{T}_{C_0}\mathbf{T}'_{D_0}\\ \mathbf{BC}=\mathbf{T}_{A_0}\mathbf{T}'_{B_0}\mathbf{T}'_{C_0}\mathbf{T}_{D_0}\\ \mathbf{BD}=\mathbf{T}_{A_0}\mathbf{T}'_{B_0}\mathbf{T}_{C_0}\mathbf{T}'_{D_0}\\ \mathbf{CD}=\mathbf{T}_{A_0}\mathbf{T}_{B_0}\mathbf{T}'_{C_0}\mathbf{T}'_{D_0}\end{cases}。$$

对矩阵进行整理，式(3.44)左边可以表述为矩阵形式：

$$[\Delta\theta_{A_0}\quad\Delta\theta_{B_0}\quad\Delta\theta_{C_0}\quad\Delta\theta_{D_0}]\begin{bmatrix}\mathbf{AA}(1,4)&\mathbf{AB}(1,4)&\mathbf{AC}(1,4)&\mathbf{AD}(1,4)\\ \mathbf{AB}(1,4)&\mathbf{BB}(1,4)&\mathbf{BC}(1,4)&\mathbf{BD}(1,4)\\ \mathbf{AC}(1,4)&\mathbf{BC}(1,4)&\mathbf{CC}(1,4)&\mathbf{CD}(1,4)\\ \mathbf{AD}(1,4)&\mathbf{BD}(1,4)&\mathbf{CD}(1,4)&\mathbf{DD}(1,4)\end{bmatrix}\begin{bmatrix}\Delta\theta_{A_0}\\ \Delta\theta_{B_0}\\ \Delta\theta_{C_0}\\ \Delta\theta_{D_0}\end{bmatrix} \tag{3.45}$$

则式(3.44)可以表示为：

$$\Delta\boldsymbol{\theta}^{T}\mathbf{W}\Delta\theta=[0] \tag{3.46}$$

式中：

$$\mathbf{W}=\begin{bmatrix}\mathbf{AA}(1,4)&\mathbf{AB}(1,4)&\mathbf{AC}(1,4)&\mathbf{AD}(1,4)\\ \mathbf{AB}(1,4)&\mathbf{BB}(1,4)&\mathbf{BC}(1,4)&\mathbf{BD}(1,4)\\ \mathbf{AC}(1,4)&\mathbf{BC}(1,4)&\mathbf{CC}(1,4)&\mathbf{CD}(1,4)\\ \mathbf{AD}(1,4)&\mathbf{BD}(1,4)&\mathbf{CD}(1,4)&\mathbf{DD}(1,4)\end{bmatrix}\text{和 }\Delta\boldsymbol{\theta}=\begin{bmatrix}\Delta\theta_{A_0}\\ \Delta\theta_{B_0}\\ \Delta\theta_{C_0}\\ \Delta\theta_{D_0}\end{bmatrix}$$

由式(3.29) 可以得到：

$$\Delta\boldsymbol{\theta} = \mathbf{U}_i\boldsymbol{\beta} \tag{3.47}$$

式中：$\mathbf{U}_i$ 为矩阵 $\mathbf{U}_m$ 中的第 i 列，$\mathbf{U}_m$ 为矩阵 $\mathbf{U}$ 所对应的最后 m 列，系数向量 $\boldsymbol{\beta} = [\beta_1, \beta_2, \cdots, \beta_m]^T$，$m$ 为矩阵 $\mathbf{M}$ 的列数减去矩阵 $\mathbf{M}$ 的秩。

将式(3.47) 代入式(3.46) 可以得到：

$$\boldsymbol{\beta}^T U_i^T \mathbf{W} \mathbf{U}_i \boldsymbol{\beta} = [0] \tag{3.48}$$

由于式(3.48) 对任意的 i 均成立，所以上式可以写成

$$\boldsymbol{\beta}^T \mathbf{Q} \boldsymbol{\beta} = [0] \tag{3.49}$$

式中：

$$\mathbf{Q} = \mathbf{U}_m^T \mathbf{W} \mathbf{U}_m$$

由式(3.49) 可以求得系数向量 $\boldsymbol{\beta}$，从而选择不同的运动路径。

3.4.2 计算结果

下面以平面四连杆机构在 $\theta_A = 0°$ 时，一阶分析时，式(3.28) 中 $\mathbf{M}$ 矩阵可以表示为：

$$\mathbf{M} = \begin{bmatrix} -0.5000 & 0.0000 & 0.8660 & 0.0000 \\ -0.5000 & -0.7071 & -0.2887 & 0.4082 \\ -0.5000 & 0.0000 & -0.2887 & -0.8165 \\ -0.5000 & 0.7071 & -0.2887 & 0.4082 \end{bmatrix} \begin{bmatrix} 2.0 & 0 & 0 \\ 0 & 1.4142 & 0 \\ 0 & 0 & 0 \\ 0 & 0 & 0 \end{bmatrix} \begin{bmatrix} 1.00 & 0 & 0 \\ 0 & 0.00 & -1.00 \\ 0 & 1.00 & 0.00 \end{bmatrix} \tag{3.50}$$

由上式可以知道矩阵 $\mathbf{M}$ 的秩为 2，也即机构的自由度为 2，机构位移模态为：

$$\mathbf{U}_m = \begin{bmatrix} 0.8660 & 0.0000 \\ -0.2887 & 0.4082 \\ -0.2887 & -0.8165 \\ -0.2887 & 0.4082 \end{bmatrix} \tag{3.51}$$

二阶分析时，其 $\mathbf{W}$ 矩阵为：

$$\mathbf{W} = \begin{bmatrix} 0 & 1 & 0 & -1 \\ 1 & 1 & 0 & -1 \\ 0 & 0 & 0 & -1 \\ -1 & -1 & -1 & -1 \end{bmatrix} \tag{3.52}$$

利用式(3.49) 可以得到矩阵 $\mathbf{Q}$ 为：

$$\mathbf{Q} = \begin{bmatrix} -0.3333 & 0.1179 \\ 0.1179 & 0.3333 \end{bmatrix} \tag{3.53}$$

于是可以得到二阶相容方程式(3.49) 为：

$$\begin{bmatrix} \beta_1 & \beta_2 \end{bmatrix} \begin{bmatrix} -0.3333 & 0.1179 \\ 0.1179 & 0.3333 \end{bmatrix} \begin{bmatrix} \beta_1 \\ \beta_2 \end{bmatrix} = 0 \tag{3.54}$$

上式可以简化为：

$$\beta_1^2 - \beta_2^2 - 0.70747\beta_1\beta_2 = 0 \tag{3.55}$$

再加上规格化条件，我们可以利用下面的方程组求解系数：

$$\begin{cases} \beta_1^2 - \beta_2^2 - 0.70747\beta_1\beta_2 = 0 \\ \beta_1^2 + \beta_2^2 = 1 \end{cases} \tag{3.56}$$

上式可以求得有 4 组解，

$$\begin{bmatrix} -0.5774 & 0.8165 \\ 0.5774 & -0.8165 \\ 0.8165 & 0.5774 \\ -0.8165 & -0.5774 \end{bmatrix} \tag{3.57}$$

由式(3.57)可知，上面 4 组解中的第 1 组和第 2 组、第 3 组和第 4 组的系数矩阵是相同的。假定每一步的 θ_A 的变化为 1°，当选用第 1 组系数向量时，其角度的计算结果为：

$$\begin{bmatrix} \theta_A \\ \theta_B \\ \theta_C \\ \theta_D \end{bmatrix} = \begin{bmatrix} 1.0 \\ 179.0 \\ 1.0 \\ 179.0 \end{bmatrix} \tag{3.58}$$

当选用第 3 组系数向量时，其角度的计算结果为：

$$\begin{bmatrix} \theta_A \\ \theta_B \\ \theta_C \\ \theta_D \end{bmatrix} = \begin{bmatrix} 1.0 \\ 180.0 \\ -1.0 \\ 180.0 \end{bmatrix} \tag{3.59}$$

从式(3.58)和式(3.59)可以看出，选用不同的系数向量，将得到不同的运动路径。

3.5　本章小结

本章首先利用螺旋互易定理得出平面连杆机构存在分岐点的结论，然后利用坐标转换矩阵法对连杆机构的运动过程进行数值模拟，得到如下结论：

(1) 对于一般位形下的体系，可以采用一阶分析方法，即传统的算法，并利用预定－修正增量法分析。通过给定步长使体系进一步运动，并利用闭环连杆机构的闭合方程进行迭代修正，直至到达分岐点。

(2) 通过对机构的运动模拟，发现确实存在若干分岐点。对于体系在分岐点位形处的分析，采用二阶分析方法确定体系在出分岐点的不同路径。

(3) 二阶分析中相容方程不同的解对应着不同的运动路径，本章给出了算例中出分岐点的所有路径。

4 径向可开启屋盖结构的运动过程研究

在过去的几十年中，各国学者们提出了许多大跨度开合屋盖结构体系的概念，其中一些已经在网球场馆、游泳场馆和田径场馆等大型体育场馆的开合屋盖中得到应用[172]。美国工程师 Hoberman 从 20 世纪 80 年代后期开始致力于可展结构的研究与设计，主要偏重于可展结构的应用，他的代表作品是 Iris Dome[189-191]。Iris Dome 是基于 Hoberman 单元构成的，它是由相等的两段弯折的角梁单元通过剪式铰在中部连接而成，当两个角梁单元绕着中间的剪式铰转动的时候，梁端的夹角始终保持不变。利用这个性质 Hoberman 可以将 n 个相同的角单元用剪式铰连接起来组成闭合环形连杆机构。浙江大学毛德灿等对这种单元组成的平面径向可开启屋盖的受力性能进行了详细的分析和研究，认为平面屋盖结构的刚度较低[179,181]。Pellegrino 等提出可以将该二维的结构转换为三维结构以提高其承载能力[176,192]。但对该体系在运动过程中的受力性能分析还鲜见于文献，本章对由 Hoberman 单元组成的三维径向可开启式网壳结构在运动过程中所产生的应力及其变形等进行深入的研究。

4.1 二维体系的运动特性

4.1.1 几何分析

由 Hoberman 单元组成的平面径向可开启式屋盖结构如图 4.1 所示。其中图 4.1(a) 为屋盖结构完全闭合状态，图 4.1(b) 为屋盖结构部分开启状态。该结构体系采用了多折杆模型，每根折杆划分为 5 段。由文献[193,194] 可知，基于 Hoberman 剪式单元多折杆模型的运动特性和二折杆模型的相同，各节点均是作径向运动。

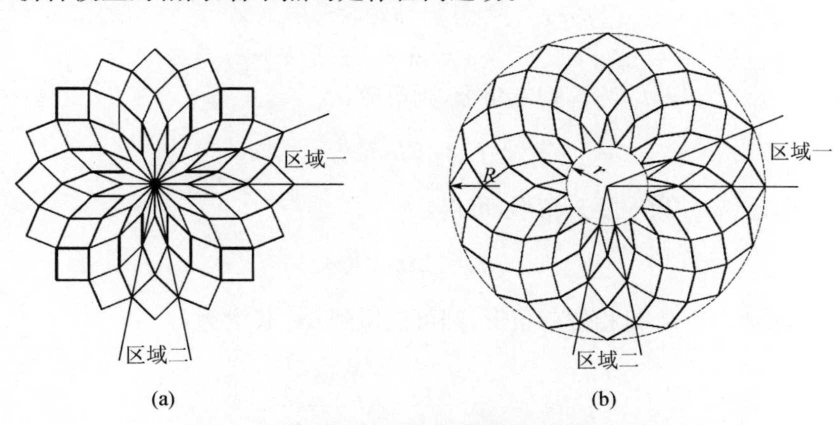

图 4.1 基于 Hoberman 单元的径向可开启体系

由于结构的对称性，只需分析两类节点的运动特性，图 4.1 所示的区域一和区域二中的节点。下面首先来分析区域一中的节点，图 4.2 和图 4.3 分别为完全闭合状态和部分开启状态的示意图。假定多折杆中每段杆件的长度为 l，分别讨论 a，b 和 c 点在运动过程中的位移情况，即 oa、ob 和 oc 长度的变化。假定 Hoberman 剪式单元的夹角为 α，则利用几何关系可以求得：

$$\begin{cases}\angle 1=\alpha\\ \angle 2=3\alpha\\ \angle 3=3\alpha\\ \angle 4=5\alpha\end{cases}\tag{4.1}$$

由此可以求得：

$$\begin{cases}\angle adb=\angle fdb-\angle 1=\pi-\alpha-\alpha=\pi-2\alpha\\ \angle bec=\angle gec-\angle 3=\pi-\alpha-3\alpha=\pi-4\alpha\end{cases}\tag{4.2}$$

由图 4.2 可知，$\triangle adb$ 和 $\triangle bec$ 为等腰三角形，则 oa、ob 和 oc 长度为：

$$\begin{cases}oa=l\\ ob=oa+ab=l+2l\cos\alpha\\ oc=ob+bc=l+2l\cos\alpha+2l\cos 2\alpha\end{cases}\tag{4.3}$$

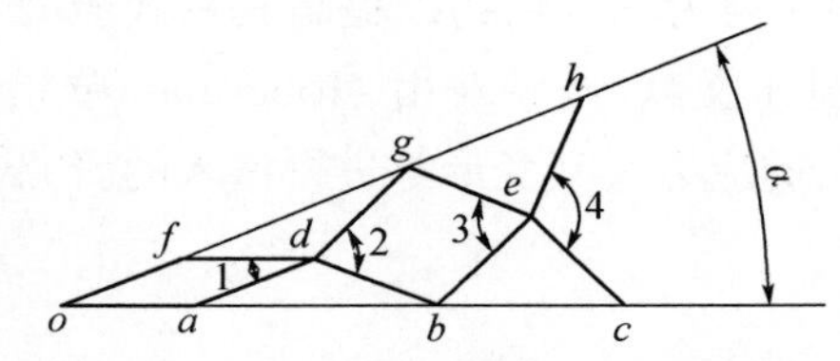

图 4.2 完全闭合状态时区域一示意图

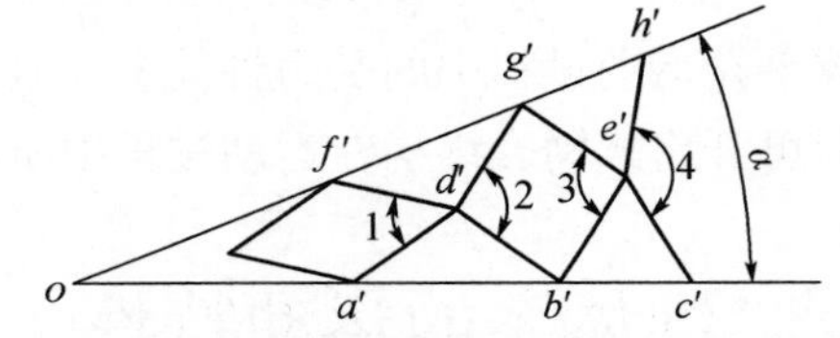

图 4.3 部分开启状态时区域一示意图

假定图 4.3 所示部分开启状态时，$\angle 1=\beta$，则利用几何关系可以求得：

$$\begin{cases}\angle 1=\beta\\ \angle 2=\beta+2\alpha\\ \angle 3=\beta+2\alpha\\ \angle 4=\beta+4\alpha\end{cases}\tag{4.4}$$

由此可以求得：

$$\begin{cases}\angle a'd'b'=\angle f'd'b'-\angle 1=\pi-\alpha-\beta\\ \angle b'e'c'=\angle g'e'c'-\angle 3=\pi-\alpha-(2\alpha+\beta)=\pi-3\alpha-\beta\end{cases}\tag{4.5}$$

由图 4.3 可知，$\triangle a'd'f'$ 为等腰三角形，则可得：

$$a'f'=2l\sin\frac{\beta}{2}\tag{4.6}$$

在图 4.2 中，$\triangle adf$ 为等腰三角形，可得：

$$af=2l\sin\frac{\alpha}{2}\tag{4.7}$$

而 $\triangle adf$ 和 $\triangle a'd'f'$ 为相似三角形，则可以得到 oa' 长度为：

$$oa'=oa\,\frac{af'}{af}=l\,\frac{\sin\dfrac{\beta}{2}}{\sin\dfrac{\alpha}{2}}\tag{4.8}$$

由图 4.3 可知，$\triangle a'd'b'$ 和 $\triangle b'e'c'$ 为等腰三角形，则 ob' 和 oc' 长度为：

$$\begin{cases} ob' = oa' + a'b' = l\dfrac{\sin\dfrac{\beta}{2}}{\sin\dfrac{\alpha}{2}} + 2l\cos\left(\dfrac{\alpha+\beta}{2}\right) \\ oc' = ob' + b'c' = l\dfrac{\sin\dfrac{\beta}{2}}{\sin\dfrac{\alpha}{2}} + 2l\cos\left(\dfrac{\alpha+\beta}{2}\right) + 2l\cos\left(\dfrac{3\alpha+\beta}{2}\right) = l\dfrac{\sin\left(\dfrac{4\alpha+\beta}{2}\right)}{\sin\dfrac{\alpha}{2}} \end{cases} \tag{4.9}$$

在闭合状态时，可知 $\beta = \alpha$，代入式(4.8) 和式(4.9)，结果与式(4.3) 相等。

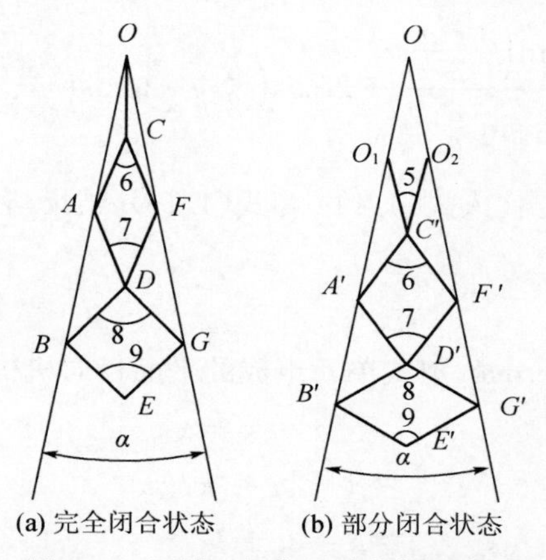

图 4.4 区域二径向运动分析示意图

图 4.4 为区域二径向运动分析示意图。其中体系完全闭合状态如图 4.4(a) 所示，利用几何关系可以求得角度关系为：

$$\begin{cases} \angle 6 = \angle 7 = 2\alpha \\ \angle 8 = \angle 9 = 4\alpha \\ \angle OCA = \pi - \alpha \\ \angle ADB = \angle FDB - \angle 7 = \pi - 3\alpha \end{cases} \tag{4.10}$$

由图 4.4(a) 可知，$\triangle OAC$ 和 $\triangle ABD$ 为等腰三角形，则 OA 和 OB 长度为：

$$\begin{cases} OA = 2l\sin\dfrac{\pi-\alpha}{2} = 2l\cos\dfrac{\alpha}{2} \\ OB = OA + AB = 2l\cos\dfrac{\alpha}{2} + 2l\cos\dfrac{3\alpha}{2} \end{cases} \tag{4.11}$$

体系部分开启状态时，$\angle 1 = \beta$，则利用如图 4.4(b) 几何关系可以求得角度关系为：

$$\begin{cases} \angle 5 = \beta - \alpha \\ \angle 6 = \angle 7 = \beta + 2\alpha \\ \angle 8 = \angle 9 = \beta + 3\alpha \end{cases} \tag{4.12}$$

由此可以求得：

$$\begin{cases} \angle O_1C'A' = \angle O_2C'A' - \angle 5 = \pi - \alpha - (\beta - \alpha) = \pi - \beta \\ \angle A'D'B' = \angle F'D'B' - \angle 7 = \pi - \alpha - (\alpha + \beta) = \pi - 2\alpha - \beta \end{cases} \tag{4.13}$$

由图 4.4(b) 可知,在 $\triangle OO_1C'$ 中,可以求得 OO_1 的长度为:

$$OO_1 = l\frac{\sin\left(\frac{\beta}{2}-\frac{\alpha}{2}\right)}{\sin\frac{\alpha}{2}} \tag{4.14}$$

在图 4.4(b) 中,$\triangle O_1C'A'$ 和 $\triangle A'D'B'$ 为等腰三角形,则 OA' 和 OB' 长度为:

$$\begin{cases} OA' = OO_1 + O_1A' = l\dfrac{\sin\left(\dfrac{\beta-\alpha}{2}\right)}{\sin\dfrac{\alpha}{2}} + 2l\cos\left(\dfrac{\beta}{2}\right) \\ OB' = O_1A' + A'B' = l\dfrac{\sin\left(\dfrac{\beta-\alpha}{2}\right)}{\sin\dfrac{\alpha}{2}} + 2l\cos\left(\dfrac{\beta}{2}\right) + 2l\cos\left(\dfrac{2\alpha+\beta}{2}\right) = l\dfrac{\sin\left(\dfrac{3\alpha+\beta}{2}\right)}{\sin\dfrac{\alpha}{2}} \end{cases} \tag{4.15}$$

在闭合状态时,将 $\beta=\alpha$ 代入式(4.14) 和式(4.15),结果与式(4.11) 相等。

4.1.2 运动界线

由图 4.3 可知,由 Hoberman 剪式单元组成的平面径向机构的运动界线为:

$$\begin{aligned} &\angle 3 = \pi - \alpha \\ &\Rightarrow \beta + 2\alpha = \pi - \alpha \\ &\Rightarrow \beta = \pi - 3\alpha \end{aligned} \tag{4.16}$$

从而可以得到,夹角 β 的界线为:

$$\alpha \leqslant \beta \leqslant \pi - 3\alpha \tag{4.17}$$

体系最内圈开孔的半径 r 为式(4.14) 所给出的 OO_1 的长度,而最外圈支座处的半径 R 为式(4.9) 给出的 OC' 的长度。

$$\begin{cases} r = l\dfrac{\sin\left(\dfrac{\beta}{2}-\dfrac{\alpha}{2}\right)}{\sin\dfrac{\alpha}{2}} \\ R = l\dfrac{\sin\left(\dfrac{4\alpha+\beta}{2}\right)}{\sin\dfrac{\alpha}{2}} \end{cases} \tag{4.18}$$

图 4.5 和图 4.6 分别为开孔半径 r 和外圈半径 R 随着角度 β 的变化趋势图。图中每根直杆的长度 $l = 4$ m,$\alpha = 22.5°$。由图 4.5 可以看出,开孔半径 r 随着角度 β 的增加而增加。由此可以求得开孔半径 r 的变化范围为:

$$\begin{cases} r_{\min} = 0 \\ r_{\max} = l\dfrac{\cos 2\alpha}{\sin\dfrac{\alpha}{2}} \end{cases} \tag{4.19}$$

由图 4.6 可以看出，外圈半径 R 随着角度 β 的增加先增加后减少。外圈半径存在一个极大值，下式可以求得极大值所对应的角度 β，

$$\frac{\mathrm{d}R(\beta)}{\mathrm{d}\beta}=0 \tag{4.20}$$

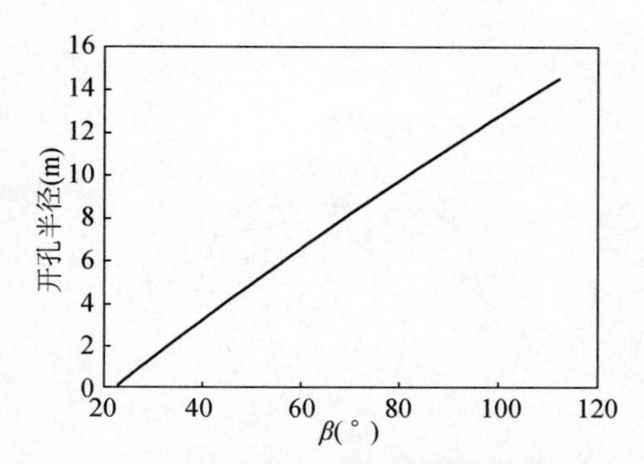

图 4.5　开孔半径 r 随着角度 β 的变化趋势图

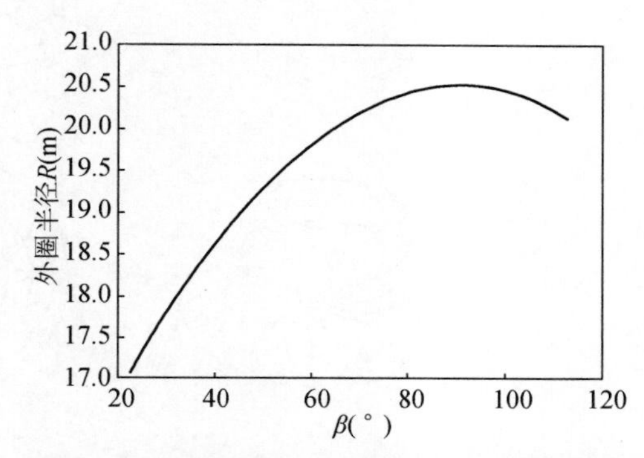

图 4.6　外圈半径 R 随着角度 β 的变化趋势图

利用式(4.20) 可以求出 $R_{\max}$ 所对应的 β 为：

$$\beta=\pi-4\alpha \tag{4.21}$$

由此可以求得外圈半径 R 的变化范围为：

$$\begin{cases} R_{\min}=l\dfrac{\sin\left(\dfrac{5\alpha}{2}\right)}{\sin\dfrac{\alpha}{2}} \\ R_{\max}=l\dfrac{1}{\sin\dfrac{\alpha}{2}} \end{cases} \tag{4.22}$$

4.2　三维体系的几何分析

图 4.7(a) 中，将二维模型分为 5 个图层，分别是环线所在图层、左旋线所在图层、右旋线所在图层。将二维模型向三维映射，首先，关闭左旋线和右旋线所在图层，连接两对角点确认结构中心。根据矢跨比确认折叠网壳的矢高，通过中心点画正交线确认 2 号点，以 1，2，3 点画圆弧，再依次通过图 4.7(b) 中环线与直线的交点画正交线与圆弧相交。如图 4.7(c) 所示，依次选中每个环线，将其移至正交线与圆弧的交点。如图 4.7(d) 所示，将左旋线图层打开，将其中一条旋线以节点的对应关系映射到三维的环线上。对所有的左旋线进行类似的操作，可得空间曲线如图 4.7(e) 所示。相同的步骤可得右旋线的空间曲线。最后左旋线和右旋线组成的空间结构如图 4.7(f) 所示，即为体系的三维模型。

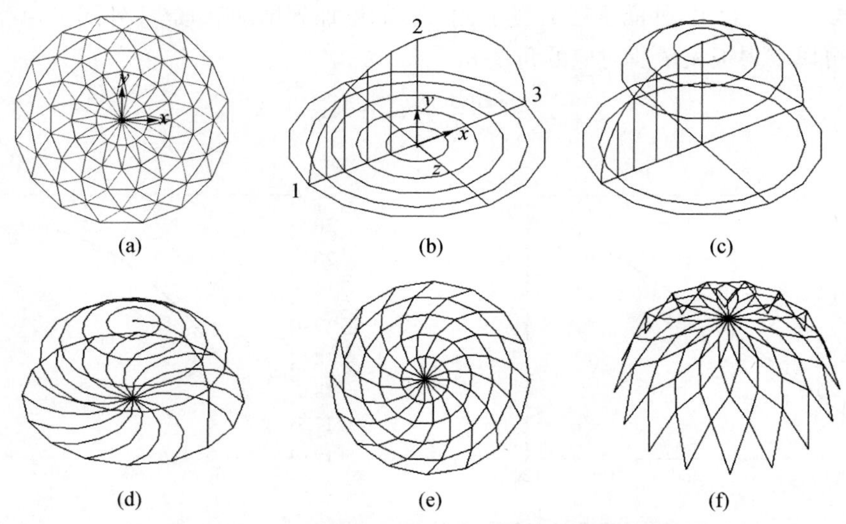

图 4.7　二维结构至三维单层网壳的建模过程

4.3　受力性能分析

4.3.1　基本模型

假定结构跨度为 34.21 m，矢高为 9.6 m，钢杆件截面均为 300 mm × 150 mm × 10 mm，材料弹性模量 $E = 2.1 \times 10^5$ N/mm²，泊松比 $\nu = 0.3$，密度 $\rho = 7.85 \times 10^3$ kg/m³。

该结构中采用的剪式铰节点，在 ABAQUS 中通过节点耦合释放绕 Z 轴转角来实现。由于结构本身的特性，由文献[181]分析可知，可以采用如下两种结构形式提高体系的受力性能，分别是径向加杆模型和环向加杆模型，如图 4.8 所示。

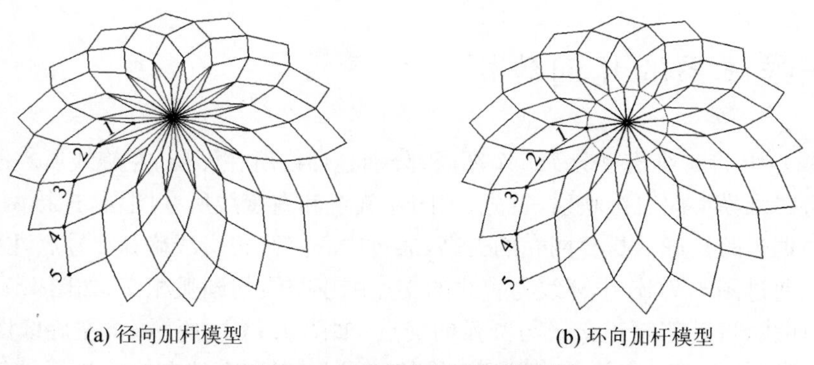

(a) 径向加杆模型　　(b) 环向加杆模型

图 4.8　三维径向开启结构模型

分析时，环向或径向杆件使用 truss 单元，其余部分均采用 beam 单元，每个杆件划分 5 份。结构承受自重以及 0.5 kN/m² 的外荷载，5 号点所在环上的节点均设置铰接支座。

4.3.2　计算结果

图 4.9 为径向加杆结构在荷载作用下的应力云图和位移云图。由图可知：该模型在荷载作用下的最大应力高达 226 MPa，跨中最大位移 0.54 m。图 4.10 为环向加杆结构在荷载作用下的应力云图和位移云图。由图可知：该模型在荷载作用下的最大应力只有 40 MPa，跨中最大位移 0.076 m。

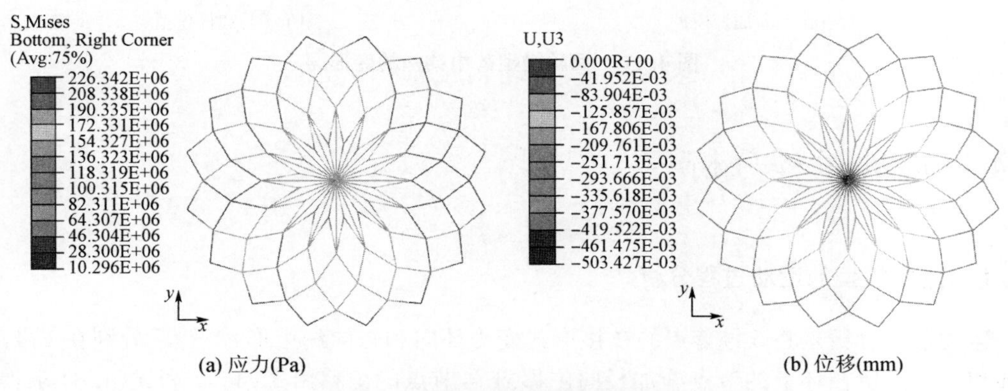

(a) 应力(Pa)　　(b) 位移(mm)

图 4.9　径向加杆模型计算结果

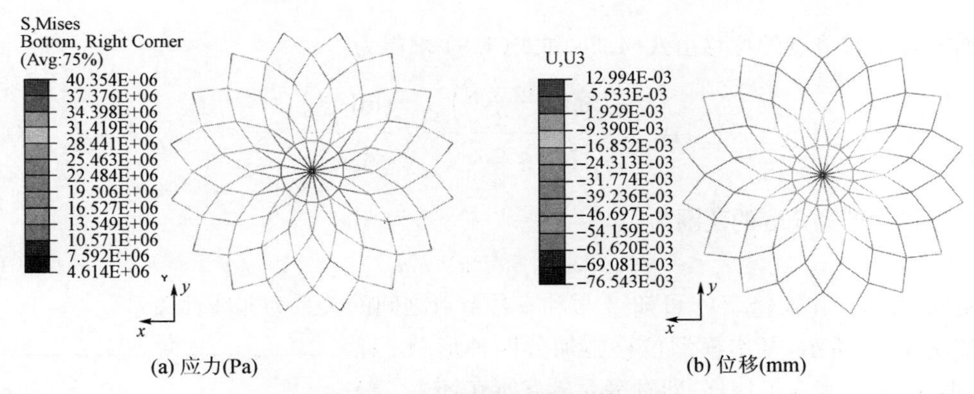

(a) 应力(Pa)　　(b) 位移(mm)

图 4.10　环向加杆模型计算结果

由上述分析可知，环向加杆结构的受力性能更加优越，这主要是由于其结构的变形较小。图 4.11 给出了两种模型跨中结构的变形图。由图可知，径向加杆模型的跨中节点出现了相互穿透的现象，而环向杆件有效地阻止了原结构的中间杆件在荷载作用下的相互穿透。

实际结构在荷载作用下，杆件不会出现穿透现象，故下面的展开过程只分析环向杆件模型。而且环向杆件有效地减少了结构的变形与应力，这对径向开启结构运动过程的受力比较有利。

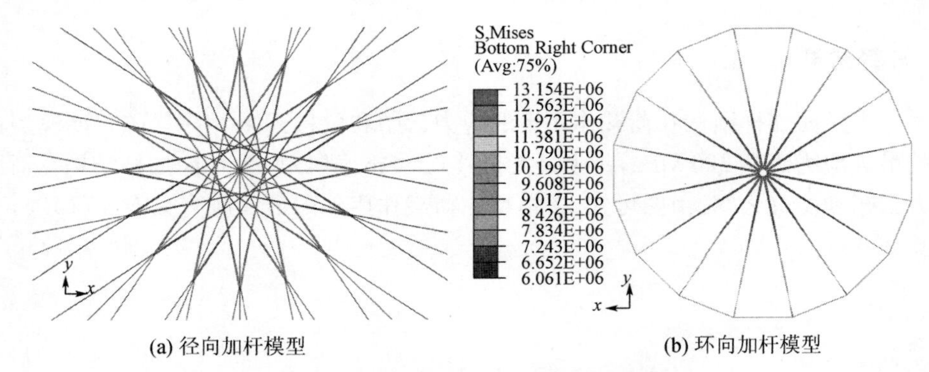

图 4.11　两种模型跨中结构的变形图

4.4　运动过程分析

4.4.1　基本模型的运动过程分析

运动过程分析是将5号节点的铰接形式变为环向和竖向约束形式，然后分别在1号点所在环和5号点所在环上的节点施加径向位移。1号节点的位移由式(4.3)和式(4.8)求得为：

$$\Delta_1 = OA' - OA = l\left(\frac{\sin\dfrac{\beta}{2}}{\sin\dfrac{\alpha}{2}} - 1\right) \tag{4.23}$$

而5号支座节点的位移由式(4.3)和式(4.9)求得为：

$$\Delta_5 = l\,\frac{\sin\left(\dfrac{4\alpha+\beta}{2}\right)}{\sin\dfrac{\alpha}{2}} - l\,\frac{\sin\left(\dfrac{5\alpha}{2}\right)}{\sin\dfrac{\alpha}{2}} \tag{4.24}$$

本节讨论的夹角β的范围为：

$$\alpha \leqslant \beta \leqslant \pi - 4\alpha \tag{4.25}$$

由式(4.23)和式(4.24)可知，1号和5号节点之间的关系为非线性关系。

如图4.12所示，基本模型位移施加分四种形式，分别为：分一步施加位移，即直接5号点所在环上的节点施加3.46 m的位移；分四步施加位移，即在5号点所在环上的节点依次施加2.37 m、2.97 m、3.33 m和3.46 m的位移；分十步施加位移，即在5号点所在环上的节点依次施加1.72 m、2.37 m、2.76 m、2.97 m、3.14 m、3.28 m、3.33 m、3.41 m、3.45 m和3.46 m的位移；采用tabular设置位移曲线来施加位移。根据计算可得相应的在1号节点处所施加的位移值。

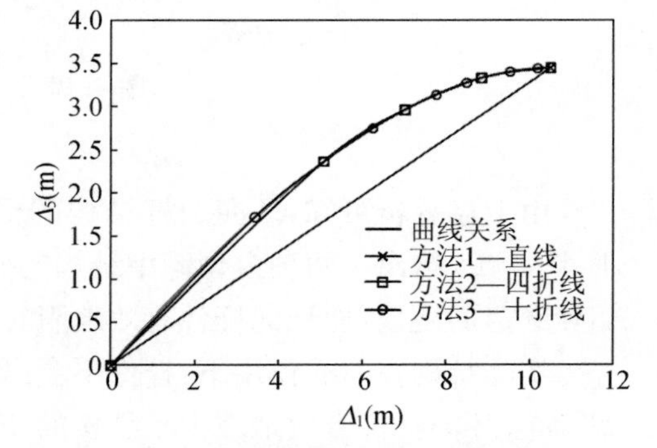

图 4.12　基本模型施加位移的方式

体系运动过程中杆件应力变化情况如图 4.13 所示。可以看出，分一步施加位移时，由于 1 号节点和 5 号节点位移不协调，结构在运动过程中会产生较大的应力；而分四步施加位移的时候，这种不协调会减少，结构在运动过程中应力减小；分十步施加位移时，这种不协调进一步减少，结构在运动过程的应力也进一步减少，但最大应力和分四步施加位移时相差不大。采用 tabular 设置位移曲线来施加位移，这种不协调就不存在了，曲线均是光滑上升的。从图中可以看出，在体系运动的初期，其应力变化不大。而在运动的后期，随着结构的开启，应力不断增大。

体系运动过程中节点位移的变化情况如图 4.14 所示。可以看出，分一步施加位移，同样由于 1 号节点和 5 号节点位移不协调，结构的竖向位移曲线有明显的下凹；而分四步施加位移时，这种不协调减少，结构竖向位移在施加步间的下凹明显减弱；分十步施加位移的时候，这种不协调进一步减少。采用 tabular 设置位移这种不协调就不存在了，曲线均是光滑平缓上升的。所以，下文分析时位移的施加方法均采用 tabular 设置位移曲线来施加。

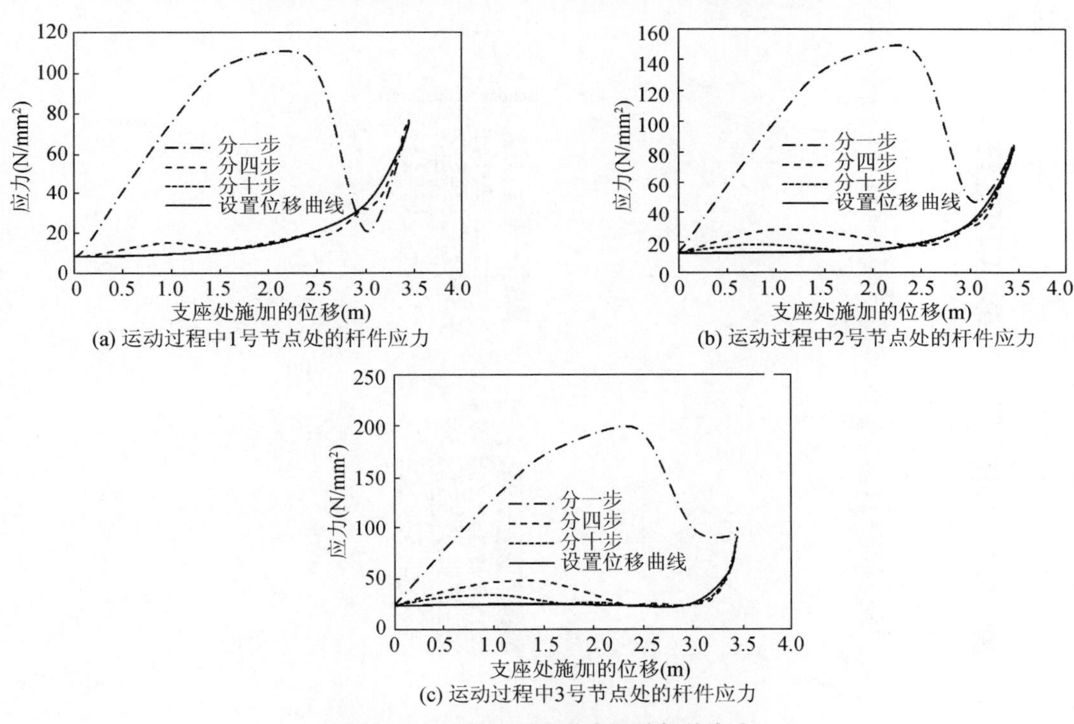

(a) 运动过程中1号节点处的杆件应力

(b) 运动过程中2号节点处的杆件应力

(c) 运动过程中3号节点处的杆件应力

图 4.13　运动过程中节点处的杆件应力

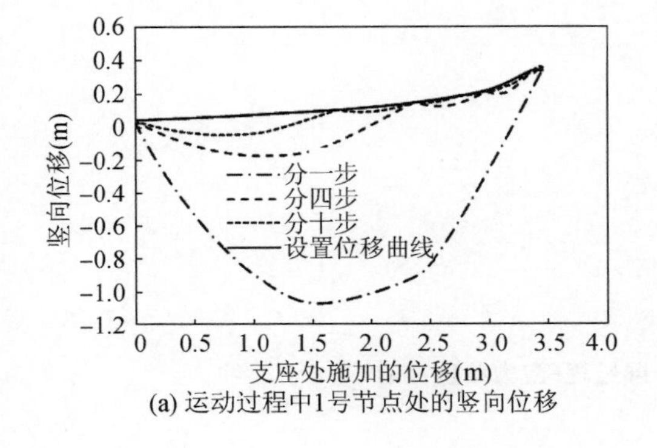

(a) 运动过程中1号节点处的竖向位移

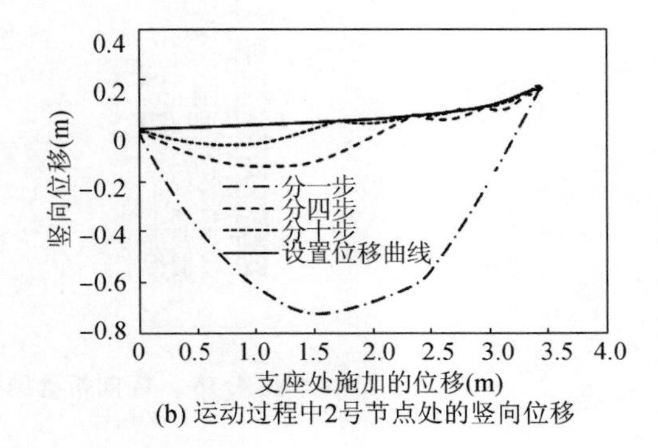

(b) 运动过程中2号节点处的竖向位移

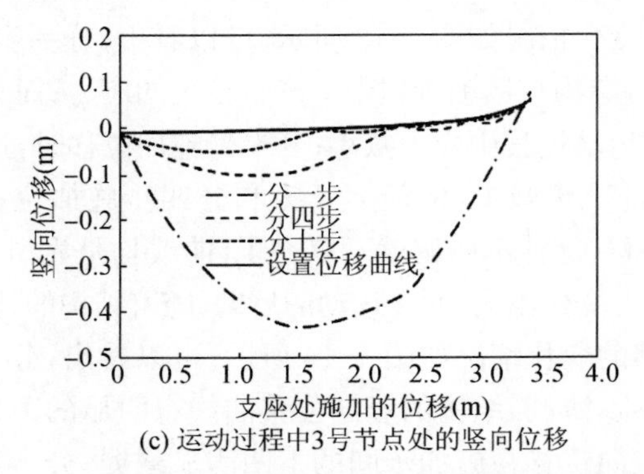

(c) 运动过程中3号节点处的竖向位移

图 4.14 运动过程中节点的竖向位移

采用 tabular 设置位移曲线来施加位移，径向可开启结构运动过程中的应力云图如图 4.15 所示。

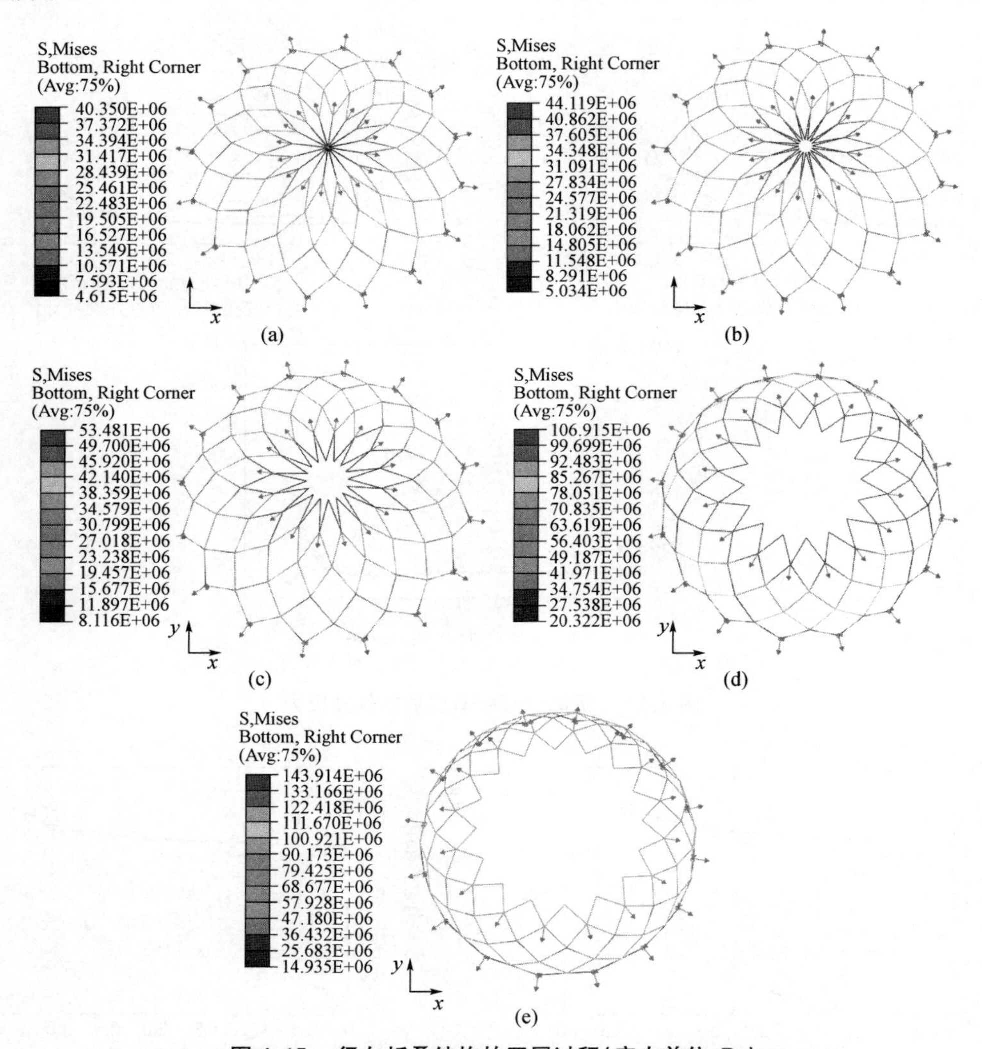

图 4.15 径向折叠结构的开展过程(应力单位:Pa)

4.4.2　初始缺陷的影响

采用ABAQUS中buckle分析所得的如图4.16所示的第一阶屈曲模态作为一致初始缺陷模态，初始缺陷绝对值的最大值取跨度的1/300，即0.114 m，同时考虑正向缺陷和反向缺陷。

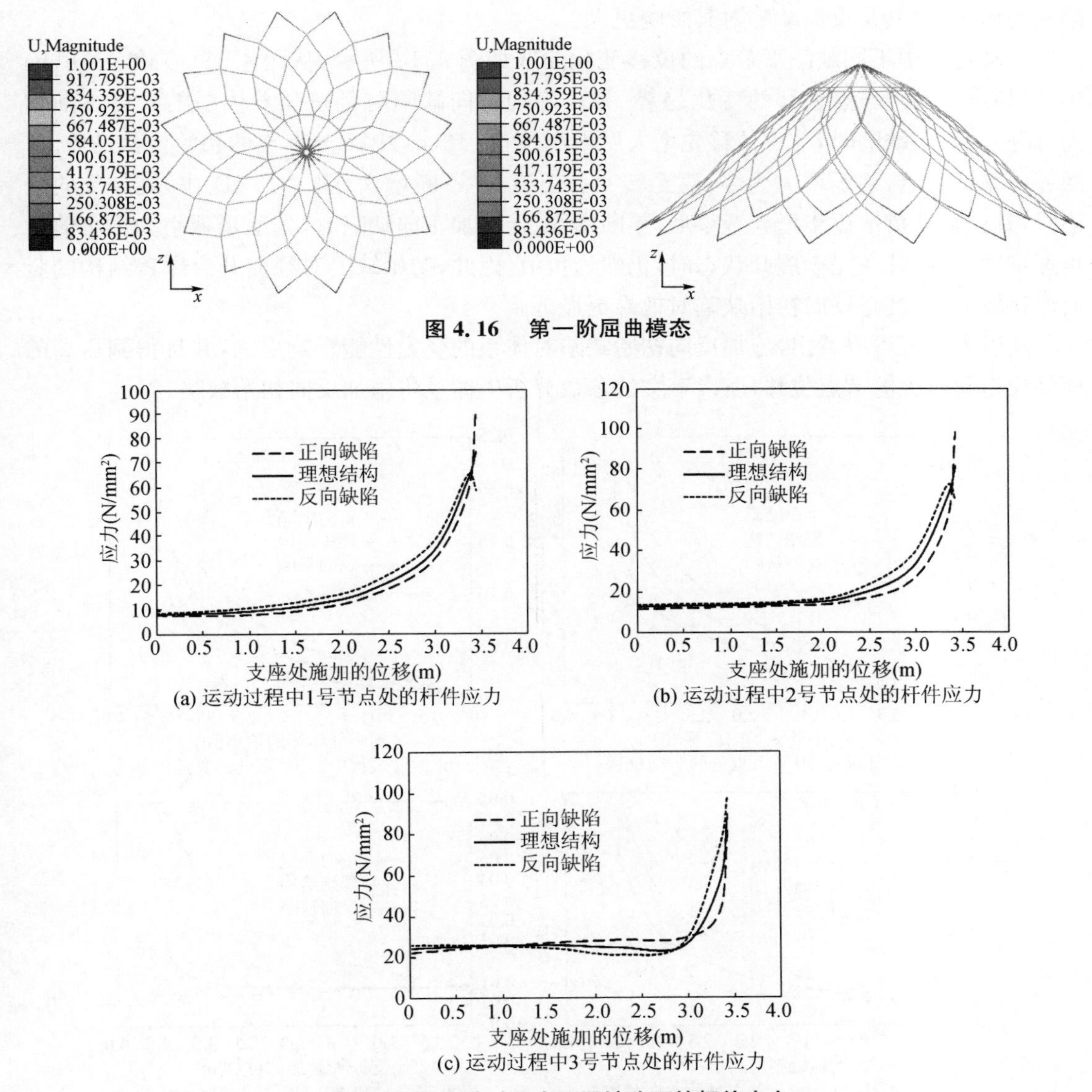

图4.16　第一阶屈曲模态

图4.17　运动过程中不同缺陷下的杆件应力

运动过程中不同缺陷下的杆件应力变化曲线如图4.17所示。图中可以看出，施加初始缺陷体系与理想结构的杆件应力随着体系开启的变化趋势是相似的。图4.17(a)和(b)中，两个节点处杆件应力的变化趋势一致，支座处施加的位移小于3 m时，施加负向缺陷的结构的杆件应力最大，理想结构的应力次之，施加正向缺陷的应力最小，但数值相差不大，故影响不明显；运动结束时，施加反向缺陷的结构出现卸载现象，而施加正向缺陷的结构的最大应力超过理想结构 20 N/mm²,故结构中间部位在运动结束时对缺陷较为敏感,尤其是正向缺陷对其影响更大。图 4.17(c) 中,支座处施加的位移在 3 m 之前三者应力相差不大,支座处位移达到 3 m 之后施加反向缺陷的结构的杆件应力迅速增大,最后超过其余两种结构模型;4 号节点处杆件的最大应力,在施加正向缺陷时为 104 N/mm²,施加反向缺陷时为 268 N/mm²,不施加缺陷时为 132 N/mm²。可见,周边靠近支座处的结构在运动结束时对缺陷较为敏感,尤其是反向缺陷对其影响更大。

运动过程中不同缺陷下节点的位移变化曲线如图 4.18 所示。从图 4.18(a) 和 4.18(b) 中可以看出,两个节点位移的变化趋势一致,施加正向缺陷时都是随着体系的开启逐渐增大,而施加负向缺陷时,节点位移先增大后减小。图 4.18(c) 中,3 号节点的初始位移是负值,随着体系的开启,逐渐增大为零,直至转变为正值,并不断增大。图 4.18(d) 中,施加反向缺陷时,其位移从负值逐步增大至零后,不断增大。而施加正向缺陷时,先逐步减小为最小值后再逐步增大,但其在完全展开状态时,仍然为负值。因此,初始缺陷对径向开启屋盖结构的竖向位移较大,尤其是反向初始缺陷时效果更显著。

从以上分析可以看出,施加反向初始缺陷对体系的受力性能影响更大,并且得到更高的杆件应力和更大的节点位移,所以下文的参数分析中体系将施加反向初始缺陷。

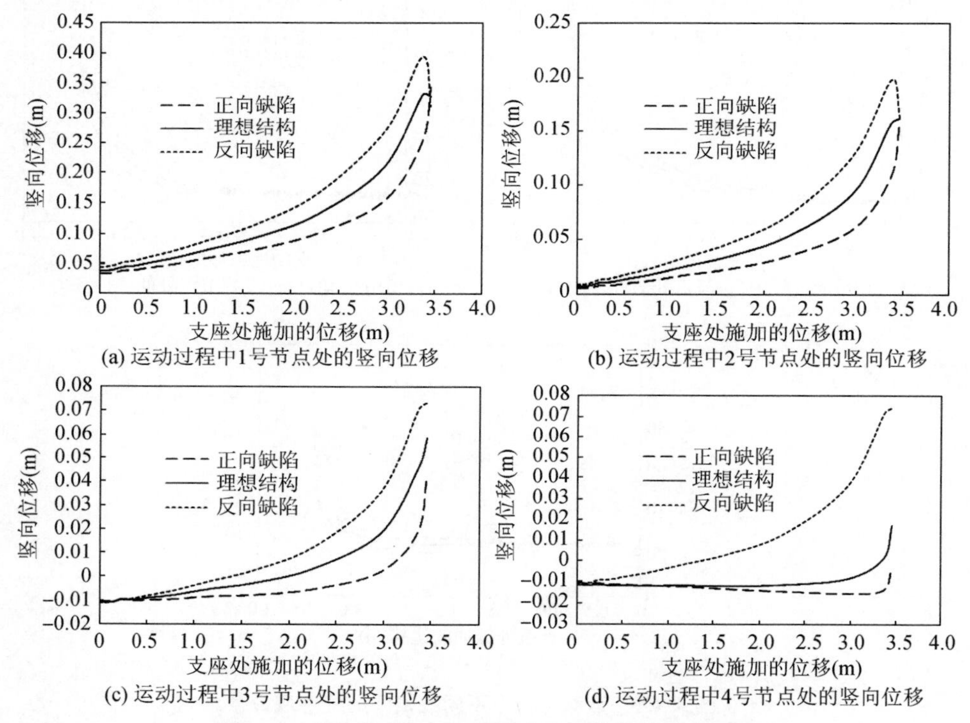

图 4.18 运动过程中不同缺陷下的节点的竖向位移

4.4.3 矢跨比的影响

在保持其他参数均不变的基础上,分别采用矢跨比为 0.2、0.3、0.4 的模型进行分析。运动过程中结构应力 —— 位移曲线如图 4.19 所示。

由图中可以看出，矢跨比 0.4 时杆件最长，自重最大，初始应力也较其余两个大得多，可见结构自重对静力下的杆件应力影响较大。而且随着矢跨比的变化杆件的应力变化趋势基本相同，都是随着体系的开启先增大后略微减小。由图 4.19(d) 可以看出，杆件应力随着矢跨比的增大是逐渐减小的。

运动过程中结构竖向位移变化如图 4.20 所示。由图可以看出，同样由于矢跨比 0.4 时杆件最长，自重最大，所以其初始竖向位移也较其余两个大得多，由此可见结构自重对静力下的节点位移影响很大。同时，随着矢跨比的变化节点的竖向位移的变化趋势基本相同，而运动过程节点的最大位移也随着矢跨比的增大而减小。

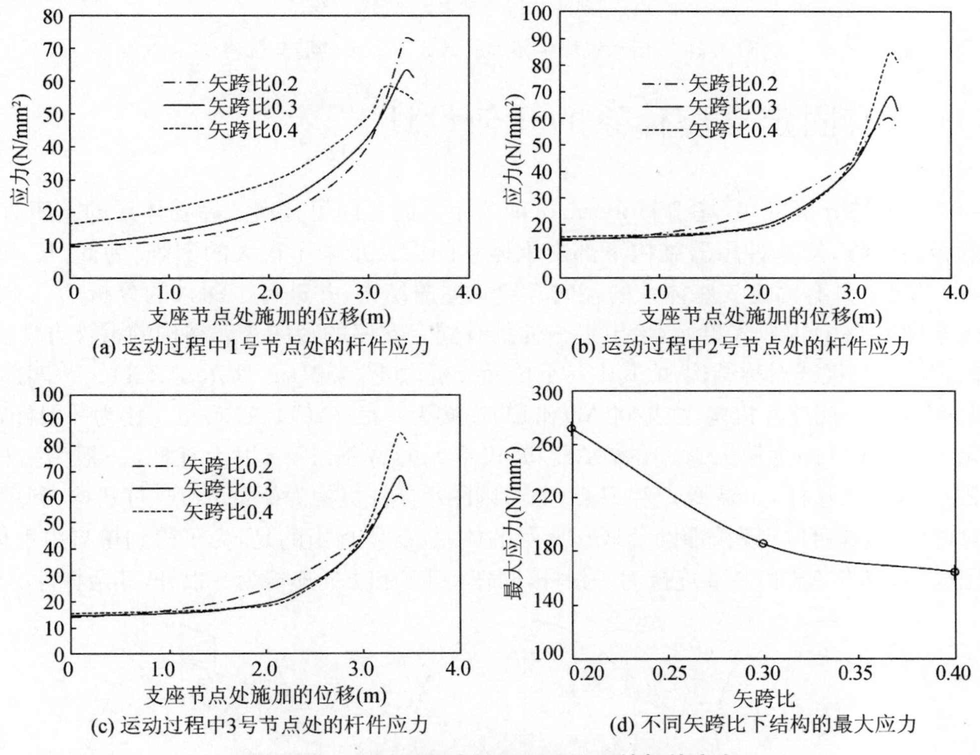

(a) 运动过程中1号节点处的杆件应力　(b) 运动过程中2号节点处的杆件应力

(c) 运动过程中3号节点处的杆件应力　(d) 不同矢跨比下结构的最大应力

图 4.19　运动过程中不同矢跨比下的杆件应力

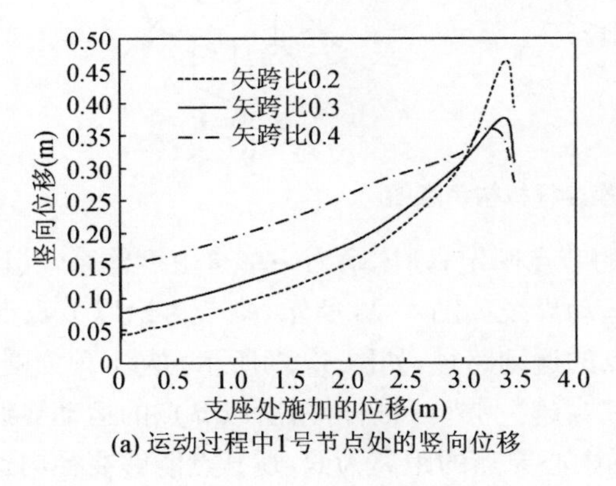

(a) 运动过程中1号节点处的竖向位移

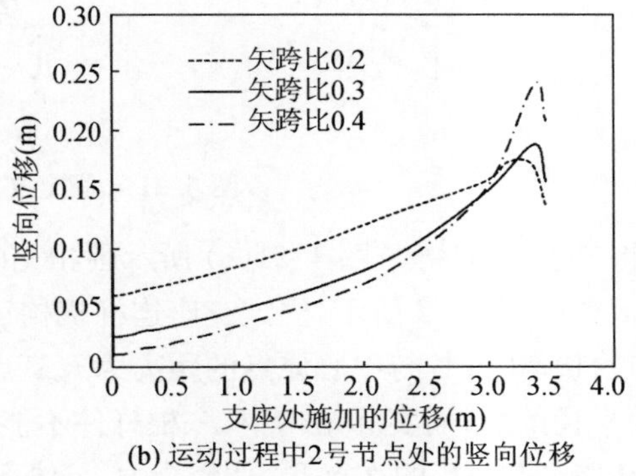

(b) 运动过程中2号节点处的竖向位移

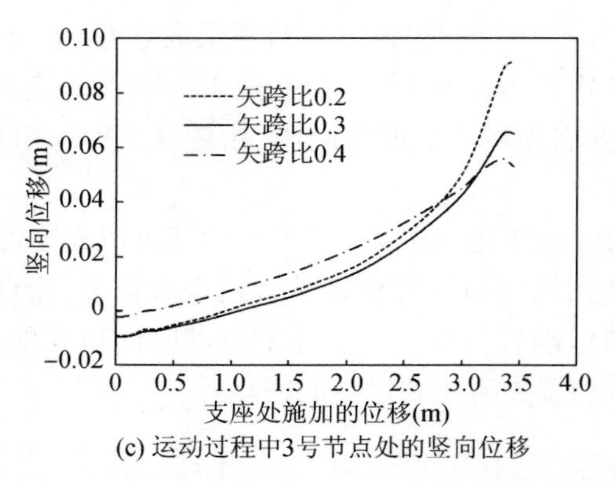

(c) 运动过程中3号节点处的竖向位移

图 4.20　运动过程中不同矢跨比下节点的竖向位移

4.5　具有固定支座体系的几何设计

由 4.1 节的分析可知，基于 Hoberman 剪式单元的径向可开启式屋盖体系的支座节点有较大的径向位移，给这种屋盖结构下部支承体系的设计带来了很大的困难。为此，国内外有些学者，提出了具有固定支座体系的径向开启式屋盖结构，并进行了深入的分析[195]。本节基于第二章中的 GAE1 剪式单元，给出了一种具有固定支座的径向开启结构的设计方法。

假定体系为极线对称结构，取其中一个单元分析，如图 4.21(a) 所示，ABCD 为一四连杆机构，DEFG 为另一四连杆机构，如果将 AD 和 ED 连接为一根杆，CD 和 DG 也连接为一根杆，则剪式单元 AE-D-CG 即为第二章中的 GAE1 剪式单元的特例，即一根为直杆，一根为折杆，如图 4.21(b) 所示。这样，如果 A 点和 E 点固定，则图示连杆机构为单自由度连杆机构。利用结构的极对称性，镜像可以得到如图 4.21(c) 所示的体系。需要指出的是，为了得到单自由度体系，镜像完成后，应将 AB 和 AM 连接为一根杆，同理将 EF 和 EN 连接为一根杆，其余杆件类似。

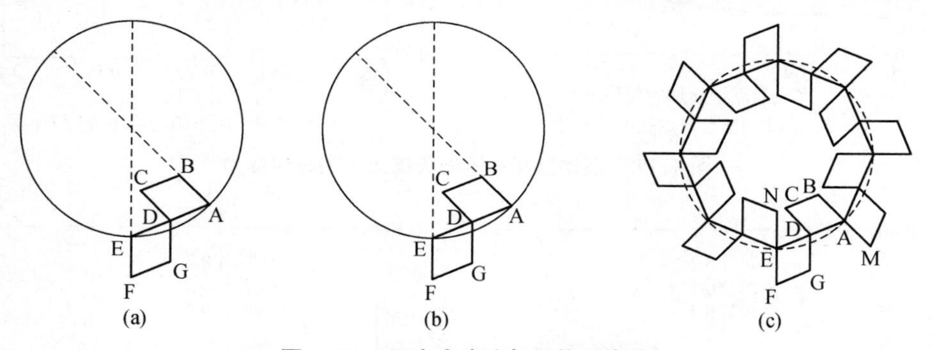

图 4.21　固定支座连杆机构示意图

将节点 A、E 等与图 4.21(c) 所示圆相交的节点固定，则体系为一单自由度体系，其运动后的示意如图 4.22 所示。固定支座连杆机构运动界线如图 4.23 所示，本节讨论以节点 B 为例，初始状态时，其与中心原点的距离为 r。B 点的运动路径，如图 4.23 所示，是以 A 为圆心，AB 为半径的圆。而实际结构中，一根杆件不能“穿越”另外一根杆件，所以 B 点的运动界线即为运动路径与 AD 的交点 B′。假定点 B′ 与体系中心原点的距离为 R，则 B 点能够在径向运动的范围即为：R-r。

将 4.1 节中的径向可开启式屋盖体系的支座节点与图 4.21(c) 所示的 B、N 等内圈节点相连，即可得到具有固定支座的径向可开启式屋盖体系，如图 4.24 所示。其固定结构在图中用 ○ 标示。

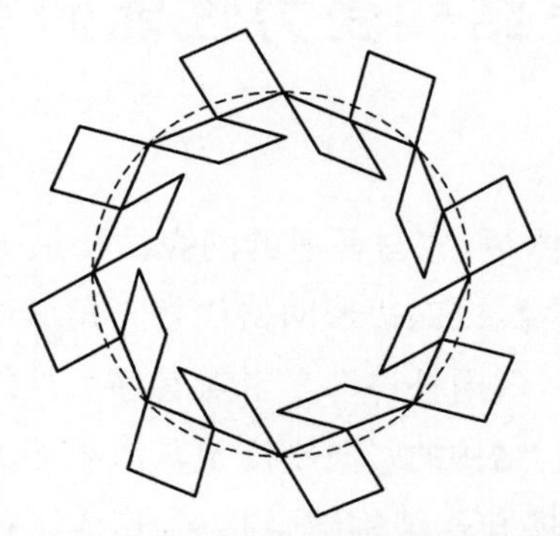

图 4.22　固定支座连杆机构运动过程示意图

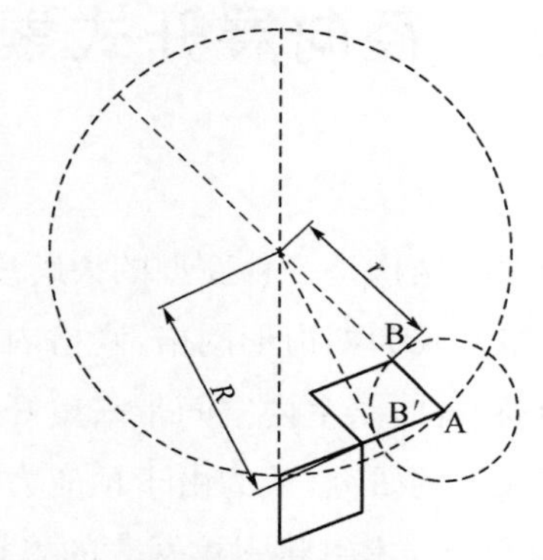

图 4.23　固定支座连杆机构运动界线

图 4.24　具有固定支座的径向可开启式屋盖体系

4.6　本章小结

本章的研究对象为由 Hoberman 连杆机构组成的径向可开启屋盖体系。在对平面结构运动特性分析的基础上，介绍了由二维体系向三维体系转变的过程，并分析了体系闭合后的受力性能以及开启闭合过程中的受力性能，得到如下结论：

(1) 体系在屋盖开启过程中，中央开孔半径逐渐变大，而体系的外圈半径先增大后减小，即支座处的径向位移是先向外再向内。

(2) 径向加杆模型在荷载作用下的最大应力达 226 MPa，跨中最大位移 0.54 m；而环向加杆模型在荷载作用下的最大应力只有 40 MPa，跨中最大位移 0.076 m。所以环向加杆结构的受力性能更加优越，结构的变形较小。

(3) 径向折叠网壳结构运动过程中杆件应力较小。运动过程中该结构对缺陷比较敏感，很小的初始缺陷都会使结构的最大应力急剧增加，甚至会影响结构的展开运动。

(4) 矢高对体系运动过程的影响较大。运动过程中的杆件最大应力和节点最大位移随着矢跨比的增加而不断减小。

5　径向展开式索撑网壳结构受力性能研究

索撑网壳结构是一种新型的大跨度空间结构体系，它与普通的网壳结构最大的不同在于它的网格形式为四边形网格，网格内以交叉索支撑。以四边形网格代替三角形网格可以增加室内的通透性，给室内空间带来更好的视觉效果。国内外许多学者对其静力性能和承载能力进行了深入的研究，认为由于预应力拉索的作用，结构的竖向刚度及其承载能力得到了一定的提高[196-203]。本书将索撑网壳的思想和径向可展开式结构结合起来，形成了径向展开式索撑网壳结构。

5.1　基本模型

5.1.1　几何构形

本书将索撑网壳的单层网壳结构用第 3 章中的径向可开启式网壳代替，形成径向可移动的索撑网壳结构，如图 5.1 所示。在结构展开过程中，驱动上部单层网壳结构的支座节点，结构不断展开，如图 5.2 所示。结构展开时，径向索的是松弛的，环向索的长度在不断增加。在结构闭合的过程中，环向索可以作为主动索，径向索作为被动索。当结构完全闭合后，继续张拉主动索，使整个结构产生一定的预应力，这就相当于普通索撑网壳的预应力施工过程一样。所以在结构展开和闭合过程中，只有单层网壳在抵抗外荷载的作用，其运动过程的分析见第 4 章分析结果。只有结构完全闭合后，上部单层网壳和面内索网才能共同工作，形成一个索撑网壳结构。

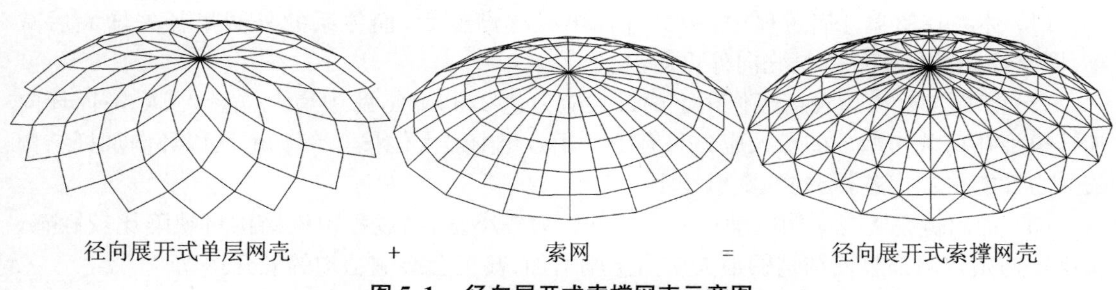

图 5.1　径向展开式索撑网壳示意图

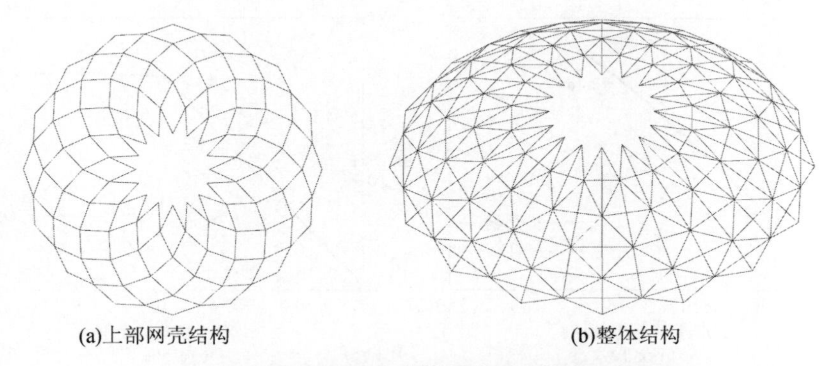

图 5.2　径向展开式索撑网壳展开状态示意图

5.1.2　索撑网壳单元的基本力学特性

索撑网壳结构中预应力拉索通过以下两个方面来增加四边形网格的受力性能。首先，拉索使铰接四连杆机构转换为静定或者超静定的结构。对于单层网壳结构来说，拉索使结构从四边形网格变成三角形网格，而后者的受力对网壳来说更加有利。另外，给拉索施加预应力，使杆件的受力状态从受压转化为受拉。图 5.3 所示是一个四边形网格加交叉斜索，在图示水平力作用下，一根拉索将因受压而退出工作。但是，如果在拉索中施加一定的预应力，两根拉索都将受拉，只是其中一根拉索将更大，而另一根拉索减小。

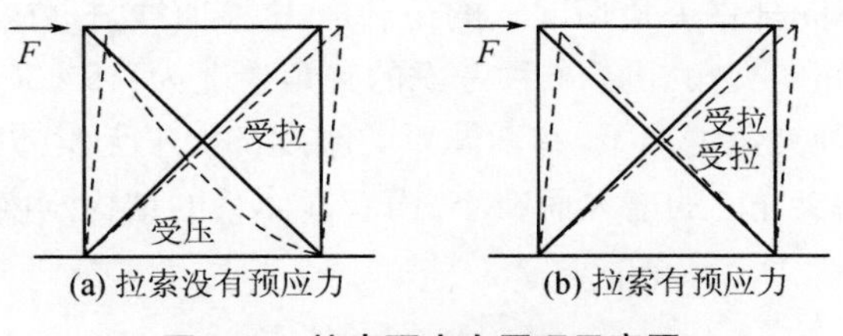

图 5.3　拉索预应力原理示意图

为了考察拉索对四边形网格受力性能的影响，图 5.4 给出了 4 种荷载工况。图 5.5 为加索和不加索两种体系在荷载作用下的荷载 — 位移曲线。从图中可以看出，在各种荷载工况下，如果没有交叉斜索，结构的刚度将急剧减小。

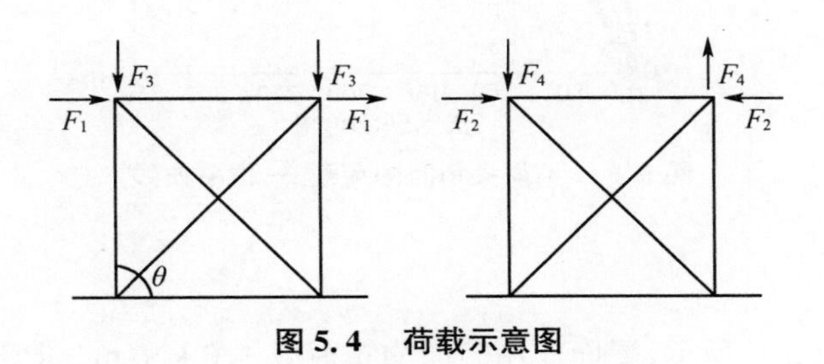

图 5.4　荷载示意图

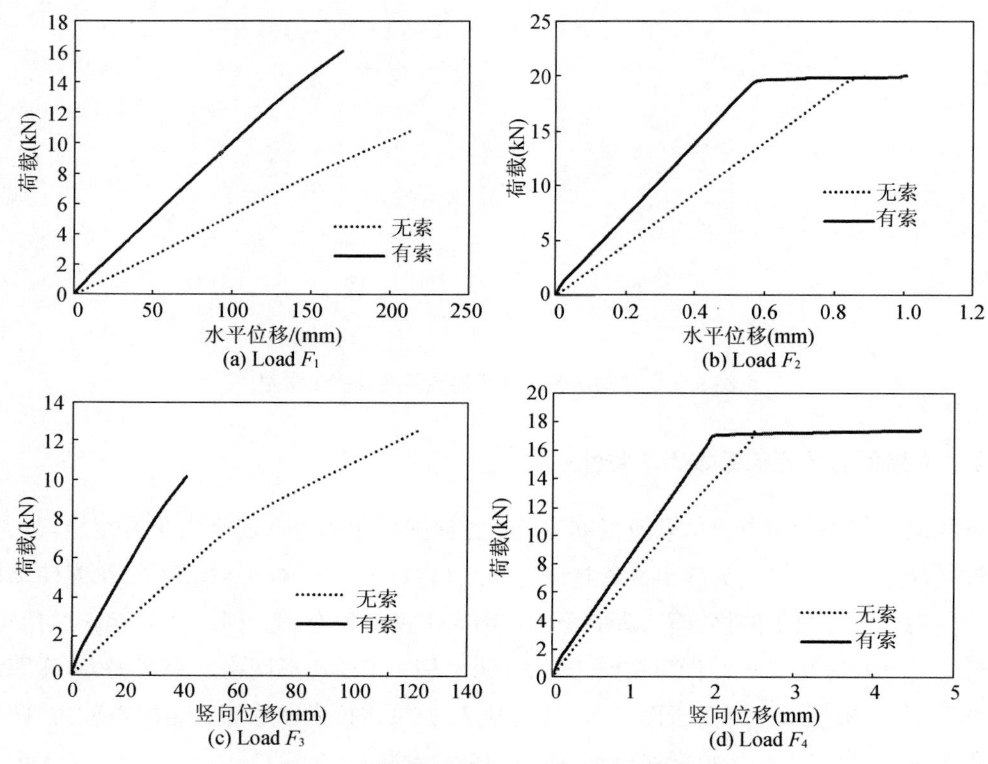

图 5.5　不同荷载形式的荷载 — 位移曲线

图5.6为体系在不同杆件夹角情况下的荷载—位移曲线。杆件夹角θ的定义如图5.4所示，为两根相邻杆件之间的夹角。图5.6种考虑的夹角情况为：15°、30°、45°、60°、75° 和90°。从图5.6可以看出，在各种夹角情况下，有索体系的刚度都大于无索体系的刚度。另外，无索体系的结构刚度随着杆件夹角θ的增大而减小。而有索体系的结构刚度随着杆件夹角θ的增大先减小后增大。

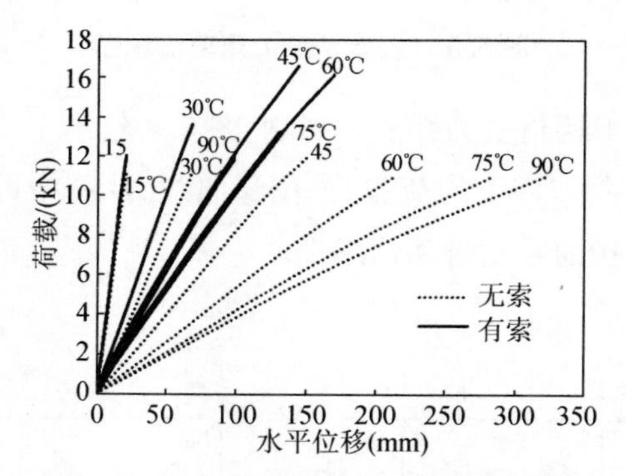

图 5.6　不同夹角时的荷载 — 位移曲线

5.1.3　有限元模型

本算例模型如图5.7所示，屋面作用竖向均布荷载1.0 kN/m²。上部单层网壳构件采用200 mm×150 mm×10 mm(高×宽×壁厚）的Q345B箱型钢梁，弹性模量为210 GPa，拉索截面积为 78.5 mm^2，弹性模量为 210 GPa，拉索不屈服。初始预应力大小取 100 MPa。

本书利用大型有限元软件 ANSYS 对结构进行分析，并充分考虑了结构的几何非线性。本章研究对象为径向展开式索撑网壳结构，具体计算模型如图 5.8 和 5.9 所示。结构的主要构件为钢杆件和预应力拉索，其中网壳中的钢构件为箱型截面，采用 BEAM188 单元来模拟，索单元采用 LINK10 单元模拟。网壳的跨度为 38 m，矢跨比为 0.2。钢杆件节点采用销接（即释放径向旋转自由度），索撑网壳边界条件为周边固结。

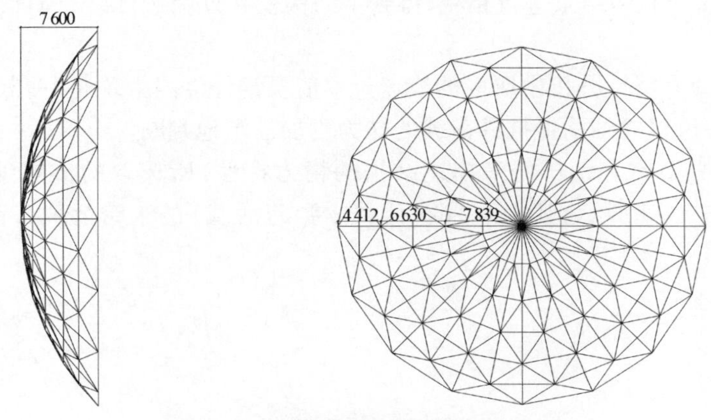

图 5.7　索撑网壳分析模型(mm)

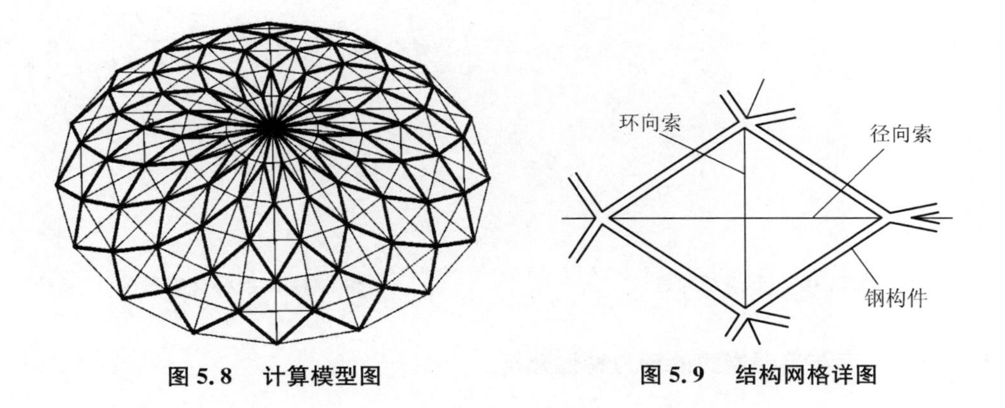

图 5.8　计算模型图　　图 5.9　结构网格详图

5.2　静力特性分析

结构的静力性能分析是结构计算分析中的重要内容，它为结构设计提供了基本理论依据，也为其他分析（如动力性能分析、稳定性分析等）提供了必要的参考。目前已有一些文献[6-12] 对圆形索撑网壳的静力性能进行了理论和试验研究，但专门针对径向展开式索撑网壳的研究很少。径向展开式索撑网壳是一种较新的结构形式，而且随着结构跨度的增大，结构性能会随之变得复杂。因此，为适应工程实践不断发展的要求，本节对径向展开式索撑网壳的静力性能进行分析，以获取相关规律性的结论。

根据索撑网壳结构建造全过程，可以将结构的受力状态分为三个部分：零状态、初始态和荷载态。其中零状态为所安装前的状态(承受自重荷载);初始态为索安装完成并完成预应力施加的状态;荷载态是结构开始承受除重力以外的其他外荷载的状态。

为了更加清晰地反映结构各个参数在外荷载作用下的影响,应该仅考虑结构对外荷载的抵抗作用。为此,本书将结构的静力特性计算分为三步:

(1) 计算结构在初始态下的构件位移及内力。

(2) 计算结构在荷载态下的构件位移及内力。

(3) 将前两步得到的结果进行相减,得到了结构仅在外荷载(除结构自重和预应力作用外)下的响应。

本书在结构静力特性分析中所取的节点位移值及钢杆件内力均是"荷载态 —— 初始态"的值,这样的做法可以对结构抵抗外荷载的能力更加清晰地判断。

本书利用部分节点和钢杆件来描述结构的精力特性,所选取的节点编号与钢杆件编号如图 5.10 和图 5.11 所示。其中 Load2(荷载+半跨活载)的半跨活载布置在图示结构左边半区。

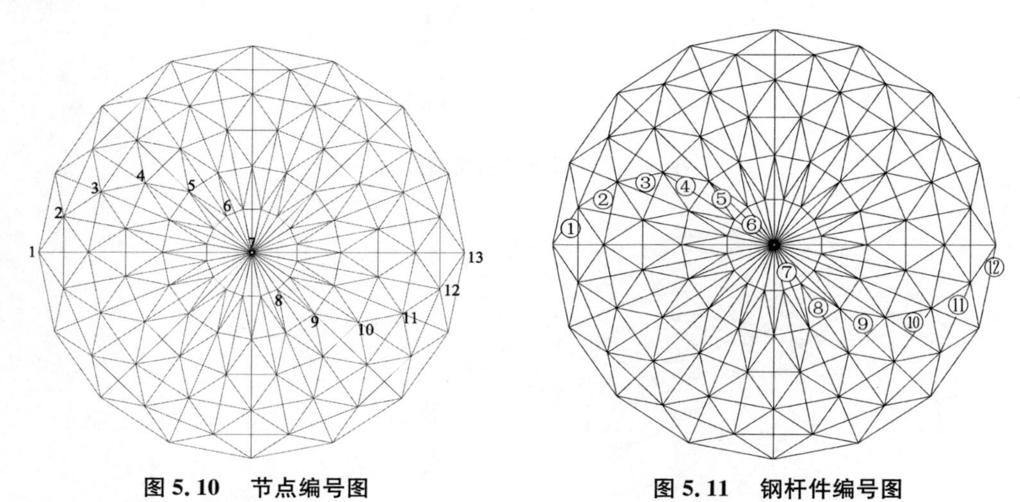

图 5.10　节点编号图　　　**图 5.11　钢杆件编号图**

5.2.1　索撑网壳与普通网壳的静力特性分析

为了更好地了解索撑网壳中预应力对结构的静力特性的影响,本书首先对索撑网壳和相同尺寸的无索普通网壳在两种荷载工况(分为 Load1 和 Load2 工况)下的节点竖向位移与钢构件轴力进行比较。

图 5.12 为普通网壳和索撑网壳的节点竖向位移对比。可以看出,索撑网壳与普通网壳的节点位移分布情况基本一致,只是绝对值大小有所差异。在 Load1 和 Load2 工况下由于预应力拉索的作用,结构节点的位移明显减小,普通网壳任一点的节点位移值都"包络"着索撑网壳节点位移值。

图 5.13 为普通网壳和索撑网壳的钢杆件轴向应力对比图。可以看出,在 Load1 和 Load2 工况下轴向应力相差不大。

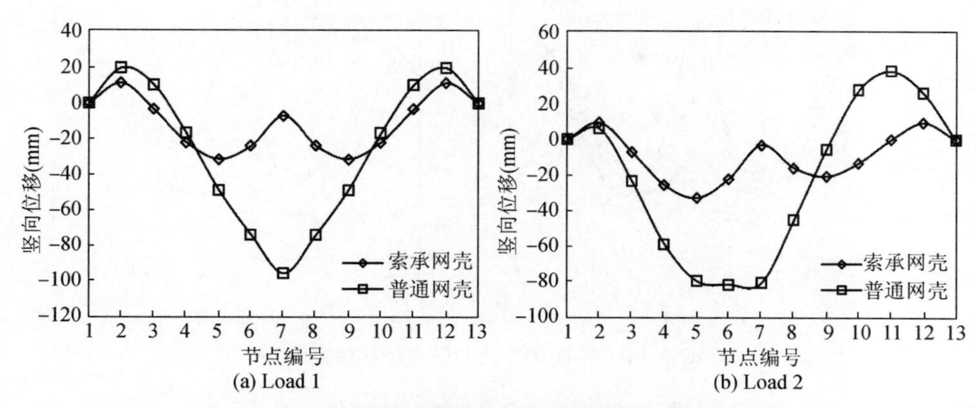

图 5.12 Load1 工况下索撑网壳与普通网壳的节点位移对比

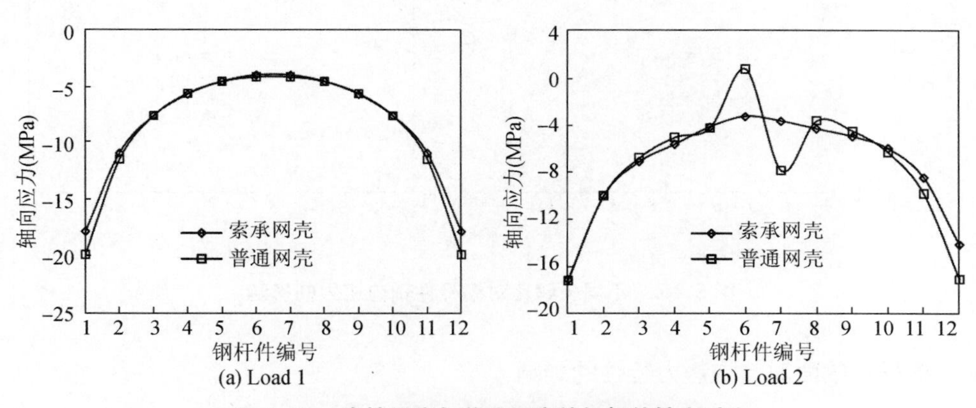

图 5.13 索撑网壳与普通网壳的钢杆件轴力对比

5.2.2 矢跨比对结构静力特性的影响

矢跨比对拱结构的合理性影响较大。当拱的形状越接近于“合理拱轴”时,拱只受轴力作用,结构的刚度最大。当拱的形状与“合理拱轴”偏离得越远,结构的拱效应越不明显。同样,网壳也有类似的现象。

取矢跨比分别为 0.10、0.20、0.30、0.40 对结构进行计算,图 5.14 为结构在不同矢跨比参数下的节点竖向位移。从图 5.14 可以看出,当矢跨比取 0.2 时,结构在 Load1 和 Load2 工况下的竖向位移最小,说明其网壳形状最接近“合理拱轴”,当矢跨比比 0.2 大或小时,结构各个节点的位移都会增大。另外,各个矢跨比的结构在支座附近处的节点位移相近,跨中部分相差较大。

图 5.15 为结构在不同矢跨比下的钢杆件轴向应力变化图。可以看出,矢跨比对索撑网壳构件轴力的影响比较明显,在 Load1 和 Load2 工况下其规律是随着矢跨比的增大而减小。

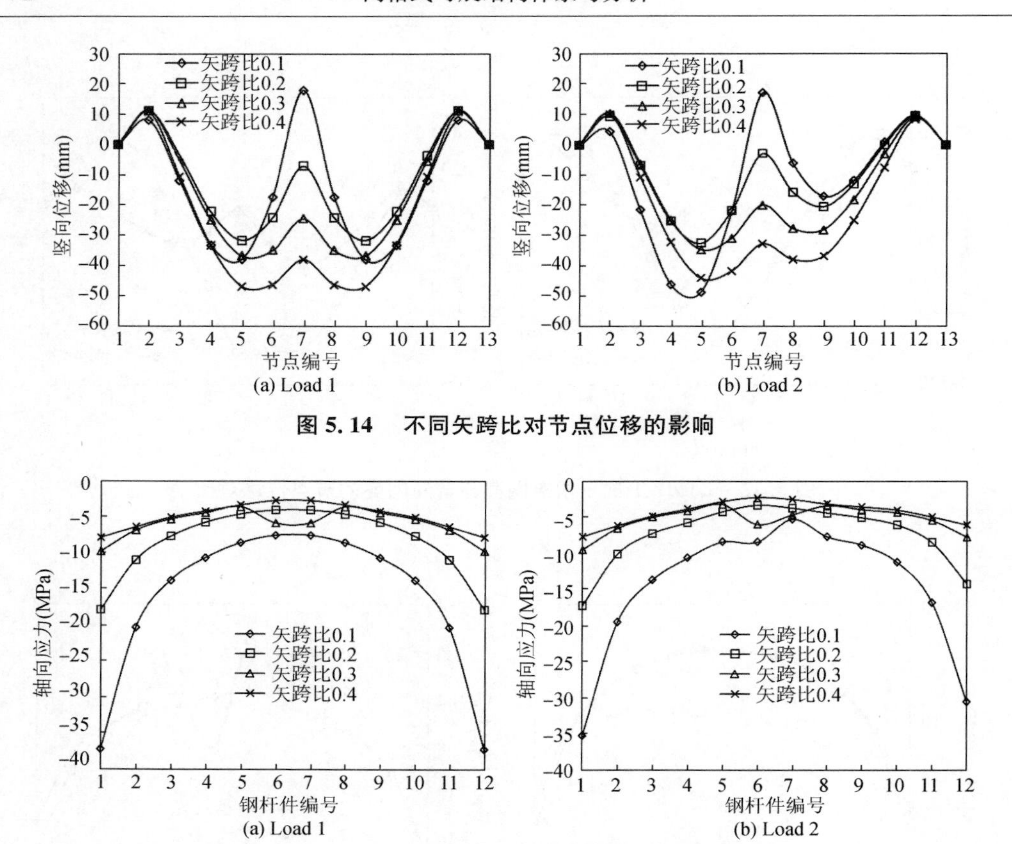

图 5.14　不同矢跨比对节点位移的影响

图 5.15　不同矢跨比对钢杆件轴向应力的影响

5.2.3　钢杆件截面对结构静力特性的影响

取不同钢杆件截面（150 mm×100 mm×10 mm、200 mm×150 mm×10 mm、250 mm×150 mm×10 mm、300 mm×200 mm×10 mm、400 mm×200 mm×10 mm）进行静力分析计算，图 5.16 为结构在不同钢杆件截面下的节点竖向位移。可以看出，随着钢杆件截面的增大，结构的竖向刚度有较大的提高。这是因为在索撑网壳结构中，结构的大部分刚度由钢杆件提供，因此钢杆件刚度的增大会对结构的整体刚度提高有较大的影响。但另一方面，不断增大的结构刚度对结构竖向变形的影响会逐渐减弱。

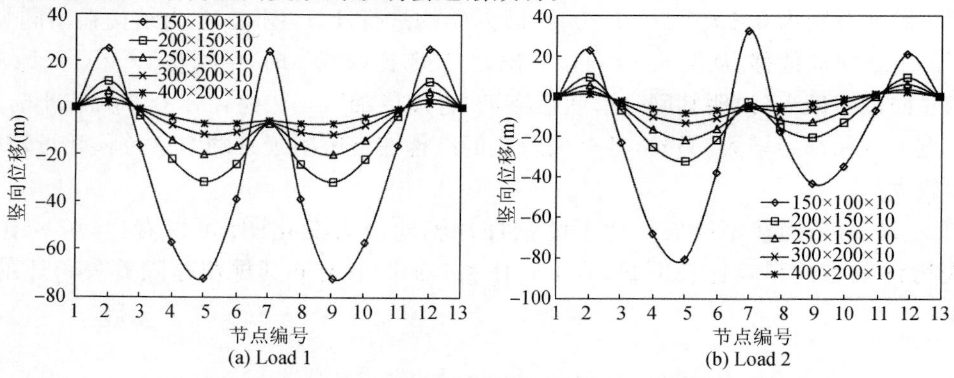

图 5.16　不同钢杆件截面对节点位移的影响

图 5.17 为结构在不同钢杆件截面下的钢杆件轴向应力变化图。可以看出，随着钢杆件截面的增大，结构构件的轴向应力有相应的减小。

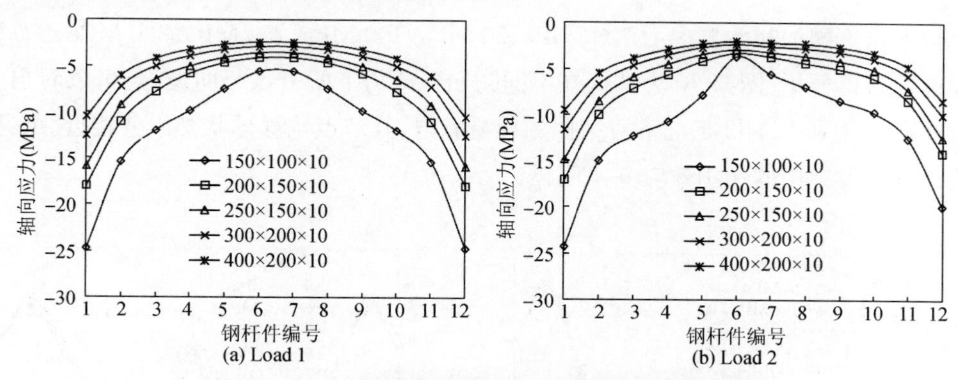

图 5.17 不同钢杆件截面对钢杆件轴向应力的影响

5.2.4 索截面对结构静力特性的影响

取不同的环向索截面（直径分别为 8 mm、10 mm、12 mm、15 mm、20 mm）对结构进行静力计算。图 5.18 为结构在不同索截面下的节点竖向位移。可以从图 5.18 清楚看到，在 Load1 和 Load2 工况下，在节点的竖向位移随着索截面的增大而减小。可以想象，当索截面增大时，结构的刚度会相应的增加，结构节点位移相应减小。

图 5.19 为结构在不同索截面下的钢杆件轴向应力变化图。可以看出，在 Load1 和 Load2 工况下索截面面积对钢杆件的轴向力影响较小。

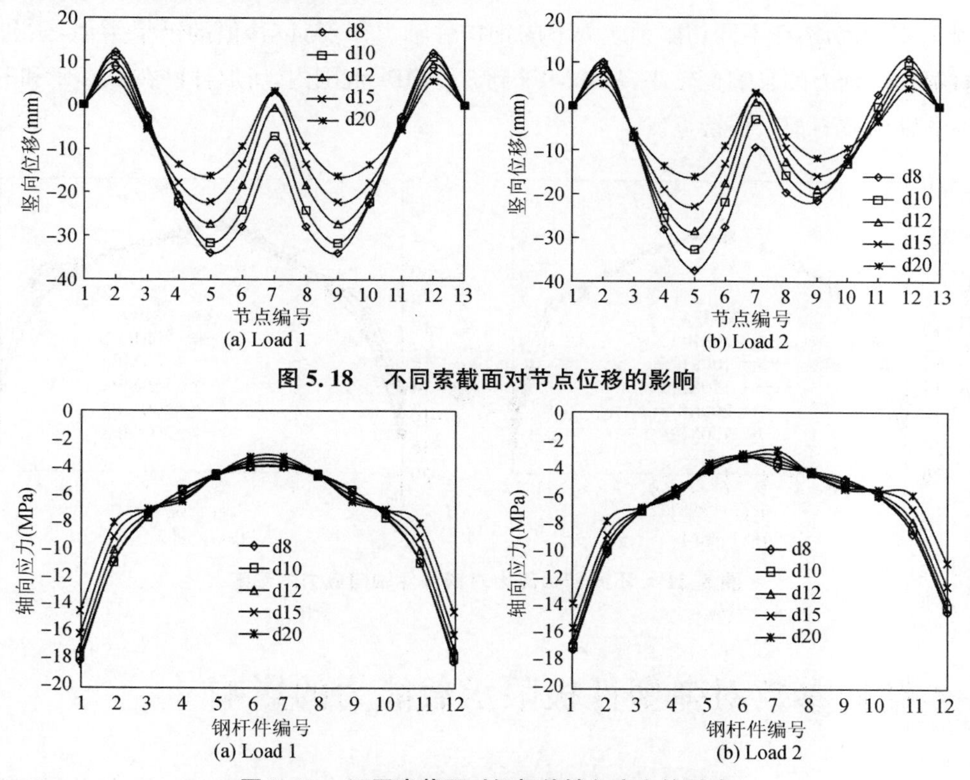

图 5.18 不同索截面对节点位移的影响

图 5.19 不同索截面对钢杆件轴向应力的影响

5.2.5 索初始预应力对结构静力特性的影响

对拉索取不同的初始预应力值(0 MPa、50 MPa、100 MPa、150 MPa、200 MPa、300 MPa)对结构进行静力分析。图 5.20 为结构在不同初始预应力下的节点竖向位移。可以看出,索初始应力在 Load1 和 Load2 工况下对结构的影响有限,其节点位移形状都十分相近。可见拉索的初始预应力对结构的作用效应并不明显。

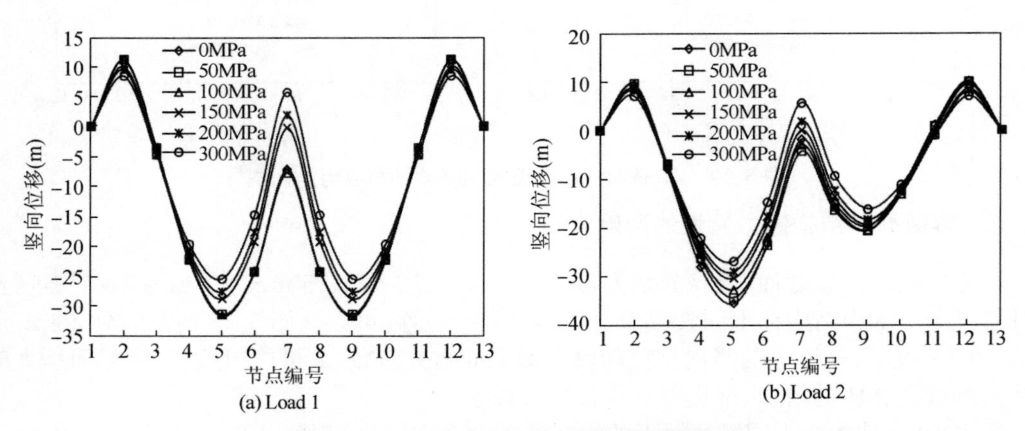

图 5.20 不同初始应力对节点位移的影响

图 5.21 为结构在不同初始预应力下的钢构件轴力图。与位移值的结果类似,索初始预应力对钢杆件轴力的影响也较小,从 0 MPa 到 300 MPa 范围内,所取杆件在 Load1 和 Load2 工况下的轴向应力都十分接近。

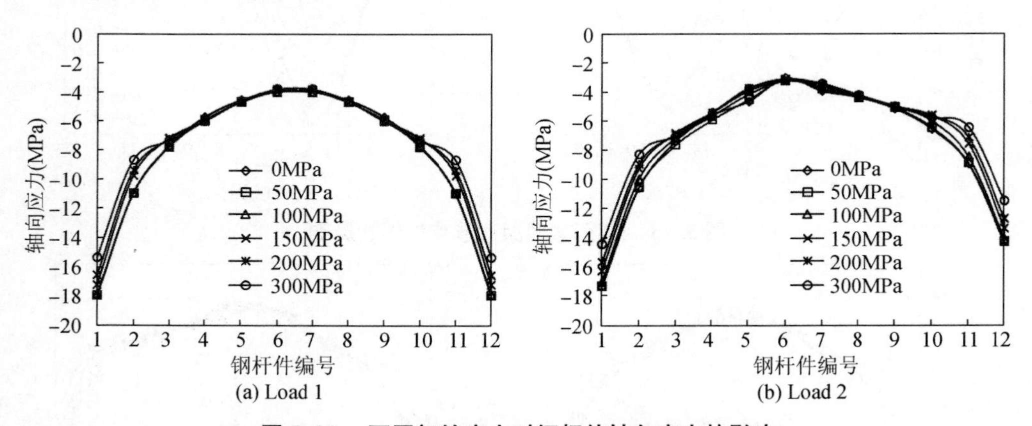

图 5.21 不同初始应力对钢杆件轴向应力的影响

5.3 结构参数对弹塑性极限承载能力的影响

稳定性是拱结构、薄壳结构、网壳结构(尤其是单层网壳结构) 等设计中的关键问题,而且随着结构跨度的增大，稳定性问题将变得更加突出[204,205]。索撑网壳源于单层网壳和张拉整体系统，可认为是网壳结构的一种衍生形式，因而它既包含网壳结构部分类似的特征，也具有自身新的结构特点。由于索撑网壳一般多用于大跨度及超大跨度结构，而且通常比较扁平（矢跨比较小），所以稳定性问题同样值得关注。

迄今为止，对网壳结构的稳定性问题，国内外已进行了大量的研究，并取得了一系列丰硕的成果。相比之下，由于径向展开式索撑网壳是一种新的结构形式，目前涉及该结构稳定性问题的研究还不多[205,206]。从现有文献的研究情况来看：一方面，稳定性分析方法基本沿用了网壳结构的分析理论和思路，然而径向展开式索撑网壳具有自身的结构特点，采用网壳结构的部分分析方法不一定能得到满意的结果；另一方面，研究的对象基本都是呈中心对称的圆形索撑网壳，那么这些相关的研究结论是否适用于径向展开式索撑网壳还需要进一步的探讨。

文献[207]～[213]认为，对于某些网壳结构的极限承载力来说材料非线性的影响相当显著，若仅考虑几何非线性进行计算会高估结构的极限承载力。对于径向可展开式索撑网壳这种比较新型的结构形式来说，材料非线性的影响到底有多少尚无定论，因此需要同时考虑其几何非线性和材料非线性的影响来对结构进行极限承载能力分析。在静力弹塑性极限承载能力分析中，利用非线性分析方法中的 Newton-Raphson 法进行逐级加载。

对径向可展开式索撑网壳结构和其结构尺寸相同的普通网壳进行极限承载能力对比分析，进行仅考虑几何非线性与同时考虑几何非线性和材料非线性两种情况下的计算，得到结构的“荷载—位移”曲线如图 5.22 和图 5.23 所示。对结构进行全过程分析后，对每个节点都可以画出一条荷载位移曲线，限于篇幅，本书仅选取计算结束时竖向位移最大点绘制其“荷载—位移”曲线，用该曲线来考察结构的受力特点。在 Load1 和 Load2 工况下，径向可展开式索撑网壳仅考虑几何非线性的极限承载能力比同时考虑几何非线性与材料非线性的极限承载能力要大（Load1 工况下提高 38.54%，Load2 工况下提高 37.62%）。因此若仅考虑几何非线性会使计算结果偏于不安全，在分析时应该同时考虑两种非线性对结构的影响。

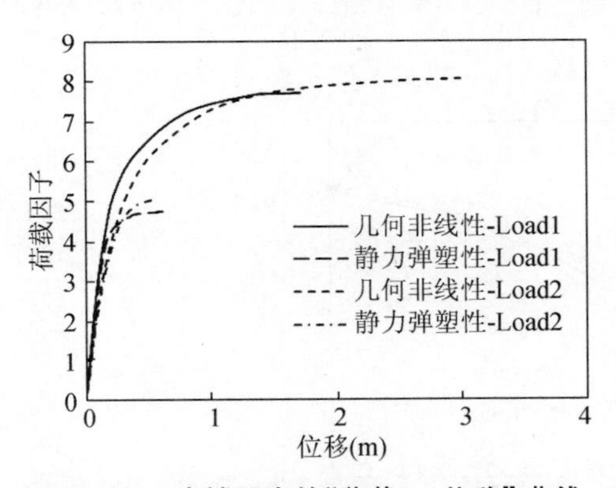

图 5.22 索撑网壳的“荷载—位移”曲线

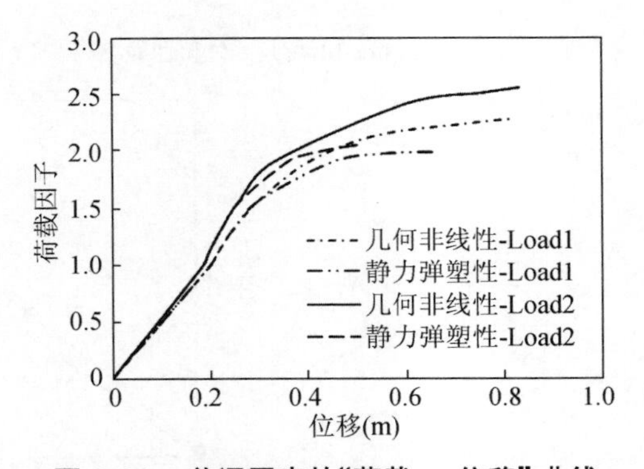

图 5.23 普通网壳的“荷载—位移”曲线

另外可以发现，两种网壳结构分别在两种工况下加载的前半段由于材料并没有进入塑性，因此两种非线性考虑方式的“荷载 — 位移”曲线在前半段重合在一起。当结构继续加载而进入塑性时，考虑两种非线性的“荷载 — 位移”曲线斜率明显下降，极限荷载承载力显著降低。

在两种网壳的弹塑性极限承载能力方面，Load1 工况下索撑网壳要比普通网壳提高 136.63%。Load2 工况下索撑网壳要比普通网壳提高 143.19%。

为了详细了解径向可展开式索撑网壳结构的各个参数对结构弹塑性极限承载能力的影响，本书对结构的矢跨比、钢杆件截面面积、索初始预应力大小、拉索(环向索和径向索)截面面积和撑杆面积 5 个基本模型参数进行分析。在保持其他参数不变的情况下，着重分析某一种参数对结构极限承载能力的影响。

5.3.1 矢跨比对弹塑性极限承载能力的影响

在保持其他参数均不变的基础上，通过索撑网壳的矢高来改变结构的矢跨比，其中基本模型的矢跨比为 0.2，矢高为 7.6 m。取矢跨比分别为 0.10、0.20、0.30、0.40 对结构进行分析计算。图 5.24 分别给出了不同矢跨比下索撑网壳的荷载 — 位移曲线，以及对应的极限荷载因子。由图可看出，矢跨比对索撑网壳的极限承载力影响较大，极限荷载随着矢跨比的增大而提高。当矢跨比小于 0.3 时，对于全跨荷载和半跨荷载而言，极限承载力提高较大；当矢跨比大于 0.3 时，对于全跨荷载和半跨荷载而言，极限承载力提高较小。由此表明：若仅通过增大矢跨比来提高索撑网壳结构的极限承载力并非最佳选择。

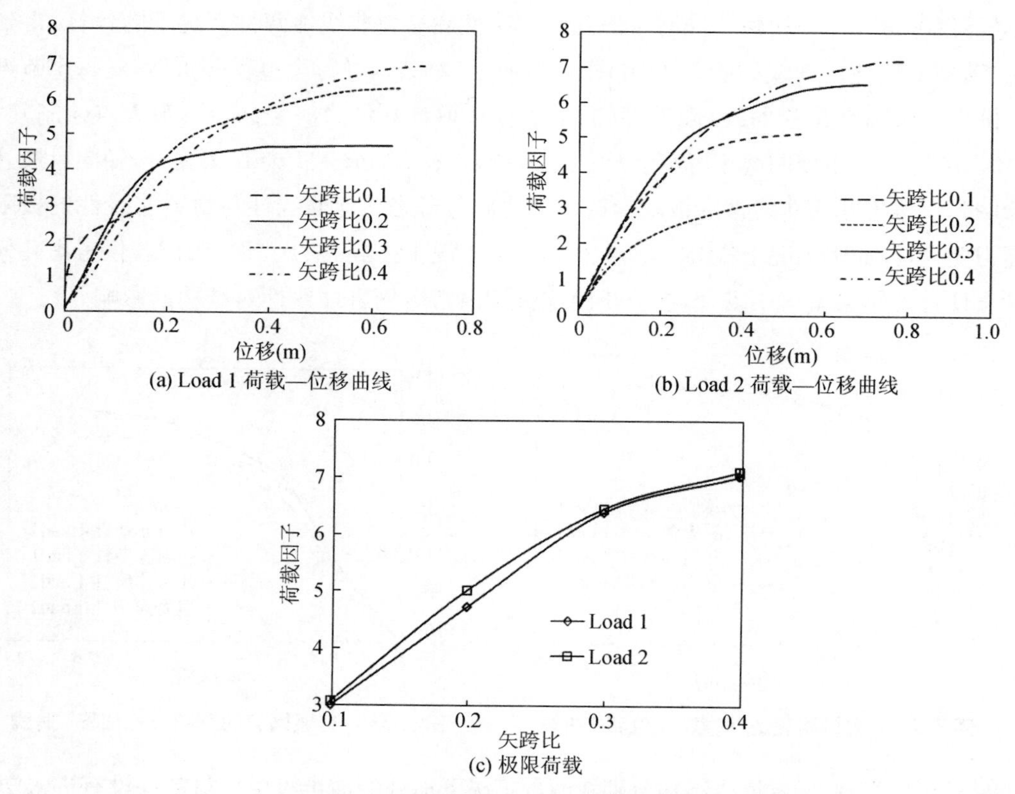

图 5.24 矢跨比对结构极限承载力的影响

5.3.2 钢杆件截面对弹塑性极限承载能力的影响

保持结构跨度、矢高、节点形式、网格形状及尺寸等均不变的情况下，单层网壳的刚度主要取决于杆件自身的刚度，即主要包括杆件的轴向刚度 EA 和抗弯刚度 EI(非铰接节点)。令"基本模型"的网壳杆件刚度为1，通过改变杆件刚度系数(EA/E_0A_0 及 EI/E_0I_0)来分析结构极限承载力的变化特征。

将钢杆件采用 5 种不同截面(150 mm × 100 mm × 10 mm、200 mm × 150 mm × 10 mm、250 mm × 150 mm × 10 mm、300 mm × 200 mm × 10 mm、400 mm × 200 mm × 10 mm) 对结构进行分析，得到"荷载 — 位移" 曲线如图所示，可以发现"荷载 — 位移" 曲线发展趋势基本一致。

由图 5.25 可看出，索撑网壳的极限承载力随杆件刚度的增大而提高。以"基本模型" 为准，对于全跨荷载，当杆件轴向刚度减小 30% 时，极限荷载降低 50.93%，当杆件抗弯刚度增加 70% 时，极限荷载提高 24.68%；对于半跨荷载，当杆件轴向刚度减小 30% 时，极限荷载降低 52.68%，当杆件抗弯刚度增加 70% 时，极限荷载提高 32.59%。

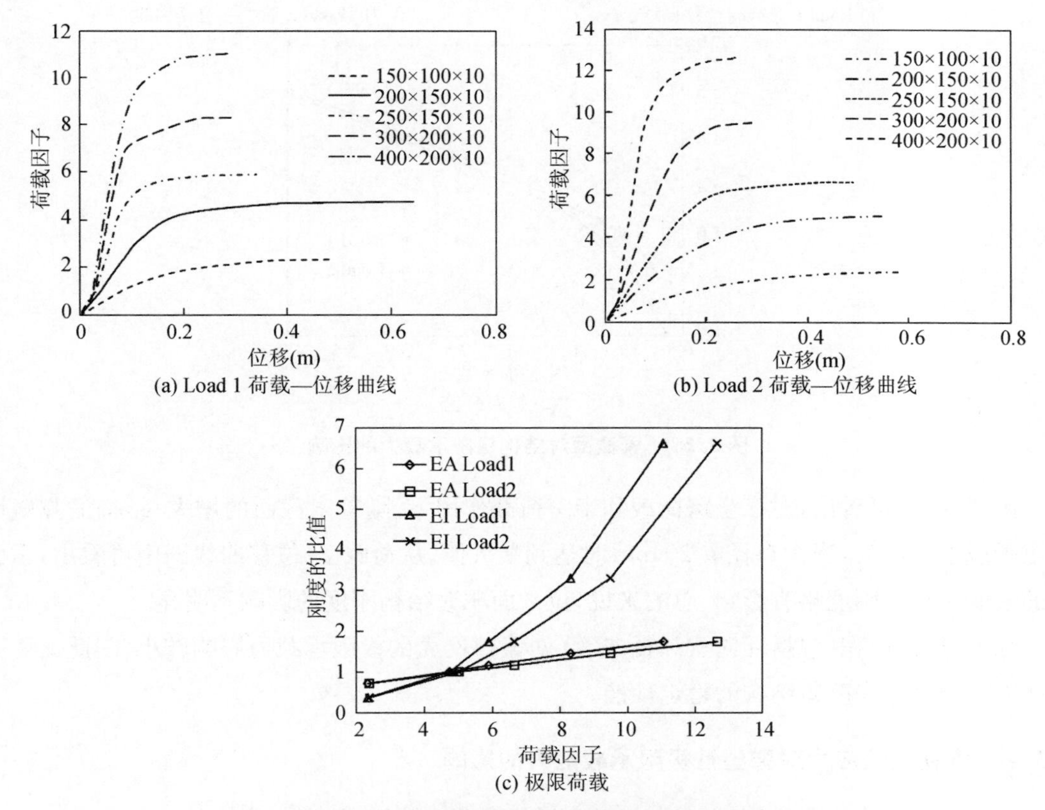

图 5.25 钢构件截面对结构极限承载力的影响

5.3.3　索截面对弹塑性极限承载能力的影响

在保持其他参数均不变的条件下，改变索截面的面积，来考察其对结构极限承载力的影响。取不同的索截面（直径分别为 8 mm、10 mm、12 mm、15 mm、20 mm）对结构进行分析。

当以索面积为参数时，令“基本模型”的索面积为单位 1，同时改变索截面的面积，则其余模型的截面系数为 m，得到图 5.26 中的计算结果。

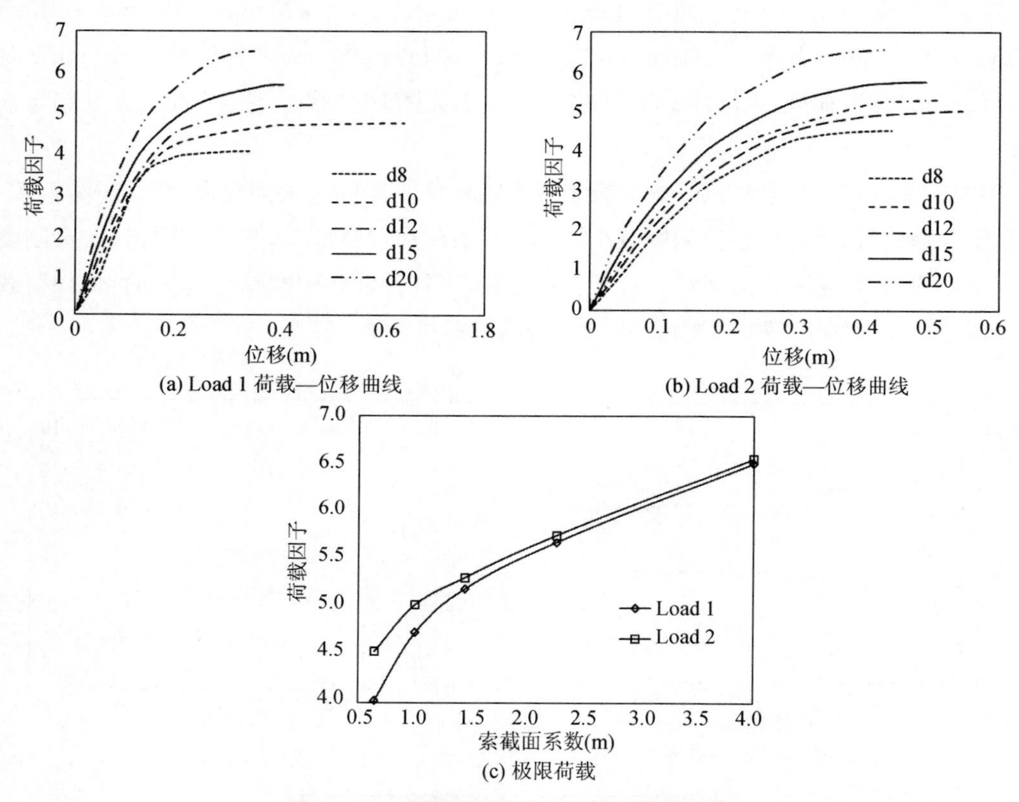

图 5.26　索截面对结构极限承载力的影响

由图 5.26 可看出，对于全跨荷载和半跨荷载作用下，随着索截面的增大，结构的弹塑性极限承载能力增大，当索直径取 20 mm 时达到最大值。从荷载 — 位移曲线图中可看出，索面积的改变对结构刚度略有影响。总的来说，拉索面积对结构刚度的影响不明显。

综上，拉索面积（包括环向索和径向索）对索撑网壳的极限承载力影响较小，因此无需通过增大拉索面积来改善结构的稳定性能。

5.3.4　索初始预应力对弹塑性极限承载能力的影响

在保持其他参数均不变的基础上，以“基本模型”的拉索初始预张力为标准，来考察不同预应力水平对结构极限承载力性能的影响。对拉索取不同的初始预应力值（0 MPa、50 MPa、100 MPa、150 MPa、200 MPa、300 MPa）对结构进行分析计算。

图 5.27 给出了不同预应力大小对索撑网壳极限承载力的影响结果，其中令“基本模型”的拉索初始预张力为单位 1。由图 5.27 可看出，索撑网壳的极限承载力随着预应力水平的提高而增加，但极限荷载的增幅并不明显。以“基本模型”为准，当预应力水平提高 1 倍，极限荷载仅增加 1.08%；当预应力水平降低 1 倍，极限荷载仅降低 1.08%。由此说明了预应力对提高结构极限承载力的贡献较小。

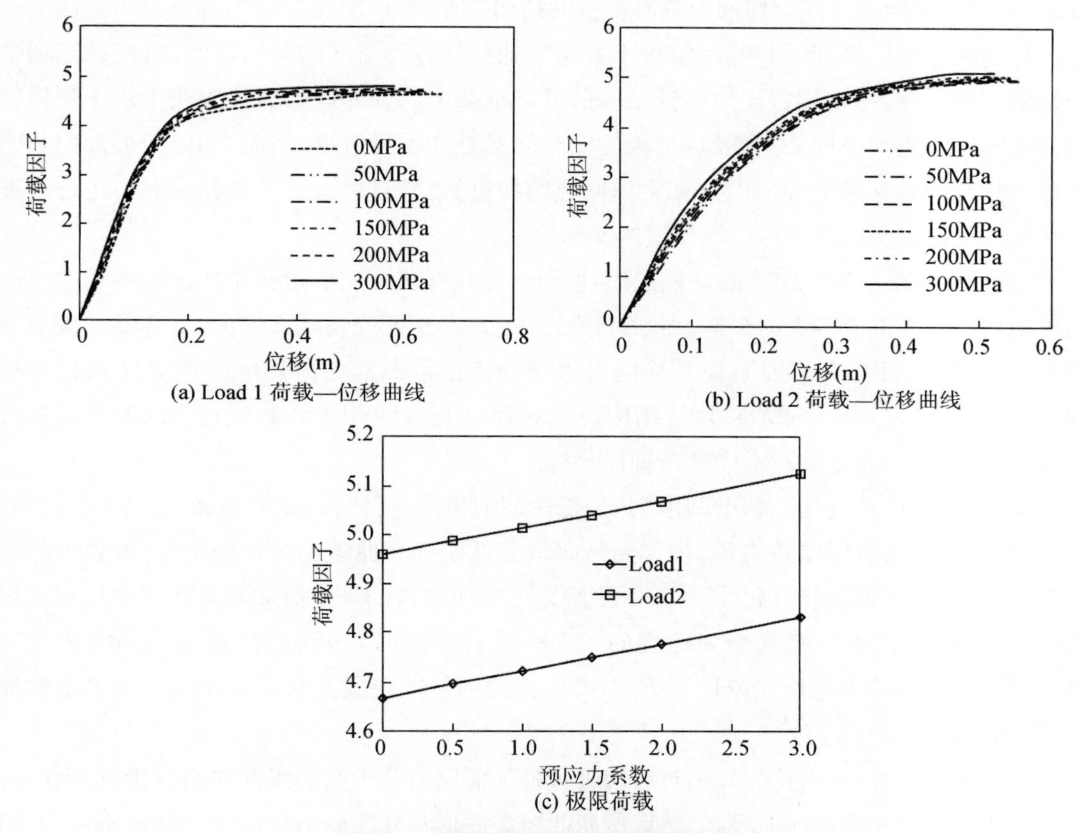

图 5.27　预应力对结构极限承载力的影响

对于索撑网壳来说，在正常使用阶段，合理拉索预应力的施加可有效调整结构的变形，降低杆件内力峰值，并减轻下部支承体系的负担，但是并不能通过改变预应力大小来显著提高结构的极限承载力。因此，在满足正常使用阶段结构各项性能指标的前提下，预应力值不宜取过高。

综上，预应力水平对提高索撑网壳结构极限承载力的贡献较小，若单纯通过增大拉索预应力来改善结构的极限承载力并非明智选择，反而可能带来其他不利影响，因此，在满足正常使用阶段结构各项性能指标的前提下，预应力值不宜取得过高。

5.4 索撑网壳的缺陷稳定性分析

如前所述,由于径向展开式索撑网壳是一种较新的结构形式,目前涉及该结构稳定性问题的研究还不多,而且从现有文献的研究来看,稳定性分析方法沿用了网壳结构的分析理论和思路。有与径向展开式索撑网壳具有自身的结构特点,采用网壳结构的部分分析方法不一定能得到满意的结果。然而,实际结构不可避免地存在各种形式的初始缺陷,这些缺陷通常会带来不利影响,将不同程度地降低结构的稳定承载力。另一方面,索撑网壳多用于规模较大的大跨度或超大跨度公共建筑,结构的安全问题更加不容忽视。因此,如何较准确而又方便地对具有初始缺陷的径向展开式索撑网壳结构进行稳定性分析,并对其承载力进行合理评估是一项值得深入思考和广泛探讨的课题之一。

如前所述,单层网壳结构是缺陷敏感性结构,结构在施工安装过程中所产生的误差可能会对结构的受力造成较大的影响。而索撑网壳正是由单层网壳发展而来的,对于这种较为新型的结构形式来说,有必要研究其缺陷对弹塑性极限承载能力的影响。《网壳结构技术规程》(JGJ 61—2003)(以下简称《网壳结构技术规程》) 建议采用一致缺陷模态法对网壳进行分析,本书也运用此方法对索撑网壳进行分析。

《网壳结构技术规程》提出采用结构最低阶屈曲模态进行初始缺陷验算。但是文献[214]发现,对于预应力空间结构来说,当初始缺陷按最低阶的屈曲模态进行分布时,所得到的结果不一定是结构最不利值;此外,对于一些缺陷形式所求得的极限荷载甚至比理想结构求得的还要大;考虑初始缺陷大小为跨度的 1/300 进行计算时,得到的结果也不一定为最不利[214,215]。因此本章在进行缺陷性分析时,考虑不同的缺陷模式及缺陷大小对结构弹塑性极限承载能力的影响。

在缺陷分析时,本书首先分别对结构进行特征值屈曲分析及非线性屈曲分析,得到的特征值屈曲模态和非线性屈曲模态,然后按屈曲模态的形状修改原结构模型的节点坐标,对结构进行弹塑性极限承载能力分析。值得注意的是,屈曲模态的定义应理解为屈曲前后两个临近状态的位移之差。

5.4.1 缺陷模式对弹塑性极限承载能力的影响

本书所采用的一致缺陷模态法的求解步骤为:

(1) 对结构进行特征值屈曲分析和非线性屈曲分析,得到结构的屈曲模态。

(2) 对应用特征值屈曲分析求得的屈曲模态进行归一化处理。

(3) 按照各个屈曲模态的结构变形修改有限元模型的节点位移坐标。

(4) 对结构在荷载作用下进行精力弹塑性分析得到其最终的极限承载能力。

对结构进行特征值屈曲分析及非线性屈曲分析,得到的前几阶特征值屈曲模态及非线性屈曲模态。如图 5.28 所示。可以看出,Load1 和 Load2 两种工况下的特征值屈曲模态图比较接近，但是两种工况下的非线性屈曲模态图相差较远。

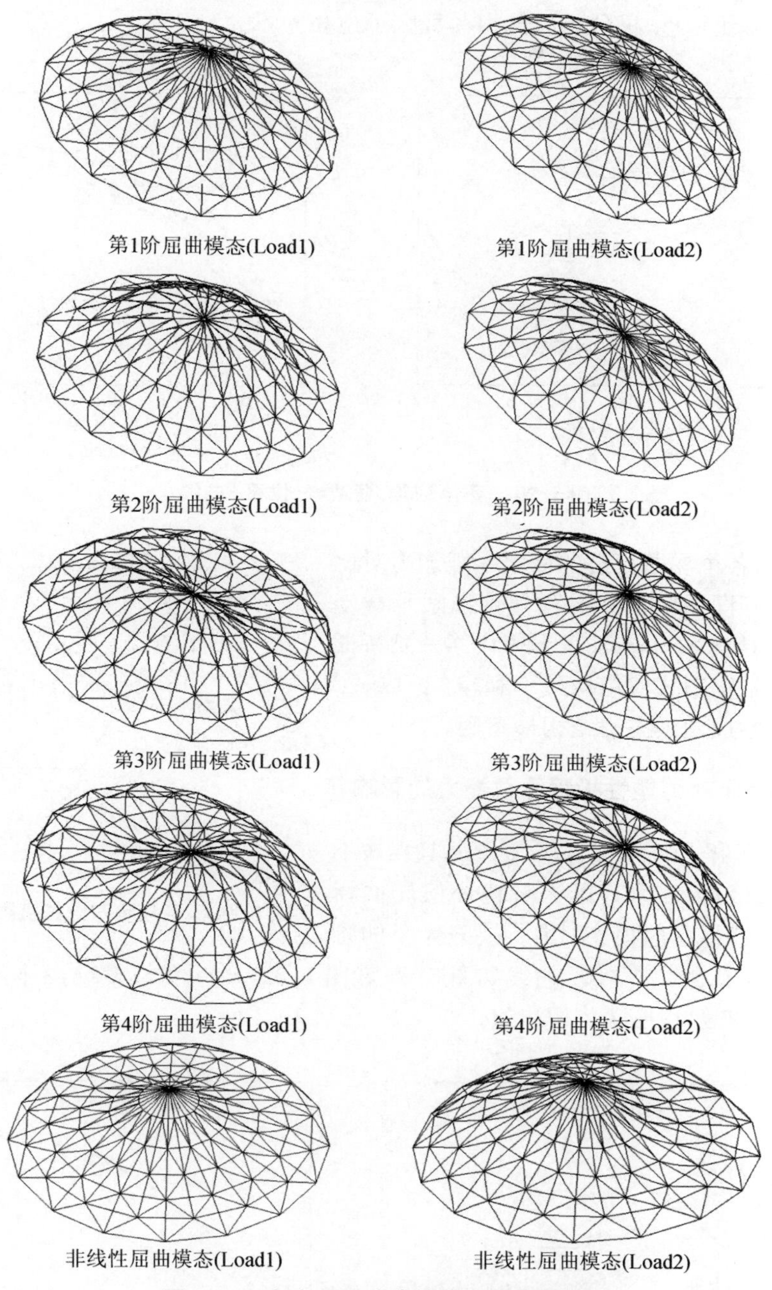

图 5.28　径向展开式索撑网壳屈曲模态图

文献[215]提到，对于预应力空间结构所求得的屈曲模态有可能使结构的极限承载能力增加。为此，本书对各个屈曲模态进行正负缺陷的施加。首先分析不同的缺陷模式对结构的弹塑性极限承载能力的影响，各个初始缺陷的最大值按照《网壳结构技术规程》(取跨度的1/300(分别进行正负缺陷的加载)，得到结构的“荷载—位移”曲线如图5.29所示，其中所对应的各阶屈曲模态为其相应的正负缺陷中较不利的一个。其中所取的节点为各自缺陷模式下极限承载能力分析结束时竖向位移最大的点。可以看出，两种工况下各类型缺陷的“荷载 — 位移”曲线形状相近，极限承载能力荷载因子也相差不大。

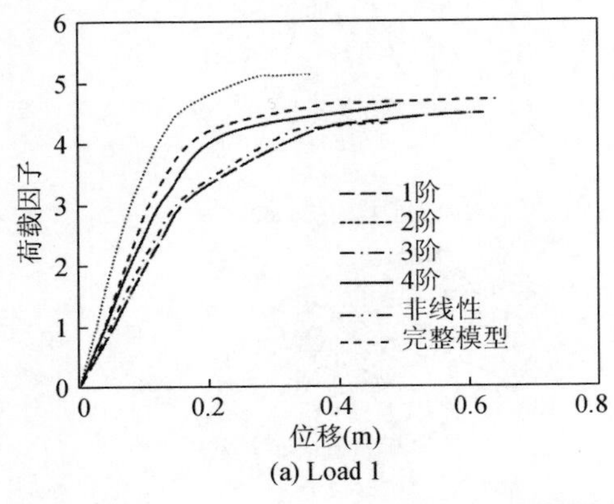

(a) Load 1

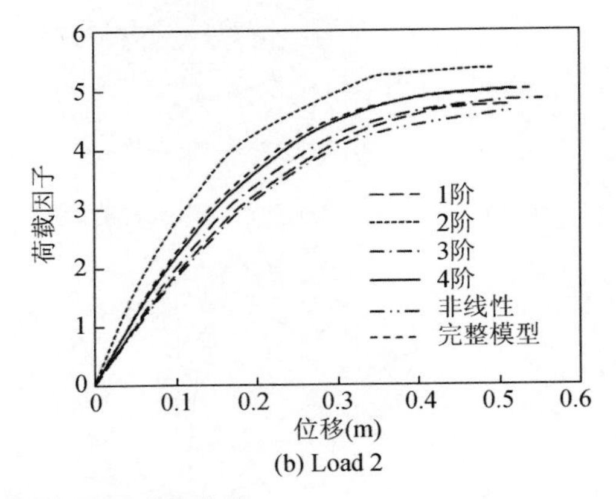

(b) Load 2

图 5.29　不同缺陷“荷载 — 位移”曲线

图 5.30 为各个屈曲模态的极限承载能力对比图。可以看出，不同缺陷模式的弹塑性极限承载能力有较大的差异。对于 Load1 工况来说第一阶特征值屈曲模态的缺陷形式对结构最不利，对于 Load2 工况来说非线性屈曲模态对结构最不利。

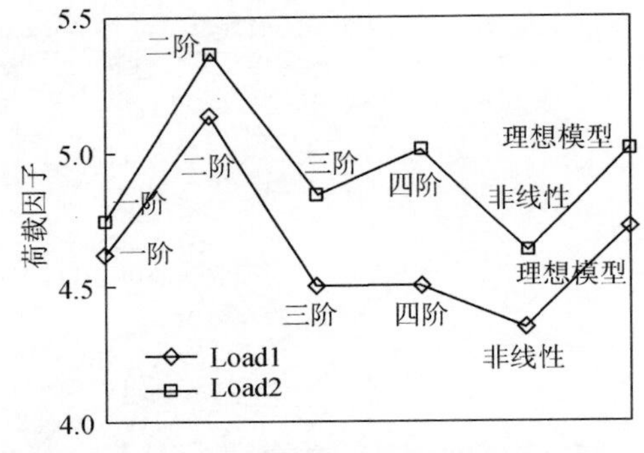

图 5.30　各缺陷对结构极限承载力影响

5.4.2　缺陷大小对弹塑性极限承载能力的影响

对于 Load1 和 Load2 两种工况分别取其最不利的缺陷形式（Load1 为其第一阶特征值屈曲模态；Load2 为非线性屈曲模态）进行缺陷大小的参数分析，得到的“荷载 — 位移”曲线如图 5.31 和图 5.32 所示。可以发现，不同缺陷大小的结构“荷载 — 位移”曲线形状比较相似。

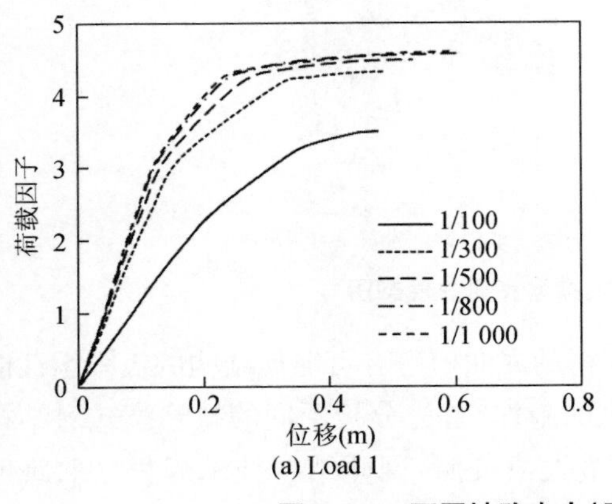

(a) Load 1

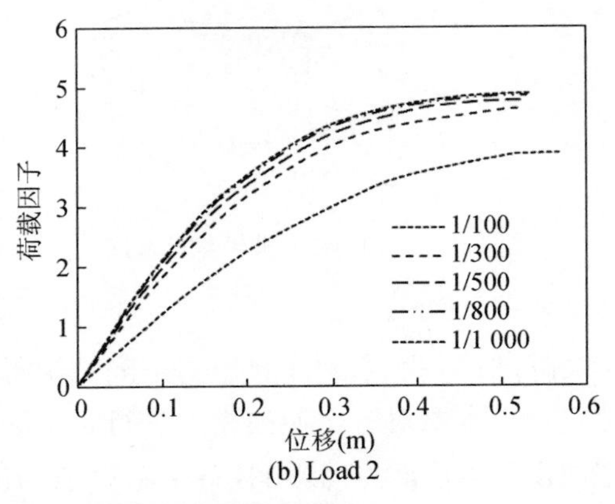

(b) Load 2

图 5.31　不同缺陷大小(正缺陷)“荷载 — 位移”曲线

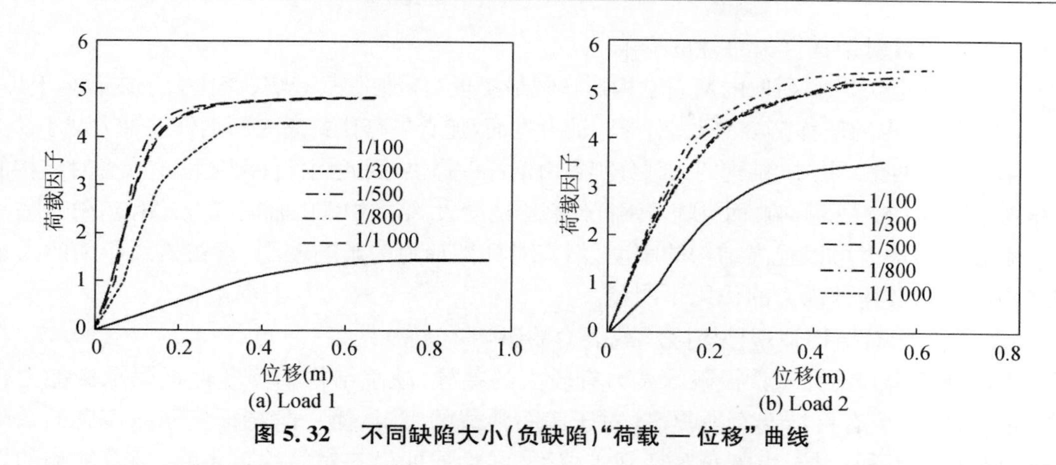

(a) Load 1 (b) Load 2

图 5.32 不同缺陷大小(负缺陷)"荷载 — 位移"曲线

Load1 和 Load2 两种工况不同缺陷大小(含正负)计算所得到的弹塑性极限承载力如图 5.33 所示。可见,对于 Load1 工况,由于所对应的第一阶屈曲模态向上凸起(参见图 5.28),若正向加载缺陷,可能使结构的高度增大,不稳定性增强,其极限承载力可能不断下降。

对于 Load2 工况,其非线性屈曲模态的形状向下凹陷(参见图 5.28),若反向加载缺陷,结构向上突起,结构极限承载力可能增大。在缺陷最大值由正到负逐渐减小的过程中,结构的极限承载能力不断增大。而按照非线性屈曲模态施加初始缺陷后的整体系数突变处(—0.38,3.888)结构的"荷载 — 位移"参见图 5.31。由图 5.31 可知,曲线发生突变处结构的失稳形式可能不同。

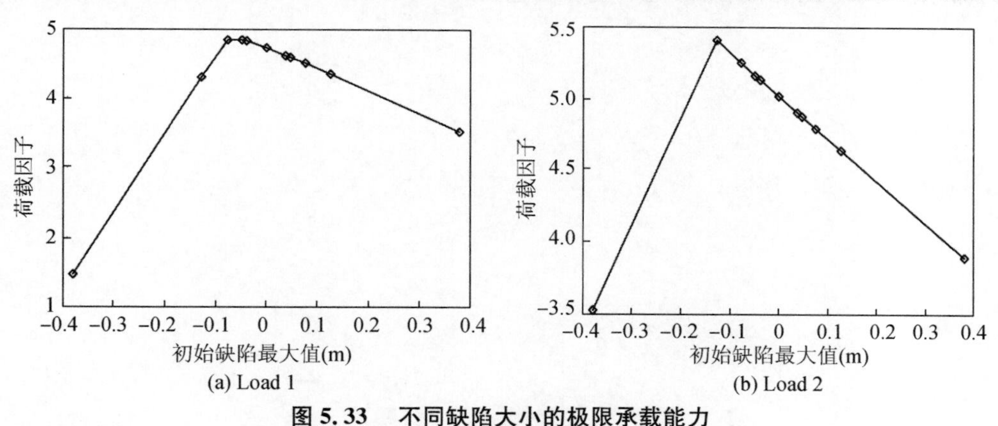

(a) Load 1 (b) Load 2

图 5.33 不同缺陷大小的极限承载能力

5.5 本章小结

本章将索撑网壳的概念引入到径向开启屋盖体系中,在对单个索撑网壳单元力学特性分析的基础上,对该体系分别进行了静力特性分析和弹塑性极限承载能力分析,并与几何尺寸相同的单层网壳进行了对比,发现由于预应力拉索的作用,结构的刚度、整体性以及极限承载能力均得到了加强。另外,本章分析了各个参数对结构的静力特性以及弹塑性极限承载能力的影响,分析了不同缺陷形式以及缺陷大小对结构的弹塑性极限承载能力的影响。通过本章的分析,得到如下结论:

(1) 各参数对结构静力特性的影响

当矢跨比取0.2时，所取的网壳结构形状越最接近“合理拱轴”，当矢跨比大于或者小于0.2时，结构各个节点的位移都会增大。钢杆件轴力方面，随着矢跨比的增大而钢杆件轴力减小。

由于索撑网壳结构中，结构的大部分刚度由钢杆件提供，因此钢杆件刚度的增大会对结构的整体刚度提高有较大的影响。而且随着钢杆件截面的增大，结构构件的轴向应力有相应的减小。

索截面的增大可以提高结构的刚度，但其对杆件轴力的影响较小。索初始预应力的大小对结构的位移及构件内力的作用不明显。

(2) 各参数对结构弹塑性极限承载能力的影响

不同缺陷模式的弹塑性极限承载力有较大的差异，缺陷结构的弹塑性极限承载能力也不一定下降，甚至有可能会有所提高。对于满布活载的工况，第一阶特征值屈曲模态的缺陷形式对结构最不利；对于半跨布置活载工况，非线性屈曲模态对结构最不利。随着缺陷的增加，结构的弹塑性极限承载能力对不同缺陷形式所呈现出来的规律也不一致。

结构的弹塑性极限承载能力随着矢跨比的增加而增大。随着钢杆件截面的抗弯刚度和抗压刚度的增加，结构的弹塑性极限承载能力不断增大。索截面的增大对结构的极限承载能力提高作用十分有限，因此无需通过增大拉索面积来改善结构的稳定性能。索的初始预应力水平对提高索撑网壳结构极限承载力的贡献较小，若单纯通过增大拉索预应力来改善结构的极限承载力并非明智选择，反而可能带来其他不利影响，因此，在满足正常使用阶段结构各项性能指标的前提下，预应力值不宜取得过高。

6 折叠网架结构的受力性能及其运动过程研究

近年来，折叠网架结构在建筑、军事、航天以及人们的日常生活等领域中发挥着越来越重要的作用。对于许多临时和半永久性的建筑，折叠结构由于具有可重复利用的显著优点，具有良好的经济指标，并且折叠结构可以随着任务的变化而方便地转移，还可以设计成各种美观的造型。在建筑工程领域，从遮风挡雨及抵御侵害的基本要求，到各式各样的表演聚会，建筑的功能随着人们生活水平的提高在不断演变。从古罗马的万神庙到现今的许多造型新颖的大跨度公共建筑(机场候机厅、会展中心、大剧院、体育馆等)，人们对于建筑在功能和形态上都在不断综合和创新。现代建筑要求建筑由单一的功能向多功能化方向发展。例如多功能体育建筑既要为人们提供一个遮风挡雨的适宜空间进行各种体育运动，又要体现出和大自然亲近的运动环境，还要能够举办大型会议、比赛和演出。在历史的长河中，建筑一直被视为静止的物体；但在当今社会，随着人们的需求和建筑功能的快速变化，建筑必须适应这些功能、环境和空间的可变性[216-220]。可开启式屋盖也就在这种氛围下应运而生。已建可开启式屋盖的形式大多是基于板的平动和转动，其运动特性较为单一[172]。另一类广泛应用于建筑工程中的折叠结构是基于剪式铰单元的折叠网架和网壳，但该体系的结构刚度较低，并且杆件除受轴力外，还受一定弯矩，受力性能不佳，对于大跨结构情况更加严重[1]。本章基于四连杆机构提出一类可应用于开启式屋盖的折叠网架结构，并分析其在完全展开状态下和运动过程中的受力性能。

6.1 几何设计

6.1.1 平面四连杆机构

平面连杆机构是将各构件用转动副或移动副连接而成的平面机构。最简单的平面连杆机构是由四个杆件组成的，简称平面四杆机构。它的应用非常广泛，而且是组成多杆机构的基础。本章中所说的四连杆机构是指用柱铰(只有垂直于机构平面的转动自由度) 相连的平面四杆机构。

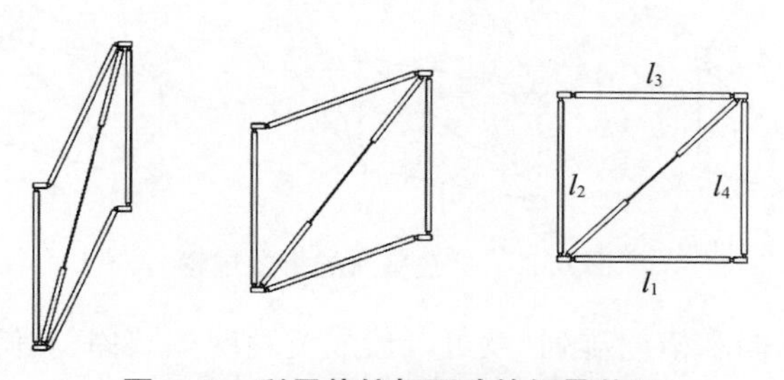

图 6.1 利用伸缩杆驱动的折叠单元

如图 6.1 所示为一个基于平面四连杆机构并利用伸缩杆驱动的折叠单元，周边的四根杆件是不可折叠的，也不可收缩，对角杆设计成了伸缩杆，可以改变其杆件长度。折叠状态时，结构成捆状，单元的构件相互平行。随着伸缩杆长度的伸长，结构逐步展开，到达预定位置后，锁定伸缩杆长度，成为几何不变结构。要使结构单元能完全折叠，需要满足以下几何约束条件：

$$l_1 + l_3 = l_2 + l_4 \tag{6.1}$$

但当这种折叠单元组成结构时，由于需要的伸缩杆的数量较大，从而体系运动时需要驱动的数量也很大，所以利用伸缩杆驱动的折叠单元应用于大型可展结构的可能性不大。本书基于 Pellegrino 等的主动索和被动索的思想[221]，提出了拉索驱动四连杆的折叠单元。如图 6.2(a) 所示，在折叠状态时，主动索和被动索都是松弛的。而主动索的长度是可以改变的，随着主动索长度的缩短，节点 A 和 C 之间的距离在不断减小，体系也在逐步展开；在展开过程中，主动索是拉紧的，而被动索还是松弛的。随着主动索的进一步缩短，被动索也被拉紧了，体系停止了运动，如图 6.2(c) 所示。这个时候，再张拉主动索，结构不会产生刚体位移，但是会对整个体系施加预应力，其预应力模态如图 6.2(d) 所示。

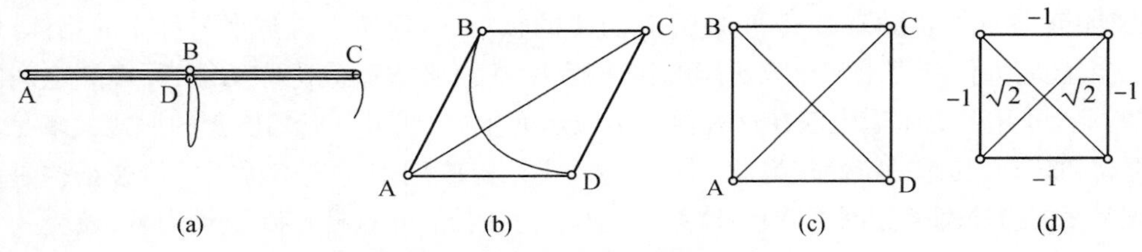

图 6.2　利用拉索驱动的折叠单元

6.1.2　折叠网架结构

网架结构是由很多根杆件从两个或多个方向按照一定规律组成的网格状高次超静定空间结构。因为网架结构具有重量轻、刚度大、整体效果好、抗震性能强等优点，所以其具有很强的适用性，广泛应用于各类大跨度结构中。本书基于四连杆折叠单元，给出了可应用于网架结构中的折叠单元，如图 6.3 所示。如果将该单元中的每个侧面看成是一根杆件，则这个结构就可以看做是四连杆机构。其运动特性也和四连杆机构相同。其从完全展开状态开始的折叠过程如图 6.3 所示。

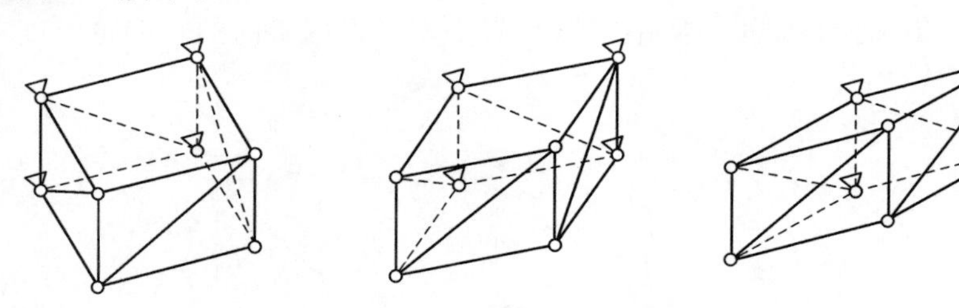

图 6.3　折叠单元的折叠过程

将折叠单元沿着纵向和横向排列，就可以形成折叠网架结构，其俯视图如图 6.4(a所示。通过观察发现，图 6.4(b) 所示结构和 6.4(a) 所示结构的折叠和展开几何构形完全一致。但是，图 6.4(b) 所示结构的超静定次数增加了，而且铰接的杆件数减少了，节约了造价。因此，本书分析图 6.4(b) 所示的折叠网架结构。其展开状态，运动过程及其折叠状态如图 6.4 所示。图 6.4(d) 中结构折叠时两排桁架的距离为 0.5 m，这主要是考虑构件的尺寸，两排桁架不可能完全重叠。折叠网架结构的三维图如图 6.5 所示，其中，虚线所示的杆件为主动索。

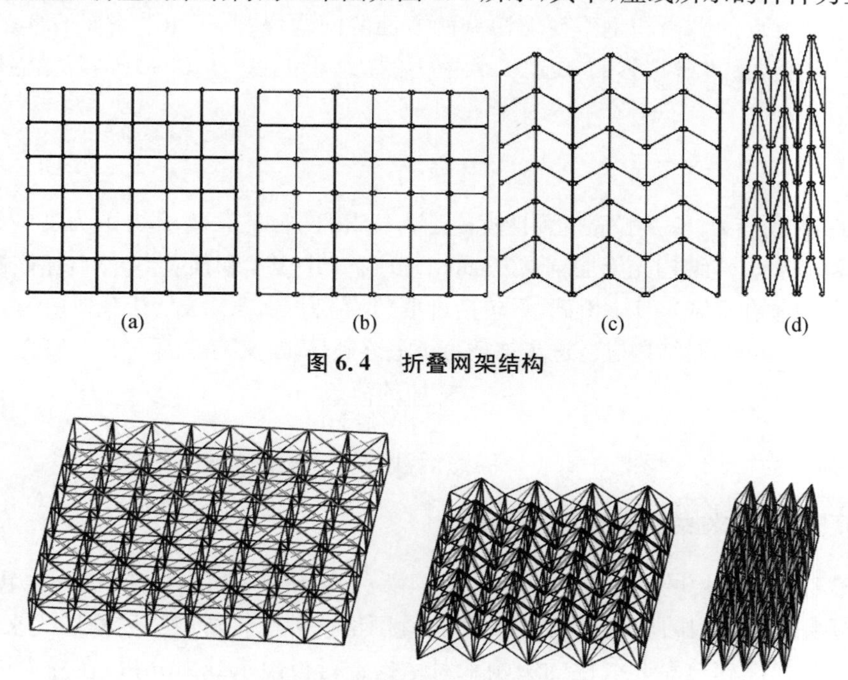

图 6.4　折叠网架结构

图 6.5　折叠网架结构三维视图

6.2　折叠网架结构受力性能分析

6.2.1　计算模型

采用大型有限元软件 ABAQUS 对折叠网架结构展开状态的受力性能进行分析。结构的主要构件为钢杆件和预应力拉索，其中钢杆件截面为圆管截面，采用 B31 梁单元来模拟，截面尺寸为 90 mm×4 mm(外径×壁厚)；索单元采用 T3D2 桁架单元来模拟，并设为只受拉不受压，索半径为 6 mm。网架的跨度(x 方向) 为 24 m，长度(y 方向) 为 24 m，高度为 3 m；每一榀桁架的间距为 3 m。支座条件如图 6.6 所示，每 6 m 设一支座，每个支座均支承在下弦节点上，均能提供竖向支承。其中两边支座为铰接(约束 x、y 方向)，中间支座均只约束 y 方向。折叠时，将一侧的支座在 x 方向的

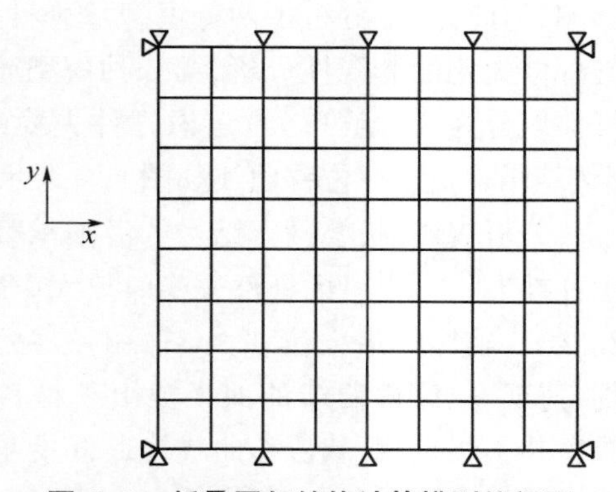

图 6.6　折叠网架结构计算模型俯视图

约束取消即可。

钢材弹塑性采用理想弹塑性模型，屈服应力为 345 MPa，弹性模量为 2.1×10^5 MPa；拉索的屈服应力为 1 860 MPa，弹性模量为 1.95×10^5 MPa。

拉索的预应力一般采用 "降温" 的办法来模拟。就"温度应力" 而言，它是单元内力，从而解决了预应力节点的平衡和钢索变形协调两方面的问题，故此得出的解是真实的内力和变形。本书采用"降温法" 模拟索的预应力，索应力的初始预应力为 100 MPa，降温温度 t 的计算如式(6.2) 所示：

$$\Delta t = \frac{-P_0}{E_c\alpha} \tag{6.2}$$

式中：P_0 为初始预应力；E_c 为拉索的弹性模量；α 为拉索的线膨胀系数，本章取为 $1.2\times10^{-5}/℃$。

在计算分析前，对结构先施加自重(自重由程序自动计算) 和预应力。然后在该初始状态上施加外荷载(恒载和活载)。其中恒载(不包括自重) 取值为 0.5 kN/m²，活载取值为0.5 kN/m²。在极限承载力计算时，对结构进行逐步加载直至最终破坏。定义荷载因子 F 的概念为：

$$F = \frac{\text{施加的荷载}}{\text{基准荷载}} \tag{6.3}$$

其中，基准荷载为"1.2 × 恒载 + 1.4 × 满跨活载"。

6.2.2　折叠网架结构的极限承载力分析

对于某些网壳结构的极限承载力来说材料非线性的影响相当显著，若仅考虑几何非线性进行计算会高估结构的极限承载力。对于折叠网架这种比较新型的结构形式来说，需同时考虑其几何非线性和材料非线性的影响来对结构进行极限承载力分析。在静力极限承载力分析中，利用非线性分析方法中的 Newton - Raphson 法进行逐级加载。

对结构进行全过程分析后，对每个节点都可以画出一条荷载 — 位移曲线，限于篇幅，本书仅选取计算结束时竖向位移最大点绘制其荷载 — 位移曲线，用该曲线考察结构的受力特点。

由于网架杆件承受的轴向压力比较大，是否考虑杆件的失稳可能会对结构的承载力造成较大的影响。为此，本章分析了两种模型，第一种模型不考虑杆件失稳的非线性分析；第二种模型通过将一根杆件划分为 6 个梁单元，考虑杆件失稳的影响。两个模型的荷载 — 位移曲线如图 6.7 所示。

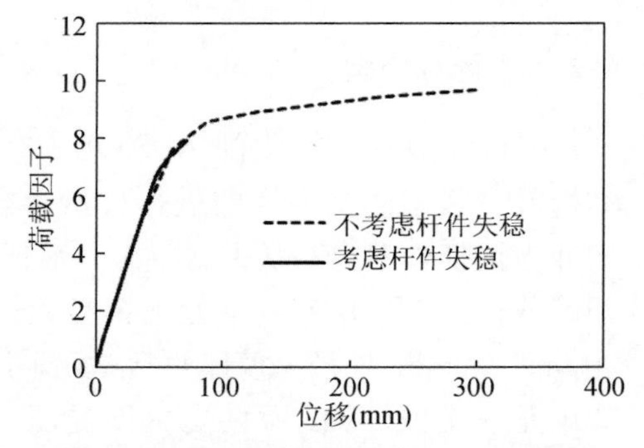

图 6.7　两种不同模型的荷载 — 位移曲线

分析表明，折叠网架结构的极限承载力在不考虑杆件失稳时比考虑杆件失稳时要大(荷载因子大 22.4%，破坏时最大位移大 314.8%)。另外可以发现，荷载 — 位移曲线的前半段由于材料和几何非线性并不明显，荷载位移曲线接近直线，两个模型曲线接近重合。当结构继续加载时，对于考虑杆件失稳的模型，由于杆件失稳的突然性，整个结构的延性较差。可见，不考虑杆件失稳会使计算结果偏于不安全。

6.3 初始缺陷对结构极限承载力的影响

结构在施工安装过程中产生的误差可能会对结构的受力性能产生较大的影响，有必要研究其缺陷对极限承载力的影响。《网壳结构技术规程》[222] 建议采用一致缺陷模态法对网壳进行分析，本书也运用此法对折叠网架进行分析。

通过计算发现，折叠网架结构的特征值屈曲模态前 30 阶均为局部屈曲，且基于特征值屈曲模态引入缺陷对结构的极限承载力几乎没有影响。因此，基于特征值屈曲模态的一致缺陷模态法对折叠网架结构的适用性有待商榷。

本书采用基于非线性屈曲模态的一致缺陷模态法，非线性屈曲模态如图 6.8 所示。文献[223] 发现，对于预应力空间结构，基于屈曲模态施加的缺陷可能会使结构的极限承载力增大。为此，本章分别施加正向和负向缺陷，并进行缺陷大小的参数分析(1/300、1/500、1/1 000)。荷载—位移曲线如图 6.9(a) 和图 6.9(b) 所示。不同缺陷大小的极限承载力对比如图 6.9(c) 所示。

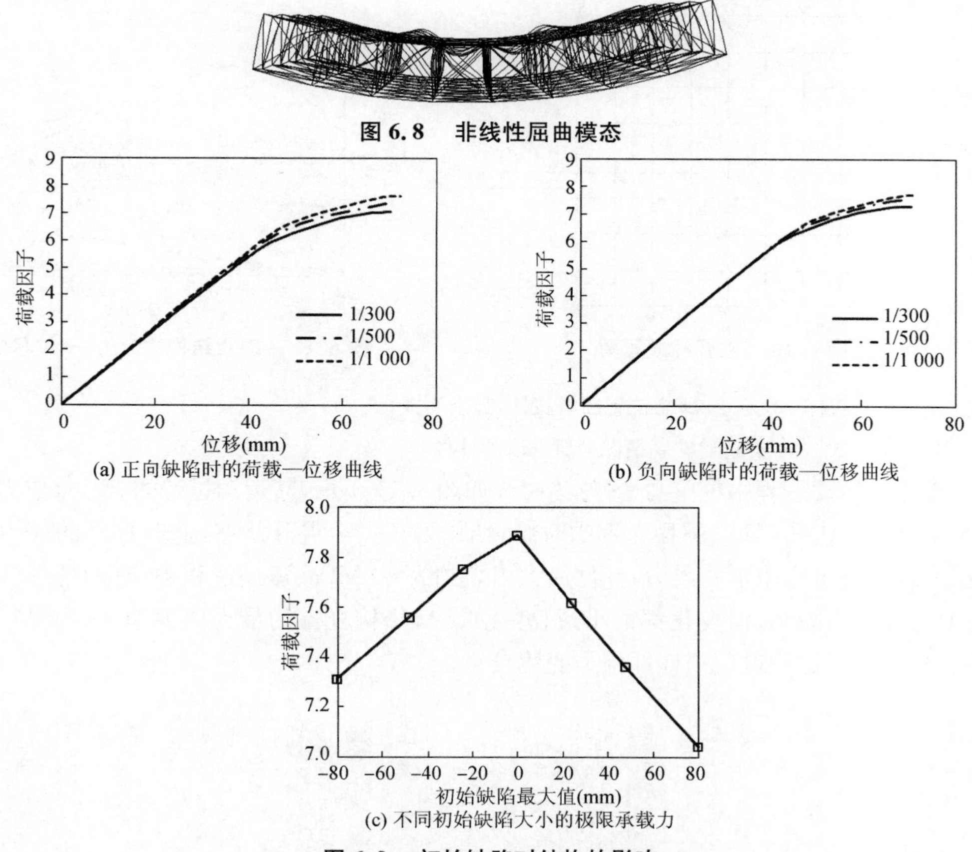

图 6.8 非线性屈曲模态

图 6.9 初始缺陷对结构的影响

由图 6.9(a) 和(b) 可见，随着缺陷的增大，折叠网架结构的刚度和极限承载力略有降低，但降低的幅度有限。由图 6.9(c) 可见，正向缺陷比负向缺陷更不利。综上，缺陷对折叠网架结构展开状态的极限承载力影响较小。

6.4　折叠网架结构的运动过程分析

折叠网架结构通过相邻榀桁架之间的错动来实现折叠展开，即先将一侧边支座沿 x 方向的约束释放掉，折叠网架就变为一个可动的机构，通过在相邻榀桁架上施加 y 方向的位移实现网架的折叠。

考虑到构件的尺寸，两排桁架不可能完全重叠。因此最终折叠状态取 y 方向的位移为 2.9 m，两榀相邻桁架之间的距离为 0.77 m。

6.4.1　理想结构的运动过程分析

为了了解结构在运动过程中的应力状态，如图 6.10 所示，选取具有代表性的 8 根钢杆件，观察它们在运动过程中的应力变化。

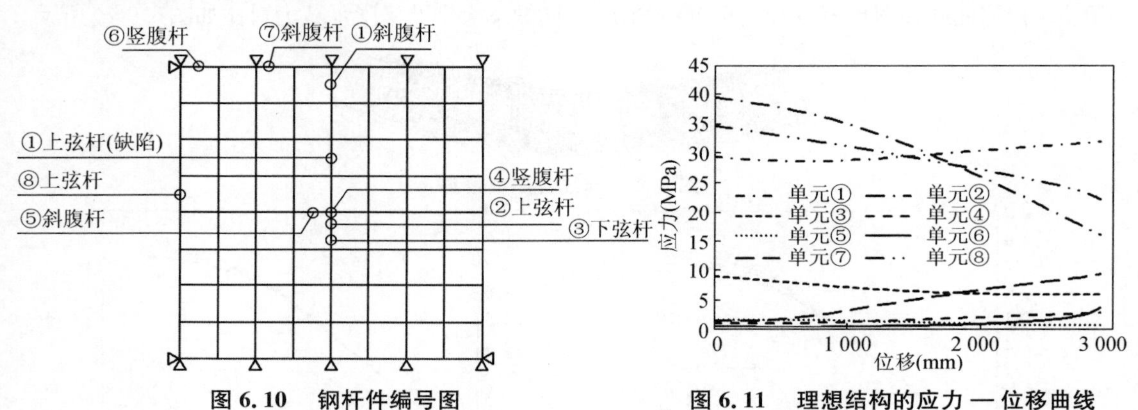

图 6.10　钢杆件编号图　　**图 6.11　理想结构的应力 — 位移曲线**

注：1. “① 斜腹杆” 表示 ① 所指位置的斜腹杆，其余类推。

2. “(缺陷)” 表示有初始缺陷情况下所选取的杆件。

理想结构运动过程中的应力 — 位移曲线如图 6.11 所示，其运动过程的 Mises 应力云图如图 6.12 所示。由图可见，位移为零的时候，结构处于完全展开状态，此时杆件的应力反映结构在恒载和自重作用下的内力，杆件最大内力约为 40 MPa。运动过程中，有的杆件应力增大，有的杆件应力减小，但变化都很小。折叠完成时，结构杆件的最大内力为 31.86 MPa。因此，理想折叠网架运动过程中杆件内力变化较小。

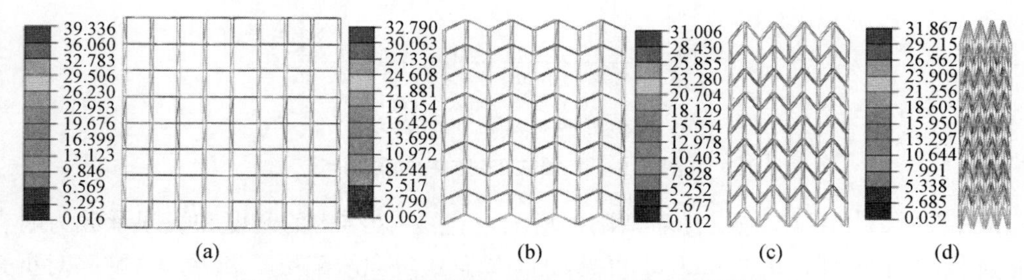

图 6.12　理想结构运动过程的 Mises 应力云图(MPa)

6.4.2　有初始缺陷结构的运动过程分析

由于制造误差等原因，实际结构往往会存在初始缺陷，折叠网架在运动过程中也会产生相应的内力，因此进行了考虑初始缺陷情况下的运动过程分析。仍采用基于非线性屈曲模态的一致缺陷模态法引入初始缺陷，初始缺陷最大值取为跨度的 1/300（考虑正负向缺陷）。正向缺陷下应力 — 位移曲线如图 6.13 所示，负向缺陷下应力 — 位移曲线如图 6.14 所示。

由图 6.13 可见，对于正向初始缺陷，体系在运动过程中，大多数杆件的应力均有较大幅度的提升，折叠完成时杆件最大应力为 288 MPa。由图 6.14 可见，对于结构存在负向初始缺陷的情况，整体趋势同正向缺陷的情况相似，网架折叠完成时杆件的最大应力为 305 MPa，已接近屈服应力，且最大应力的杆件出现在初始缺陷较大的位置。

为了更好地了解结构运动过程的内力，图 6.15 给出了正向缺陷情况下，不同位移时结构的 Mises 应力云图。可见初始缺陷对折叠网架运动过程中的内力有很大影响。有必要分析缺陷大小对折叠网架运动过程中内力的影响。

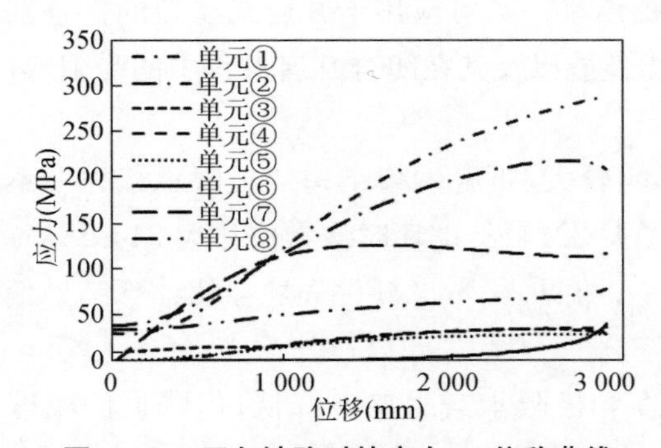

图 6.13　正向缺陷时的应力 — 位移曲线

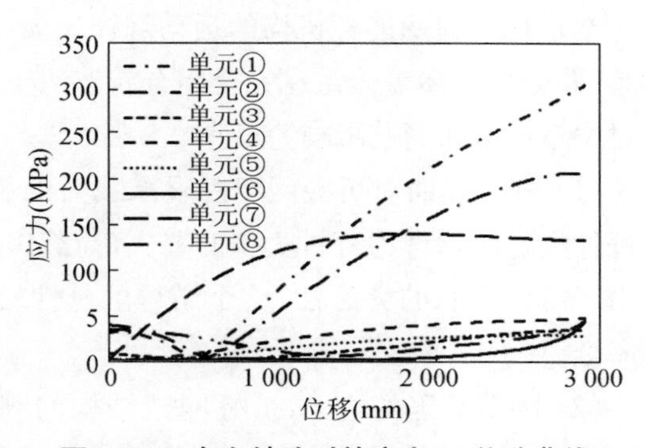

图 6.14　负向缺陷时的应力 — 位移曲线

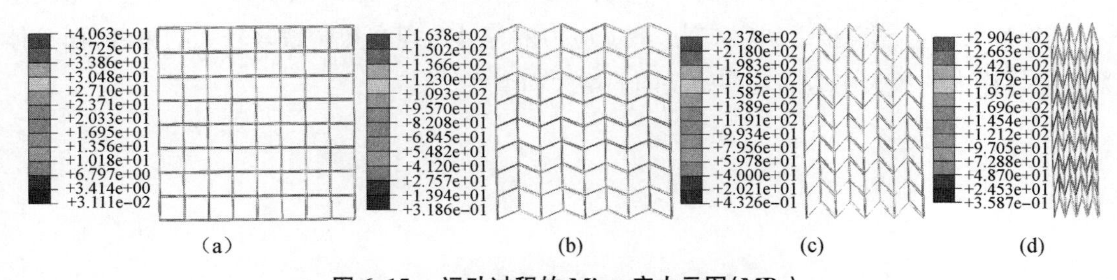

图 6.15　运动过程的 Mises 应力云图(MPa)

6.4.3　初始缺陷大小对折叠网架折叠完成时最大应力的影响

考虑不同初始缺陷大小 L/300、L/500、L/1 000 对网架折叠完成时最大应力的影响，如图 6.16 所示。由图可见，初始缺陷绝对值越大，体系运动过程中杆件的最大应力也最大。其中负向缺陷对体系运动过程中最大杆件应力的影响略大一点。

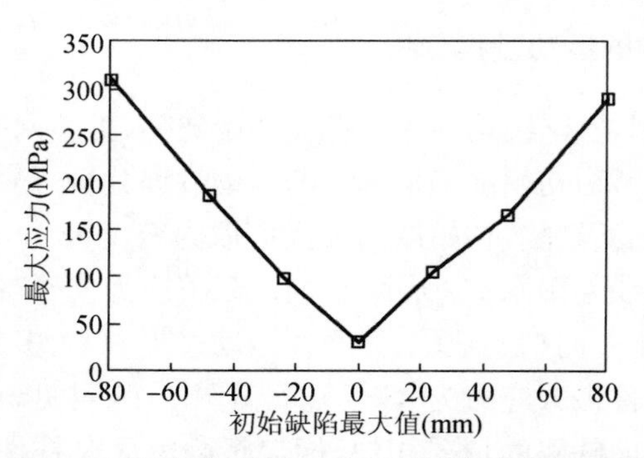

图 6.16　不同初始缺陷大小对最大应力的影响

6.5　本章小结

本章从平面四连杆机构的运动规律出发，提出了一类可应用于开启式屋盖的折叠网架体系，并分析了屋盖体系在完全闭合状态的受力性能以及其在闭合开启过程中的受力特性。通过本章的分析，得到结论如下：

(1) 杆件屈曲对折叠网架极限承载力的影响较大，折叠网架结构的极限承载力在不考虑杆件失稳时比考虑杆件失稳时要大(荷载因子大 22.4%，破坏时最大位移大 314.8%)。而且由于杆件失稳的突然性，整个结构的延性较差。可见，不考虑杆件失稳会使计算结果偏于不安全。

(2) 随着缺陷的增大，折叠网架结构的刚度和极限承载力略有降低，但降低的幅度有限。所以，缺陷对折叠网架结构展开状态的极限承载力影响较小。

(3) 理想结构在运动过程中所产生的内力很小；引入初始缺陷后，杆件的应力急剧增大，杆件最大应力已经接近屈服应力，最大应力的杆件出现在初始缺陷较大的位置。而且体系运动过程中的最大应力随着初始缺陷的增大而增大。

7 基于剪式单元网壳结构的运动过程及其承载能力分析

单层网壳结构是一个具有高次超静定的几何不变体系，这样保证了单层网壳结构具有较高的承载能力。传统的施工方法都要保证部分建成的结构体都是几何不变体系，否则被认为是十分危险的[1]。但是传统施工方法需要耗费大量的脚手架以及人工。日本学者川口卫以及浙江大学罗尧治等分别将机构运动概念引入大型单层球面穹顶和单层柱面网壳结构的施工中，提出了“折叠展开式”整体提升施工技术，能够巧妙地解决大跨结构的施工问题[224-227]。本章内容主要针对一种基于剪式单元的单层网壳结构，研究其施工过程中产生的应力和承载能力。

7.1 体系介绍

基于剪式单元的单层网壳结构是由德国学者 Schlaich 和 Schober 提出，并已成功应用于多个实际工程[196-203,228]。该结构的特点是施工中并非直接以体系的最终几何形状为建造目的，而是首先在地面上形成二维网格结构，然后通过施加推力等使结构达到最终状态。这就像平铺在桌面上的白纸，可以通过在其两边施加外力，形成曲面构形。当边界位置确定后，还可以通过在曲面上施加驱动，来改变曲面的形状。图 7.1 所示为 Download Gridshell 的施工过程示意图。图 7.1(a) 为平面状态时，图 7.1(b)、7.1(c) 为施工过程中，图 7.1(d) 为施工完成后。图 7.1(c) 所示为边界位置确定后，在曲面上施加驱动的示意图。图 7.2 为该结构平面状态时和曲面状态时的俯视网格图，从中可以看出，体系在施工过程中发生了很大的弹性变形。

(a) 第一阶段：平面形状　　(b) 第二阶段：施工过程中

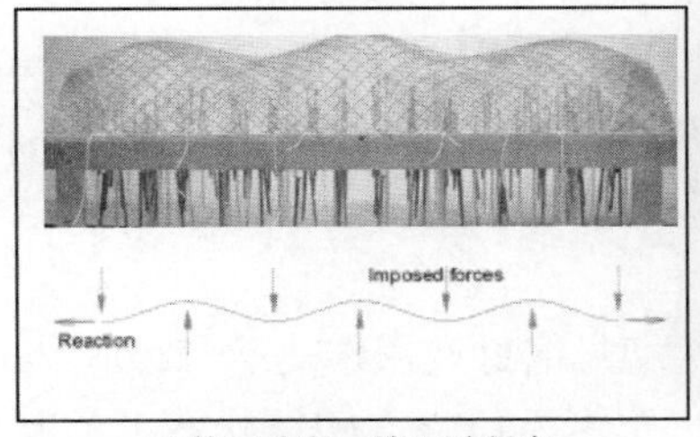

(c) 第三阶段：施工过程中

(d) 第四阶段：最终形状

图 7.1　Download Gridshell 施工过程示意图

为了使体系能够适应这种大的变形，体系在平面状态时，杆件之间相互销接，杆件之间可以相互转动。这和剪式单元的连接方式一致，所以本书称之为基于剪式单元的单层网壳结构。典型节点示意图如图7.3(a)所示。图7.2所示的网格形状显示：当外荷载作用在节点上时，杆件之间相互转动，杆件形成的网格将会从矩形变化为平行四边形。当体系达到最终状态时，边界固定，这时候体系抵抗外荷载的能力较低。这主要是因为网格不具备抵抗面内剪力的能力。

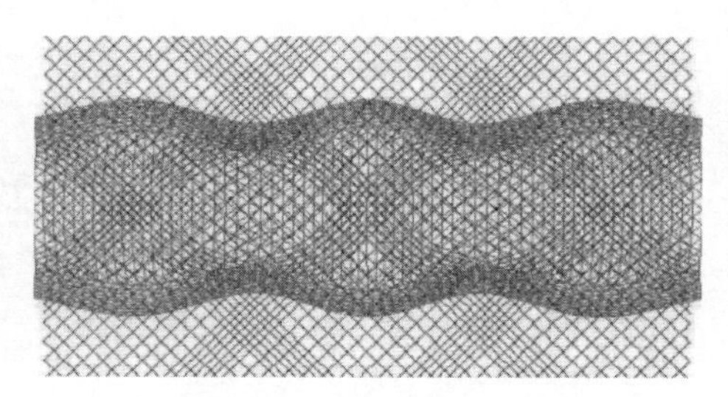

图 7.2　俯视网格图

提高网格抵抗面内剪力能力的方法有多种。一是可以在体系达到最终几何构形后，将销接节点转变为刚接节点，如图 7.3(b) 所示。另外一种是在网格内增加支撑。本书分析对象，即是在施工完成后，在网格内增加交叉索系。

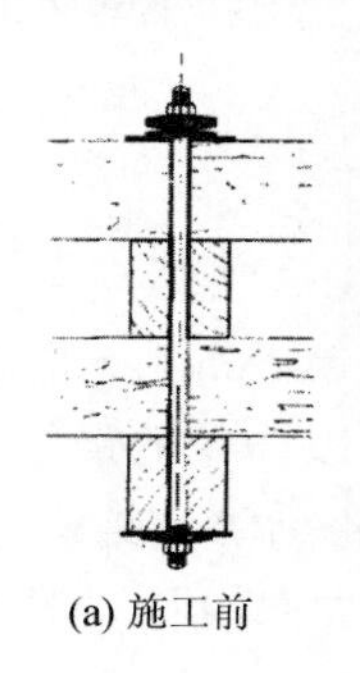

(a) 施工前

(b) 施工后

图 7.3　节点示意图

7.2　基本模型

本书利用大型有限元软件 ABAQUS 对结构进行分析。研究对象为柱面斜交索拉网壳，具体成型过程如图 7.4 所示：结构原始长度为 l_1，原始跨度为 S_1，成型后，结构跨度变成 s，长度变为 l，高度变为 h，b 为支座水平移动距离，即 S 与 S_1 的差值的一半。结构的单元网格如图 7.5 所示，单元网格的长宽比为 $r_1 : r_2$，网格夹角即为杆件之间的夹角。本书中研究的对象索拉网壳如图 7.6 所示，结构的主要构件为钢件和预应力拉索。基本模型中的钢杆构件为箱形截面，结构跨度 18 m，矢跨比 0.2，刚杆件截面为 200 mm × 60 mm × 8 mm，索截面直径为 11 mm，索初始预应力为 100 MPa，单元网格长宽比 $r_1 : r_2$ 为 1∶1(对应网格夹角为 90°)。荷载取值：恒载 0.5 kN/mm^2，活载 0.5 kN/mm^2。荷载工况分为 Load1 和 Load2 两种情况，Load1 为恒载活载均满跨布置，Load2 为恒载满跨布置，活载半跨布置。钢构件采用 B31 梁单元，钢构件采用销接，索采用 T3D2 桁架单元，单元只考虑受拉不考虑受压。边界条件为两纵边铰接。

钢材弹塑性性能曲线采用理想弹塑性的双线型，钢材屈服应力为 420 MPa，拉索的屈服应力为 1 860 MPa，弹性模量为 2.05 × 10^5 N/mm^2。考虑拉索在塑性状态下的断裂效应，设定拉索的伸长率在 4% 时断裂，其应力应变曲线如图 7.7 所示。

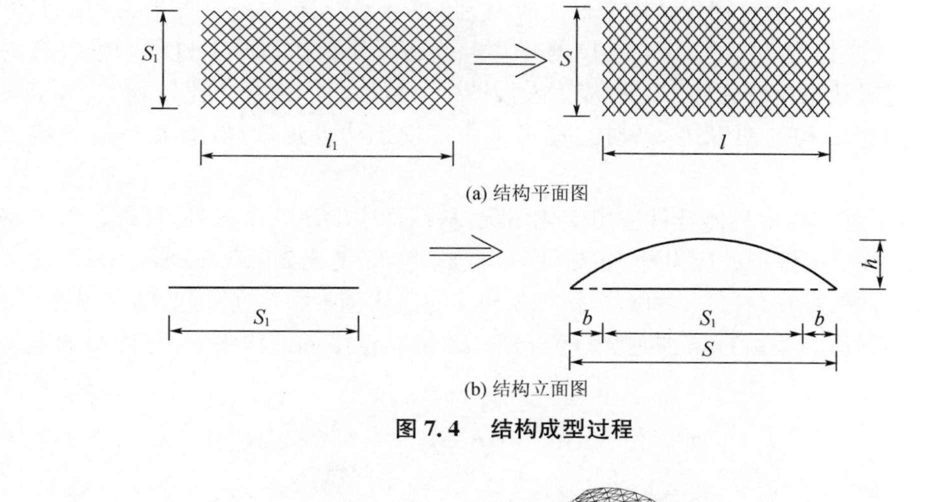

(a) 结构平面图

(b) 结构立面图

图 7.4 结构成型过程

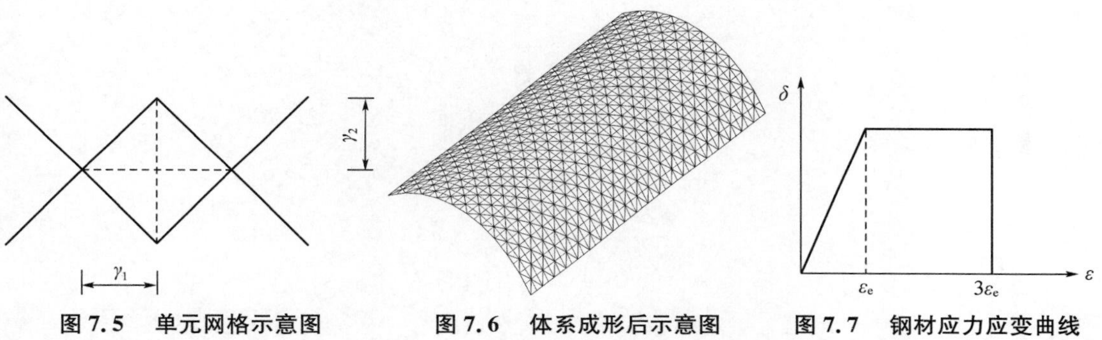

图 7.5 单元网格示意图 **图 7.6 体系成形后示意图** **图 7.7 钢材应力应变曲线**

7.3 柱面索拉网壳施工过程分析

柱面索拉网壳除了结构造型优美，还具有施工方便的特点。本书用 ABAQUS 软件来模拟基本模型的施工过程。首先建立一平面尺寸为 32 m×16 m 的斜交网壳，节点相互耦合 3 个平动自由度和绕 X、Y 轴的旋转自由度，用以模拟实际工程中的销接。然后在平面上结构两个纵边外扩跨度为 1 m，同时在结构中部相应提升高度为 3.6 m，完成后结构就成为跨度 18 m，矢跨比为 0.2 的斜交网壳。当结构施工成型后，在节点之间连接拉索，并在拉索中施加预应力，就形成了索拉网壳。在结构施工过程中，主要依靠结构构件的销接连接方式，最大化的利用结构自身的几何变形，但在此过程中由于结构杆件的弹塑性变形会产生一定的应力，也会在一定程度上影响结构的极限承载能力。索拉网壳结构与普通网壳施工过程中结构应力发展对比如图 7.8 所示，普通网壳节点采用刚接，左图为索拉网壳，右图为普通网壳。首先两者均为平面斜交网壳，结构中应力为零，在施工过程中，随着两纵边外扩以及结构中部的提升，结构的跨度以及高度逐渐增加，两横边会向结构中部收缩，导致结构网格夹角也会随之增大，同时结构中的应力也随之增大。当提升高度为 0.72 m 时，索拉网壳结构中最大应力为 95.9 MPa，普通网壳结构节点出已经发生屈服；当提升高度为 1.44 m 时，索拉网壳结构中最大应力为 175.2 MPa；当提升高度为 2.16 m 时，索拉网壳结构中最大应力为 255.1 MPa，当提升高度为2.88 m时，索拉网壳结构中最大应力为318.4 MPa；当提升高度为3.6 m时，索拉网壳结构中最大应力为383.3 MPa。索拉网壳对于普通网壳结构在施工过程中索具有的优点是显而易见的。从索拉网壳施工过程应力发展图中可以看出应力分布比较均匀，大都集中在结构中部，由于结构的两纵边为铰接，应力从中部向纵边处逐渐减小，在纵边处应力减至零。

为进一步了解结构中具体杆件应力变化情况，从结构中取出6个杆件，杆件位置及编号如图7.9所示。各个杆件中的应力随提升高度 h 增加的变化情况如图7.10所示，从图中可以看出，由于对称性的存在，杆件1和6、2和5、3和4的曲线基本重合在一起，随着提升高度 h 的增加，杆件中的应力呈线性增加趋势。随着杆件的位置越接近结构中部，杆件中的应力也越大。

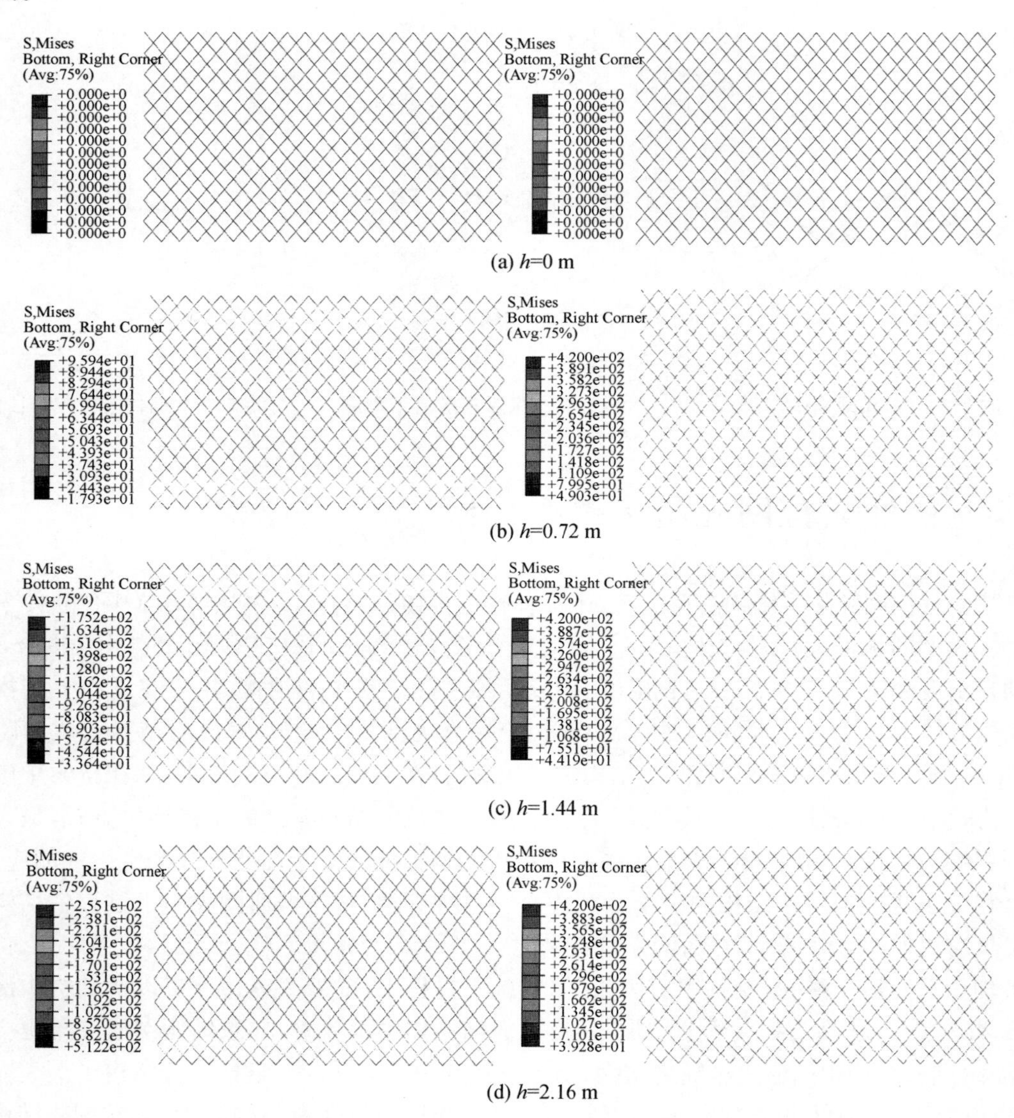

(a) h=0 m

(b) h=0.72 m

(c) h=1.44 m

(d) h=2.16 m

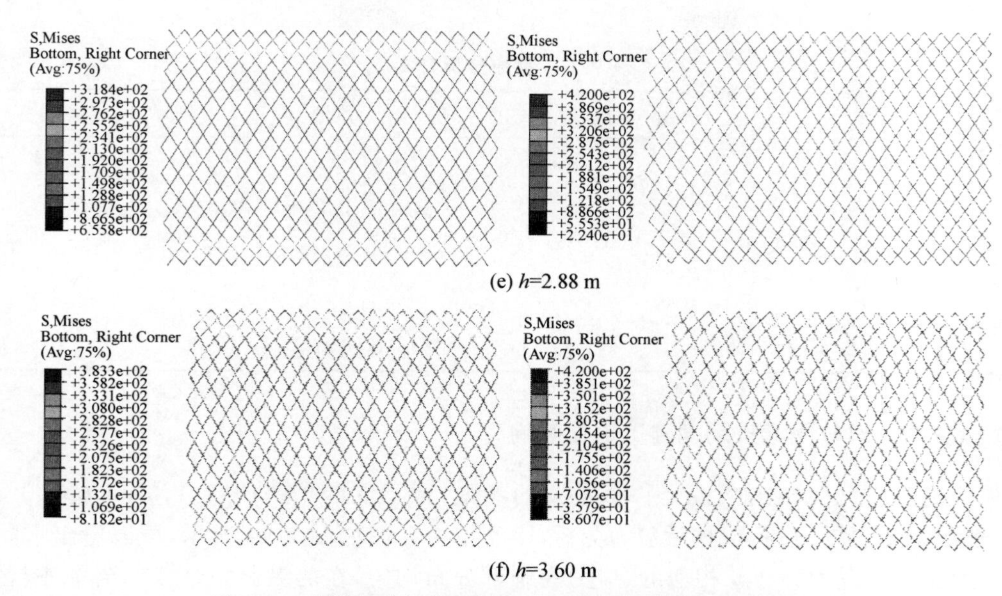

(e) h=2.88 m

(f) h=3.60 m

图 7.8 索拉网壳与普通网壳施工过程钢件应力发展过程

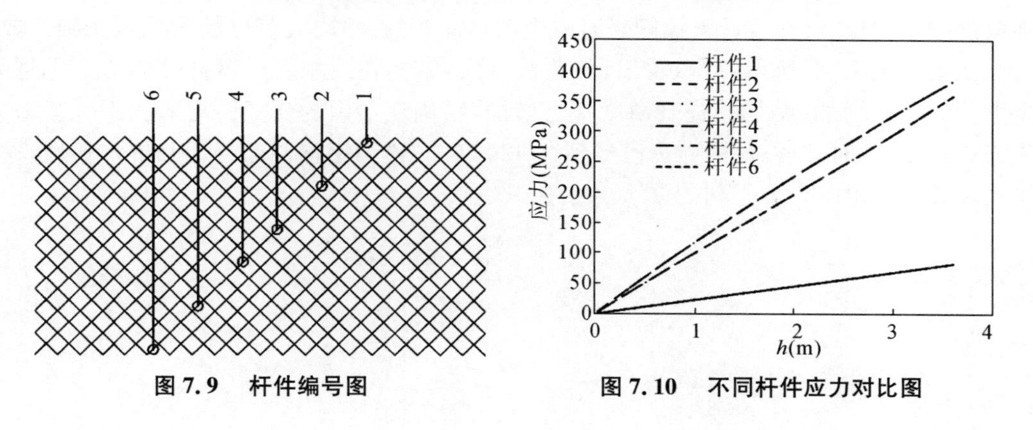

图 7.9 杆件编号图

图 7.10 不同杆件应力对比图

7.4 结构参数对柱面索拉网壳施工过程影响

在施工工程中，由于钢杆件弹塑性变形的存在，结构中会产生应力，此应力在结构的使用过程中一直存在，如同残余应力一般，会影响到结构的极限承载力。为了详细了解单层柱面索拉网壳的各个参数对结构施工过程的影响，主要是成型后结构中存在的应力大小，本书对结构的矢跨比、钢杆件截面面积等 2 个基本模型的参数以及单元网格长宽比和外扩跨度两个其他参数进行分析。在单元网格长宽比分析时，采用两个和基本模型的矢跨比和钢杆件截面均相同的模型，单元网格的长宽比分别为 1∶3 和 1∶2，对应的夹角分别为 37° 和 53°。在支座水平位移 b 分析时，结构的会随着 b 的改变而改变（改变为 $16+2b$）。参数分析方案如表 7.1 所示。

表 7.1 参数分析方案

参数	取值
跨度(m)	18
矢跨比	0.1,0.15,0.2,0.25,0.3
钢杆件截面(mm)	180×50×7,200×60×8,220×70×9,240×80×10
$r_1:r_2$	1:1,1:2,1:3
支座水向位移 b(m)	−1,−0.5,0,0.5,1,1.5

7.4.1 矢跨比对柱面索拉网壳施工过程影响

矢跨比对于网壳结构来说是一个重要的参数,取不同的矢跨比(0.1、0.15、0.2、0.25、0.3)对结构进行施工过程成型后应力分析,得到应力云图如图 7.11 所示,可以看出不同矢跨比的索拉网壳应力分布是相似的,应力在中部分布均匀,在两纵边处会衰减至零。随着矢跨比的增加,结构的横边会向中部收缩,导致结构的长度会减少,在矢跨比大于 0.25 时,这种现象已经很明显。这在设计索拉网壳时应当值得注意的。不同矢跨比的索拉网壳施工成型后应力比较如图 7.12 所示:可以看出,矢跨比越大,结构在成型之后钢杆件的应力也越大,这是由于矢跨比增加,结构的提升高度随之增加,结构变形中的弹塑性变形比重也会增大。在矢跨比为 0.25 时,钢杆件的应力已经到达 420 MPa,说明钢杆件已经屈服进入塑性,这对结构的承载能力也是十分不利的。

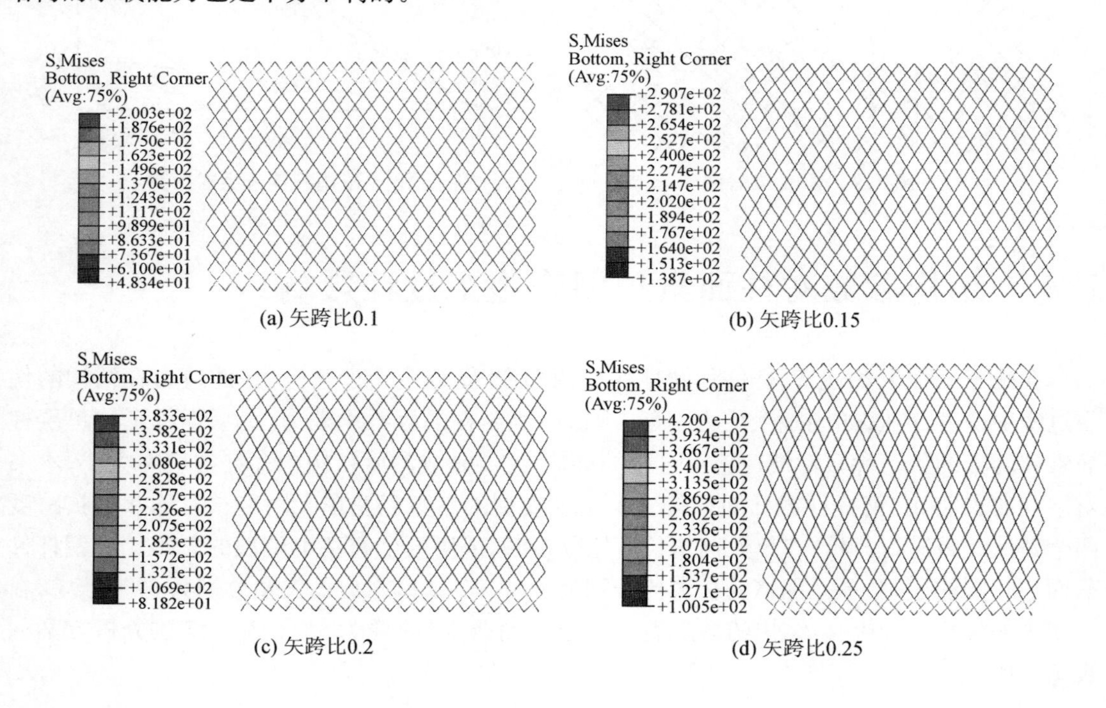

(a) 矢跨比0.1　(b) 矢跨比0.15

(c) 矢跨比0.2　(d) 矢跨比0.25

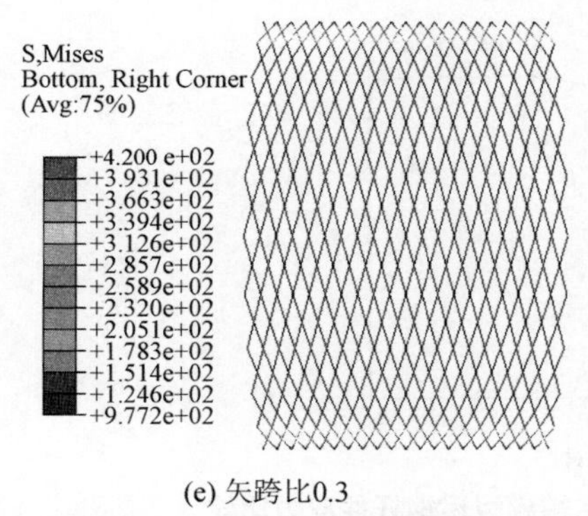

(e) 矢跨比0.3

图 7.11　不同矢跨比的索拉网壳施工成型后应力云图

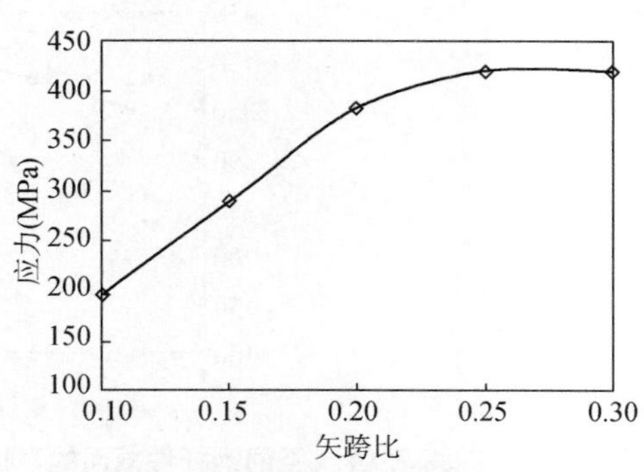

图 7.12　不同矢跨比的索拉网壳结构成型后钢杆件应力比较

7.4.2　钢杆件截面对柱面索拉网壳施工过程影响

取不同钢杆件截面(180 mm×50 mm×7 mm、200 mm×60 mm×8 mm、220 mm×70 mm×9 mm、240 mm×80 mm×10 mm,分别记为截面1、截面2、截面3、截面4)进行施工过程成型后应力分析,得到结构成型后的应力云图如图 7.13 所示,可以看出不同钢杆件截面的索拉网壳的应力分布相似,只是在数值上有所差别。不同钢杆件截面的索拉网壳施工成型后应力比较如图 7.14 所示:可以看出随着钢杆件截面的增大,杆件中应力也随之增加,本索拉网壳结构在截面取到 220 mm×70 mm×9 mm 时,杆件应力达到 420 MPa,杆件屈服进入塑性。虽然杆件截面的增加,会使结构的刚度有所增强,但是过大的截面会导致结构过早进入塑性,从而影响其承载能力。这在索拉网壳结构设计中是值得重视的一个因素。

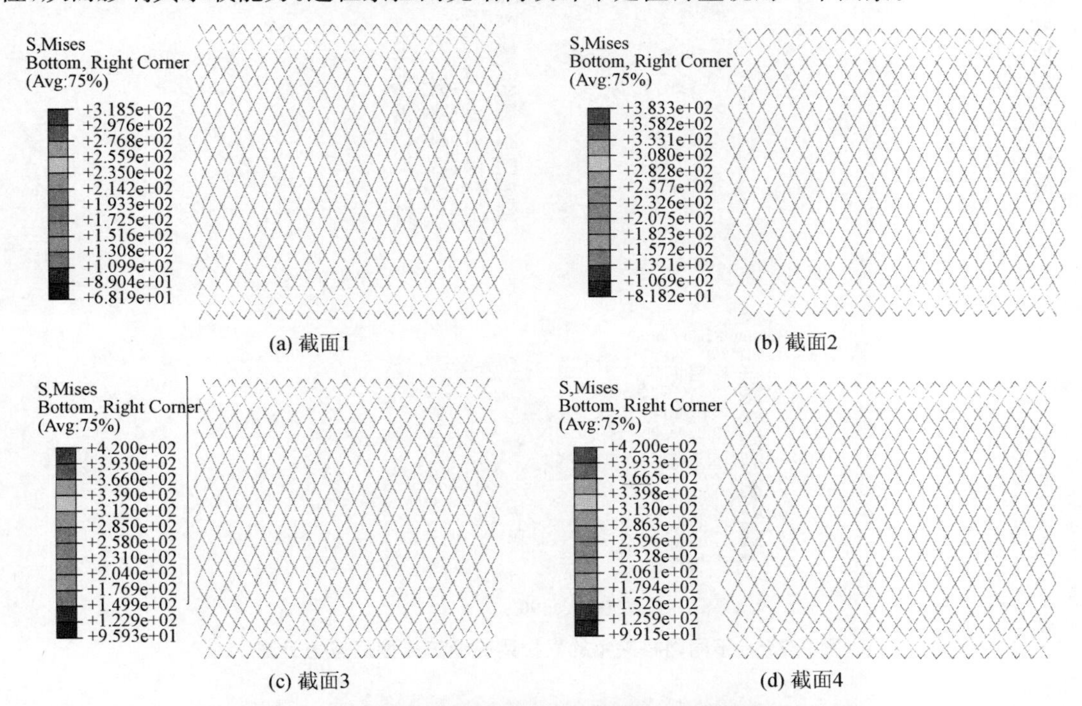

图 7.13　不同钢杆件截面的索拉网壳施工成型后应力云图

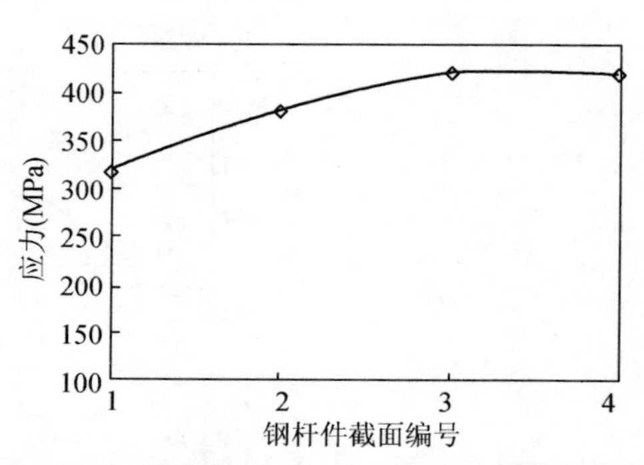

图 7.14　不同钢杆件截面的索拉网壳结构成型后钢杆件应力比较

7.4.3　单元网格长宽比对柱面索拉网壳施工过程影响

取不同的单元网格长宽比 r_1 ∶ r_2 分别为 1∶1、1∶2、1∶3(对应网格夹角分别为 37°、53°、90°) 对结构进行施工过程成型后应力分析，得到结构成型后的应力云图如图 7.15 所示，可以看出不同单元网格长宽比的索拉网壳的应力分布相似，只是在数值上有所差别。不同单元网格长宽比的索拉网壳施工应力比较如图 7.16 所示：可以看出随着结构网格夹角的减小，钢杆件中的应力也会随之减小。这是由于结构在施工提升的过程中，两纵边会有向中部收缩的趋势，网格夹角会随之增加，而网格夹角为 37° 的结构显然更利于几何变形，易于发生这种趋势。

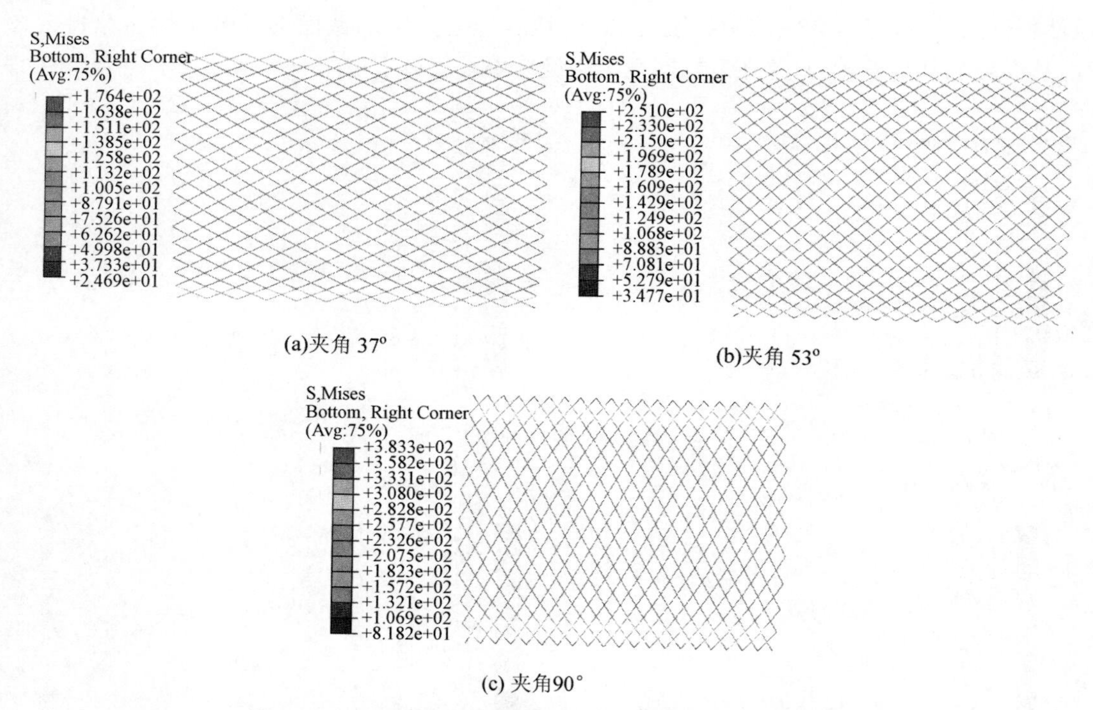

(a)夹角 37°　　(b)夹角 53°

(c) 夹角90°

图 7.15　不同网格夹角的索拉网壳施工成型后应力云图

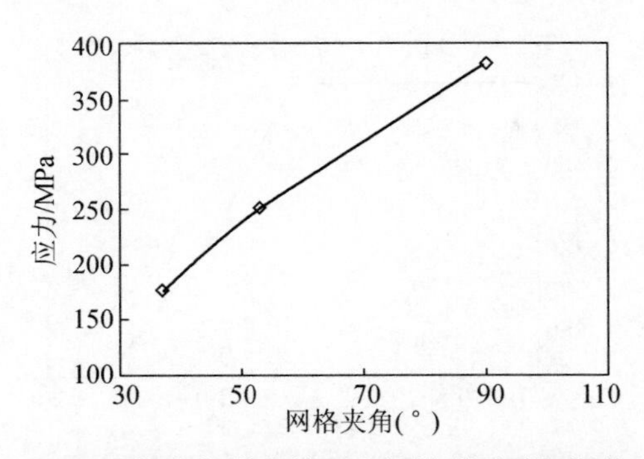

图 7.16　不同网格夹角的索拉网壳结构成型后钢杆件应力比较

7.4.4　外扩跨度对柱面索拉网壳施工过程影响

取不同的外扩跨度 b(分别为－1 m、0.5 m、0 m、0.5 m、1 m、1.5 m) 对结构进行施工过程分析,得到结构成型后的应力云图如图 7.17 所示,可以看出不同外扩跨度的索拉网壳的应力分布相似,只是在数值上有所差别。不同外扩跨度的索拉网壳施工应力比较如图 7.18 所示,可以看出无论是在 Load1 还是 Load2 工况下,随着外扩跨度的增加,结构中应力也会随着减少,在 b 小于 0.5 m 时,结构中的应力为 420 MPa,钢杆件已经发生屈服,这在结构设计中是应该值得注意的。

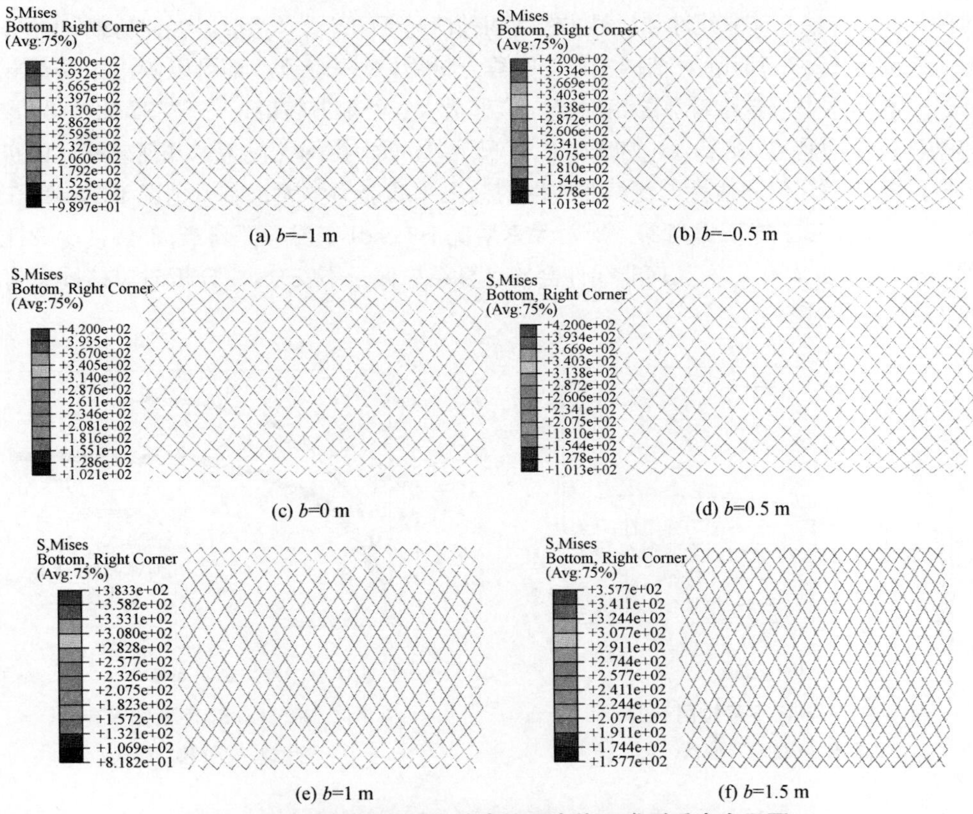

(a) b=–1 m　　(b) b=–0.5 m

(c) b=0 m　　(d) b=0.5 m

(e) b=1 m　　(f) b=1.5 m

图 7.17　不同外扩跨度的索拉网壳施工成型后应力云图

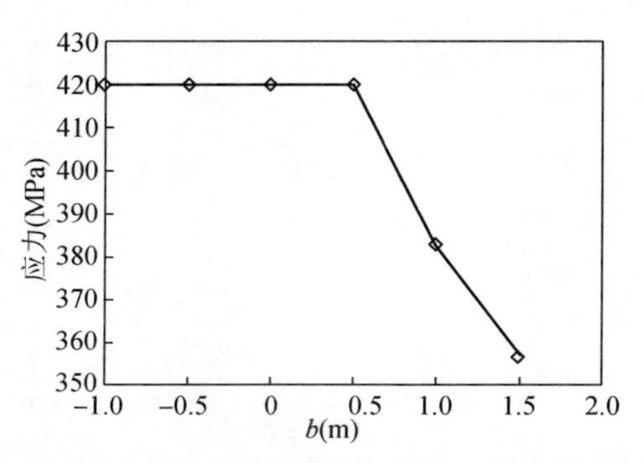

图 7.18　不同外扩跨度的索拉网壳施工成型后应力比较

7.5　柱面索拉网壳弹塑性极限承载能力分析

对于某些网壳结构的极限承载力来说材料非线性的影响相当显著，若仅考虑几何非线性进行计算会高估结构的极限承载力。对于索拉网壳这种比较新型的结构形式来说，材料非线性的影响到底有多少尚无定论，因此需要同时考虑其几何非线性和材料非线性的影响来对结构进行极限承载能力分析。

对斜交柱面索拉网壳结构进行极限承载能力对比分析，分别在有索与无索下进行仅考虑几何非线性与同时考虑几何非线性和材料非线性两种情况下的计算，得到结构的"荷载 — 位移"曲线如图 7.19 和图 7.20 所示。对结构进行全过程分析后，对每个节点都可以画出一条荷载位移曲线，限于篇幅，本书仅选取计算结束时竖向位移最大点绘制其"荷载 — 位移"曲线，用该曲线来考察结构的受力特点。在 Load1 和 Load2 工况下，柱面索拉网壳仅考虑几何非线性的极限承载能力比同时考虑几何非线性与材料非线性的极限承载能力要大。(有索情况下 Load1 工况下提高 86.67%，Load2 工况下提高 31.62%；无索情况下 Load1 工况下提高 48.33%，Load2 工况下提高 34.48%)。因此若仅考虑几何非线性会使计算结果偏于不安全，在分析时应该同时考虑两种非线性对结构的影响。

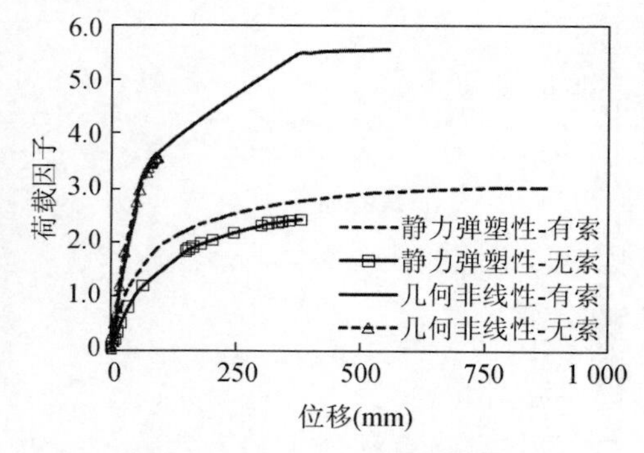

图 7.19　Load1 下索拉网壳的"荷载 — 位移"曲线

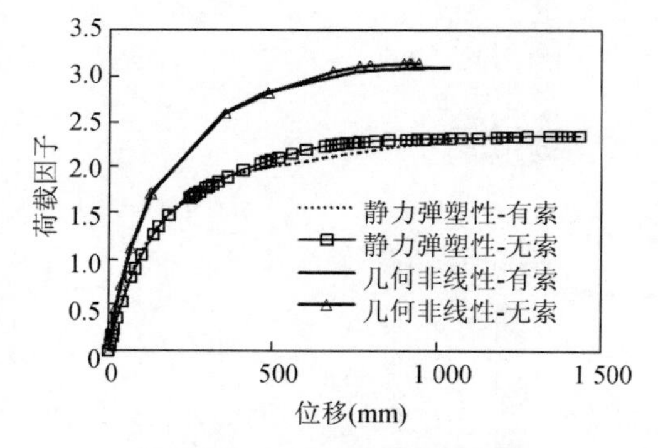

图 7.20　Load2 下索拉网壳的"荷载 — 位移"曲线

另外可以发现，在 Load1 工况下，仅仅考虑几何非线性时，两者“荷载 — 位移”曲线在前半段重合在一起。当结构继续加载，无索网壳因为屈曲失稳而破坏；有索结构的“荷载 — 位移”曲线继续上升，极限承载能力显著升高(有索比无索提高 57.3%)，而且结构延性也明显改善。当结构考虑两种非线性时，有索结构的“荷载 — 位移”曲线与无索结构的曲线平行，且在无索结构的曲线之上，这表明拉索会增加网格结构的刚度。在 Load2 工况下，无论是考虑几何非线性还是考虑双非线性时，两者的“荷载 — 位移”曲线都基本重合在一起，在曲线中后段，无索结构的极限承载能力甚至要稍大一些，这说明预应力拉索虽然对结构的刚度有所提高，但是对极限承载力可能有所降低。这是由于索拉网壳结构的初始预应力会在钢杆件中产生初始预压力，这样可能会导致钢杆件的提前破坏。因此预应力拉索对网壳结构的极限承载能力的影响不可一概而论，需要具体问题具体分析。

柱面斜交索拉网壳结构的最终应力云图形态如图 7.21 和 7.22 所示。由于钢箱梁构件在两种工况下均为压弯破坏，其塑性区可以在构件的上下翼缘较好地体现，因此只提取钢箱梁构件上下翼缘的塑性分布图。由于在加载过程中预应力拉索并没有进入塑性，因此在图中没有显示。

在 Load1 工况下，结构的中部进入塑性，以及在靠近结构的纵边处出现另外两个塑性区域，结构最终破坏。

在 Load2 工况下，结构在不均匀荷载作用下在荷载的作用下，结构塑性区发生在结构的下半部分，最终结构破坏。

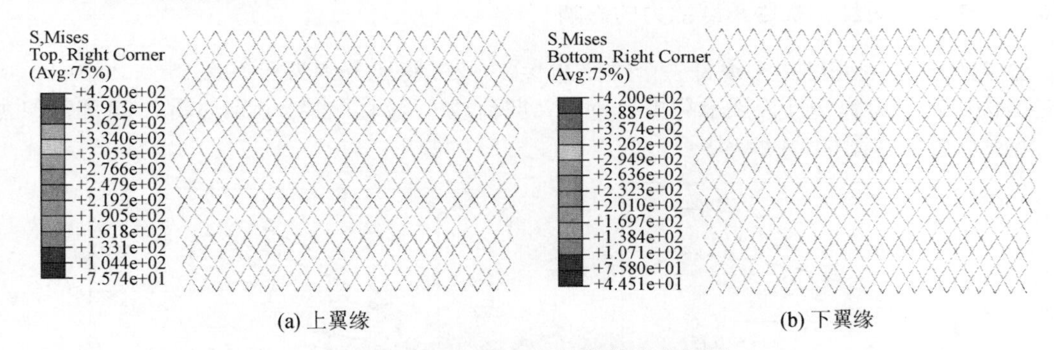

(a) 上翼缘　　(b) 下翼缘

图 7.21　Load1 工况下构件应力云图

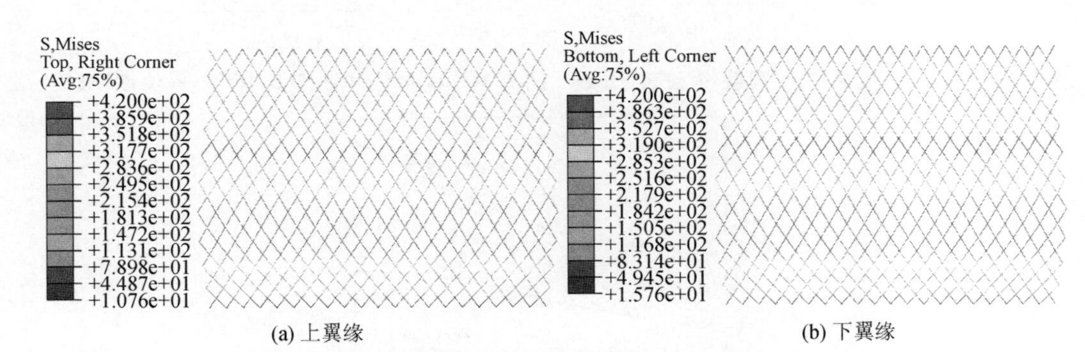

(a) 上翼缘　　(b) 下翼缘

图 7.22　Load2 工况下构件应力云图

7.6　结构参数对结构极限承载能力的影响

为了详细了解单层柱面索拉网壳的各个参数对结构弹塑性极限承载能力的影响，本书对结构的矢跨比、钢杆件截面面积、索截面面积和索初始预应力 4 个基本模型参数以及网格夹角和外扩跨度两个其他参数进行分析。与前面施工过程相同，网格夹角与外扩跨度采用了新的模型。在保持其他参数不变的情况下，着重分析某一种参数对结构静力特性的影响。表 7.2 为参数分析方案。

表 7.2　参数分析方案

参数	取值
跨度(m)	18
矢跨比	0.1,0.15,0.2,0.25,0.3
钢杆件截面(mm)	180×50×7,200×60×8,220×70×9,240×80×10
索截面直径(mm)	8,11,14,16
索中初始应力(MPa)	0,50,100,150
r_1 ∶ r_2	1∶1,1∶2,1∶3
支座水向位移 b(m)	−1,−0.5,0,0.5,1,1.5

7.6.1　矢跨比对结构极限承载能力的影响

矢跨比对于网壳结构来说是一个重要的参数，取矢跨比分别为 0.1、0.15、0.20、0.25、0.3 对结构进行静力弹塑性极限承载力分析，得到"荷载—位移"曲线分别如图 7.23 和7.24 所示，极限承载力如图 7.25 所示。

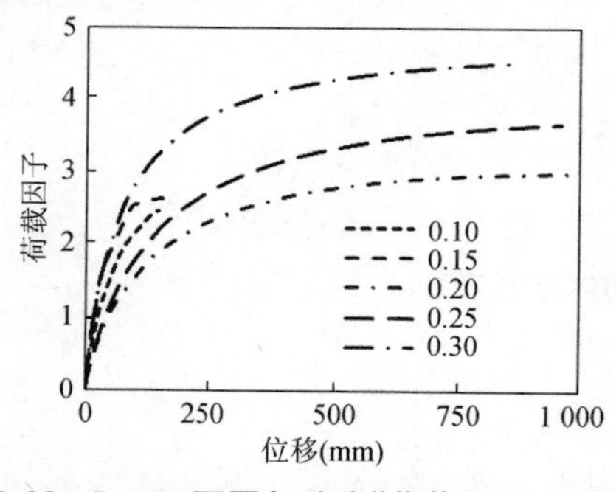

图 7.23　Load1 不同矢跨比"荷载—位移"曲线

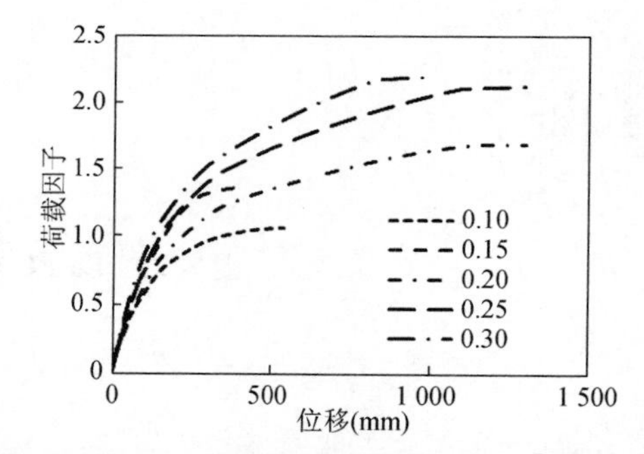

图 7.24　Load2 不同矢跨比"荷载—位移"曲线

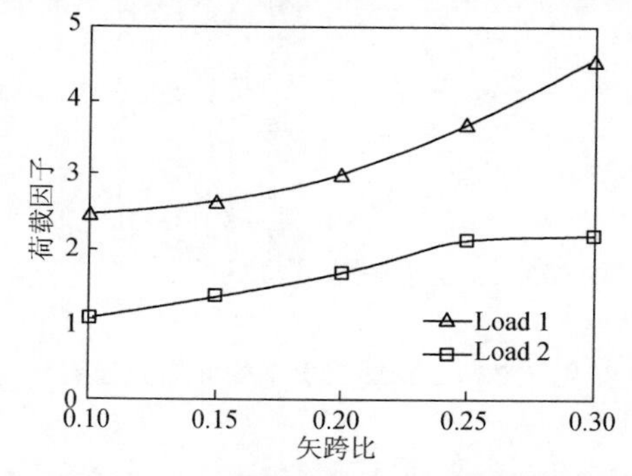

图 7.25　不同矢跨比的弹塑性极限承载能力

从图 7.25 可以看出，在 Load1 工况下，随着矢跨比的增加，结构的承载能力也随之增加，并且在矢跨比大于 0.2 时，承载能力增加呈现线性趋势，在 Load2 工况下，随着矢跨比的增加，结构的承载能力也随之增加，但是在矢跨比大于 0.25 时，承载能力基本不再增加。

7.6.2　钢杆构件截面对结构极限承载能力的影响

取不同钢杆件截面（180 mm×50 mm×7 mm、200 mm×60 mm×8 mm、220 mm×70 mm×9 mm、240 mm×80 mm×10 mm，分别记为截面 1、截面 2、截面 3、截面 4）进行分析，得到“荷载 — 位移”曲线分别如图 7.26 和图 7.27 所示，可以发现结构在承受 Load1 和 Load2 工况下，其曲线发展趋势基本一致。

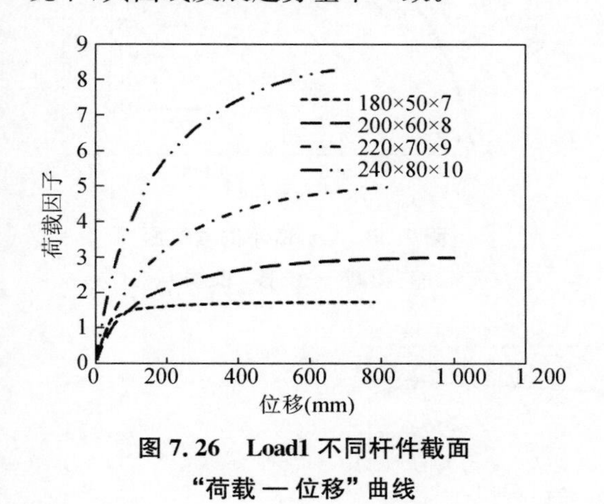

图 7.26　Load1 不同杆件截面“荷载 — 位移”曲线

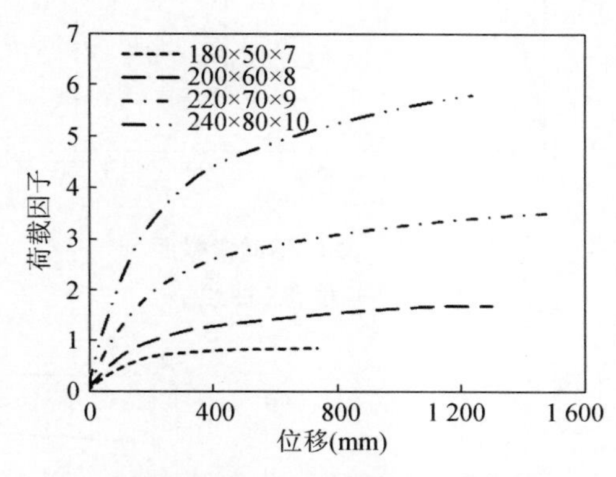

图 7.27　Load2 不同杆件截面“荷载 — 位移”曲线

极限承载力对比如图 7.28 所示，随着钢杆构件截面的增大，结构的承载能力均有较大的提高。这是因为在索拉网壳结构中，结构的大部分刚度由钢杆构件提供，因此钢杆构件刚度的增大会对结构的整体刚度提高有较大的影响，因此承载能力也随之增加。

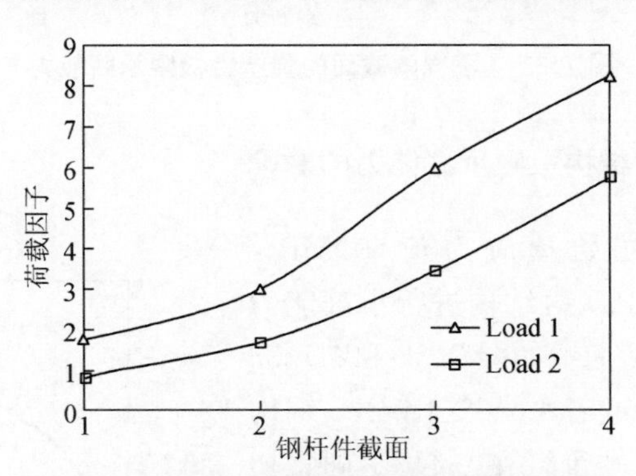

图 7.28　不同杆件截面的弹塑性极限承载能力

7.6.3　索截面对结构极限承载能力的影响

取不同的索截面（直径分别为 d8、d11、d14、d16，分别记为索截面 1、索截面 2、索截面 3、索截面 4）对结构进行承载能力计算，得到“荷载 — 位移”曲线如图 7.29 和图 7.30 所示，可以发现结构在承受Load1或者Load2工况下，其“荷载—位移”曲线基本一致。不同索截面的结构极限承载力如图7.31所示：在Load1工况下，随着索截面面积的增加结构的承载能力也相应增加，但是增幅很小；在Load2工况下，随着索截面面积的增加结构的承载能力非但没有增加，反而稍微减少。总之索面积的增大对结构极限承载力的影响比较复杂，应该结合具体工程具体分析。

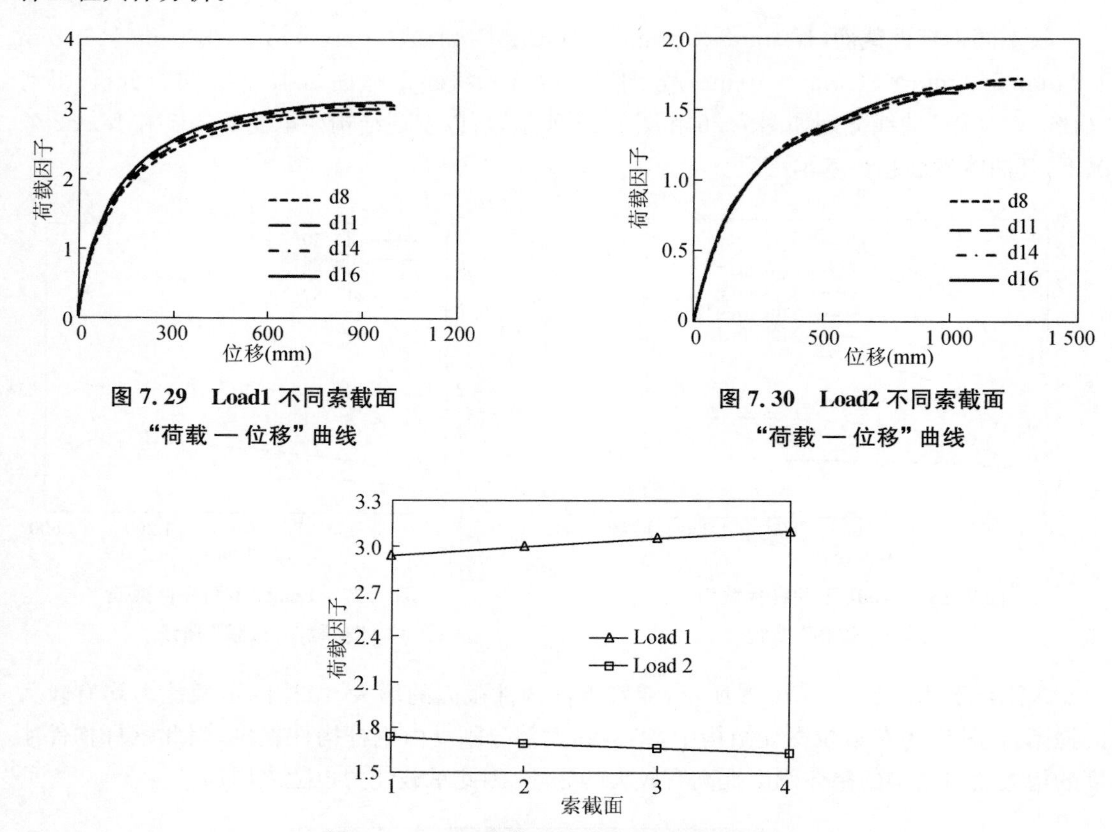

图7.29　Load1不同索截面“荷载—位移”曲线

图7.30　Load2不同索截面“荷载—位移”曲线

图7.31　不同索截面的弹塑性极限承载能力

7.6.4　索初始预应力对结构极限承载能力的影响

对拉索取不同的初始预应力值(0 MPa、50 MPa、100 MPa、150 MPa)对结构进行承载能力分析。得到“荷载—位移”曲线如图7.32和图7.33所示，结构在承受Load1或者Load2工况下，结构的“荷载—位移”曲线基本重合在一起。不同索初始预应力的结构极限承载力如图7.34所示：随着索初始应力的增加，结构的极限承载能力均有所降低，但是降低幅度很小(在Load1工况下为1%，在Load2工况下为0.6%)。可见索初始预应力对结构的影响十分有限。

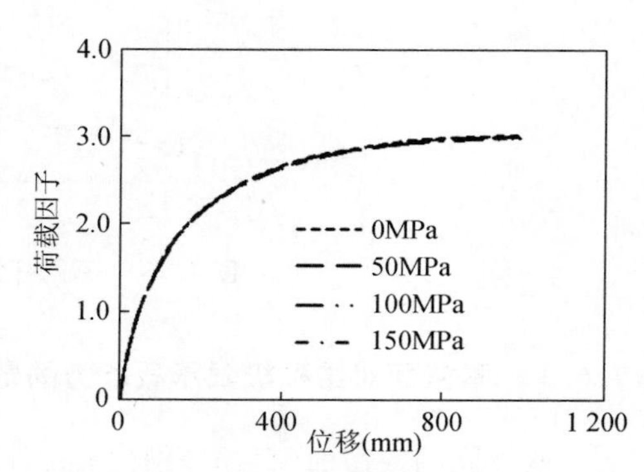

图7.32　Load1不同索初始应力“荷载—位移”曲线

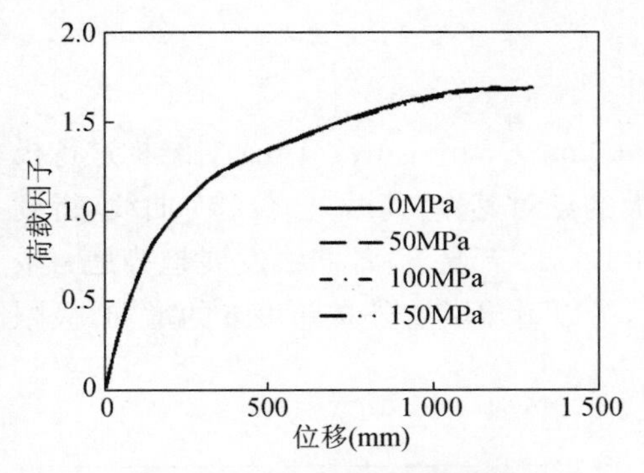

图 7.33 Load2 不同索初始应力“荷载—位移”曲线

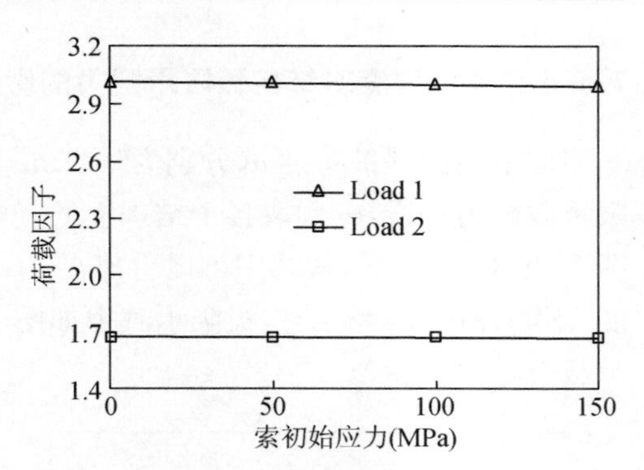

图 7.34 不同索初始应力的弹塑性极限承载能力

7.6.5 单元网格长宽比对结构极限承载力的影响

取不同的单元网格长宽比作为参数(单元网格长宽比分别为1∶1、1∶2、1∶对应的夹角分别为37°、53°、90°)对结构进行极限承载能力分析，分别取各个结构上的竖向位移最大的点对其作“荷载—位移”曲线，得到图7.35和图7.36，可以看出在单元网格长宽比为1∶1时，结构的延性会改善很多。不同网格夹角的结构极限承载力如图7.37所示，随着网格夹角的增加，结构的极限承载能力得到明显改善。

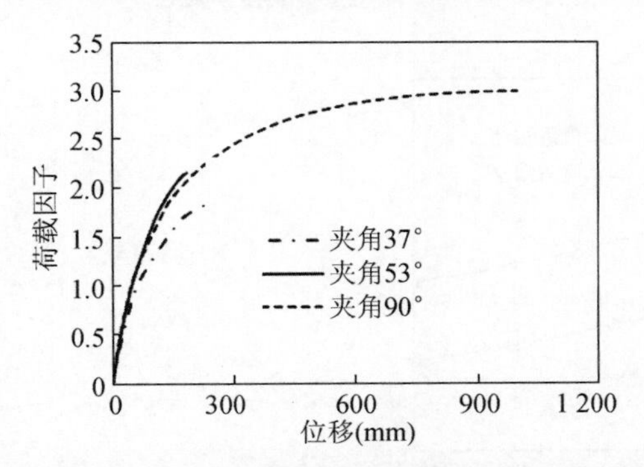

图 7.35 Load1 单元网格夹角“荷载—位移”曲线

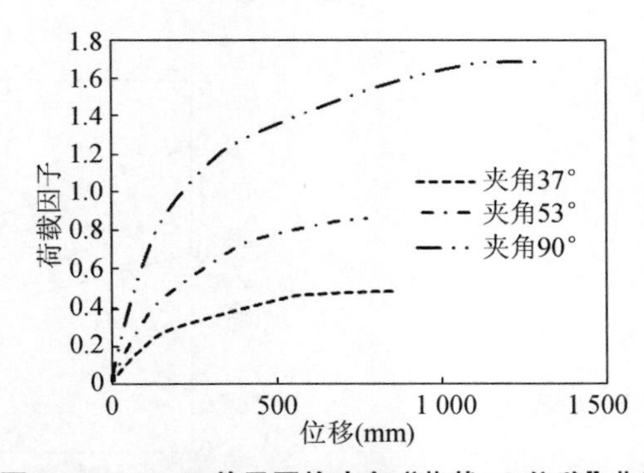

图 7.36 Load2 单元网格夹角“荷载—位移”曲线

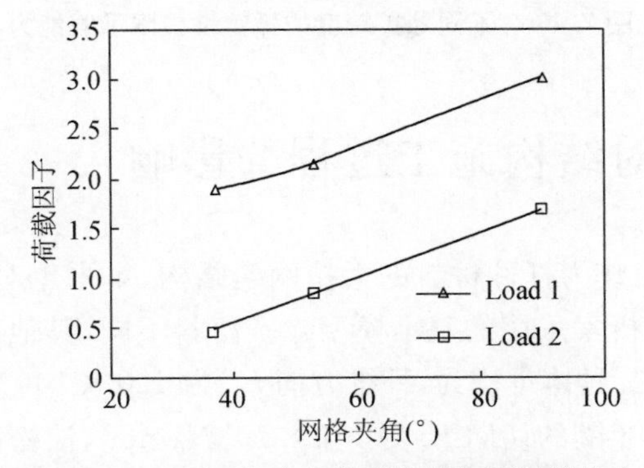

图 7.37 不同网格夹角的弹塑性极限承载能力

7.6.6 外扩跨度对结构极限承载力的影响

取不同的外扩跨度 b(分别为 -1 m、-0.5 m、-0 m、0.5 m、1 m、1.5 m) 对结构进行极限承载能力分析，分别取各个结构上的竖向位移最大的点对其作“荷载 — 位移”曲线，得到图 7.38 和图 7.39，从图中可以看出在 Load1 工况和 Load2 工况下，各曲线发展趋势是一致的。不同外扩跨度的结构极限承载力如图 7.40 所示，可以看出随着外扩跨度 b 的增加，极限承载会随之减少。

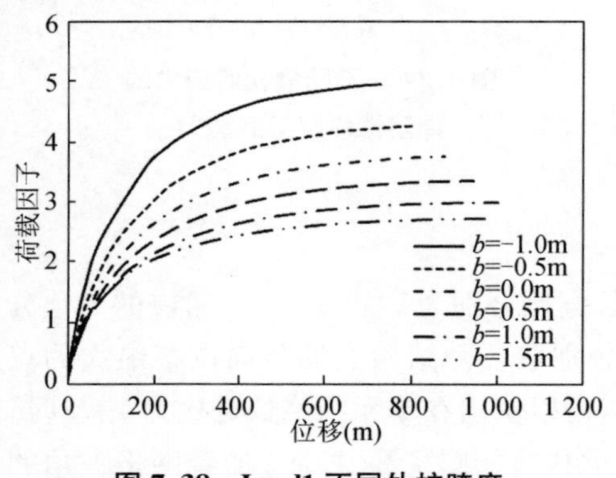

图 7.38 Load1 不同外扩跨度“荷载 — 位移”曲线

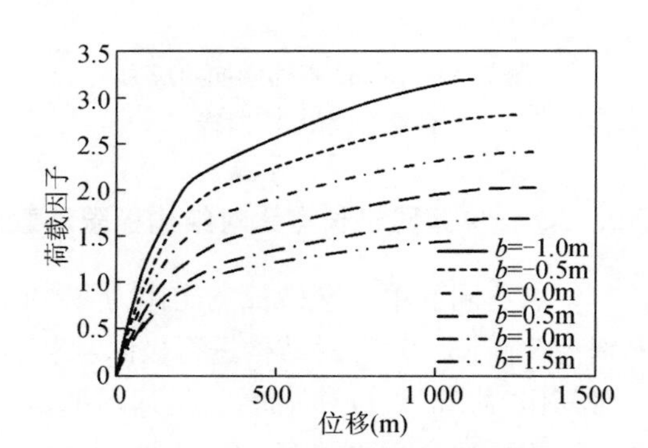

图 7.39 Load2 不同外扩跨度“荷载 — 位移”曲线

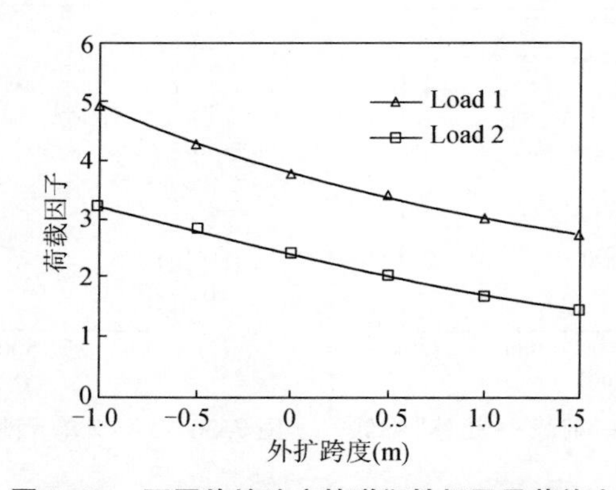

图 7.40 不同外扩跨度的弹塑性极限承载能力

7.7 其他材料对结构施工过程的影响

在国外已经有用木材作为杆件材料的索拉网壳结构，本书也对这种材料进行施工过程分析，采取模型与前面分析索采用的基本模型除了材料不同，其他参数均相同，木材的本构采用正交各向异性来模拟。具体本构为，纤维方向 E_x 为 1.0×10^4 N/mm^2，指向树心的径向 E_y 为 1.0×10^3 N/mm^2，年圈的切向 E_z 为 1.0×10^3 N/mm^2，泊松比 V_{xy} 为 0.4，V_{yz} 为 0.4，V_{zx} 为 0.04，剪切模量 G_{xy} 为 1.0×10^3 N/mm^2，G_{yz} 为 1.0×10^2 N/mm^2，G_{zx} 为 1.0×10^2 N/mm^2。得到两者的施工成型后结构应力云图如图 7.41 所示。从图中可以看出，木材结构的成型后应力只有 16.3 MPa，远远小于钢材结构成型后的应力 383.3 MPa，这也是因为木材的弹性模量远远小于钢材的弹性模量。同时值得注意的是，木材的塑性大致在 40 MPa 左右，钢材的塑性应力为 420 MPa，可见木材作为索拉网壳结构杆件材料拥有更多的富裕度。在木材索拉网壳结构成型后应力云图中，在接近结构两横边时，结构应力会有所减小，相比钢材结构没有这个现象，这也是由于木材的各向异性所引起的。

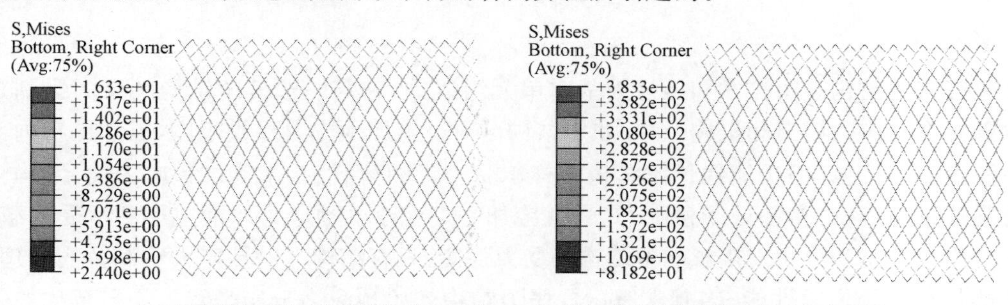

(a) 木材索拉网壳结构成型后应力云图　(b) 钢材索拉网壳结构成型后应力云图

图 7.41　不同材料索拉网壳施工成型后结构应力云图

为进一步了解木材结构中具体杆件应力变化情况，从结构中取出 6 个杆件，杆件位置及编号同钢材结构相同，如图 7.9 所示。做出各个杆件中的应力随提升高度 h 增加的变化情况如图 7.42 所示，从图中可以看出，由于对称性的存在，杆件 1 和 6、2 和 5、3 和 4 的曲线基本重合在一起。随着杆件的位置越接近结构中部，杆件中的应力也越大。

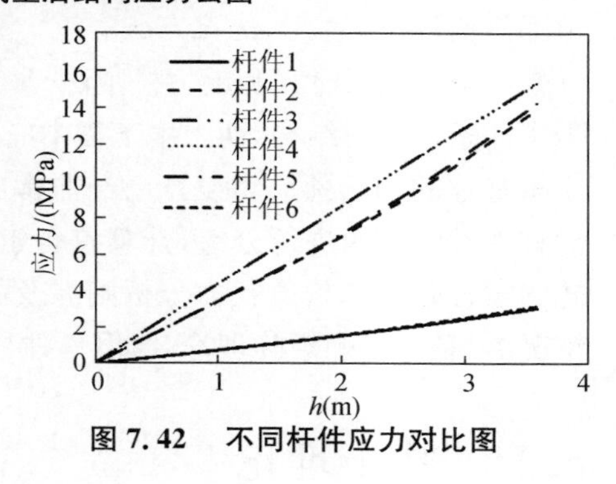

图 7.42　不同杆件应力对比图

7.8　本章小结

本章将剪式单元的可动性作为单层柱面网壳的施工手段。剪式单元形成的平面网格结构看成是施工前的状态，通过对若干点施加强制位移，可以得到最终的形状。在此基础上，对单层柱面网壳的施工过程及其成形后的极限承载能力进行了详细的研究，得到如下结论：

(1) 各参数对体系施工过程的影响

随着矢跨比的增大，体系的施工应力会增加，同时体系的长度会由于几何变形的增加而减小。钢杆件截面的增加虽然会提高结构的刚度，但是也会造成构件的应力过大，使得构件提前进入塑性。单元网格长宽比越小，施工应力也越小。施工应力也会随着外扩跨度的减小而减小。

(2) 体系中拉索不仅能提高结构的承载能力，而且使结构具有更好的延性。矢跨比是影响单层柱面索拉网壳的极限承载能力的重要因素；随着矢跨比的增大而增大。单层索拉网壳的极限承载能力随着钢杆件截面的增大而明显增大。索截面对索拉网壳的极限承载能力的影响不大。索中初始预应力的增加会略微降低结构的极限承载能力，因此在施加索中预应力时，一定要考虑其对结构极限承载能力的影响。随着网格杆件夹角减小，结构极限承载能力也随之减小；随着外扩跨度的增大，承载能力也会随之增加。

8 索杆张力结构的初始预应力水平设计

索杆张力结构是由拉索和压杆为基本单元组成的，它与一般传统结构的最大区别是结构内部存在自应力模态和机构位移。如果结构可通过施加预应力提供刚度，虽然结构内部存在一阶无穷小机构，但仍能像传统结构一样承受一定的荷载。在未施加预应力前，结构自身刚度无法维持形状，体系处于松弛态，只有施加一定大小的预应力才能成形和承受荷载；且其预应力的大小和分布直接影响着结构的受力性能，只有结构中的预应大小和分布合理，结构才能有良好的力学性能。因此求解索杆张力结构初始预应力分布是首先需要解决的关键问题。国内外学者对初始预应力的求解做了大量的研究，提出了基于平衡矩阵理论[10,229-233]、节点平衡理论[234,235]、优化方法[236-238]，以及同时进行找形和找力的方法（力密度法[239-242]、非线性有限元法[243,244]和动力松弛法[245-247]）等多种方法。但是上述方法研究的对象大多为自平衡的索杆张力结构，而土木工程中应用的结构大多有约束条件（支座等边界条件）。目前对于索穹顶的初始预应力设计已经非常成熟，通常是在奇异值分解法的基础上考虑结构的轴对称性并对结构进行分组，计算符合索受拉、杆受压原则的合理预应力分布。而对于其他形式的索杆张力结构的找力分析则涉及的较少。本章将在索杆张力结构的拓扑和几何已知的情况下，基于平衡矩阵理论，给出一种考虑外部约束索杆张力结构的初始预应力设计方法。

8.1 基本理论

一般索杆张力结构的找力分析是在结构拓扑、几何形状和边界条件已知的情况下，寻求能够满足已知几何条件的预应力分布。通常先假定一个设计几何状态，然后在这个设计几何状态下计算结构预应力态分布。本章的基本假定为：

解析法找形的基本原理是利用张拉整体结构的节点受力平衡。本节对于平面张拉整体结构找形的基本假定为：

(1) 拉索和压杆只受轴力作用，不考虑拉索的悬链线效应，不考虑自重。

(2) 节点为理想铰接。

(3) 不考虑压杆的屈曲以及材料的非线性。

(4) 不考虑外界荷载和约束。

8.1.1 平衡矩阵

假设给定一个空间铰接结构体系，其杆件数为b，节点数为N，约束数为k，则结构体系的非约束位移数为$n = 3 \times N - k$。该结构体系的平衡方程如下[10]：

$$\mathbf{Af} = \mathbf{P} \tag{8.1}$$

式中：$\mathbf{A}$ 为 $n\times b$ 矩阵，称为平衡矩阵；$\mathbf{f}$ 为 b 维杆件内力矢量；$\mathbf{P}$ 为 n 维节点力矢量。

根据矩阵理论，设 $\mathbf{A}$ 矩阵的秩为 r，则可对 $\mathbf{A}$ 矩阵进行奇异值分解[229]：

$$\mathbf{A}=\mathbf{U}\begin{bmatrix} S_{rr} & 0 \\ 0 & 0 \end{bmatrix}\mathbf{W}^{\mathrm{T}} \tag{8.2}$$

其中，$S_{rr}=\mathrm{diag}\{S_{11},S_{22},\cdots,S_{rr}\}$ 称为[A]矩阵的奇异值，并有 $S_{11}\geqslant S_{22}\geqslant\cdots\geqslant S_{rr}>0$；矩阵 $\mathbf{U}$ 和 $\mathbf{V}$ 分别可以表示为：[$\mathbf{u}_1,\mathbf{u}_2,\cdots,\mathbf{u}_r,\mathbf{m}_1,\cdots,\mathbf{m}_m$] 和[$\mathbf{w}_1,\mathbf{w}_2,\cdots,\mathbf{w}_r,\mathbf{t}_1,\cdots,\mathbf{t}_s$]，则 $m=n-r$ 为机构位移模态数，$s=b-r$ 为自应力模态数。根据 s、m 的值，可把空间杆件体系分为静定动定体系、静不定动定体系、静定动不定体系和静不定动不定体系四类，具体情况为[229,248]：

(1) $s=0$、$m=0$，静定动定体系，即通常所说的静定结构；

(2) $s=0$、$m>0$，静定动不定体系，即通常所说的可变体系；

(3) $s>0$、$m=0$，静不定动定体系，即通常所说的超静定结构；

(4) $s>0$、$m>0$，静不定动不定体系。

一般情况下，索杆式张力结构属于(3)、(4) 类自应力空间铰接结构体系。

由式(8.1) 可知，当索杆张力结构是自平衡的，其平衡矩阵可以表示为：

$$\mathbf{A}=\begin{bmatrix} \mathbf{C}^{\mathrm{T}}\mathrm{diag}(\mathbf{Cx}) \\ \mathbf{C}^{\mathrm{T}}\mathrm{diag}(\mathbf{Cy}) \\ \mathbf{C}^{\mathrm{T}}\mathrm{diag}(\mathbf{Cz}) \end{bmatrix} \tag{8.3}$$

如果索杆结构是具有固定点约束，则其平衡方程同样可以用式(8.1) 表示，只是平衡矩阵需要用下式表示为：

$$\mathbf{A}=\begin{bmatrix} \mathbf{C}^{\mathrm{T}}\mathrm{diag}(\mathbf{Cx}+\mathbf{C}_f\mathbf{x}_{\mathrm{f}}) \\ \mathbf{C}^{\mathrm{T}}\mathrm{diag}(\mathbf{Cy}+\mathbf{C}_{\mathrm{f}}\mathbf{y}_{\mathrm{f}}) \\ \mathbf{C}^{\mathrm{T}}\mathrm{diag}(\mathbf{Cz}+\mathbf{C}_{\mathrm{f}}\mathbf{z}_{\mathrm{f}}) \end{bmatrix} \tag{8.4}$$

8.1.2　结构稳定性分析

索杆张力结构是预应力铰接杆件体系，因为要施加预应力，所以它必须属于静不定动定体系或静不定动不定体系。由于结构体系内部存在机构，必须先判定其稳定性。结构的稳定性可以通过其刚度矩阵是否正定来判断。如果结构是稳定的，则在任意的小位移模态 $\mathbf{d}$ 下切线刚度矩阵的二次型是正定的：

$$\mathbf{d}^{\mathrm{T}}\mathbf{Kd}>0 \tag{8.5}$$

而一般结构的刚度矩阵又可以分为几何刚度矩阵和材料刚度矩阵，则刚度矩阵的二次型可以表述为：

$$\mathbf{Q}=\mathbf{d}^{\mathrm{T}}\mathbf{Kd}=\mathbf{d}^{\mathrm{T}}\mathbf{K}_{\mathrm{E}}\mathbf{d}+\mathbf{d}^{\mathrm{T}}\mathbf{K}_{\mathrm{G}}\mathbf{d}>0 \tag{8.6}$$

根据张景耀等人的研究结果[249]，可以将结构的稳定分为两类：超级稳定(不管预应力值大小的稳定) 和预应力稳定(和材料刚度矩阵以及几何刚度矩阵对应的特征值的大小关系相关)。

超级稳定的条件为：

(1) 几何矩阵满秩；

(2) 力密度矩阵至少有 $d+1$ 个零特征值；

(3) 力密度矩阵为半正定矩阵。

其中,d 为结构的维数。

预应力稳定的条件为:满足超级稳定的1和2两个条件,但第三个条件不满足,而是满足式(8.6) 的条件。由于预应力稳定的结构和预应力大小相关,本书中索杆张力结构的稳定均指结构的超级稳定。

8.1.3 初始预应力的确定

由平衡矩阵理论按一定算法(本书采用奇异值分解) 得出的自应力模态,这些自应力模态仅满足力学上的节点平衡,并未考虑张力结构索受拉、杆受压条件[238]。如果预应力分析中考虑压杆和拉索的受力情况,称之为可行预应力分析。根据平衡矩阵理论,索杆张力结构的可行预应力分析可以分为两种情况:

(1) 自应力模态数 $s=1$:如果这个自应力模态满足索受拉,杆受压的条件,就是所要求的可行预应力分布;如果不满足这个条件,需重新给定结构的几何或拓扑关系。

(2) 自应力模态数 $s>1$:则一般预应力状态 T 是 s 个独立自应力模态的线性组合,即

$$\mathbf{T}=\alpha_1\mathbf{t}_1+\alpha_2\mathbf{t}_2+\cdots+\alpha_s\mathbf{t}_s \tag{8.7}$$

式中:$\mathbf{t}_i$ 为体系第 i 阶独立自应力模态向量;α_i 为组合系数。文献[231] 对于这种情况,利用结构的对称性,提出了二次奇异值分解的方法。本书在此基础上,对二次奇异值分解方法进行了改进,使之能够方便简单的适用于所有索杆张力结构的初始预应力分布的确定。

为能找到一组最终有效可行的自应力模态,使全部索受拉、全部杆受压,且满足构件内力尽可能均匀的设计原则。可根据结构的对称性条件,对体系杆件进行分组,位于等同位置的杆件可以划为同一组杆件,正确分组是求得索杆结构初始预应力分布的关键所在。设杆件类别数为 h,则最终预应力 $\mathbf{T}$ 可表示为:

$$\mathbf{T}=\{x_1\quad x_1\quad x_1\cdots\quad x_i\quad x_i\quad\cdots\quad x_h\quad x_h\quad x_h\}^{\mathrm{T}}=\begin{bmatrix}1&\cdots&0&\cdots&0\\1&\cdots&0&\cdots&0\\1&\cdots&\vdots&\cdots&\vdots\\0&\cdots&0&\cdots&0\\\vdots&\cdots&1&\cdots&0\\\vdots&\cdots&1&\cdots&\vdots\\0&\cdots&0&\cdots&0\\0&\cdots&\vdots&\cdots&0\\0&\cdots&0&\cdots&1\\0&\cdots&0&\cdots&1\end{bmatrix}_{b\times h}\begin{Bmatrix}x_1\\x_2\\\cdots\\x_i\\\cdots\\x_h\end{Bmatrix}_{h\times 1} \tag{8.8}$$

式(8.9) 可以整理为:

$$\mathbf{T}=\{\mathbf{e}_1\quad\cdots\quad\mathbf{e}_i\quad\cdots\quad\mathbf{e}_h\}\{x_1\quad\cdots\quad x_i\quad\cdots\quad x_h\}^{\mathrm{T}} \tag{8.9}$$

式中:基向量 $\mathbf{e}_i$ 由相应第 i 类杆件轴力为1、其余杆件轴力为0组成,即 $\mathbf{e}_i=\{0\cdots0\ 1\ 1\cdots0\ 0\}^{\mathrm{T}}$。将式(8.8) 代入式(8.10) 中,可得:

$$\alpha_1\mathbf{t}_1+\alpha_2\mathbf{t}_2+\cdots+\alpha_s\mathbf{t}_s-\mathbf{e}_1x_1-\mathbf{e}_2x_2\cdots-\mathbf{e}_hx_h=0 \tag{8.10}$$

上式写成矩阵的形式可表示为：

$$\mathbf{T}'\boldsymbol{\alpha}' = 0 \tag{8.11}$$

其中，矩阵 $\mathbf{T}' = [\mathbf{t}_1\ \mathbf{t}_2\ \cdots\ \mathbf{t}_s\ \mathbf{e}_1\ \mathbf{e}_2\ \cdots\ \mathbf{e}_h]_{b\times(s+h)}$，矩阵 $\boldsymbol{\alpha}' = [\alpha_1\ \alpha_2\ \cdots\ \alpha_s\ x_1\ x_2\ \cdots\ x_h]_{1\times(s+h)}$。

为满足式(8.12)中的 $\boldsymbol{\alpha}'$，再次对 $\mathbf{T}'$ 进行 SVD 分解，可得矩阵的秩为 r'，则自应力模态数为：

$$s' = s + h - r' \tag{8.12}$$

(1) $s' = 1$，则结构具有一个自应力模态。对于索杆张力结构，需同时满足所有索受拉、杆受压的可行性条件；如果不满足，需要改变构件分组情况或者改变几何尺寸和拓扑关系重新计算。

(2) $s' = 0$，说明不存在满足要求的自应力分布，需重分组。

(3) $s' > 1$，即考虑对称性后求得的自应力模态数仍不止一个，应重新分组，使结构的自应力模态数为 1，并满足所有索受拉、杆受压的可行性条件。

根据上述理论编制了程序用来确定索杆张力结构初始预应力分布情况，并通过求解单位整体可行预应力判定其几何稳定性。程序的设计流程见图 8.1。

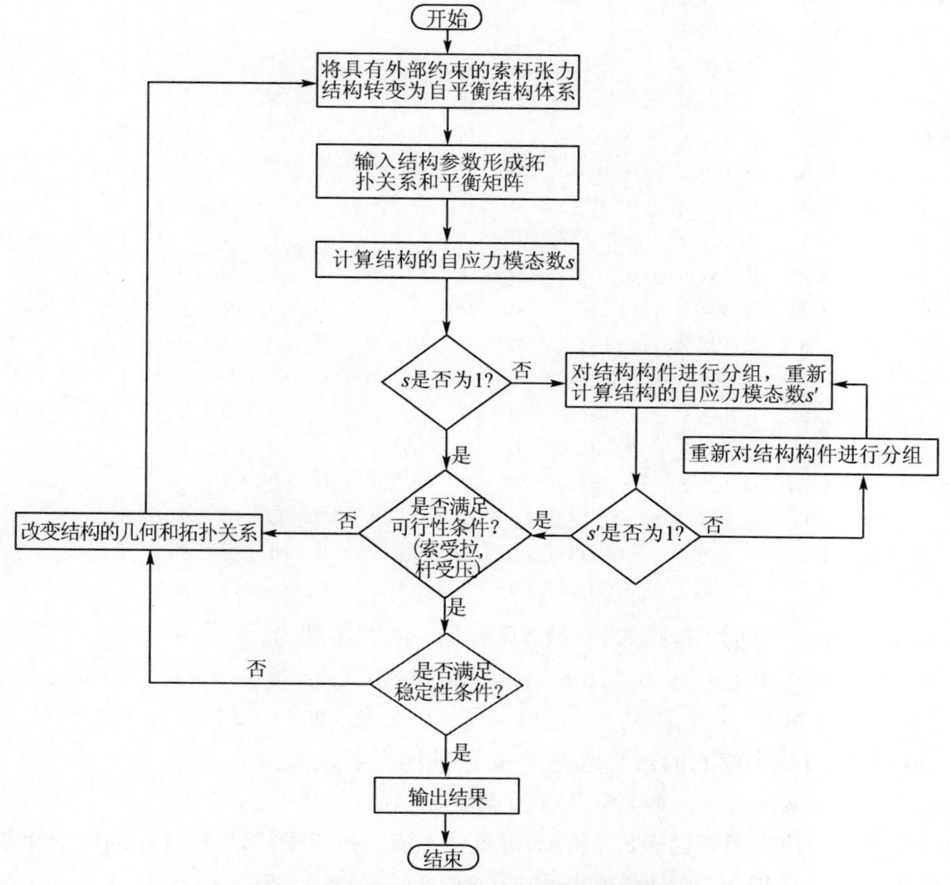

图 8.1　索杆张力结构预应力分布计算流程图

8.2 算例分析

8.2.1 平面索杆结构

算例 1 自平衡的二维索杆结构体系[250]，如图 8.2 所示。共有 4 个单元组成，杆件数 $b=21$，其中压杆 13 根，拉索 8 根。求得杆件的自应力模态数为 4，独立的机构位移模态数为 3。根据结构的对称性，杆件可以被分为 8 组($h = 8$)，杆件的分组情况如表 8.1 所示。可以求得 $s'=1$，则结构具有一个自应力模态。结构的独立自应力模态的系数 α 及其整体可行预应力模态求得：

$$
\mathbf{T}'\boldsymbol{\alpha}' = \begin{bmatrix}
-0.2087 & 0.2903 & -0.1292 & 0.1645 & 1 & 0 & 0 & 0 & 0 & 0 & 0 & 0 \\
-0.2087 & 0.2903 & -0.1292 & 0.1645 & 1 & 0 & 0 & 0 & 0 & 0 & 0 & 0 \\
-0.3105 & -0.239 & -0.0013 & -0.152 & 0 & 1 & 0 & 0 & 0 & 0 & 0 & 0 \\
-0.3105 & -0.239 & -0.0013 & -0.152 & 0 & 1 & 0 & 0 & 0 & 0 & 0 & 0 \\
0.0753 & -0.1859 & -0.1466 & 0.339 & 0 & 0 & 0 & 1 & 0 & 0 & 0 & 0 \\
0.0753 & -0.1859 & -0.1466 & 0.339 & 0 & 0 & 0 & 1 & 0 & 0 & 0 & 0 \\
0.0736 & 0.0317 & -0.3347 & -0.2306 & 0 & 0 & 1 & 0 & 0 & 0 & 0 & 0 \\
0.0736 & 0.0317 & -0.3347 & -0.2306 & 0 & 0 & 1 & 0 & 0 & 0 & 0 & 0 \\
0.2087 & -0.2903 & 0.1292 & -0.1645 & 0 & 0 & 0 & 0 & 1 & 0 & 0 & 0 \\
0.5191 & -0.0513 & 0.1305 & -0.0125 & 0 & 0 & 0 & 0 & 0 & 1 & 0 & 0 \\
0.2352 & 0.4249 & 0.1479 & -0.187 & 0 & 0 & 0 & 0 & 0 & 1 & 0 & 0 \\
-0.1488 & 0.1542 & 0.4813 & -0.1084 & 0 & 0 & 0 & 0 & 0 & 1 & 0 & 0 \\
-0.0736 & -0.0317 & 0.3347 & 0.2306 & 0 & 0 & 0 & 0 & 1 & 0 & 0 & 0 \\
0.2087 & -0.2903 & 0.1292 & -0.1645 & 0 & 0 & 0 & 0 & 0 & 0 & 1 & 0 \\
0.3105 & 0.239 & 0.0013 & 0.152 & 0 & 0 & 0 & 0 & 0 & 0 & 0 & 1 \\
-0.0753 & 0.1859 & 0.1466 & -0.339 & 0 & 0 & 0 & 0 & 0 & 0 & 0 & 1 \\
-0.0736 & -0.0317 & 0.3347 & 0.2306 & 0 & 0 & 0 & 0 & 0 & 0 & 1 & 0 \\
0.2087 & -0.2903 & 0.1292 & -0.1645 & 0 & 0 & 0 & 0 & 0 & 0 & 1 & 0 \\
0.3105 & 0.239 & 0.0013 & 0.152 & 0 & 0 & 0 & 0 & 0 & 0 & 0 & 1 \\
-0.0753 & 0.1859 & 0.1466 & -0.339 & 0 & 0 & 0 & 0 & 0 & 0 & 0 & 1 \\
-0.0736 & -0.0317 & 0.3347 & 0.2306 & 0 & 0 & 0 & 0 & 0 & 0 & 1 & 0
\end{bmatrix}
\begin{bmatrix} \alpha_1 \\ \alpha_2 \\ \alpha_3 \\ \alpha_4 \\ q_1 \\ q_2 \\ q_3 \\ q_4 \\ q_5 \\ q_6 \\ q_7 \\ q_8 \end{bmatrix} = 0 \tag{8.13}
$$

矩阵 $\mathbf{T}'$ 的零子空间为 1，则式(8.11) 只有唯一的非零解为：

$$
\boldsymbol{\alpha}' = \{-0.4416 \quad -0.1788 \quad -0.6919 \quad 0.1614 \quad 0.1562 \quad 0.1562 \quad -0.1562 \quad -0.1562 \quad -0.1562 \quad -0.3123 \quad 0.1562 \quad 0.1562\}^{\mathrm{T}} \tag{8.14}
$$

则结构独立自应力模态的系数取向量 $\boldsymbol{\alpha}'$ 的前四个系数为：

$$
\boldsymbol{\alpha} = \{-0.4416 \quad -0.1788 \quad -0.6919 \quad 0.1614\}^{\mathrm{T}} \tag{8.15}
$$

结构的整体自应力模态如表 8.1 所示，可见模态满足拉索受拉，压杆受压的可行性条件。算例力密度矩阵的特征根为：$\{-1.1301 \quad -0.8177 \quad -0.4317 \quad -0.1193 \quad -0.0000 \quad -0.0000 \quad -0.0000 \quad -0.0000 \quad 0.0000 \quad 0.0000\}^{\mathrm{T}}$，也即力密度矩阵的特征根全部小于等于 0，所以该结构不是超级稳定的。但是，该结构除了整体刚体位移外，没有独立位移模态，所以该结构是属于静不定动定结构[10]。由文献[251]可知，静不定动定结构在预应力足够小的时候，都是稳定的。

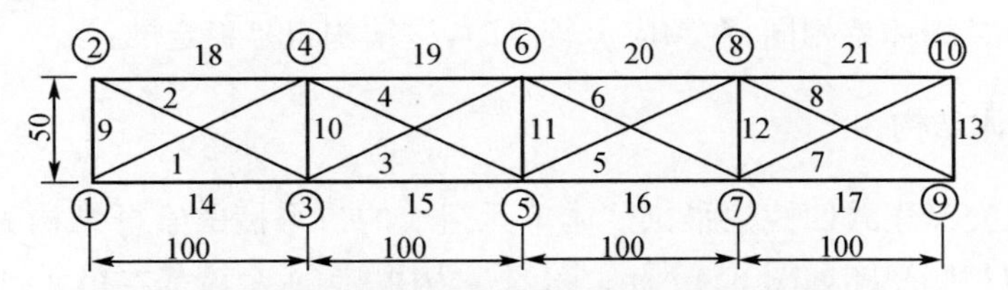

图 8.2　自平衡索杆结构的杆件和节点编号示意图

表 8.1　杆件的分组情况及自应力模态

组号	杆件编号	q	f
1	1,2	1	111.803 4
2	3,4	1	111.803 4
3	5,6	1	111.803 4
4	7,8	1	111.803 4
5	9,13	−1	−50
6	10,11,12	−2	−100
7	14,17,18,21	−1	−100
8	15,16,19,20	−1	−100

算例 2　具有外部约束的二维索杆结构体系，如图 8.3 所示。由结构的平衡方程可知：结构的自应力模态数为 9，独立位移模态数为 0。杆件的分组及其预应力分布如表 8.2 所示。

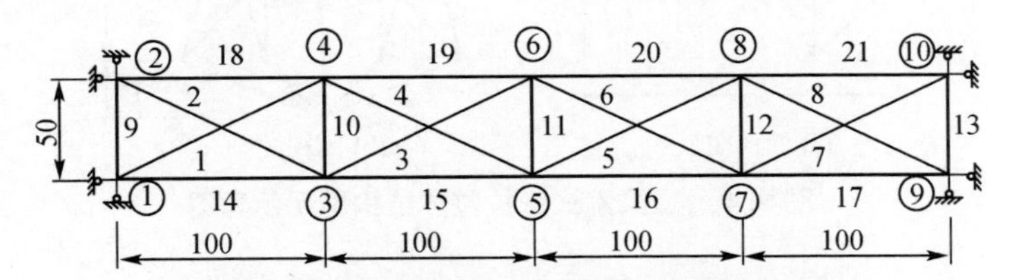

图 8.3　具有外部约束的二维索杆结构体系示意图

表 8.2　杆件的分组情况及自应力模态

组号	杆件编号	q	f
1	1～8	1.0	111.803 4
2	9～13 14～21	−2.0	−100.000 −200.000

结构独立自应力模态的系数 $\boldsymbol{\alpha}$ 为：

$$\boldsymbol{\alpha}=\{-0.248\,1\quad -0.221\,4\quad -0.003\,9\quad -0.659\,3\quad -0.107\,7\quad -0.197\,5\quad -0.397\,1\quad 0.013\,8\quad -0.411\,4\}^{\mathrm{T}} \tag{8.16}$$

结构的整体自应力模态如表 8.2 所示，可见模态满足拉索受拉，压杆受压的可行性条件。算例力密度矩阵的特征根为：{-1.2704　-0.7442　-0.4235　-0.2481　-0.2180　-0.0727}^{T}，也即力密度矩阵的特征根全部小于等于0，所以该结构不是超级稳定的。和没有约束的二维索杆结构体系相同，在预应力较小时，该结构也是稳定的。

8.2.2　张拉整体结构

算例3　以交叉索式四棱柱张拉整体单元组成的自平衡的索杆结构为研究对象，其基本单元的俯视图和侧视图如图8.4所示。图8.5为由4×4个该基本单元组成的索杆结构示意图。该结构由112个节点，192根拉索以及80根压杆组成。结构的节点编号如图8.6所示。其杆件标号为：下弦索的编号为1～64，上弦索的编号为65～128，斜索的编号为129～192，斜向压杆的编号为193～256，中央压杆的编号为257～272。由平衡矩阵SVD分解可知，该结构具有16个独立自应力模态和80个独立位移模态。为了得到整体可行预应力分布，根据结构的对称性，可以将构件划分为5组，如表8.3所示。通过假定同组的杆件拥有相同的力密度，该结构16个自应力模态的组合系数 $\boldsymbol{\alpha}$ 可以求得为：

$$\boldsymbol{\alpha}=\begin{matrix}\{-0.3655 & -0.0559 & 0.2754 & -0.0233 & 0.2409 & 0.4050 \\ -0.2335 & 0.1112 & -0.0070 & -0.4681 & 0.0609 & -0.3296 \\ -0.2782 & 0.1329 & 0.2098 & -0.1067\}^{\mathrm{T}} & & \end{matrix} \tag{8.17}$$

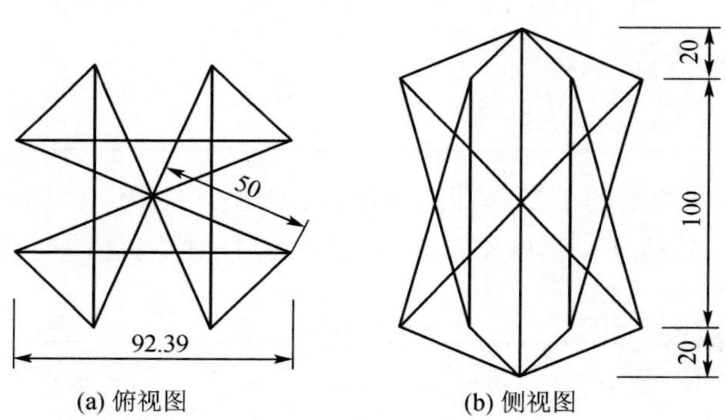

(a) 俯视图　　(b) 侧视图

图8.4　交叉索式张拉整体结构单元示意图

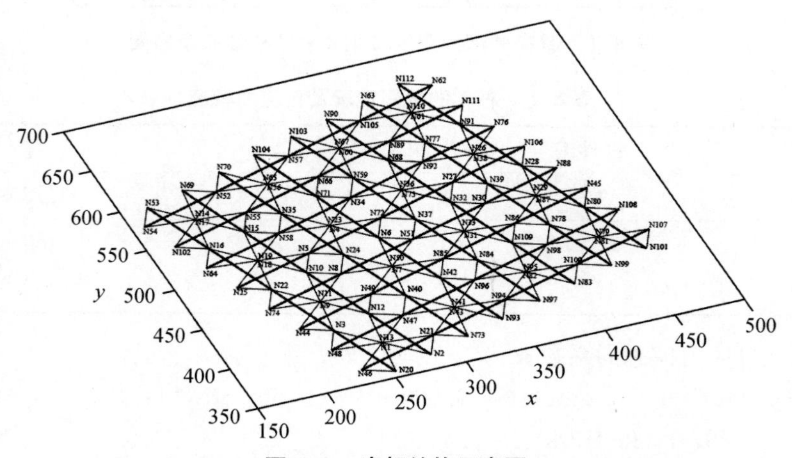

图8.5　索杆结构示意图

表 8.3 张拉整体结构杆件的分组情况及自应力模态

组号	杆件编号	q	f
1	1 ~ 128	1.000 0	40.620 2
2	129 ~ 160	0.942 6	96.755 8
3	161 ~ 192	0.942 6	96.755 8
4	193 ~ 256	−0.742 6	−88.015 1
5	257 ~ 272	−0.571 4	−80.000 0

结构的整体可行自应力模态及其相应的杆件内力如表 8.3 所示。该结构的力密度矩阵所对应的特征值为：

{−0.054 3 −0.040 7 −0.040 7 −0.027 6 −0.027 3 −0.026 7 −0.020 9
−0.020 9 −0.013 2 −0.013 2 −0.004 6 −0.004 4 −0.004 4 −0.001 0
−0.001 0 −0.000 2 −0.000 0 −0.000 0 −0.000 0 −0.000 0 −0.000 0
−0.000 0 −0.000 0 −0.000 0 0.000 0 0.000 0 0.000 0 0.000 0
0.000 0 0.000 0 0.000 0 0.000 0 0.007 3 0.008 5
0.011 9 0.011 9 0.043 9 0.047 9 0.055 9 0.055 9 0.059 7
0.059 7 0.071 8 0.081 5 0.081 7 0.081 7 0.103 8 0.113 3
0.113 3 0.115 3 0.117 1 0.120 4 0.123 8 0.141 0 0.141 0
0.143 4 0.143 4 0.148 5 0.161 7 0.167 4 0.171 0 0.171 0
0.183 4 0.185 4 0.190 2 0.205 8 0.205 8 0.219 2 0.219 2
0.223 4 0.231 8 0.236 8 0.236 8 0.254 5 0.259 8 0.273 2
0.275 6 0.278 6 0.278 6 0.278 8 0.291 2 0.295 5 0.295 5
0.297 9 0.301 0 0.301 0 0.301 2 0.301 2 0.306 9 0.315 4
0.338 9 0.338 9 0.343 8 0.343 8 0.344 6 0.344 7 0.346 8
0.346 8 0.356 2 0.357 5 0.361 1 0.361 4 0.361 4 0.369 1
0.376 9 0.376 9 0.377 9 0.378 1 0.380 5 0.380 5 0.387 1}^{T}。

由此可知，该结构不是超级稳定的。利用式(8−6) 判断结构是否为预应力稳定的，将位移模态代入，可以得到结构刚度矩阵的二次型 **Q** 的特征值为：

{0.288 7 0.275 9 0.276 6 0.276 6 0.256 5 0.251 6 0.251 6 0.242 3
0.231 9 0.231 2 0.219 6 0.227 8 0.227 8 0.214 6 0.1974 0.199 0
0.199 0 0.159 2 0.161 5 0.161 5 0.153 0 0.142 7 0.133 6 0.128 2
0.133 8 0.133 8 0.129 5 0.129 5 0.110 9 0.116 5 0.116 5 0.100 4
0.097 3 0.096 5 0.096 2 0.023 3 0.092 1 0.092 1 0.089 3 0.089 3
0.086 5 0.086 5 0.082 1 0.080 2 0.079 3 0.031 5 0.030 4 0.030 4
0.078 7 0.078 1 0.034 4 0.034 4 0.037 0 0.037 2 0.074 3 0.058 6
0.046 3 0.041 1 0.055 1 0.043 9 0.042 5 0.054 2 0.054 2 0.066 5
0.065 1 0.048 1 0.048 1 0.041 8 0.041 8 0.0639 0.063 9 0.069 6
0.069 6 0.000 0}^{T}。

由此可得，该结构也不是预应力稳定的。

算例 4　交叉索式四棱柱张拉整体单元组成的索杆结构体系的外部约束条件为在 4 个角点上约束其三个方向的平动自由度。通过对其平衡矩阵 SVD 分解可知，其自应力模态数为 16，位移模态数为 48。为了得到整体可行预应力分布，根据结构的对称性，可以将构件划分为 6 组，如表 8.4 所示。通过假定同组的杆件拥有相同的力密度，该结构 17 个自应力模态的组合系数 **α** 可以求得为：

$$\boldsymbol{\alpha}=\begin{matrix}\{0.388\,5 & -0.073\,9 & -0.279\,4 & 0.020\,7 & 0.472\,0 & -0.066\,8\\ 0.019\,3 & -0.137\,6 & 0.424\,9 & -0.274\,7 & 0.111\,5 & -0.346\,5\\ & -0.170\,5 & 0.184\,3 & 0.207\,7 & -0.089\,3\}^{\mathrm{T}} & \end{matrix} \tag{8.18}$$

结构的整体可行自应力模态及其相应的杆件内力如表 8.4 所示。该结构有 48 个独立位移模态，所以该结构是一个静不定动不定的体系。可以证明该结构仍然不是超级稳定的。但其刚度矩阵的二次型 Q 的特征值为：

{0.279 7　0.262 2　0.261 1　0.248 8　0.240 1　0.236 1　0.228 9　0.224 6　0.217 9
0.205 1　0.201 0　0.200 0　0.195 4　0.159 6　0.160 4　0.135 5　0.133 2　0.014 0
0.014 2　0.021 6　0.123 4　0.123 1　0.120 1　0.119 4　0.117 6　0.115 9　0.113 4
0.109 5　0.108 6　0.028 9　0.029 8　0.032 3　0.032 8　0.033 6　0.036 9　0.035 9
0.035 9　0.039 7　0.041 8　0.042 2　0.046 0　0.048 4　0.048 5　0.100 9　0.100 2
0.096 3　0.092 0　0.091 1　0.058 3　0.059 1　0.058 8　0.059 0　0.089 5　0.086 9
0.086 6　0.064 7　0.066 6　0.084 9　0.071 0　0.071 3　0.076 8　0.078 3　0.077 4
0.073 5　0.073 4　0.074 4　0.079 3　0.079 3}^{T}。

所以该结构是预应力稳定的。

表 8.4　张拉整体结构杆件的分组情况及自应力模态

组号	杆件编号	q	f
1	1 ～ 128	1.000 0	40.620 2
2	129 ～ 160	0.942 6	96.755 8
3	161 ～ 192	0.942 6	96.755 8
4	193 ～ 256	−0.742 6	−88.015 1
5	257 ～ 272	−0.571 4	−80.000 0

8.2.3　空间索杆结构

算例 5　本节考察的自平衡索杆结构的组成单元是如图 8.6 所示的四棱锥网格。四棱锥的 8 条边由 8 根拉索代替，内部由 1 根竖向压杆和 4 根斜向压杆组成。图 8.7 为由 6×6 个四棱锥单元组成的索杆结构示意图。该结构由 121 个节点、288 根拉索以及 180 根压杆组成。结构的节点和杆件编号如图 8.7 和 8.8 所示。由平衡矩阵 SVD 分解可知，该结构具有 111 个独立自应力模态和 6 个独立位移模态。为了得到整体可行预应力分布，根据结构的对称性，可以将构件划分为 18 组，如表 8.5 所示。通过假定同组的杆件拥有相同的力密度，该结构 111

个自应力模态的组合系数 α 可以求得，具体结果见表 8.6。

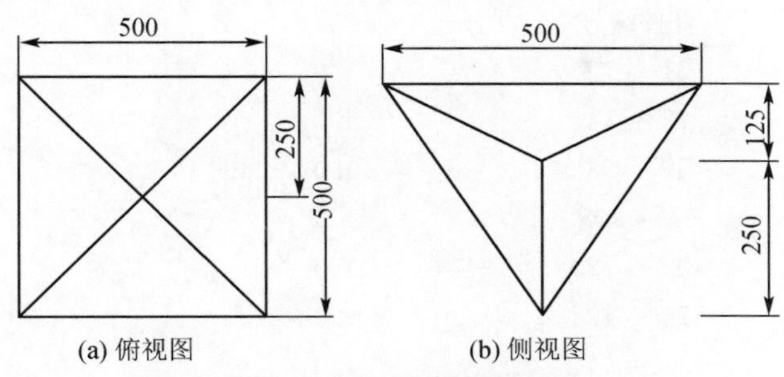

图 8.6　四棱锥单元示意图

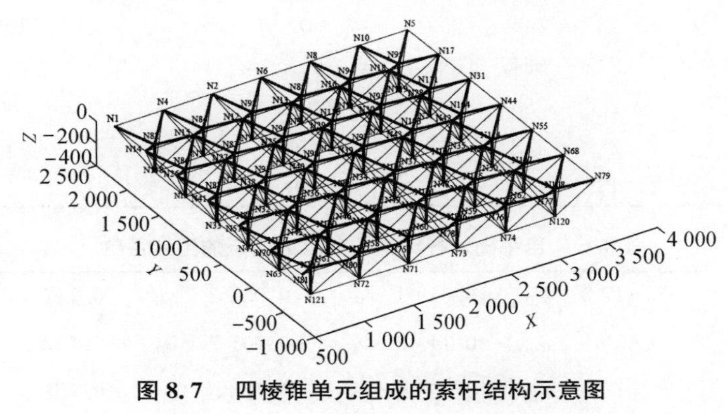

图 8.7　四棱锥单元组成的索杆结构示意图

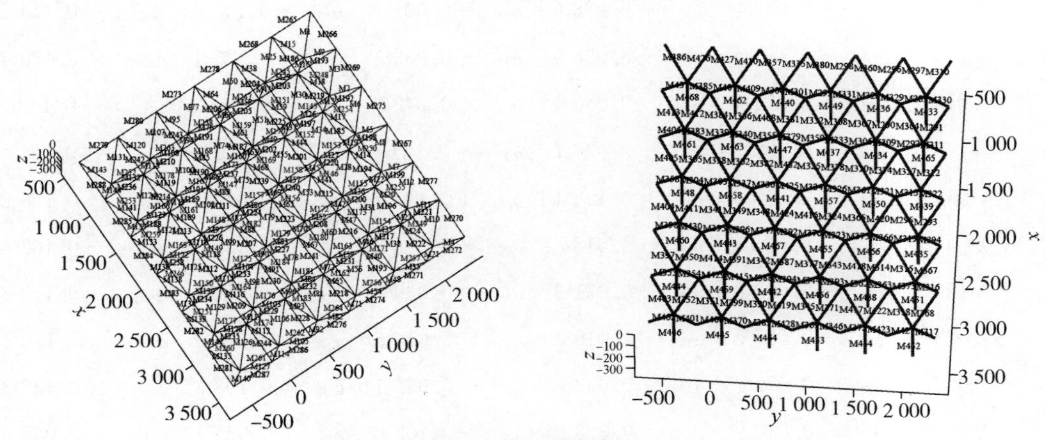

图 8.8　杆件编号图

表 8.5　自平衡索杆结构的分组情况及自应力模态

组号	杆件编号	q	f
1	1 ～ 12	1.0	515.4
2	13 ～ 24	1.0	515.4
3	25 ～ 36	1.0	515.4
4	37 ～ 48	1.0	515.4
5	49 ～ 60	1.0	515.4

续表 8.5

组号	杆件编号	q	f
6	61 ~ 72	1.0	515.4
7	73 ~ 84	1.0	515.4
8	85 ~ 96	1.0	515.4
9	97 ~ 108	1.0	515.4
10	109 ~ 120	1.0	515.4
11	121 ~ 132	1.0	515.4
12	133 ~ 144	1.0	515.4
13	145 ~ 184	0	0
14	185 ~ 244	2.0	1 000
15	245 ~ 264	0	0
16	265 ~ 288	1.0	500
17	289 ~ 432	−3.0	−1 125
18	433 ~ 468	−6.0	−1 500

表 8.6　自平衡索杆结构的自应力模态的组合系数

α_{1}	0.068 7	α_{20}	−0.117 5	α_{39}	−0.019 1	α_{58}	−0.056 2	α_{77}	−0.147 3	α_{96}	−0.099 7
α_{2}	0.099 6	α_{21}	−0.055 1	α_{40}	−0.143 2	α_{59}	−0.001 7	α_{78}	−0.157 2	α_{97}	0.000 3
α_{3}	0.007 6	α_{22}	−0.013 2	α_{41}	−0.138 5	α_{60}	−0.133 5	α_{79}	−0.181 3	α_{98}	−0.164 2
α_{4}	0.020 4	α_{23}	−0.017 2	α_{42}	−0.078 6	α_{61}	−0.091 9	α_{80}	−0.108 8	α_{99}	−0.144 2
α_{5}	−0.010 8	α_{24}	−0.135 5	α_{43}	−0.098 5	α_{62}	−0.059 1	α_{81}	−0.125 1	α_{100}	−0.126 6
α_{6}	−0.027 2	α_{25}	−0.071 1	α_{44}	−0.080 4	α_{63}	−0.049 9	α_{82}	−0.100 3	α_{101}	−0.152
α_{7}	−0.073 3	α_{26}	−0.082 6	α_{45}	−0.026 7	α_{64}	−0.124	α_{83}	−0.170 9	α_{102}	−0.071
α_{8}	−0.019 1	α_{27}	−0.090 5	α_{46}	−0.106 1	α_{65}	−0.118 7	α_{84}	−0.090 1	α_{103}	−0.128 2
α_{9}	−0.051 2	α_{28}	−0.093	α_{47}	−0.048 3	α_{66}	−0.089	α_{85}	−0.158	α_{104}	−0.168 8
α_{10}	−0.128 1	α_{29}	−0.042 8	α_{48}	−0.071 6	α_{67}	−0.029 2	α_{86}	−0.086	α_{105}	−0.120 3
α_{11}	0.082 8	α_{30}	−0.087 3	α_{49}	−0.016 4	α_{68}	0.013 8	α_{87}	−0.094 3	α_{106}	−0.170 6
α_{12}	−0.066 2	α_{31}	0.070 2	α_{50}	−0.033 3	α_{69}	−0.032 1	α_{88}	−0.102 3	α_{107}	−0.122 3
α_{13}	−0.042 6	α_{32}	−0.017 9	α_{51}	−0.028 5	α_{70}	−0.103 8	α_{89}	−0.051 1	α_{108}	−0.085 8
α_{14}	−0.073 7	α_{33}	−0.038 3	α_{52}	−0.072 5	α_{71}	−0.066 8	α_{90}	−0.131 7	α_{109}	−0.114 3
α_{15}	−0.113 7	α_{34}	−0.126 6	α_{53}	−0.006 9	α_{72}	−0.027 9	α_{91}	−0.106 7	α_{110}	−0.058 6
α_{16}	0.028 5	α_{35}	−0.051	α_{54}	0.045 6	α_{73}	−0.007 9	α_{92}	−0.096 2	α_{111}	−0.152 4
α_{17}	−0.019 1	α_{36}	0.034	α_{55}	−0.049 9	α_{74}	0.028 3	α_{93}	−0.169 2		
α_{18}	−0.072	α_{37}	−0.054 2	α_{56}	0.047	α_{75}	−0.027 2	α_{94}	−0.089 9		
α_{19}	−0.068	α_{38}	−0.104 2	α_{57}	−0.093 4	α_{76}	−0.150 8	α_{95}	−0.163 5		

结构的整体可行自应力模态及其相应的杆件内力如表5所示。结构的6个独立位移模态均为刚体位移，所以该结构是一个静不定动定的体系。由文献[251]可知，静不定动定结构在预应力足够小的时候，都是稳定的。

算例6　由四棱锥单元组成索杆结构体系的外部约束条件为在4个角点上约束其三个方向的平动自由度。通过对其平衡矩阵SVD分解可知，其自应力模态数为117，位移模态数为0。为了得到整体可行预应力分布，根据结构的对称性，可以将构件划分为17组，如表8.7所示。

表8.7　具有外部约束索杆结构的分组情况及自应力模态

组号	杆件编号	q	f
1	1～12	1.0	515.4
2	13～24	1.0	515.4
3	25～36	1.0	515.4
4	37～48	1.0	515.4
5	49～60	1.0	515.4
6	61～72	1.0	515.4
7	73～84	1.0	515.4
8	85～96	1.0	515.4
9	97～108	1.0	515.4
10	109～120	1.0	515.4
11	121～132	1.0	515.4
12	133～144	1.0	515.4
13	145～184	0	0
14	185～244	2.0	1 000
15	245～264	0	0
16	265～288	1.0	500
17	289～432	−3.0	−1 125
18	433～468	−6.0	−1 500

通过假定同组的杆件拥有相同的力密度，该结构117个自应力模态的组合系数α可以求得，具体结果见表8.8。

结构的整体可行自应力模态及其相应的杆件内力如表8.8所示。结构没有独立位移模态，所以该结构是一个静不定动定的体系。由文献[251]可知，静不定动定结构在预应力足够小的时候，都是稳定的。

表 8.8　具有外部约束的索杆结构自应力模态的组合系数

α_{1}	−0.018 8	α_{21}	−0.046 3	α_{41}	−0.082 5	α_{61}	−0.056 6	α_{81}	−0.122 2	α_{101}	−0.079 3
α_{2}	−0.048 3	α_{22}	−0.057 2	α_{42}	−0.036 6	α_{62}	−0.055 9	α_{82}	−0.156 1	α_{102}	−0.102 3
α_{3}	−0.138 5	α_{23}	−0.007 8	α_{43}	−0.034 1	α_{63}	−0.140 1	α_{83}	−0.081 4	α_{103}	−0.111 5
α_{4}	−0.132 7	α_{24}	0.005 6	α_{44}	−0.027 3	α_{64}	−0.097 9	α_{84}	−0.1	α_{104}	−0.198 9
α_{5}	−0.046 3	α_{25}	−0.074 4	α_{45}	−0.076 2	α_{65}	−0.115 4	α_{85}	−0.069 4	α_{105}	−0.142 6
α_{6}	−0.087 3	α_{26}	−0.102 7	α_{46}	0.029 7	α_{66}	−0.026 7	α_{86}	−0.119 2	α_{106}	−0.146 1
α_{7}	−0.090 6	α_{27}	−0.041 1	α_{47}	−0.078 3	α_{67}	−0.048 2	α_{87}	−0.167 7	α_{107}	−0.133 9
α_{8}	−0.025 5	α_{28}	−0.069 9	α_{48}	−0.091 7	α_{68}	−0.051 3	α_{88}	−0.060 8	α_{108}	−0.052 7
α_{9}	−0.061 9	α_{29}	−0.067 7	α_{49}	0.061 2	α_{69}	−0.131 4	α_{89}	−0.114 9	α_{109}	−0.050 1
α_{10}	−0.146 4	α_{30}	−0.000 7	α_{50}	0.004 5	α_{70}	−0.079 9	α_{90}	−0.086 8	α_{110}	−0.133 3
α_{11}	−0.05	α_{31}	−0.022 1	α_{51}	0.005 9	α_{71}	−0.091 6	α_{91}	−0.185 9	α_{111}	−0.075 9
α_{12}	−0.024	α_{32}	−0.005 8	α_{52}	−0.073 1	α_{72}	−0.064 8	α_{92}	−0.104 8	α_{112}	−0.180 5
α_{13}	−0.055 7	α_{33}	−0.058 5	α_{53}	−0.114 5	α_{73}	−0.134 2	α_{93}	−0.164 6	α_{113}	−0.112 6
α_{14}	−0.066 3	α_{34}	−0.032 1	α_{54}	−0.146 7	α_{74}	−0.106	α_{94}	−0.144 3	α_{114}	−0.057 7
α_{15}	−0.042 9	α_{35}	−0.107 2	α_{55}	−0.038 1	α_{75}	−0.066 3	α_{95}	−0.156 5	α_{115}	−0.093
α_{16}	−0.045 7	α_{36}	0.001 6	α_{56}	−0.146	α_{76}	−0.025 2	α_{96}	−0.097 8	α_{116}	−0.062 6
α_{17}	−0.106 5	α_{37}	−0.068 5	α_{57}	−0.071 2	α_{77}	−0.000 2	α_{97}	−0.061	α_{117}	−0.118 4
α_{18}	−0.066 1	α_{38}	−0.111 8	α_{58}	−0.144 9	α_{78}	−0.086 2	α_{98}	−0.092 4		
α_{19}	−0.070 4	α_{39}	−0.044 1	α_{59}	0.008 6	α_{79}	−0.032	α_{99}	−0.078 1		
α_{20}	−0.078 1	α_{40}	0.007 8	α_{60}	−0.076 9	α_{80}	−0.053	α_{100}	−0.121 4		

8.3　本章小结

本章首先介绍了索杆体系的平衡矩阵以及结构稳定性的判别方法，并利用奇异值分解、二次奇异值分解等方法给出具有外部约束索杆体系的初始预应力分布。通过算例分析表明：

(1) 本章提出的索杆体系“找力”的方法适合于绝大多数索杆体系，无论是简单的平面结构或者张拉整体结构，还是复杂的组合索杆体系。

(2) 该方法求得的预应力是可行的，也即压杆受压、拉索受拉。而且可以通过分组很好地反应结构的对称性。

(3) 外部约束对索杆体系非常重要。例如自平衡的交叉索式四棱柱张拉整体单元组成的机构是不稳定的，但是在四个角点上约束其平动自由度后，体系就变为预应力稳定的。所以在考虑体系是否稳定时，一定要考虑外部约束条件。

9 考虑约束条件的索杆张力结构找形研究

索杆张力结构的刚度是由预应力提供的，它们需要一个过程达到自平衡状态，这个状态一般称为预应力态。而结构的预应力态取决于结构的形状，所以达到预应力态的过程也称之为找形。而索杆张力结构的找形同时也是一个找力的过程，在具体的找形方法中可以以形状参数为变量，也可以以内力参数为变量。因此，可以将找形方法划为“找力”和“找形”两大类[252]，前者主要指搜索可行预应力或预应力优化，后者的代表性方法有力密度法[239-242,253]、非线性有限元法[243,244] 和动力松弛法[245-247]。力密度法最早由 Schek 提出，用于索网等只有受拉构件结构的找形分析中[254]。随后，众多学者对力密度法进行了改进，使之能够运用于含有拉压杆的张拉整体结构的找形。但在运用力密度法找形时，确定力密度后，结构的几何构形并不唯一，而这一问题一直没有很好的解决。另外，现有的找形方法大多针对自平衡的索杆体系，而土木工程中应用的结构大多有约束条件(支座等边界条件)。为此，本章从能量的角度出发，研究了考虑约束条件的索杆张力结构的找形问题。

9.1 能量法

9.1.1 理论基础

在一个三维索杆结构中，假定自由节点 i 与节点 j、k 相连，如图 9.1 所示。

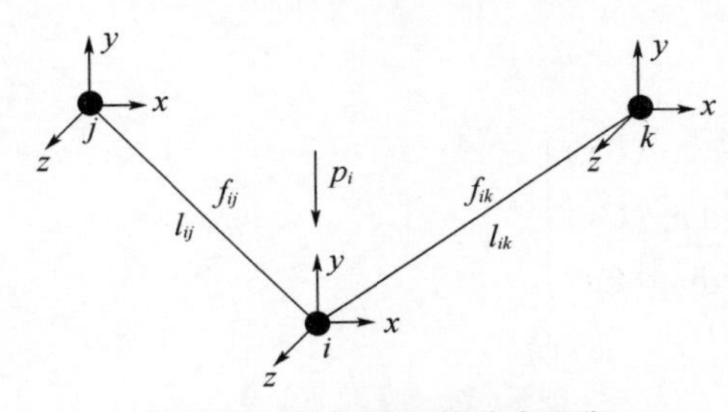

图 9.1 索杆体系的节点平衡

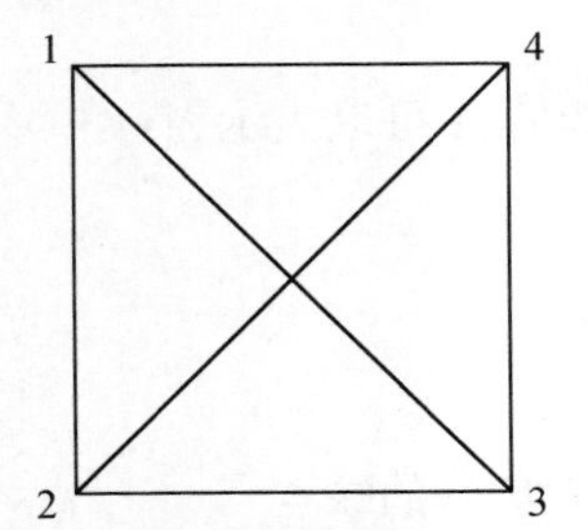

图 9.2 平面张拉整体结构

索杆体系的节点平衡方程可以表述为：

$$\left.\begin{aligned}(x_i-x_j)\frac{f_{ij}}{l_{ij}}+(x_i-x_k)\frac{f_{ik}}{l_{ik}}&=p_{ix}\\(y_i-y_j)\frac{f_{ij}}{l_{ij}}+(y_i-y_k)\frac{f_{ik}}{l_{ik}}&=p_{iy}\\(z_i-z_j)\frac{f_{ij}}{l_{ij}}+(z_i-z_k)\frac{f_{ik}}{l_{ik}}&=p_{iz}\end{aligned}\right\}\tag{9.1}$$

对于任意一个连接节点 i、j 的单元 (i,j)，其内力为 f_{ij}，长度为 l_{ij}；作用于节点 i 的外荷载为 p_i。力密度为单元内力和长度的比值，即为 $q_{ij}=\dfrac{f_{ij}}{l_{ij}}$。式(9.1) 可整理为：

$$\left.\begin{aligned}(q_{ij}+q_{ik})x_i-q_{ij}x_j-q_{ik}x_k&=p_{ix}\\(q_{ij}+q_{ik})y_i-q_{ij}y_j-q_{ik}y_k&=p_{iy}\\(q_{ij}+q_{ik})z_i-q_{ij}z_j-q_{ik}z_k&=p_{iz}\end{aligned}\right\}\tag{9.2}$$

假定索杆张力结构有 b 个单元，n_s 个节点，其中 n 个自由节点，n_f 个固定节点，引入 $b\times n$ 的拓扑矩阵：

$$C(j,i)=\begin{cases}1 & j\text{ 为 }i\text{ 的起点}\\-1 & j\text{ 为 }i\text{ 的终点}\\0 & \text{其他情况}\end{cases}\tag{9.3}$$

在 $\mathbf{C}_s$ 中将自由节点排列在固定节点之前，$\mathbf{C}_s$ 又可以拆分为自由节点拓扑矩阵和固定节点拓扑矩阵：$\mathbf{C}_s=[\mathbf{C}\ \mathbf{C}_f]$，则自由节点的力平衡关系可表示为(以 x 方向为例)：

$$\mathbf{C}^{\mathrm{T}}\mathbf{QC}x+\mathbf{C}^{\mathrm{T}}\mathbf{QC}_f\mathbf{x}_f=\mathbf{P}_x\tag{9.4}$$

式中：$\mathbf{x}$ 为自由节点坐标向量；$\mathbf{x}_f$ 为固定节点坐标向量；$\mathbf{P}_x$ 为节点外荷载 x 方向向量；$\mathbf{C}$ 为自由节点拓扑矩阵；$\mathbf{C}_f$ 为固定节点拓扑矩阵；$\mathbf{Q}$ 为力密度对角矩阵。

在初始预应力确定的过程中，不考虑外荷载的作用，并且如果仅考虑结构是自平衡的(没有固定点)，则结构的平衡可以简化为：

$$\left.\begin{aligned}\mathbf{Dx}&=0\\\mathbf{Dy}&=0\\\mathbf{Dz}&=0\end{aligned}\right\}\tag{9.5}$$

其中，$\mathbf{D}$ 为力密度矩阵，可以表示为：

$$\mathbf{D}=\mathbf{C}^{\mathrm{T}}\mathbf{QC}\tag{9.6}$$

另一方面，将式(9.6) 代入式(9.5) 中，自平衡索杆结构的平衡方程可以写为：

$$\mathbf{Aq}=0\tag{9.7}$$

其中，平衡矩阵 $\mathbf{A}$ 可以表示为：

$$\mathbf{A}=\begin{bmatrix}\mathbf{C}^{\mathrm{T}}\operatorname{diag}(\mathbf{Cx})\\\mathbf{C}^{\mathrm{T}}\operatorname{diag}(\mathbf{Cy})\\\mathbf{C}^{\mathrm{T}}\operatorname{diag}(\mathbf{Cz})\end{bmatrix}\tag{9.8}$$

9.1.2 力密度法的缺点

Vassart 和 Morto 利用力密度法求得张拉整体结构的力密度后，得到了多个规则和非规则的几何构形[255]。这也说明了确定结构力密度后，结构的几何构形并不能确定。文献[253]以二维张拉整体结构(X-Tensegrity) 为例说明了这种不确定性。图 9.2 所示为平面张拉整体结构，由 4 根拉索和 2 根压杆组成，压杆通过拉索相连，其本身互不相连。对于这种自平衡结构，需满足平衡条件式(9.5)。如果式(9.5) 中力密度矩阵 $\mathbf{D}$ 是满秩矩阵，则节点坐标需满足：

$$\mathbf{x}=\mathbf{y}=\mathbf{z}=0\tag{9.9}$$

这样图 9.2 所示的结构就缩为 1 个点了。如果力密度矩阵 $\mathbf{D}$ 是非满秩矩阵，则可以通过奇异值分解等数学手段得到其零向量空间。假定 4 根拉索和 2 根压杆的力密度比值为:1∶1∶1∶1∶−1∶−1,则可以获得多组节点坐标解。如图 9.3 所示的两种几何构形都满足式(9.5)。该结构的力密度矩阵 **D** 和节点坐标可以表示为:

$$\mathbf{D}=\begin{bmatrix}-1 & -1 & 1 & 1\\ -1 & -1 & 1 & 1\\ 1 & 1 & -1 & -1\\ 1 & 1 & -1 & -1\end{bmatrix},\mathbf{x}=a\begin{bmatrix}1\\1\\1\\1\end{bmatrix}+b\begin{bmatrix}1\\-1\\0\\0\end{bmatrix}+c\begin{bmatrix}0\\0\\1\\-1\end{bmatrix} \tag{9.10}$$

式中:a、b、c 为系数,可取任意值。

如果 4 根拉索和 2 根压杆的力密度比值不是:1∶1∶1∶1∶−1∶−1,则节点坐标无解。结构的力密度矩阵 **D** 和节点坐标可以表示为:

$$\mathbf{D}=\begin{bmatrix}-3 & -1 & 2 & 2\\ -1 & -3 & 2 & 2\\ 2 & 2 & -1 & -3\\ 2 & 2 & -3 & -1\end{bmatrix},\mathbf{x}=a\begin{bmatrix}1\\1\\1\\1\end{bmatrix},\mathbf{y}=b\begin{bmatrix}1\\1\\1\\1\end{bmatrix},\mathbf{z}=c\begin{bmatrix}1\\1\\1\\1\end{bmatrix} \tag{9.11}$$

结构的所有节点都集中于一点上。

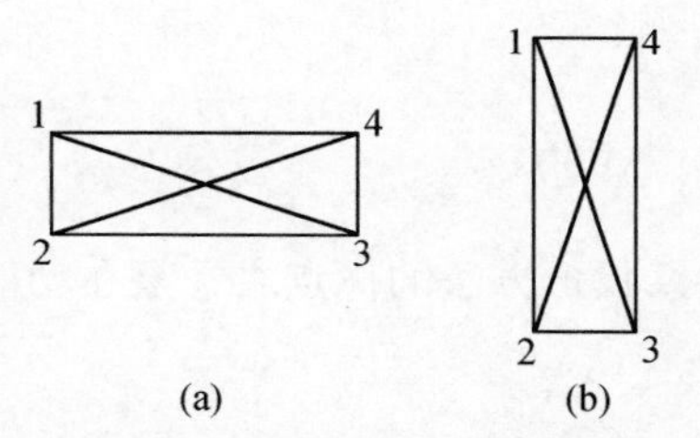

图 9.3　结构的多个几何构形

9.1.3　能量法

组成索杆结构的拉索和压杆,都只受到轴力的作用,其应变能可以表述为:

$$V=\frac{1}{2}\frac{F^2 l}{EA} \tag{9.12}$$

其中,F 为杆件轴力,l 为杆件长度,EA 为杆件的轴向刚度。式(9.12) 还可以表述为:

$$V=\frac{1}{2}q\frac{F}{EA}l^2=wl^2 \tag{9.13}$$

式中:q 为杆件的力密度;w 为权重系数。

Connelly 和 Whiteley 在文献[256] 中给出了和力密度法相等价的能量函数:

$$\mathbf{\Pi}(\mathbf{x})=\sum_{j=1}^{b}q_j l_j^2(x) \tag{9.14}$$

其中,b 为杆件的数量,向量 **x** 为节点的 x,y,z 向的坐标,可以表述为:

$$\mathbf{x}=[x_1\quad x_2\quad \cdots\quad x_n]^{\mathrm{T}}$$

考虑式(9.14) 的驻值条件为:

$$\frac{\partial \mathbf{\Pi}(x)}{\partial x}=\nabla\mathbf{\Pi}=\sum_{j=1}^{b}2q_j l_j\nabla l_j=0 \tag{9.15}$$

式(9.15) 和节点的平衡方程等价，所以式(9.14) 为力密度法所对应的能量函数。

假定压杆的长度为定值，则可以利用 Lagrange 乘子法将能量函数修改为：

$$\mathbf{\Pi}(\mathbf{x},\boldsymbol{\lambda}) = \sum_{j} q_j l_j^2(\mathbf{x}) + \sum_{m} \lambda_{\mathrm{m}} [L_{\mathrm{m}}(\mathbf{x}) - l_{\mathrm{m}}]^2 \tag{9.16}$$

其中，λ_{m} 为每根压杆所对应的 Lagrange 乘子；l_{m} 为每根压杆的长度限值。对于图 9.2 所示的索杆结构，如果我们将所有拉索的力密度比值定为：1∶1∶1∶1，两根压杆的长度也相等，则图 9.3 所示的两种几何构形都符合式(9.16) 所对应的驻值条件。这里如果我们将式(9.16) 的功能函数假定为其他形式：

$$\mathbf{\Pi}(\mathbf{x},\lambda) = \sum_{j} w_j l_j^4(x) + \sum_{m} w\_\mathrm{str}_{\mathrm{m}} [L_{\mathrm{m}}(\mathbf{x}) - l_{\mathrm{m}}]^4 \tag{9.17}$$

式(9.17) 给出的函数没有实际的物理意义，其中，w_str 为每根压杆所对应的权重系数。这个时候将图 9.2 所示结构的拉索的力密度比值定为：1∶1∶1∶1，两根压杆的长度也相等，根据式(9.17) 的驻值条件，可以得到图 9.3a 所示的几何构形是满足条件的唯一解。这主要是因为，式(9.14) 给出的功能函数和长度的平方相关，而根据勾股定理可知，在直角三角形中，斜边长度的平方永远等于两直角边长度的平方和。所以满足式(9.14) 驻值条件的几何构形有无穷多组。

9.2 计算流程

本章 9.1 节介绍的索杆体系找形方法的优点之一是在功能函数中能直接引入边界约束条件，

$$f(x) = \sum_{j=1}^{b-n_s} w_j l_j^4(\mathbf{x}) + \sum_{m=1}^{n_s} w\_\mathrm{str}_m [L_{\mathrm{m}}(\mathbf{x}) - l_{\mathrm{m}}]^4 + \sum_{i=1}^{n_{\mathrm{f}}} w\_\mathrm{cor}_i (X_i - x_i)^2 \tag{9.18}$$

其中，w_cor 为每个边界约束条件所对应的权重系数；x_{i} 为已知节点的坐标。

然后以式(9.18) 给出的功能函数为目标函数，利用梯度法进行优化，寻找索杆张力结构的几何构形。

梯度法求解时，将式(9.18) 所给函数定义为目标函数 targetfun。首先输入结构的基本信息包含：

(1) d 为结构的维数，$d = 2$ 代表结构二维，$d = 3$ 代表结构三维；

(2) n 为节点数；

(3) b 为单元数；

(4) n_{s} 为压杆数；

(5) boundry 为 x, y, z 的取值范围，如 $d = 3$，boundry = [0 1;0 1; 0;1]；

(6) step0 为初始步长；

(7) interation 为最大迭代次数；

(8) constrain_str 为压杆长度，若 $n_{\mathrm{s}} = 4$，压杆长度均为 1，constrain_str = [1 1 1 1]；

(9) w 为长度的权重系数，向量大小为$(n - n_{\mathrm{s}}) \times 1$；

(10) C 为连通矩阵，矩阵大小为 $b \times n$；

(11) w_str 为用于约束压杆长度的系数，w_str 越大，压杆长度越接近于给定值；

(12) w_cor 为用于约束已知节点坐标的系数，w_cor 越大，约束的节点坐标越接近于给定值；

(13) epsforslow 为用于辨别当前 w_str，w_cor 下，目标函数是否趋于收敛；

(14) counter_w 为改变 w_str，w_cor 的次数；

(15) allnumw 为改变 w_str，w_cor 的总次数。

计算流程为：

(1) 确定目标函数 min(targetfun)；

(2) 输入初始值 x^0；

(3) 计算目标函数 targetfun^0；

(4) 计算每个变量如 $x^k(i)$ 在 x^k 处的梯度 d_fun(i)，即求目标函数 targetfun 的偏导数 d_fun；

(5) 计算每个变量的变化步长大小：在总步长 step(step > 0) 一定下，根据 abs(d_fun(i)) 的大小，按比例分配各变量 step(i) = abs[d_fun(i)]/sum{abs[d_fun(i)]}；

(6) 如果 d_fun(i) > 0，$x^{k+1}(i) = x^k(i) - \text{step}(i)$，反之 $x^{k+1}(i) = x^k(i) + \text{step}(i)$，生成新的 x^{k+1} 并计算 targetfun^{k+1}；

(7) 判断步长是否太大，如果 $\text{targetfun}^{k+1} > \text{targetfun}^k$，缩小总步长 step = step × 0.25；

(8) 判断目标函数在当前约束系数 w 下，是否趋于平缓，如果 abs($\text{targetfun}^{k+1} - \text{targetfun}^k$) > epsforslow，则重复步骤 4 ～ 7；反之 counter_w = counter_w + 1，如果 counter_w <= allnumw，w = w × 5，step = step0，再继续重复步骤 4 ～ 7；

(9) 如果 counter_w > allnumw 或 k > iteration，则退出循环，输出 x。

9.3　算例

9.3.1　平面索杆结构

算例 1　图 9.4 所示的二维索杆结构是由 2 根压杆和 6 根拉索组成。其找形的主要步骤为：编写连通矩阵 C；输入压杆(杆件编号分别为 7，8) 的长度[4 4]；已知节点 5 的坐标为(0，0)，节点 6 的坐标为(0，7)；将这些条件代入 9.2 节的计算流程。

Case 1　若将 6 根拉索的权重系数向量 **w** 设定为$[1\ \ 1\ \ 1\ \ 1\ \ 1\ \ 1]^T$，则 6 个节点的坐标为：$x = [2.169\,2\ \ 4.830\,8\ \ 4.830\,8\ \ 2.169\,2\ \ 0.000\,0\ \ 7.000\,0]^T$；$y = [-1.999\,5\ \ -1.999\,5\ \ 1.999\,3\ \ 1.999\,3\ \ -0.000\,0\ \ -0.000\,0]^T$。其几何形状如图 9.5 所示。

根据张景耀等人的研究结果[249]，可以将结构的稳定分为两类：超级稳定(不管预应力值大小的稳定) 和预应力稳定(和材料刚度矩阵以及几何刚度矩阵对应的特征值的大小关系相关)。超级稳定的条件为：① 几何矩阵满秩；② 力密度矩阵至少有 $d+1$ 个零特征值；③ 力密度矩阵为半正定矩阵；其中，d 为结构的维数。利用平衡矩阵的 SVD 分解可以求得，图 9.5 所示结构的独立自应力模态数为 1；其位移模态数为 1。由于其自应力模态数为 1，可以很方便地求得其自应力模态为：$[1.000\,0\ \ 0.815\,0\ \ 1.000\,0\ \ 1.000\,1\ \ 0.815\,1\ \ 1.000\,1\ \ -0.500\,0\ \ -0.500\,0]^T$。力密度矩 E 的特征值如下为：0.000 0，0.414 2，0.675 2，1.089 4，满足半正定条件；可以证明该结构满足超级稳定的另外两个条件，所以该二维索杆结构是超级稳定的。

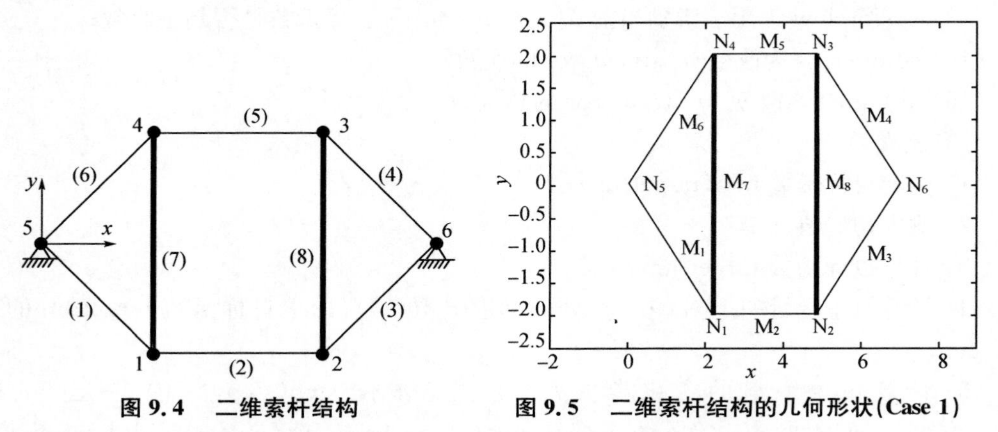

图 9.4　二维索杆结构　　　　图 9.5　二维索杆结构的几何形状(Case 1)

Case 2　若将 6 根拉索的权重系数向量 **w** 设定为[1　0.2　1　1　0.2　1]^{T}，则 6 个节点的坐标为：x = [1.619 7　5.380 3　5.380 3　1.619 7　0.000 0　7.000 0]^{T}；y = [1.999 4　1.999 4　−1.999 5　−1.999 5　−0.000 0　−0.000 0]^{T}。其几何形状如图 9.6 所示。

利用平衡矩阵的 SVD 分解可以求得，该结构的独立自应力模态数为 1；其位移模态数为 1。由于其自应力模态数为 1，可以很方便地求得其自应力模态为：[1.000 0　0.430 7　1.000 0　1.000　0.430 7　1.000 0　−0.500 0　−0.500 0]^{T}。力密度矩 **E** 的特征值如下为：0.000 0，0.390 3，0.453 1，0.843 4，满足半正定条件；同样可以证明该二维索杆结构是超级稳定的。

Case 3　若将 6 根拉索的权重系数向量 **w** 设定为[1　10　1　1　10　1]^{T}，则 6 个节点的坐标为：x = [2.762 8　4.237 3　4.237 3　2.762 8　0.000 0　7.000 0]^{T}；y = [−1.999 3　−1.999 3　−1.999 4　−1.999 4　−0.000 0　−0.000 0]^{T}。其几何形状如图 9.7 所示。

利用平衡矩阵的 SVD 分解可以求得，该结构的独立自应力模态数为 1；其位移模态数为 1。由于其自应力模态数为 1，可以很方便地求得其自应力模态为：[1.000 0　1.873 8　1.000 0　1.000　1.873 8　1.000 0　−0.500 0　−0.500 0]^{T}。力密度矩 **E** 的特征值如下为：0.000 0，0.294 6，1.104 0，1.398 6，满足半正定条件；同样可以证明该二维索杆结构是超级稳定的。

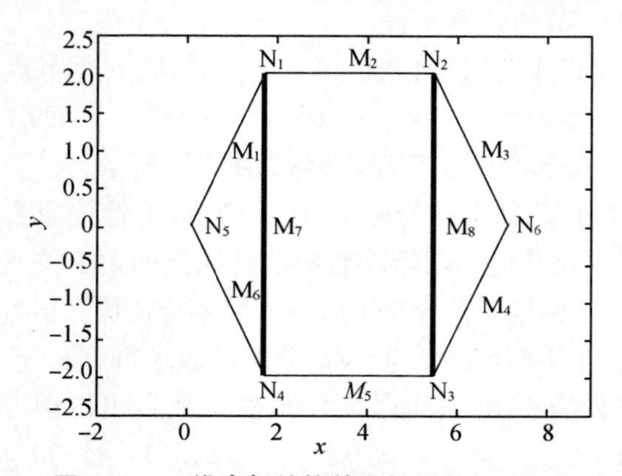

图 9.6　二维索杆结构的几何形状(Case 2)

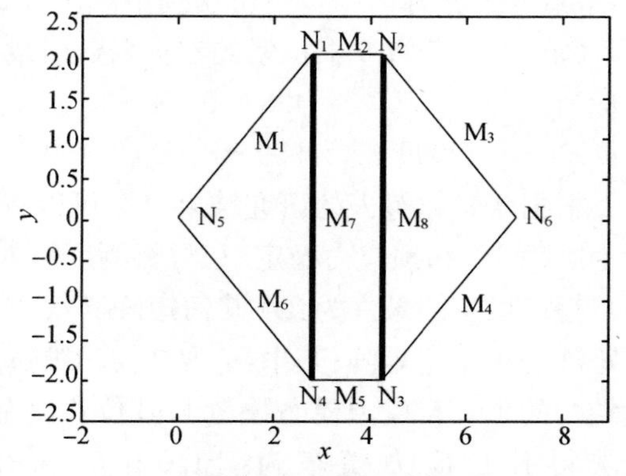

图 9.7　二维索杆结构的几何形状(Case 3)

9.3.2 索穹顶结构

算例 2 四压杆索穹顶结构

四压杆索穹顶结构是由 4 根压杆和 16 根拉索组成，如图 9.8 所示其找形的主要步骤为：编写连通矩阵 **C**；输入压杆的长度[1 1 1 1]；固定支座节点 1 ～ 4 坐标分别为(0,0,0)，(10,0,0)，(10,10,0)(0,10,0)；将这些条件代入 9.2 节的计算流程。

若将 16 根拉索的权重系数向量 **w** 设定为[1 1 1 1 1 1 1 1 2 2 2 2 2 2 2 2]^{T}，则 8 个自由节点的坐标见表 9.1。其几何形状如图 9.9 所示。

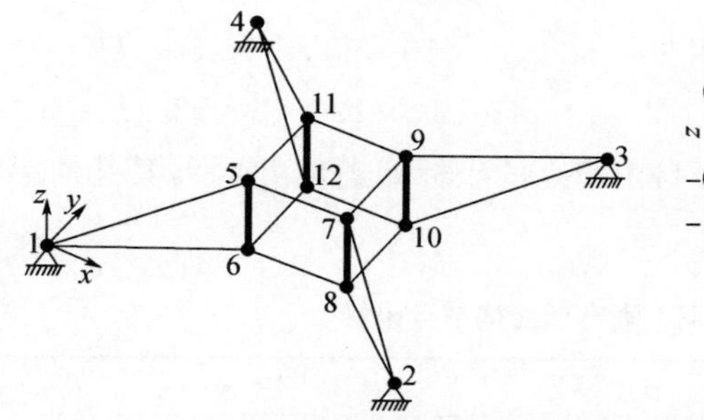

图 9.8 四压杆索穹顶结构示意图

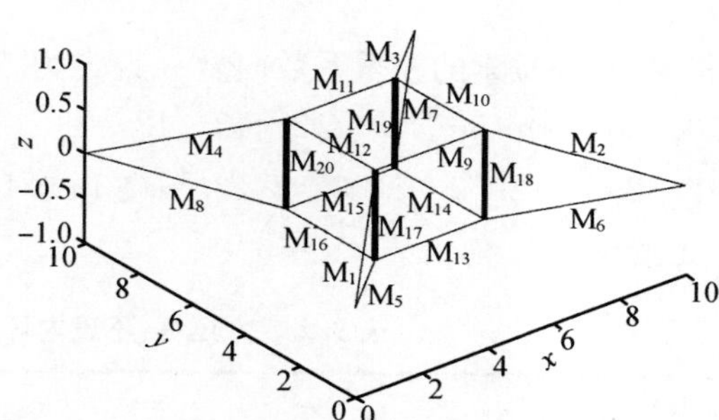

图 9.9 四压杆索穹顶结构的平衡几何状态

表 9.1 四压杆索穹顶节点坐标

节点编号	5	6	7	8	9	10	11	12
x	3.344 4	3.344 4	6.655 6	6.655 6	6.655 6	6.655 6	3.344 4	3.344 4
y	3.344 4	3.344 4	3.344 4	3.344 4	6.655 6	6.655 6	6.655 6	6.655 6
z	0.502 7	−0.502 7	0.502 7	−0.502 7	0.502 7	−0.502 7	0.502 7	−0.502 7

利用平衡矩阵的 SVD 分解可以求得，该结构的独立自应力模态数为 1；其位移模态数为 13。由于其自应力模态数为 1，可以很方便地求得其自应力模态为：[1.000 0 1.000 0 1.000 0 1.000 0 1.000 0 1.000 0 1.000 0 1.000 0 1.009 9 1.009 9 1.009 9 1.009 9 1.009 9 1.009 9 1.009 9 1.009 9 −0.500 0 −0.500 0 −0.500 0 −0.500 0]^{T}。力密度矩 **E** 的特征值如下为：−0.000 0，0.241 4，0.487 6，0.487 6，0.729 0，0.729 0，0.975 3，1.216 6，满足半正定条件；可以证明该结构满足超级稳定的另外两个条件，所以该四杆索穹顶结构是超级稳定的。

算例 3 九压杆(不设内环) 索穹顶结构

如图 9.10 所示，九压杆(不设内环) 索穹顶结构设置一道环索，杆件数 $b=49$，其中压杆为 9，拉索为 40，非约束节点为 18，约束节点数为 8。其找形的主要步骤为：编写连通矩阵 **C**；输入压杆的长度[7.5 7.5 7.5 7.5 7.5 7.5 7.5 7.5 5]；固定支座节点 1 ～ 8 坐标分别为 $x(j)=10\times\cos[-\pi+(j-1)\times\pi/4]$，$y(j)=10\times\sin[-\pi+(j-1)\times\pi/4]$，$z(j)=0$(其中 j 为节点号)；将这些条件代入 9.2 节的计算流程。

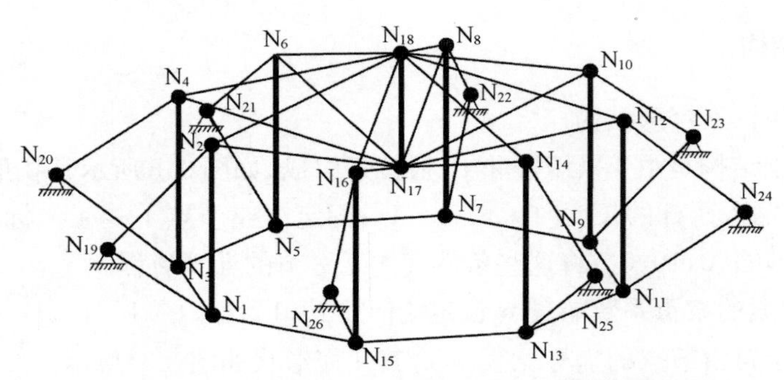

图 9.10　九压杆(不设内环)索穹顶结构示意图

若将 40 根拉索的权重系数向量 **w** 设定为[50　50　50　50　50　50　50　50　50　50　50　50　50　50　50　50　12　12　12　12　12　12　12　12　12　12　12　12　12　12　12　12　2　2　2　2　2　2　2　2]^{T}，则 18 个自由节点的坐标如表 9.2 所示，其几何形状如图 9.11 所示。

表 9.2　九压杆(不设内环)索穹顶结构节点坐标

节点编号	x	y	z	节点编号	x	y	z
1	4.633 8	−0.000 4	−3.758 4	10	21.496 6	−0.000 4	3.736 9
2	4.633 8	−0.000 4	3.736 9	11	19.027 1	−5.962 3	−3.758 4
3	7.103 3	5.961 5	−3.758 4	12	19.027 1	−5.962 3	3.736 9
4	7.103 3	5.961 5	3.736 9	13	13.065 2	−8.431 8	−3.758 4
5	13.065 2	8.431 0	−3.758 4	14	13.065 2	−8.431 8	3.736 9
6	13.065 2	8.431 0	3.736 9	15	7.103 3	−5.962 3	−3.758 4
7	19.027 1	5.961 5	−3.758 4	16	7.103 3	−5.962 3	3.736 9
8	19.027 1	5.961 5	3.736 9	17	13.065 2	−0.000 4	1.146 9
9	21.496 6	−0.000 4	−3.758 4	18	13.065 2	−0.000 4	6.1410

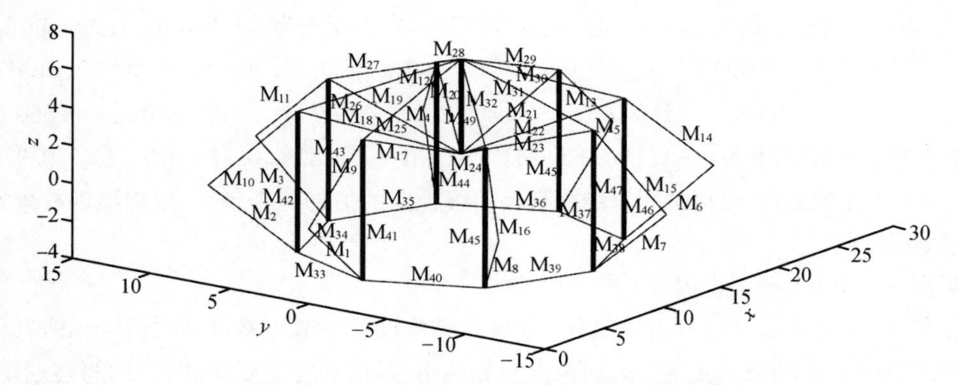

图 9.11　九压杆(不设内环)索穹顶结构的平衡几何状态

利用平衡矩阵的 SVD 分解可以求得，该结构的独立自应力模态数为 6，其自应力模态如表 9.3 所示；结构的位移模态数为 44。

表 9.3 九压杆(不设内环)索穹顶结构的自应力模态

杆件编号	S_1	S_2	S_3	S_4	S_5	S_6
1	0.078 5	0.000 0	0.000 1	−0.134 7	0.000 0	0.109 4
2	0.078 5	0.000 0	0.000 1	−0.134 7	0.000 0	0.109 3
3	0.078 5	0.000 0	0.000 1	−0.134 6	0.000 0	0.109 3
4	0.078 5	0.000 0	0.000 1	−0.134 6	0.000 0	0.109 3
5	0.078 5	0.000 0	0.000 1	−0.134 6	0.000 0	0.109 3
6	0.078 5	0.000 0	0.000 1	−0.134 7	0.000 0	0.109 3
7	0.078 5	0.000 0	0.000 1	−0.134 7	0.000 0	0.109 4
8	0.078 5	0.000 0	0.000 1	−0.134 7	0.000 0	0.109 4
9	−0.046 5	0.233 0	−0.329 4	−0.298 3	0.233 0	−0.000 2
10	0.446 6	−0.329 6	0.000 0	−0.010 6	0.000 0	−0.000 2
11	−0.046 5	0.233 1	0.329 8	−0.297 7	−0.233 0	−0.000 2
12	−0.037 8	0.000 0	−0.000 1	0.064 8	0.329 6	0.440 4
13	−0.046 6	−0.233 0	−0.329 3	−0.298 2	−0.233 1	−0.000 2
14	0.446 7	0.329 5	0.000 0	−0.010 5	0.000 0	−0.000 2
15	−0.046 6	−0.233 0	0.329 8	−0.297 8	0.233 0	−0.000 2
16	−0.037 8	0.000 0	0.000 0	0.064 9	−0.329 5	0.440 5
17	0.081 6	−0.112 7	0.159 4	0.042 9	−0.112 7	0.082 4
18	−0.156 9	0.159 4	0.000 1	−0.096 2	0.000 0	0.082 4
19	0.081 6	−0.112 7	−0.159 4	0.042 7	0.112 7	0.082 4
20	0.077 3	0.000 0	0.000 1	−0.132 7	−0.159 4	−0.130 7
21	0.081 6	0.112 7	0.159 4	0.042 9	0.112 7	0.082 4
22	−0.157 0	−0.159 4	0.000 1	−0.096 2	0.000 0	0.082 4
23	0.081 6	0.112 7	−0.159 4	0.042 7	−0.112 7	0.082 4
24	0.077 3	0.000 0	0.000 1	−0.132 7	0.159 4	−0.130 7
25	−0.107 1	0.240 8	−0.340 4	−0.206 9	0.240 8	−0.082 5
26	0.402 4	−0.340 6	−0.000 1	0.090 4	0.000 0	−0.082 5
27	−0.107 1	0.240 8	0.340 7	−0.206 3	−0.240 8	−0.082 5
28	−0.098 1	0.000 0	−0.000 1	0.168 3	0.340 6	0.372 8
29	−0.107 2	−0.240 8	−0.340 4	−0.206 8	−0.240 9	−0.082 5
30	0.402 5	0.340 5	−0.000 1	0.090 4	0.000 0	−0.082 5
31	−0.107 2	−0.240 8	0.340 7	−0.206 4	0.240 8	−0.082 5

续表 9.3

杆件编号	S_1	S_2	S_3	S_4	S_5	S_6
32	−0.098 1	0.000 0	−0.000 1	0.168 4	−0.340 5	0.372 8
33	0.073 6	0.000 0	0.000 1	−0.126 3	0.000 0	0.102 6
34	0.073 6	0.000 0	0.000 1	−0.126 3	0.000 0	0.102 6
35	0.073 6	0.000 0	0.000 1	−0.126 3	0.000 0	0.102 6
36	0.073 6	0.000 0	0.000 1	−0.126 3	0.000 0	0.102 6
37	0.073 6	0.000 0	0.000 1	−0.126 3	0.000 0	0.102 6
38	0.073 6	0.000 0	0.000 1	−0.126 3	0.000 0	0.102 6
39	0.073 6	0.000 0	0.000 1	−0.126 4	0.000 0	0.102 6
40	0.073 6	0.000 0	0.000 1	−0.126 4	0.000 0	0.102 6
41	−0.039 4	0.000 0	0.000 0	0.067 5	0.000 0	−0.054 8
42	−0.039 4	0.000 0	0.000 0	0.067 5	0.000 0	−0.054 8
43	−0.039 4	0.000 0	0.000 0	0.067 5	0.000 0	−0.054 8
44	−0.039 4	0.000 0	−0.000 1	0.067 5	0.000 0	−0.054 8
45	−0.039 4	0.000 0	−0.000 1	0.067 5	0.000 0	−0.054 8
46	−0.039 4	0.000 0	−0.000 1	0.067 5	0.000 0	−0.054 8
47	−0.039 4	0.000 0	−0.000 1	0.067 5	0.000 0	−0.054 8
48	−0.039 4	0.000 0	−0.000 1	0.067 5	0.000 0	−0.054 8
49	−0.086 7	0.000 0	−0.000 1	0.148 7	0.000 0	−0.120 7

9.3.3 空间索桁结构

算例 4 空间索桁结构

空间索桁结构，如图 9.12 所示，设置两道环索，杆件数 $b = 73$，其中压杆数 13，拉杆数 60，总节点数 32，其中非约束节点数 26。其找形的主要步骤为：编写连通矩阵 **C**；输入压杆的长度[2.4 2.4 2.4 2.4 2.4 2.4 3.6 3.6 3.6 3.6 3.6 3.6 4.2]；固定支座节点 1 ~ 6 坐标分别为 $x(j) = 10 \times \cos[-\pi + (j-1) \times \pi/4]$，$y(j) = 10 \times \sin[-\pi + (j-1) \times \pi/4]$，$z(j) = 0$（其中 j 为节点号）；将这些条件代入 9.2 节的计算流程。

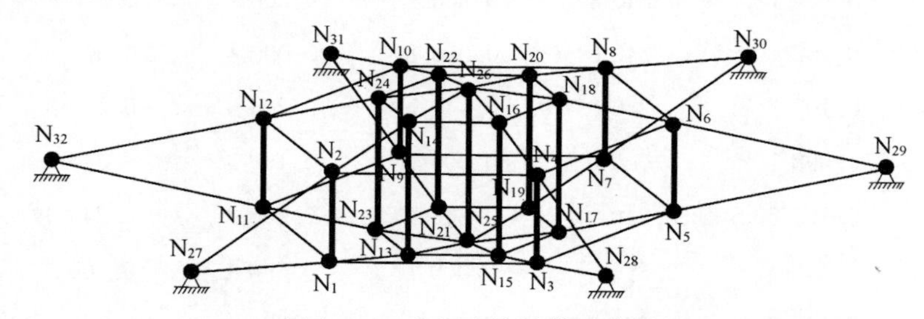

图 9.12 空间索桁结构示意图

若将60根拉索的权重系数向量**w**均设定为1,则26个节点的坐标如表9.4所示,其几何形状如图9.13所示。利用平衡矩阵的SVD分解可以求得,该结构的独立自应力模态数为6,其自应力模态如表9.5所示;结构的位移模态数为11。

表 9.4　空间索桁结构节点坐标

节点编号	x	y	z	节点编号	x	y	z
1	2.441 4	−4.229 0	−1.201 8	14	1.077 3	−1.865 5	1.798 1
2	2.441 4	−4.229 0	1.202 1	15	2.154 3	0.000 2	−1.796 8
3	4.882 9	−0.000 1	−1.201 8	16	2.154 3	0.000 2	1.798 1
4	4.882 9	−0.000 1	1.202 1	17	1.077 2	1.865 8	−1.796 8
5	2.441 4	4.228 7	−1.201 8	18	1.077 2	1.865 8	1.798 1
6	2.441 4	4.228 7	1.202 1	19	−1.077 1	1.865 8	−1.796 8
7	−2.441 7	4.228 7	−1.201 8	20	−1.077 1	1.865 8	1.798 1
8	−2.441 7	4.228 7	1.202 1	21	−2.154 3	0.000 2	−1.796 8
9	−4.883 2	−0.000 1	−1.201 8	22	−2.154 3	0.000 2	1.798 1
10	−4.883 2	−0.000 1	1.202 1	23	−1.077 1	−1.865 6	−1.796 8
11	−2.441 7	−4.229 0	−1.201 8	24	−1.077 1	−1.865 6	1.798 1
12	−2.441 7	−4.229 0	1.202 1	25	0.000 1	0.000 2	−2.097 0
13	1.077 3	−1.865 5	−1.796 8	26	0.000 1	0.000 2	2.098 6

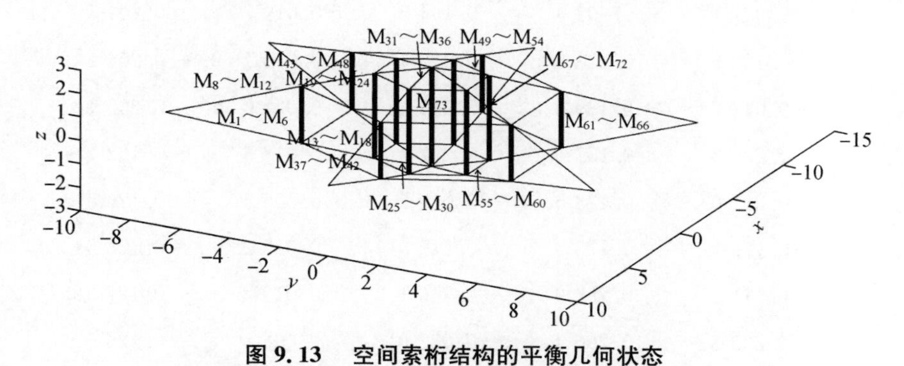

图 9.13　空间索桁结构的平衡几何状态

表 9.5　空间索桁结构的自应力模态

杆件编号	S_1	S_2	S_3	S_4	S_5	S_6
1	−0.093 8	0.066 8	−0.105 2	0.199 0	−0.042 4	0.000 4
2	0.150 8	−0.051 3	−0.013 8	0.196 0	−0.041 7	0.000 5
3	−0.072 2	0.073 8	0.115 6	0.199 7	−0.042 6	0.000 3
4	−0.043 8	−0.107 4	−0.104 5	0.198 9	−0.042 2	0.000 4
5	0.100 8	0.122 9	−0.014 4	0.196 2	−0.041 9	0.000 4

续表 9.5

杆件编号	S_1	S_2	S_3	S_4	S_5	S_6
6	−0.022 2	−0.100 5	0.116 3	0.199 6	−0.042 4	0.000 4
7	−0.093 6	0.066 7	−0.105 0	0.199 0	−0.042 4	0.000 4
8	0.150 5	−0.051 2	−0.013 7	0.196 0	−0.041 7	0.000 5
9	−0.072 1	0.073 6	0.115 4	0.199 6	−0.042 6	0.000 3
10	−0.043 8	−0.107 2	−0.104 4	0.198 8	−0.042 2	0.000 4
11	0.100 6	0.122 7	−0.014 4	0.196 1	−0.041 9	0.000 4
12	−0.022 2	−0.100 3	0.116 1	0.199 5	−0.042 4	0.000 4
13	−0.181 0	0.123 9	−0.195 7	0.020 0	−0.205 4	0.001 6
14	0.277 7	−0.097 5	−0.024 3	0.014 5	−0.204 1	0.001 9
15	−0.140 5	0.137 0	0.218 4	0.021 3	−0.205 9	0.001 6
16	−0.087 3	−0.202 8	−0.194 5	0.019 8	−0.205 1	0.001 8
17	0.184 0	0.229 2	−0.025 5	0.014 7	−0.204 4	0.001 8
18	−0.046 8	−0.189 7	0.219 6	0.021 1	−0.205 4	0.001 7
19	−0.180 7	0.123 7	−0.195 3	0.020 0	−0.205 1	0.001 6
20	0.277 1	−0.097 3	−0.024 3	0.014 5	−0.203 7	0.001 9
21	−0.140 2	0.136 8	0.218 0	0.021 3	−0.205 6	0.001 6
22	−0.087 1	−0.202 4	−0.194 2	0.019 7	−0.204 7	0.001 8
23	0.183 6	0.228 8	−0.025 4	0.014 7	−0.204 1	0.001 8
24	−0.046 7	−0.189 3	0.219 1	0.021 0	−0.205 1	0.001 7
25	−0.230 0	0.157 0	−0.247 7	0.013 5	−0.128 1	0.204 2
26	0.351 0	−0.123 5	−0.030 5	0.006 5	−0.126 3	0.204 6
27	−0.178 7	0.173 6	0.276 9	0.015 2	−0.128 6	0.204 2
28	−0.111 3	−0.256 9	−0.246 1	0.013 2	−0.127 6	0.204 4
29	0.232 3	0.290 4	−0.032 0	0.006 8	−0.126 8	0.204 4
30	−0.060 0	−0.240 2	0.278 4	0.014 8	−0.128 1	0.204 3
31	−0.229 6	0.156 7	−0.247 2	0.013 5	−0.128 0	0.204 0
32	0.350 3	−0.123 2	−0.030 5	0.006 5	−0.126 2	0.204 4
33	−0.178 4	0.173 3	0.276 4	0.015 1	−0.128 5	0.204 0
34	−0.111 1	−0.256 4	−0.245 7	0.013 2	−0.127 5	0.204 2
35	0.231 8	0.289 8	−0.032 0	0.006 8	−0.126 7	0.204 2
36	−0.059 9	−0.239 8	0.277 8	0.014 8	−0.128 0	0.204 1

续表 9.5

杆件编号	S_1	S_2	S_3	S_4	S_5	S_6
37	0.002 9	0.000 7	−0.000 8	0.197 3	0.070 4	−0.000 5
38	0.002 8	0.000 7	−0.000 8	0.197 3	0.070 4	−0.000 5
39	0.002 8	0.000 8	−0.000 8	0.197 3	0.070 4	−0.000 5
40	0.002 8	0.000 7	−0.000 9	0.197 3	0.070 3	−0.000 5
41	0.002 9	0.000 8	−0.000 9	0.197 4	0.070 3	−0.000 5
42	0.002 9	0.000 8	−0.000 9	0.197 4	0.070 3	−0.000 5
43	0.002 9	0.000 7	−0.000 8	0.197 3	0.070 2	−0.000 5
44	0.002 8	0.000 7	−0.000 8	0.197 3	0.070 2	−0.000 5
45	0.002 8	0.000 8	−0.000 8	0.197 3	0.070 2	−0.000 5
46	0.002 8	0.000 7	−0.000 9	0.197 3	0.070 2	−0.000 5
47	0.002 9	0.000 8	−0.000 9	0.197 3	0.070 2	−0.000 5
48	0.002 9	0.000 8	−0.000 9	0.197 3	0.070 2	−0.000 5
49	0.000 7	0.000 0	−0.000 3	0.011 9	−0.132 1	−0.202 2
50	0.000 7	−0.000 1	−0.000 3	0.011 9	−0.132 2	−0.202 2
51	0.000 7	−0.000 1	−0.000 3	0.011 9	−0.132 2	−0.202 2
52	0.000 8	0.000 0	−0.000 3	0.011 9	−0.132 1	−0.202 2
53	0.000 7	−0.000 1	−0.000 2	0.011 8	−0.132 1	−0.202 1
54	0.000 7	−0.000 1	−0.000 2	0.011 8	−0.132 1	−0.202 1
55	0.000 7	0.000 0	−0.000 3	0.011 8	−0.131 8	−0.202 0
56	0.000 7	−0.000 1	−0.000 3	0.011 8	−0.131 9	−0.202 0
57	0.000 7	−0.000 1	−0.000 3	0.011 8	−0.131 9	−0.202 0
58	0.000 8	0.000 0	−0.000 2	0.011 8	−0.131 8	−0.202 0
59	0.000 7	−0.000 1	−0.000 2	0.011 8	−0.131 8	−0.202 0
60	0.000 7	−0.000 1	−0.000 2	0.011 8	−0.131 8	−0.202 0
61	0.002 1	−0.002 7	0.004 1	−0.094 5	−0.029 6	0.000 2
62	−0.006 6	0.001 5	0.000 9	−0.094 4	−0.029 7	0.000 2
63	0.001 3	−0.002 9	−0.003 7	−0.094 5	−0.029 7	0.000 2
64	0.000 3	0.003 5	0.004 1	−0.094 5	−0.029 7	0.000 2
65	−0.004 8	−0.004 7	0.000 9	−0.094 4	−0.029 7	0.000 2
66	−0.000 5	0.003 2	−0.003 7	−0.094 6	−0.029 6	0.000 2
67	0.010 8	−0.007 4	0.011 7	−0.002 2	0.023 3	0.016 8

续表 9.5

杆件编号	S_1	S_2	S_3	S_4	S_5	S_6
68	−0.016 7	0.005 8	0.001 5	−0.001 9	0.023 2	0.016 8
69	0.008 3	−0.008 2	−0.013 0	−0.002 3	0.023 3	0.016 8
70	0.005 2	0.012 1	0.011 7	−0.002 2	0.023 3	0.016 8
71	−0.011 1	−0.013 7	0.001 5	−0.001 9	0.023 2	0.016 8
72	0.002 7	0.011 3	−0.013 1	−0.002 2	0.023 3	0.016 8
73	−0.000 2	0.000 0	0.000 1	−0.005 0	0.054 8	−0.087 7

9.4　本章小结

对于索杆张力结构的“找形”问题，本章首先阐述了常用的力密度法的优缺点，在此基础上提出以和力密度法相等价的能量函数为目标函数、以压杆长度为约束条件的约束优化数学模型。利用 Lagrange 乘子法将约束条件添加到目标函数中，并应用梯度法进行优化。通过大量算例分析得到如下结论：

(1) 本章提出的索杆体系“找形”的方法适合于绝大多数索杆体系，无论是简单的平面张力结构、索穹顶结构，还是复杂的索桁体系。

(2) 在给定的初始条件下，该方法可以找到同时满足能量最小和一定形态要求的索杆张力体系。

(3) 该方法的优点之一是可以在目标函数中直接引入边界约束条件，从而可以很方便地求解考虑约束条件的索杆张力体系的几何形状。

(4) 传统找形方法中加入了过多的约束条件以及几何限制，因此适合规则索杆体系的找形。本章所介绍的方法初始限制条件较少，可以找到大量非规则体系。

10 索杆式折叠帐篷结构的受力性能研究

折叠式帐篷结构具有广泛的用途，例如当有突发性事件(如地震、水灾、火灾、疾病等)发生时，能够在最短时间内提供必要的求助空间和构筑起疾病救治体系和指挥控制中心，减少灾害造成的损失；在军事上可作为军队行军作战时战士居住的野营住房或大型武器的隐蔽所以及作战指挥中心[137]。折叠式帐篷必须具备展叠方便迅速、装备携带方便、结构安全可靠、环境适应性强等功能和特点，它的选型原则是在满足使用功能的前提下，尽量使结构形式受力合理，材料用量达最省，并获得较大的使用空间。

Wang 等对索杆式结构进行了深入的分析和研究[257-260]，并提出了多种折叠索杆结构形式[250]。索杆式结构与传统的网格结构相比，具有重量轻、受力性能优越等众多优点[261]。本章基于索杆结构的 CP 单元提出了一种可用于小跨径的折叠式帐篷结构，并对该种结构的静力性能以及稳定性进行了分析，并考虑了多种参数对其受力性能的影响。

10.1 基本力学特性

10.1.1 几何分析

本章给出的体系是由压杆和高强度拉索铰接而成的索杆张力体系。其基本单元，称之为 crystal-cell pyramid(CP)，可以看成是具有相同底边的两个金字塔通过顶端的压杆相连而成，如图 10.1 所示。它总共由：一根竖向压杆、N 根斜向拉索、N 根底部拉索和 N 根斜向压杆组成，其中 N 为金字塔的边数。

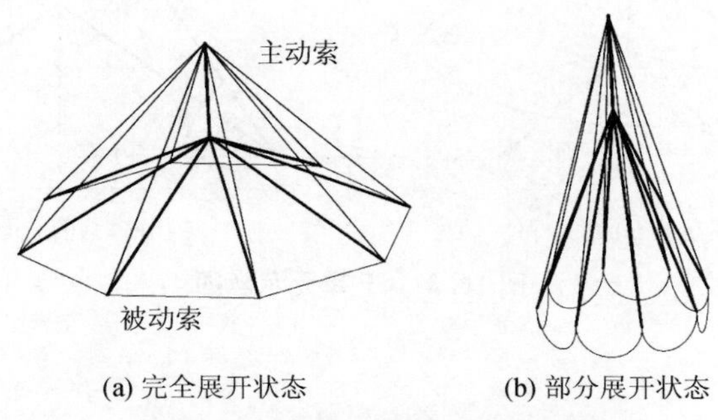

图 10.1　索杆张力结构的展开过程

如图 10.1 所示，基于 CP 单元的折叠帐篷结构可以通过张拉斜向拉索来完成结构的展开过程。也即，将斜向拉索作为主动索，底部拉索作为被动索。主动索的索长在结构展开的时候缩短，而在结构折叠的时候伸长。被动索的索长，在体系运动过程中保持不变，而且都处于松弛状态。只有在结构完全展开时，其底部拉索才拉紧。所以底部拉索的作用：首先是控制结构的展开，当底部拉索拉紧时，体系将不能继续大范围运动；其次，底部拉索也增强了结构的受力性能；而且底部拉索的存在，可以使体系种存在一定的预应力。

10.1.2　初始预应力水平

当结构完全展开时，体系拥有一个自应力模态，而其机构位移模态数为 0。下面将利用力的平衡来确定索杆张力结构的预应力态的几何。为了建立体系的平衡方程，我们假定杆件 ij 的轴力为 q_{ij}。如图 10.2 所示，节点 1 的平衡方程可以写为：

$$q_{12}\cos\frac{\alpha}{2}-q_{13}\cos\frac{\alpha}{2}=0, \tag{10.1}$$

$$q_{14}\cos\theta_2+q_{15}\cos\theta_1+q_{12}\sin\frac{\alpha}{2}+q_{13}\sin\frac{\alpha}{2}=0, \tag{10.2}$$

$$q_{14}\sin\theta_2+q_{15}\sin\theta_1=0, \tag{10.3}$$

式中角度 α，θ_1 和 θ_2 可以表述为：

$$\alpha=\frac{2\pi}{N}, \tag{10.4}$$

$$\tan\theta_1=\frac{2n}{l}, \tag{10.5}$$

$$\tan\theta_2=\frac{2(m+n)}{l}, \tag{10.6}$$

式中：N 为底部多边形的边数；m 为竖向压杆的长度；n 内部金字塔的矢高；l 为折叠帐篷的跨度。

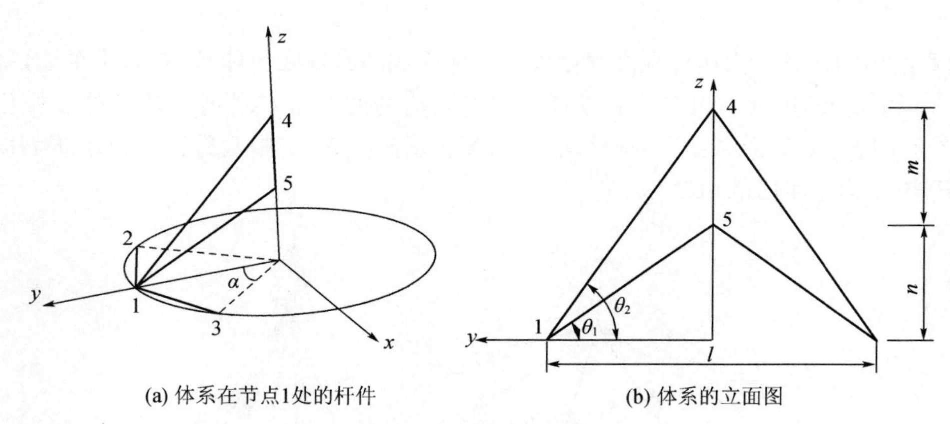

(a) 体系在节点1处的杆件　　(b) 体系的立面图

图 10.2　CP 单元示意图

由式(10.1) 可得：

$$q_{12}=q_{13} \tag{10.7}$$

上式由结构的对称性也通用可以得到。

将式(10.1) 代入式(10.2) 和式(10.3)，可以得到底部拉索和斜向拉索的内力关系为：

$$q_{14}\left(\cos\theta_2-\frac{\sin\theta_2}{\tan\theta_1}\right)+2q_{12}\sin\frac{\alpha}{2}=0 \tag{10.8}$$

而由图 10.2(b) 以及体系的旋转对称性可以得到：

$$q_{45} = -N \times q_{14} \sin\theta_2 \tag{10.9}$$

由上述分析可知：体系的自应力模态可以通过式(10.3)，(10.8) 和(10.9) 求得。

10.1.3　最短压杆长度

图 10.3 为CP单元顶端受到外荷载 P 作用的示意图。由图 10.3 可知，CP索杆张力结构的主要重量主要是由压杆的重量构成的，所以为了使整个体系的重量最小，假定压杆的截面相同，则压杆的总长度应该最短。

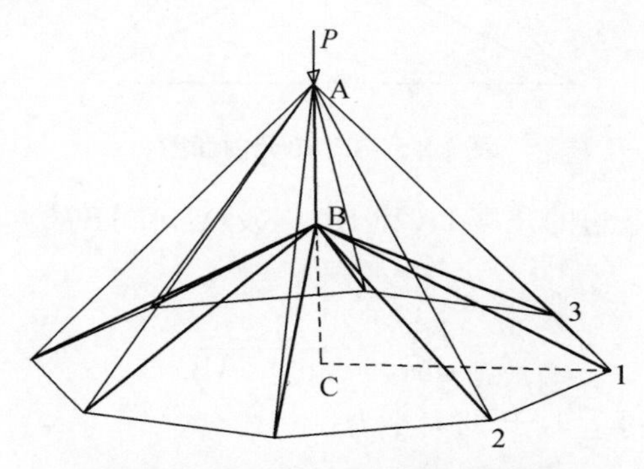

图 10.3　CP 基本力学性能示意图

假定CP单元的外金字塔是一个正棱锥体，也即下部拉索的长度和斜索的长度相等，均设为 l。由于底部多边形为正多边形，如图 10.4 所示，可以得到 △12C 为等腰三角形，其顶角为：

$$\angle 1C2 = \frac{2\pi}{N} \tag{10.10}$$

则在 △12C 中，可以求得 1C 的边长为：

$$1C = \frac{\frac{l}{2}}{\sin\frac{\angle 1C2}{2}} = \frac{\frac{l}{2}}{\sin\frac{\pi}{N}} \tag{10.11}$$

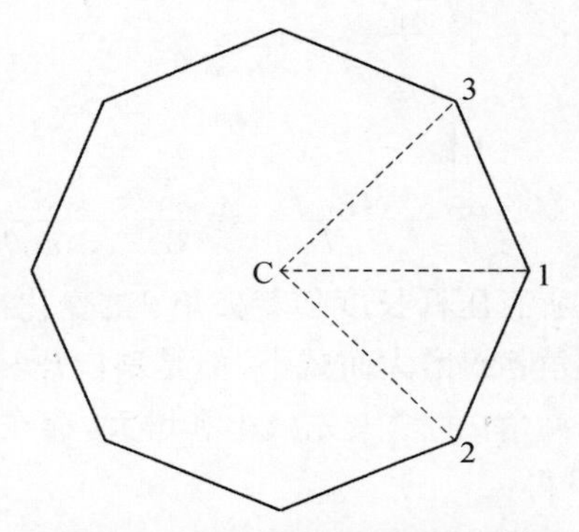

图10.4　CP 单元底部多边形示意图

假定竖向压杆和斜向压杆之间的夹角为 θ，如图 10.5 所示，在直角三角形 1BC 中，可以求得斜向压杆长度为：

$$1B=\frac{1C}{\sin(\pi-\theta)}=\frac{1C}{\sin\theta}=\frac{\frac{l}{2}}{\sin\frac{\pi}{N}\sin\theta} \tag{10.12}$$

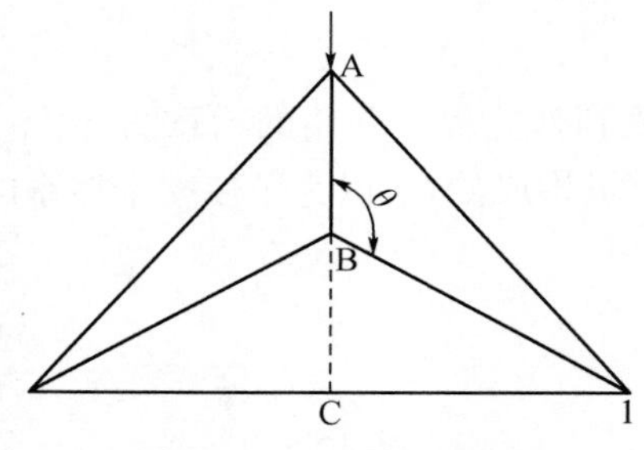

图 10.5　CP 单元剖面图

在△1AB 中，已知两条边的长度 1A 和 1B，以及 AB 和 1B 的夹角 θ，求第三条边 AB 的长度。由几何知识可知：

$$\frac{1A}{\sin\theta}=\frac{1B}{\sin\angle 1AB} \tag{10.13}$$

由式(10.13) 可以求得 $\angle 1AB$ 的大小为：

$$\angle 1AB=\arcsin\frac{\frac{1}{2}}{\sin\frac{\pi}{N}} \tag{10.14}$$

然后利用几何知识，可以求得第三条边 AB 的长度为：

$$\frac{1A}{\sin\theta}=\frac{AB}{\sin\angle A1B}=\frac{AB}{\sin(\pi-\theta-\angle 1AB)} \tag{10.15}$$

下面以底面多边形为三边形和四边形为例来分析压杆的长度。

当 $N=3$ 时，利用式(10.12) 和式(10.15) 可以求得竖向压杆和斜向压杆的长度分别为：

$$\begin{cases}\dfrac{l_{竖向压杆}}{l}=\dfrac{\sqrt{6}}{3}+\dfrac{\sqrt{3}}{3\tan\theta}\\[2ex]\dfrac{l_{斜向压杆}}{l}=\dfrac{1}{\sqrt{3}\sin\theta}\end{cases} \tag{10.16}$$

则所有压杆的长度为：

$$\frac{l_{压杆}}{l}=\frac{l_{竖向压杆}}{l}+\frac{3l_{斜向压杆}}{l}=\frac{\sqrt{6}}{3}+\frac{\sqrt{3}}{3\tan\theta}+\frac{\sqrt{3}}{\sin\theta} \tag{10.17}$$

竖向压杆、斜向压杆以及所有压杆长度随着夹角 θ 的变化情况如图 10.6 所示。由图可以看出，竖向压杆的长度随着夹角 θ 的增大而减小，但是斜向压杆的长度却随着夹角 θ 的增大而增大。所有压杆的长度随着夹角 θ 的增大先减小和增大，存在一个最小值。压杆长度最小时对应的夹角 θ 可以通过下式求得：

$$\frac{\mathrm{d}\left(\frac{l_{压杆}}{l}\right)}{\mathrm{d}\theta}=0 \tag{10.18}$$

将式(10.17) 代入上式可以得到：

$$1 + 3\cos\theta = 0 \tag{10.19}$$

也即压杆长度最小时对应的夹角 θ 为 $109°28'$。

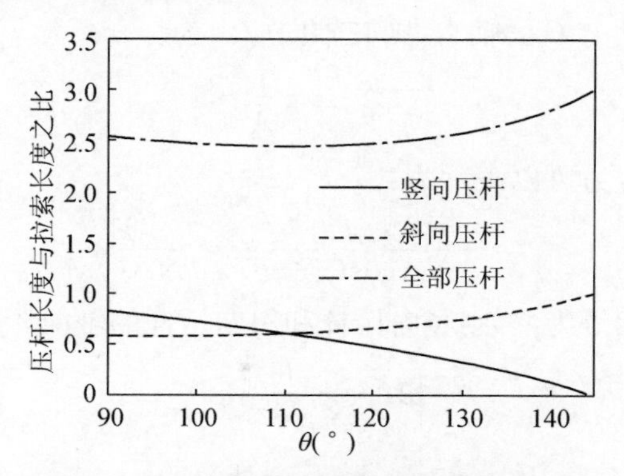

图 10.6　压杆长度随着夹角 θ 的变化情况

当 $N = 4$ 时，利用式(10.12)和式(10.15)可以求得竖向压杆和斜向压杆的长度分别为：

$$\begin{cases} \dfrac{l_{\text{竖向压杆}}}{l} = \dfrac{\sqrt{2}}{2} + \dfrac{\sqrt{2}}{2\tan\theta} \\ \dfrac{l_{\text{斜向压杆}}}{l} = \dfrac{1}{\sqrt{2}\sin\theta} \end{cases} \tag{10.20}$$

则所有压杆的长度为：

$$\frac{l_{\text{压杆}}}{l} = \frac{l_{\text{竖向压杆}}}{l} + \frac{4l_{\text{斜向压杆}}}{l} = \frac{\sqrt{2}}{2} + \frac{\sqrt{2}}{2\tan\theta} + \frac{2\sqrt{2}}{\sin\theta} \tag{10.21}$$

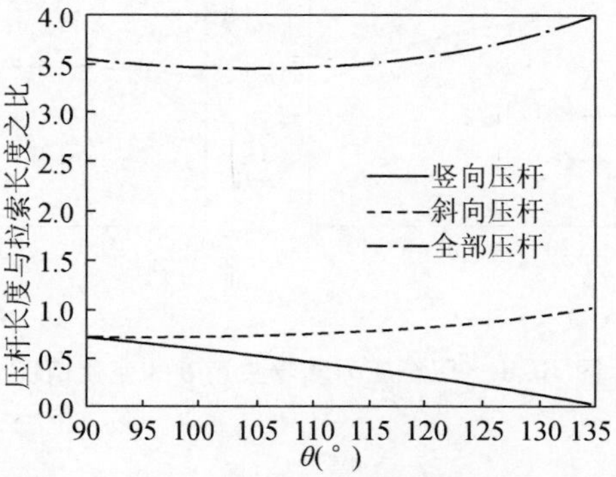

图 10.7　压杆长度随着夹角 θ 的变化情况

竖向压杆、斜向压杆以及所有压杆长度随着夹角 θ 的变化情况如图 10.7 所示。由图可以看出，竖向压杆的长度随着夹角 θ 的增大而减小，但是斜向压杆的长度却随着夹角 θ 的增大而增大。所有压杆的长度随着夹角 θ 的增大先减小和增大，存在一个最小值。压杆长度最小时对应的夹角 θ 可以通过将式(7.21)代入式(7.18)可以得到：

$$1 + 4\cos\theta = 0 \tag{10.22}$$

也即压杆长度最小时对应的夹角 θ 为 $104°29'$。

10.1.4 最大承载能力

假定竖向压杆受到轴向 F 的轴力，则其轴向应力为：

$$\sigma_1 = -\frac{F}{A} \tag{10.23}$$

而斜向压杆的轴向应力可以表示为：

$$\sigma_2 = -\frac{F}{NA\cos(\pi-\theta)} = \frac{F}{NA\cos\theta} \tag{10.24}$$

如果总的压杆体系相等为 V，则竖向压杆和斜向压杆的轴向压力可以表示为：

$$\begin{cases} \sigma_1 = -\dfrac{F}{V} l_{压杆} \\ \sigma_2 = \dfrac{F}{V} \dfrac{l_{压杆}}{N\cos\theta} \end{cases} \tag{10.25}$$

则竖向压杆和斜向压杆的相对轴向压力 $\sigma/(F/V)$ 与夹角 θ 的变化情况如图 10.8 所示。由图可以看出，竖向压杆的轴向应力随着夹角 θ 的增大先增大后减小，但是斜向压杆的轴向却随着夹角 θ 的增大而增大。当竖向压杆的轴向应力达到极小值时，竖向压杆和斜向压杆的轴向应力相等，也即结构的承载能力最大。此时对应的夹角 θ 可以通过式(10.18) 求得。

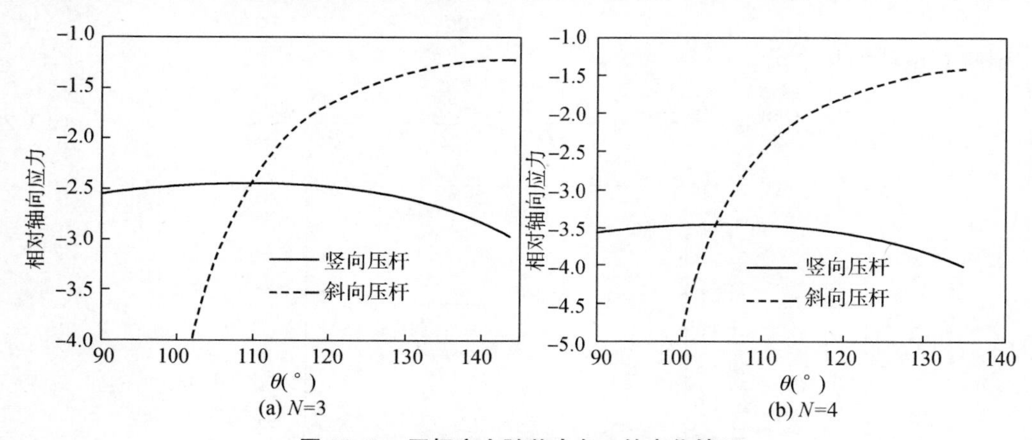

图 10.8 压杆应力随着夹角 θ 的变化情况

10.2 有限元分析

10.2.1 基本模型

基本模型跨度 $l = 12$ m，内部金字塔的矢高 $n = 4$ m，竖向压杆的长度 $m = 2$ m，角度 $\alpha = 45°$。采用大型通用有限元软件 ANSYS 进行有限元分析，材料均采用钢材，$E = 21\ 0000$ MPa，泊松比为 0.3，屈服强度为 345 MPa，密度 $\rho = 7\ 850\ \text{kN/m}^3$，斜向拉索和底部拉索直径为 20 mm，采用 LINK10 单元模拟；竖向压杆采用圆管直径 $d = 150$ mm，采用 LINK8 单元模拟；斜向压杆采用外径 $d = 80$ mm，壁厚 10 mm 的钢管，采用 BEAM188 单元模拟，斜向压杆之间的利用 SURFACE154 单元施加荷载。初始状态，斜向拉索通过初应变施加 300 MPa 的预应力，其余杆件的内力可以通过式(10.3)，(10.8) 和(10.9) 求得。

本章受力分析时考虑恒荷载 0.5 kN/m^2，活荷载 1 kN/m^2。荷载形式分为两种：工况一为全跨恒荷载＋全跨活荷载；工况二为全跨恒荷载＋半跨活荷载。

10.2.2　静力性能分析

折叠帐篷完全展开状态时在工况一作用下的节点位移和杆件应力云图如图 10.9 所示。从图中可以看出，节点的最大竖向位移 d_{zmax} =－0.014 87 m，与跨度的比值为：0.001 239＜l/200，满足设计要求，而其跨中节点的位移仅为－0.002 923 m。斜向压杆最大的应力为 102 MPa，小于杆件的设计强度，满足设计要求。

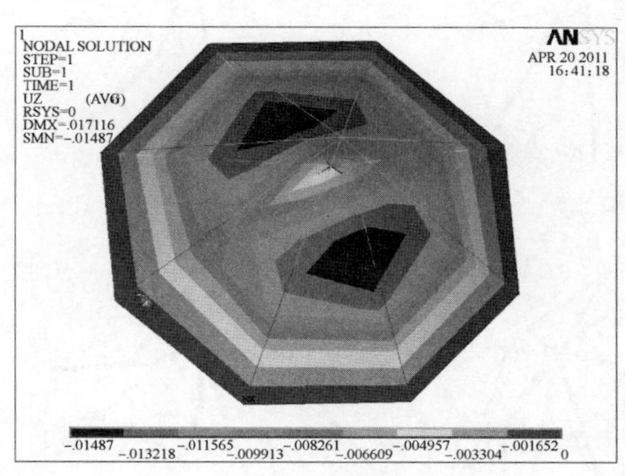

(a) 节点竖向位移　　　　(b) 应力云图

图 10.9　工况一作用下计算结果

折叠结构在完全展开状态时在工况二作用下的节点位移和杆件应力云图如图 10.10 所示。从图中可以看出，节点的最大竖向位移 d_{zmax} =－0.013 24 m，与跨度的比值为：0.001 239＜l/200，满足设计要求，而其跨中节点的位移仅为－0.002 351 2。斜向压杆最大的应力为 95.3 MPa，小于杆件的设计强度，满足设计要求。由上述分析可知，折叠结构在工况二作用下的变形和杆件内力均小于工况一作用下的。

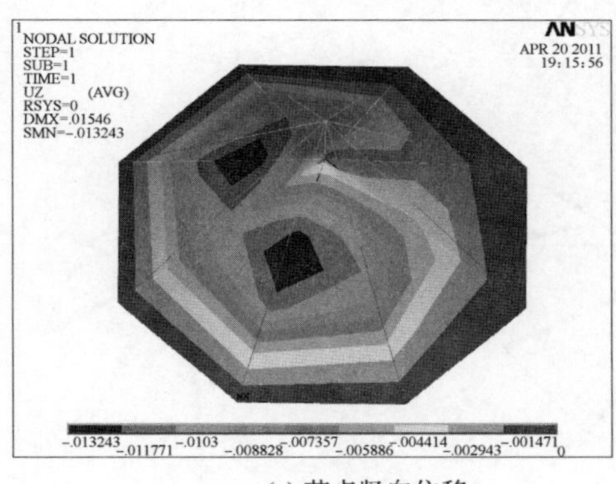

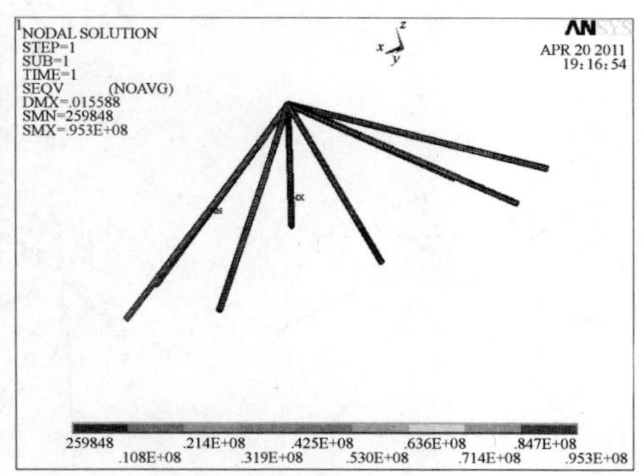

(a) 节点竖向位移　　　　(b) 应力云图

图 10.10　工况二作用下计算结果

10.2.3　特征值屈曲分析

体系在两种工况下的特征值屈曲分析的结果如图 10.11 和 10.12 所示。从其特征值模态可以看出，在两种荷载工况下，相同相同阶次的屈曲模态基本相同。而且其前两阶屈曲模态为杆件的局部屈曲，第三阶开始才是体系的整体屈曲，说明体系的整体刚度较大。工况一模型的前三阶特征值为：9.761 6、9.774 3、9.783 0；工况二模型的前三阶特征值为：9.953 3、9.971 2、10.018。可以看出，对于这个模型，工况二的特征值略大于工况一的特征值，而且工况二中非对称荷载对体系的特征值模态和特征值的影响较小。

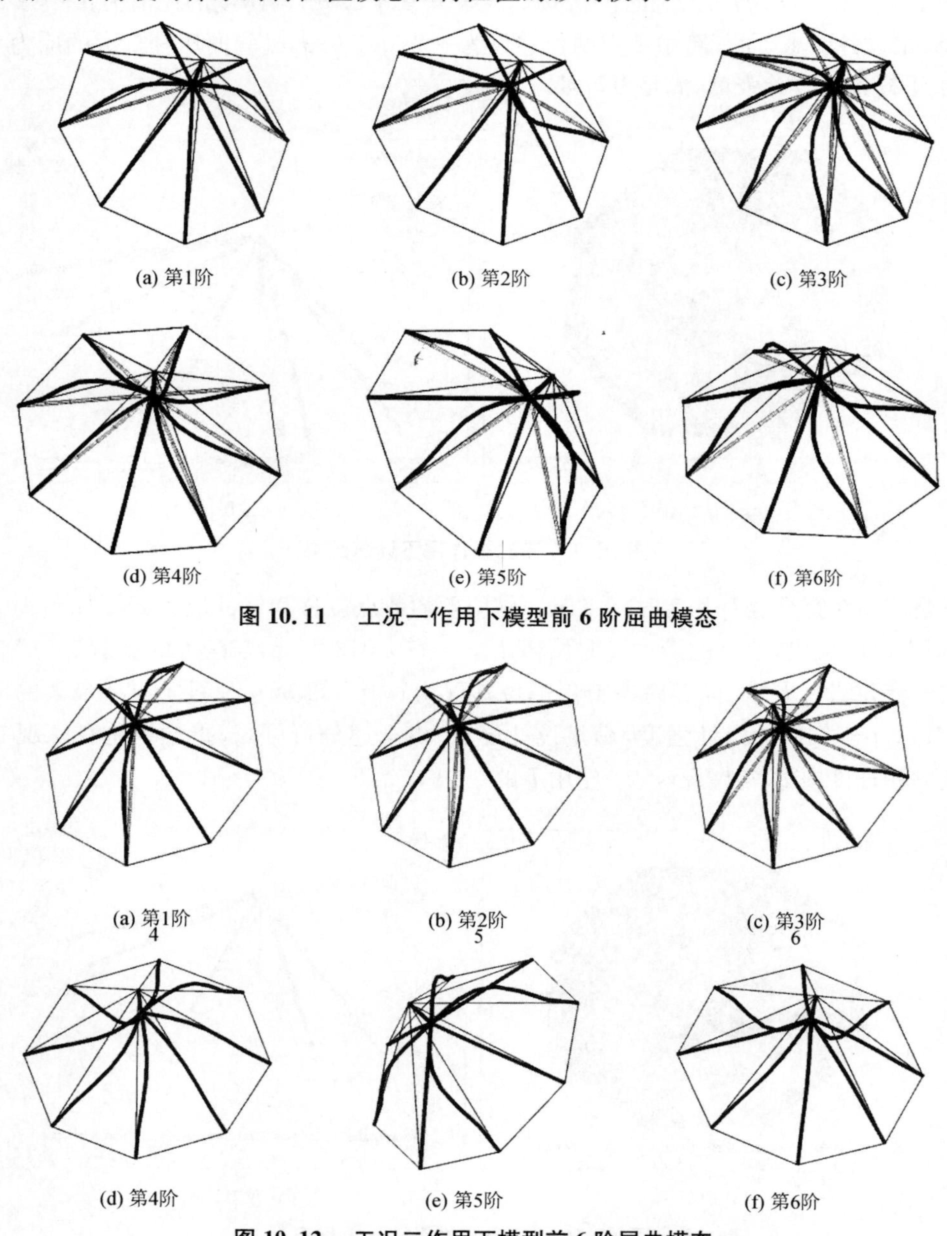

(a) 第1阶　(b) 第2阶　(c) 第3阶

(d) 第4阶　(e) 第5阶　(f) 第6阶

图 10.11　工况一作用下模型前 6 阶屈曲模态

(a) 第1阶　(b) 第2阶　(c) 第3阶

(d) 第4阶　(e) 第5阶　(f) 第6阶

图 10.12　工况二作用下模型前 6 阶屈曲模态

10.2.4　非线性屈曲分析

体系非线性屈曲的荷载—位移曲线如图10.13所示。在活载全跨布置下，模型的极限承载能力为：15.2 kN/m^2，图 10.2 所示节点 5 的竖向位移最大值为－0.014 m。在活载半跨布置下，模型的极限承载能力为：17.4 kN/m^2，图 10.13 所示节点 5 的竖向位移最大值为－0.012 m。

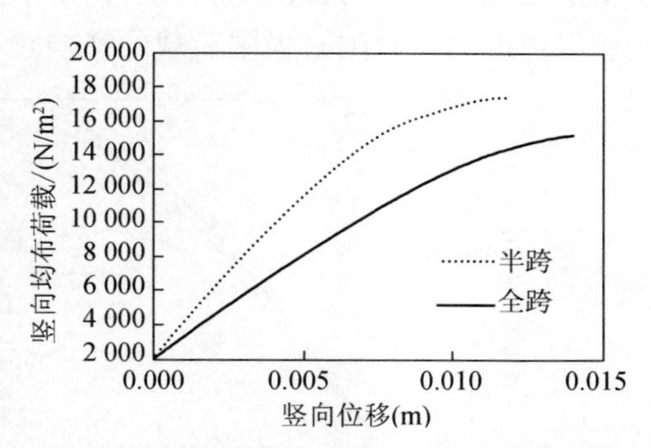

图 10.13　模型节点 5 荷载 — 竖向位移曲线

图 10.7 表明，在两种荷载组合下荷载 — 位移曲线的线型较为相似，活载半跨布置的极限承载能力大于活载全跨布置的极限承载能力，且其刚度大于工况一时的刚度；但活载半跨布置的节点最大竖向位移小于活载全跨布置的节点最大竖向位移，说明体系在工况二作用的变形能力较差。

10.2.5　初始缺陷的影响

实际结构不可避免地存在各种形式的初始缺陷，这些缺陷有时候虽然很小，但对于缺陷敏感性结构，这些缺陷通常会带来较大的影响，将不同程度降低结构的稳定承载力。本节利用一致缺陷模态法分析初始缺陷对结构承载能力的影响。

因此选取前 6 阶特征值作为初始缺陷模态分析。按照《网壳结构技术规程》取跨度 L 的 1/300 作为初始缺陷的最大值。需要指出的是，屈曲模态可以直接作为初始缺陷（正向缺陷）或者反向后作为初始缺陷（负向缺陷），这里给出的两种缺陷的结果。

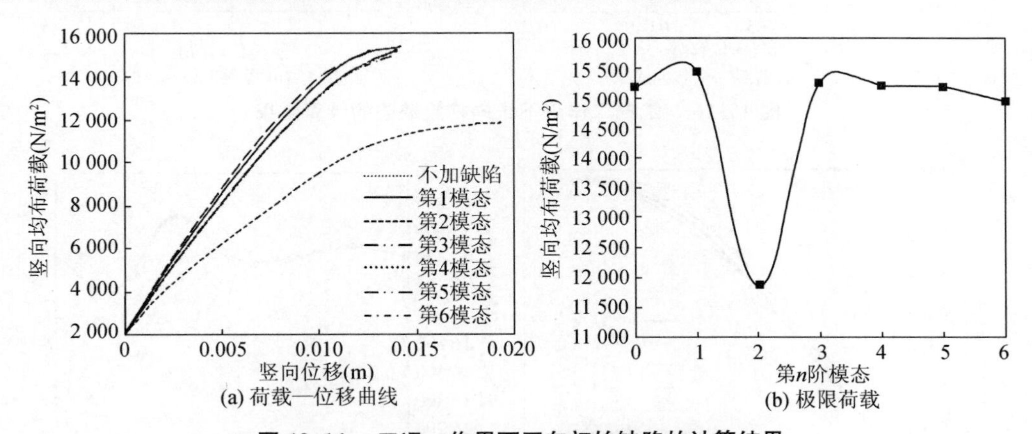

图 10.14　工况一作用下正向初始缺陷的计算结果

图 10.14 给出了体系在工况一作用下正向初始缺陷的计算结果。需要指出的是，图中第 0 阶模态是指不施加缺陷的完善结构。从图中可以看出，施加缺陷的体系的受力性能与完善结构的类似，只是其线弹性阶段的刚度以及荷载因子、极限位移随着初始缺陷模式的改变而变化。不同缺陷模式的弹塑性承载力有较大的差异。其中第二阶特征值屈曲模态的缺陷形式对结构最不利，其极限荷载下降大于 20%。索杆结构虽然在考虑缺陷后的承载能力有一定的降低，但是其在极限状态时的位移增加很多，即其结构的延性有所增加。

图 10.15 给出了体系在工况一作用下负向初始缺陷的计算结果。与正向缺陷不同的时，虽然还是第二阶特征值屈曲模态的缺陷形式对结构最不利，但是其极限荷载下降小于 5%，所以负向初始缺陷对极限荷载的影响较小。

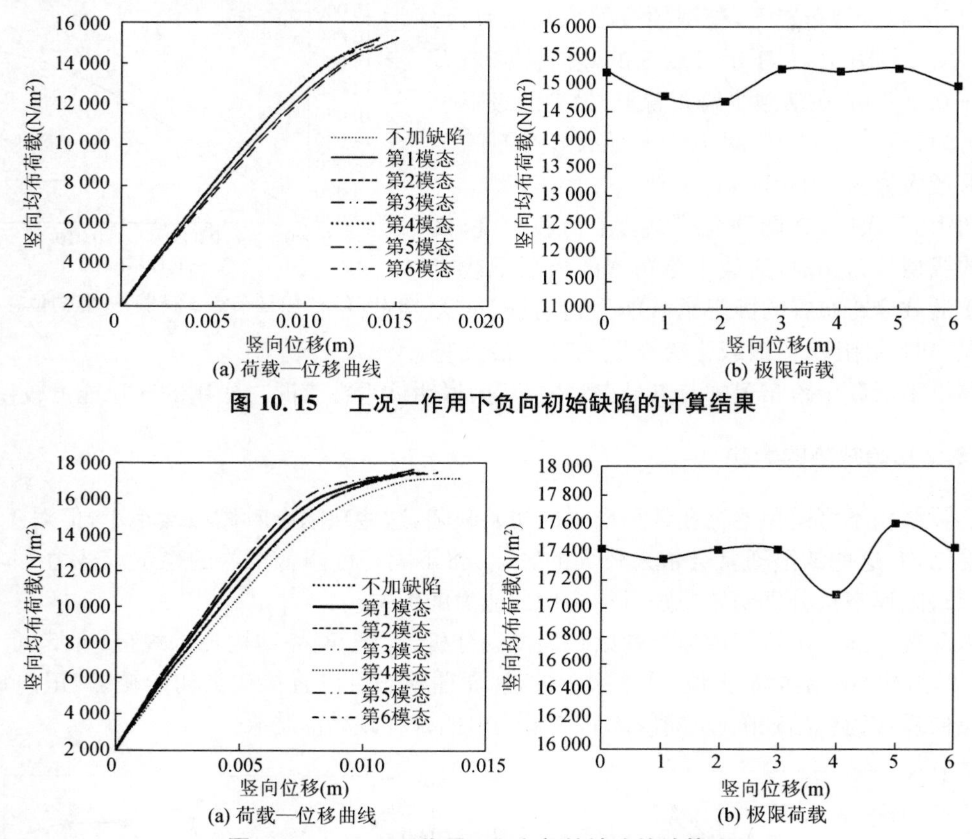

(a) 荷载—位移曲线　　(b) 极限荷载

图 10.15　工况一作用下负向初始缺陷的计算结果

(a) 荷载—位移曲线　　(b) 极限荷载

图 10.16　工况二作用下正向初始缺陷的计算结果

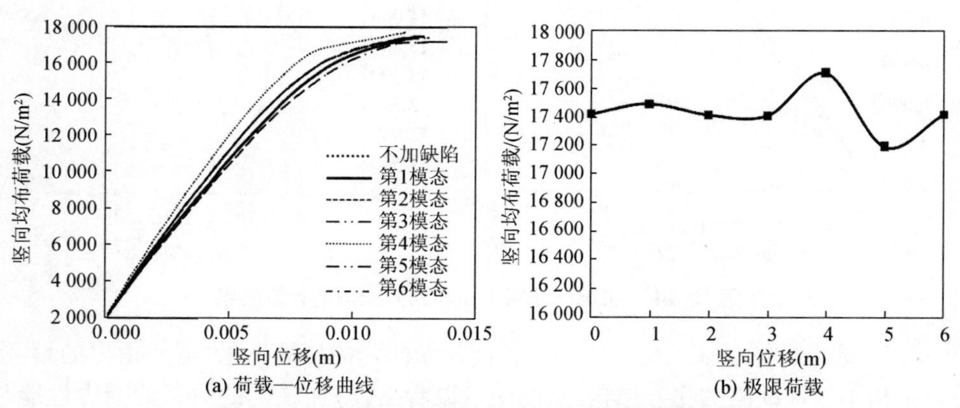

(a) 荷载—位移曲线　　(b) 极限荷载

图 10.17　工况二作用下负向初始缺陷的计算结果

图 10.16 和 10.17 分别给出了体系在工况二作用下正向和负向初始缺陷的计算结果。从其荷载 — 位移曲线以及极限荷载可以看出，初始缺陷的影响较小。其中在施加正向缺陷时，第四阶特征值屈曲模态的缺陷形式对结构最不利，但是其极限荷载下降小于 5%。在施加负

向缺陷时，仍然是第四阶特征值屈曲模态的缺陷形式对结构受力的影响最大，但其提高了结构的极限荷载；而降低结构极限承载能力最大的是第五阶特征值屈曲模态。

10.3　参数分析

为了详细了解基于CP单元的索杆式折叠帐篷结构各个参数对其静力性能以及承载能力的影响，本节对结构的矢跨比、初始预应力等参数进行分析。

10.3.1　矢跨比的影响

假定结构的矢跨比为内部金字塔的矢高和体系跨度的比值，也即 n/l。如果其他几何参数均不便，通过改变 n，可以改变矢跨比。矢高 n 分别设为：6 m、4 m、3 m 和 2.4 m，则分别对应的矢跨比为：0.5、0.333、0.25 和 0.2。

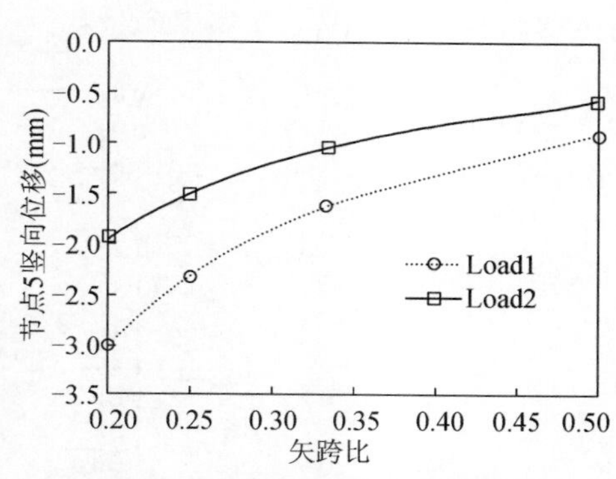

图 10.18　矢跨比对竖向变形的影响

图 10.12 给出了体系在两种工况下节点 5 的竖向位移随着矢跨比的变化情况。图 10.18 表明，此模型的竖向变形受矢跨比的影响较大，随着矢跨比的增大，节点的最大竖向位移不断减小，但另一方面，不断增大的矢跨比对结构的竖向变形的影响会逐渐减弱；两种荷载布置下，节点的最大竖向位移出现在活荷载全跨布置时，表明了活荷载全跨布置对结构的竖向变形起控制作用，但随着矢跨比的增大，两种荷载布置情况下的节点最大竖向位移的差距逐渐减小。

图 10.19 给出了不同矢跨比下折叠帐篷结构的荷载 — 位移全过程曲线，以及对应的稳定极限荷载。由图 10.19 可看出，矢跨比对折叠帐篷结构的承载能力影响较大，稳定极限荷载均随着矢跨比的增大先提高后降低，稳定极限承载荷载在矢跨比为 0.333 时达到最大。

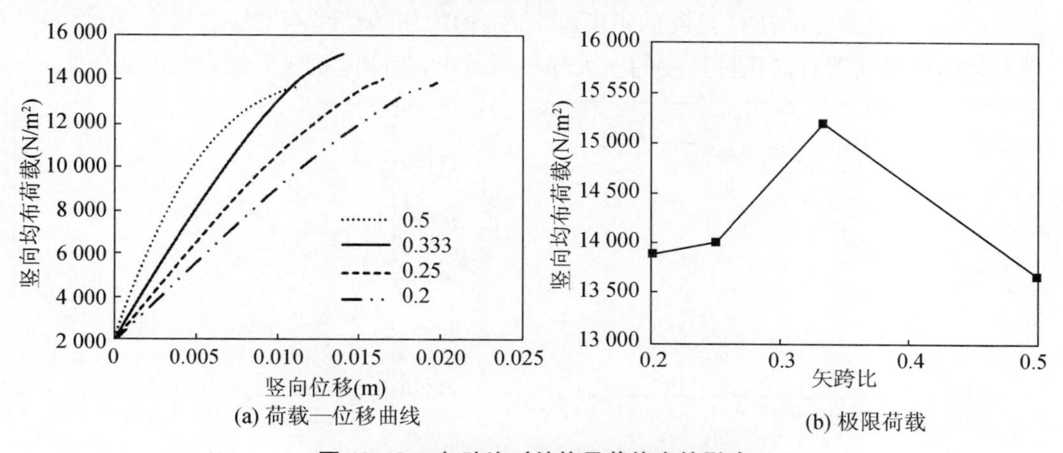

(a) 荷载—位移曲线　(b) 极限荷载

图 10.19　矢跨比对结构承载能力的影响

荷载—位移全过程曲线同样可以反应结构刚度的变化特征，从图 10.13 中的荷载—位移曲线可看出，随着矢跨比的不断增大，结构的刚度不断增大。

10.3.2　竖向压杆长度的影响

在“基本模型”的基础上，保持其他参数不变，分别取竖向杆件的长度为 0.5 m、1.0 m、2.0 m、3.0 m，来考察其对结构静力以及极限承载能力的影响。CP 单元中的内部金字塔的矢高 n 为 4 m 不变，则几何参数 m/n 分别为 0.125、0.25、0.5、0.75。

图 10.20 列出了不同竖向压杆长度对折叠帐篷结构竖向变形的影响结果。从以上计算结果可知，竖向压杆长度对折叠帐篷结构的静力性能基本没有影响。体系在工况二作用下的位移始终小于工况一作用下的位移。

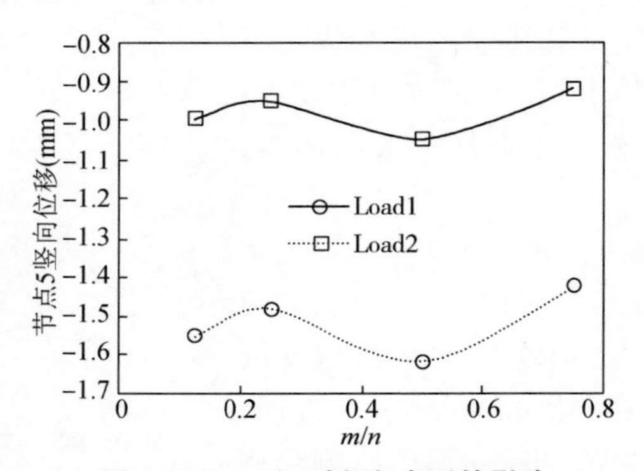

图 10.20　m/n 对竖向变形的影响

图 10.21 给出了不同竖向压杆长度下折叠帐篷结构的荷载—位移全过程曲线，以及对应的稳定极限荷载。由图 10.21 可看出，竖向压杆长度对折叠帐篷结构的极限承载能力影响较大，稳定极限荷载均随着矢跨比的增大先提高后降低，稳定极限承载荷载在竖向压杆长度为 0.5 时达到最大。

荷载—位移全过程曲线同样可以反应结构刚度的变化特征，从图 10.21 中的荷载—位移曲线可看出，随着竖向压杆长度的不断增大，结构的初始切线刚度略有增大。但体系的节点最大竖向位移随着竖向压杆长度的增大却不断减小，也即体系变形能力在不断下降。

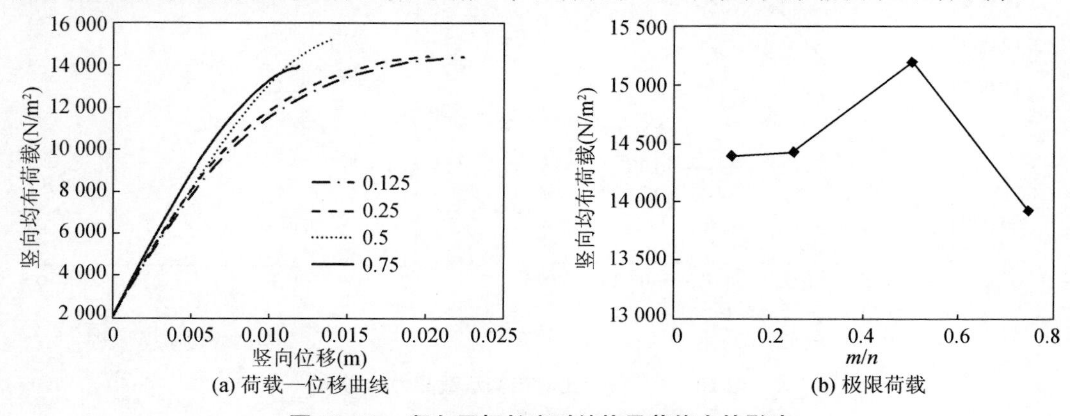

图 10.21　竖向压杆长度对结构承载能力的影响

10.3.3　初始预应力水平的影响

在保持其他参数均不变的基础上，以“基本模型”的拉索初始预张力为标准来考察不同预应力水平对结构静力性能以及极限承载能力的影响。分别考虑斜向拉索的初始张拉力为200 MPa、300 MPa、400 MPa、500 MPa。

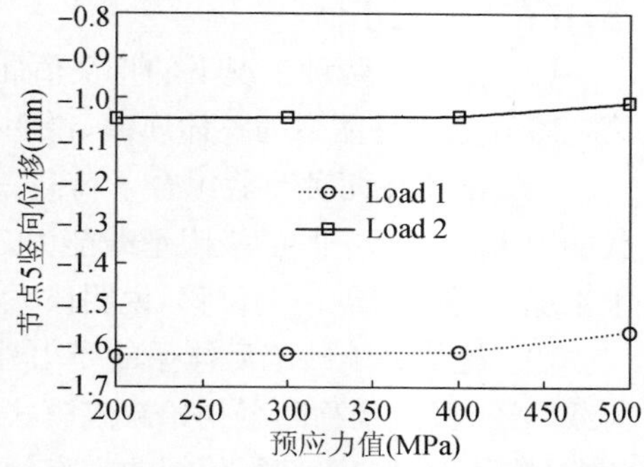

图 10.22　拉索预应力对竖向变形的影响

图 10.22 列出了不同初始预应力水平对折叠帐篷结构竖向变形的影响结果。从以上计算结果可知，随着拉索预应力的不断增大，节点竖向位移有变小的趋势，但变化较小，所以此模型的竖向变形受拉索预应力的影响较小。节点的最大竖向位移出现在活荷载全跨布置时，表明了活荷载全跨布置对结构的竖向变形起控制作用。

图 10.23 给出了不同初始预应力水平下折叠帐篷结构的荷载—位移全过程曲线，以及对应的稳定极限荷载。由图 7 可看出，初始预应力水平对折叠帐篷结构的极限承载能力有一定的影响，稳定极限荷载均随着初始预应力水平的增大有所下降，但下降的幅度较小。

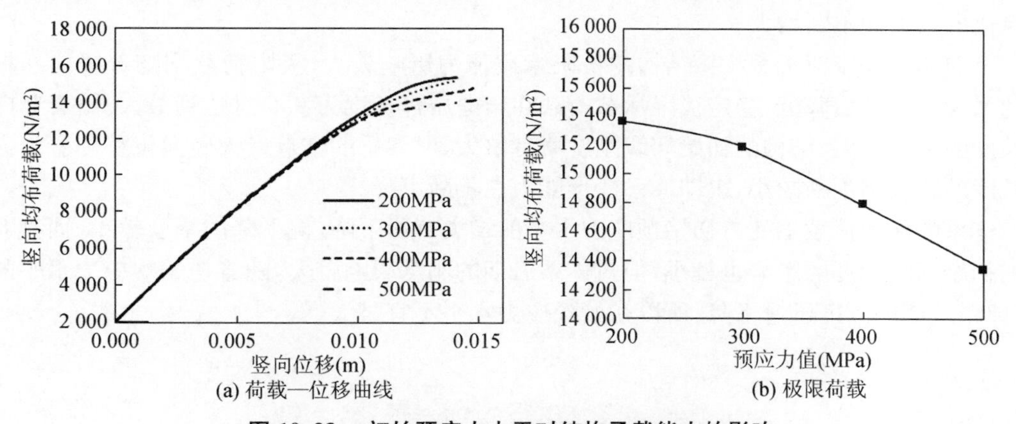

(a) 荷载—位移曲线　　(b) 极限荷载

图 10.23　初始预应力水平对结构承载能力的影响

荷载—位移全过程曲线同样可以反应结构刚度的变化特征，从图 10.14 中的荷载—位移曲线可看出，初始预应力水平对结构的初始切线刚度的影响较小，但对体系后期的刚度影响较大，随着初始预应力水平的提高，体系后期的刚度迅速下降。

通过上述分析可知，初始预应力水平不宜过大，只要保证拉索在荷载作用下不松弛即可。

10.4　本章小结

本章基于 CP 索杆单元提出了一种折叠帐篷结构形式，并讨论了其基本单元的初始预应力分布、最短压杆长度和最大承载能力等问题。在此基础上，利用有限元软件对其在展开状态时的受力性能进行了深入的研究。根据本章分析，可以得到如下结论：

(1) 假定压杆截面相等，为了使整个体系的重量最小，也就是求解何时体系的压杆长度最小。本章给出了CP单元竖向压杆以及斜向压杆的计算公式，并以CP单元底边为三边形和四边形为例进行分析，算例分析表明所有压杆长度随着体系形状系数 θ 的增大先增大后减小，存在一个最小值。

(2) 体系在两种工况下的特征值屈曲模态基本相同。其中前两阶均为杆件的局部屈曲，第三阶开始才是体系的整体屈曲，说明体系的整体刚度较大。

(3) 结构在两种荷载组合下荷载—位移曲线的线型较为相似，工况二作用下的极限承载能力大于工况一时的极限承载能力，且其刚度大于工况一时的刚度；但其节点最大位移小于工况一时的节点最大位移，说明体系在工况二作用的变形能力较差。

(4) 施加缺陷缺陷后体系的受力性能与理想结构类似，只是其线弹性阶段的刚度以及荷载因子、极限位移随着初始缺陷模式的改变而变化。不同缺陷模式的弹塑性承载力有较大的差异，其中第二阶特征值屈曲模态的缺陷形式对结构最不利，其极限荷载下降大于20%。索杆结构虽然在考虑缺陷后的承载能力有一定的降低，但是其在极限状态时的位移增加很多，即其结构的延性有所增加。

(5) 结构的弹塑性极限承载能力随着矢跨比的增加先增大后减小，而体系的刚度随着矢跨比的增大而不断增大。

竖向压杆长度对折叠帐篷结构的极限承载能力影响较大，极限荷载均随着竖向压杆长度的增大先提高后降低，稳定极限承载荷载在竖向压杆长度为0.5时达到最大。随着竖向压杆长度的不断增大，结构的初始切线刚度略有增大。但体系的节点最大竖向位移随着竖向压杆长度的增大却不断减小，也即体系变形能力在不断下降。

体系的极限荷载均随着初始预应力水平的增大有所下降，但下降的幅度较小。而其对结构的初始切线刚度的影响也较小，但对体系后期的刚度影响较大，随着初始预应力水平的提高，体系后期的刚度迅速下降，所以初始预应力水平不宜过大。

11 索杆式折叠网架结构的理论分析与试验研究

Wang 和 Liew 等提出了多种索杆结构形式[250,257-260]，而且 Vu 等证明了由其中部分索杆单元组成的双层网架结构比传统的双层网架结构的受力性能更加优越[154]。一般索杆体系需要在施工现场将所有杆件相互连接起来，而折叠结构可以将体系制作完成后运至现场直接展开[1]。但传统的折叠结构承受外荷载的效率不高，所以一般很难应用于中大跨度的空间结构。

本章分别基于索杆体系中的 CP 单元和 DP 单元提出了可用于中大跨度的折叠网架结构，并制作了模型来验证理论分析的正确性。

11.1 基于 CP 单元折叠网架的几何分析

11.1.1 基本单元及其初始预应力水平

本节折叠体系所采用的基本单元，如图 11.1 所示，为四条边的 CP 单元，它可以看成是具有相同底边的两个金字塔通过中央压杆相连而成。该基本单元总共由 1 根竖向压杆，4 根斜向拉索，4 根顶部拉索和 4 根斜向压杆组成。其初始预应力水平的分析可采用第十章的有关知识，在此不再赘述。

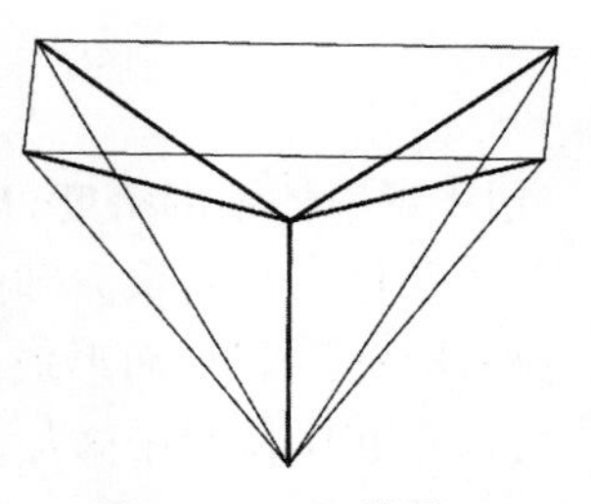

图 11.1 CP 单元

11.1.2 折叠体系

用 CP 单元形成折叠体系时，需要在图 11.1 所示的底部节点处连接一层拉索。该层拉索的作用一是将所有单元连接成一个整体，另外还有抵抗外荷载的作用。根据使用目的的不同，折叠体系可以分为两种：网架体系和网壳体系，如图 11.2 所示。

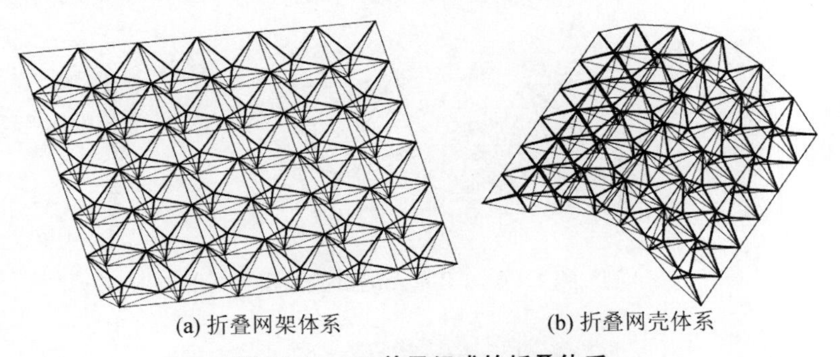

(a) 折叠网架体系 (b) 折叠网壳体系

图 11.2 CP 单元组成的折叠体系

当由单元组成体系时，相邻底部节点连接的拉索长度等于单元的宽度时，就可以形成如图 11.2(a) 所示的网架体系。而当连接相邻底部节点拉索的长度小于 CP 单元的宽度时，形成如图 11.2(b) 所示的网壳体系。折叠网壳体系的剖面图如图 11.3 所示，其中各种尺寸的几何关系为：

$$R = \frac{4H^2 + S^2}{8H} \tag{11.1}$$

$$\sin\frac{\phi}{2} = \frac{S}{2R} \tag{11.2}$$

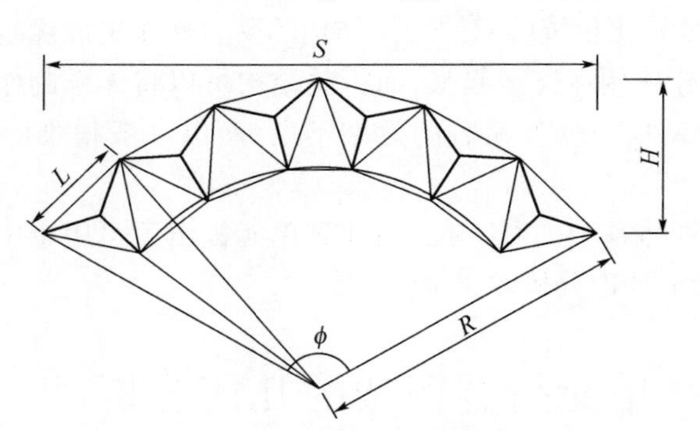

图 11.3　折叠网壳体系剖面图

$$L = 2R\sin\frac{\phi}{2n}, \tag{11.3}$$

式中：S 为体系的跨度；H 为矢高；R 为外接圆的半径；n 为基本单元数；L 为基本单元的宽度。

当体系承受重力和向下的外荷载时，底部拉索受拉，上部拉索在自应力模态下的拉力减小，压杆受压，从而形成抵抗外荷载的力矩。而当体系承受向上的荷载时，其受力性能较差，可以在底层拉索中施加一定的预应力来抵抗向上荷载的作用。

11.1.3　折叠展开方式

采用压杆驱动方式时，由于其需要的驱动力数量太多，所以本书选择了拉索驱动的方式。如图 11.4 所示，在体系折叠过程中，上层拉索松弛，下部斜索不断变长；而展开过程正好相反，下部拉索作为主动索，其长度不断缩短，而上层拉索作为被动索，在展开过程中是松弛的，但是当其被拉紧时，体系的运动停止，如果此时主动索进一步缩短，则在 CP 单元内产生了自应力。

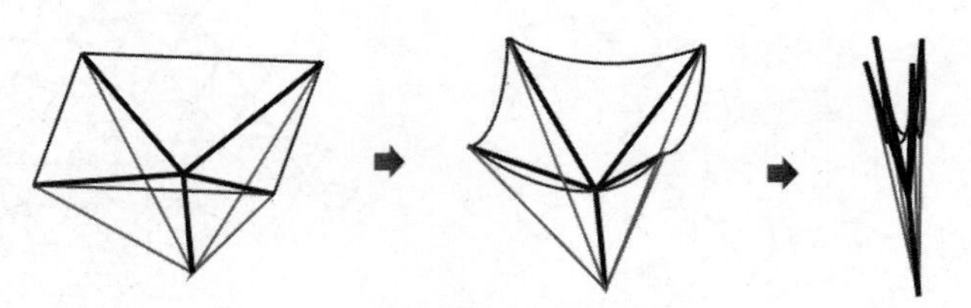

图 11.4　CP 单元的折叠过程

11.2　基于 CP 单元折叠网架的节点设计和模型制作

本节将制作一个小尺寸模型来验证上节所提出体系的正确性。如图 11.5 所示，该模型拥有 3×3 个 CP 单元，每个基本单元的尺寸为 1 500 mm×1 500 mm，结构高度为 500 mm。钢杆件截面为钢管 25 mm×2 mm，主动索和被动索使用 $\Phi3$，索截面面积为 19.625 mm^2，在结构下层角部 4 点处与支座铰接。该结构的组成如图 11.6 所示，图 11.6(a) 所示为结构的钢杆件部分，由上部的斜杆和下部的短直杆构成，节点连接为铰接；图 11.6(b) 为基本结构的被动索部分，分为上层被动索和下层被动索；图 11.6(c) 为结构的主动索部分；图 11.6(d) 为整体结构成形后示意图；图 11.6(e) 为试验模型图。

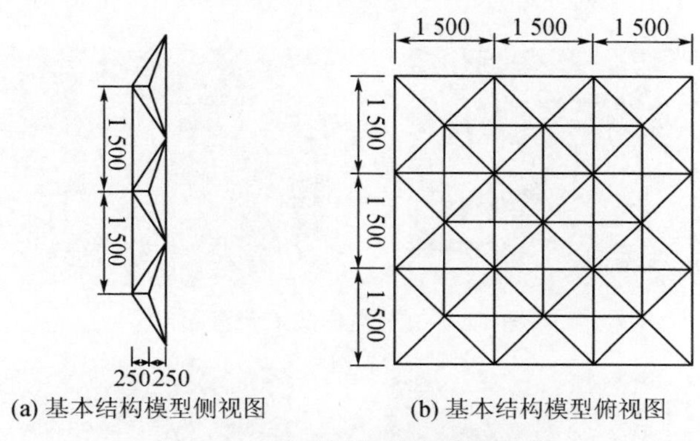

(a) 基本结构模型侧视图　　(b) 基本结构模型俯视图

图 11.5　基本结构模型具体参数

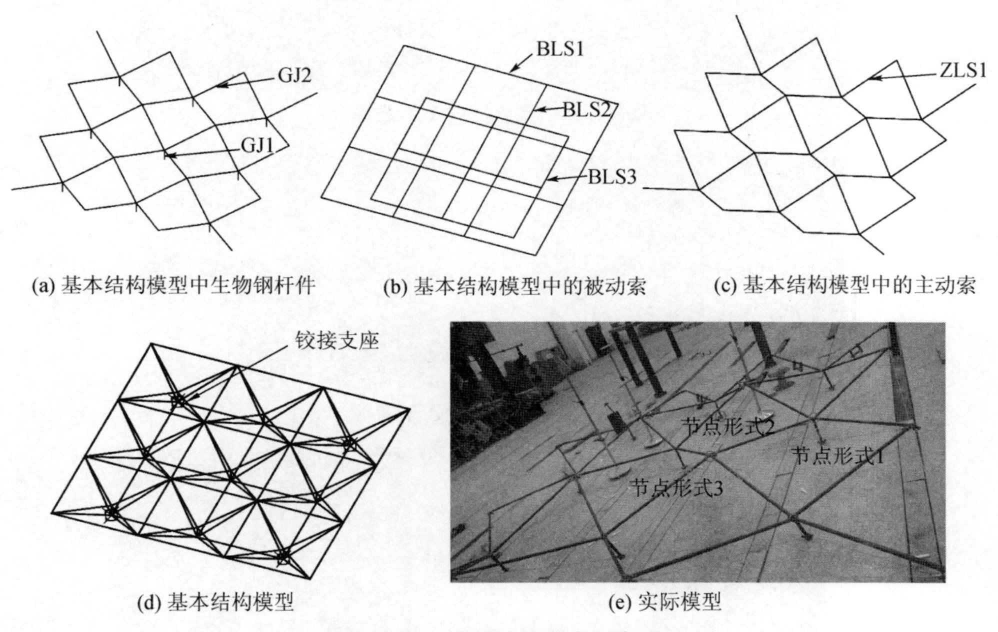

(a) 基本结构模型中生物钢杆件　　(b) 基本结构模型中的被动索　　(c) 基本结构模型中的主动索

(d) 基本结构模型　　(e) 实际模型

图 11.6　模型及其组成示意图

11.2.1　节点设计

节点设计对折叠结构至关重要。如果设计得不好，将直接影响到体系的运动性能；而且节点应该相对简单，从而减轻制作节点的成本。由图 11.6(e) 可以看出，本章折叠体系的连接节点可以分为 3 大类，其节点设计示意图分别如图 11.7 ～ 图 11.9 所示。

节点 1 与 CP 单元的 5 根压杆相连，其与 4 根斜向压杆的连接方式为销接，与竖向压杆为焊接，采取这样的连接方式，既减小了体系运动过程中的自由度，又不阻碍体系的成形。节点 2 与主动索的连接处设置了滑轮，主动索可以穿过滑轮自由运动；而与被动索的连接方式为螺纹连接，也即拉索端部为正牙螺纹，而节点内部为反牙螺纹，与压杆的连接方式为焊接。节点 3 的连接方式最为复杂，结合了节点 1 和节点 2 的连接方式，如图 11.9 所示。制作完成后的节点如图 11.10 和图 11.11 所示。

图 11.7　节点样式 1 示意图

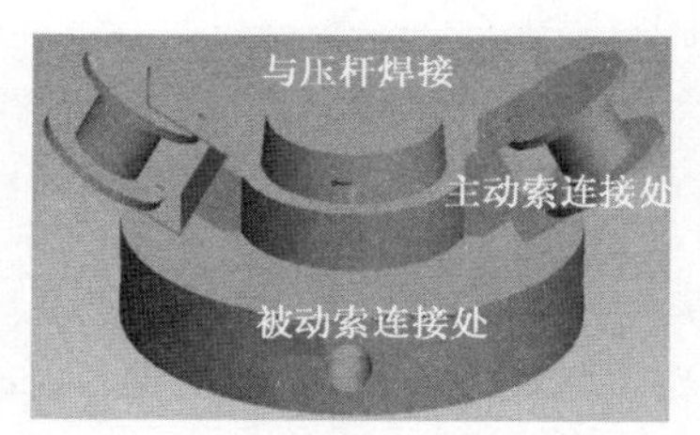

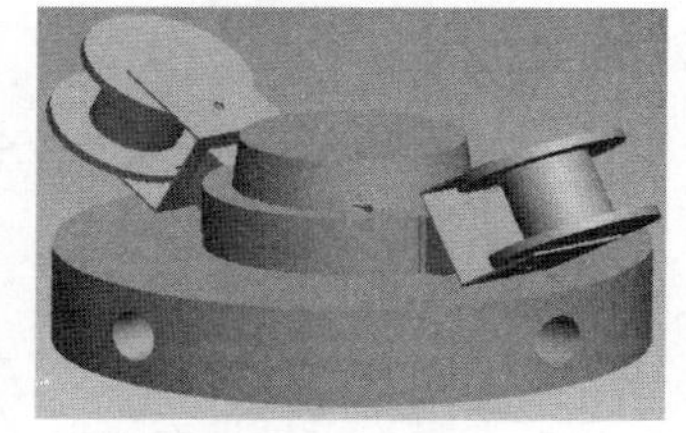

图 11.8　节点样式 2 示意图

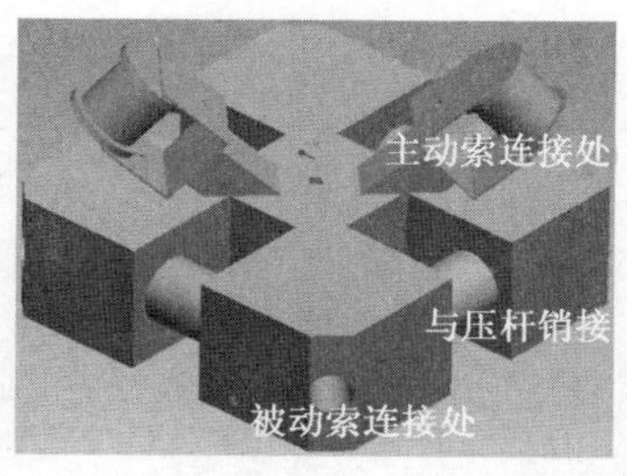

图 11.9　节点样式 3 示意图

图 11.10　节点样式 1 和 2 的节点实图

图 11.11　节点样式 3 的节点实图

11.2.2 模型制作

构件的加工制作主要包括三个部分：① 节点；② 拉索；② 压杆。其中节点委托专业加工厂精加工制作完成，然后现场与压杆连接。拉索的设计如图 11.12 所示，其中被动索的长度为 1 480 mm，两端 28 mm 范围内为螺纹，与节点连接。主动索一端为螺纹，与节点连接；另外一端用如图 11.13 所示的装置张拉。

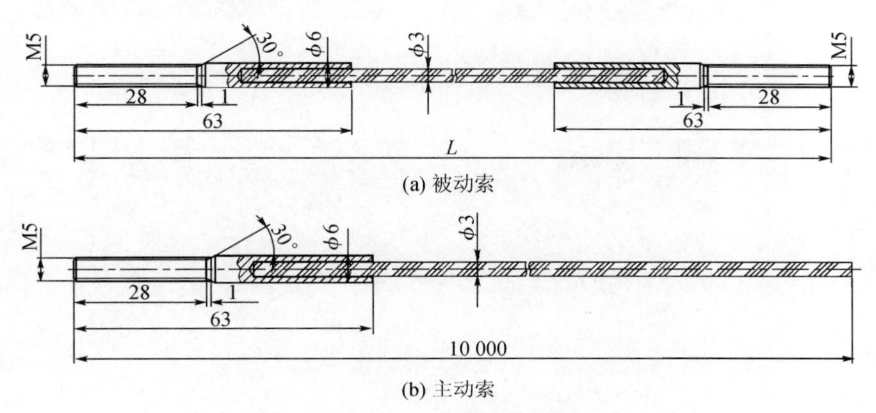

(a) 被动索

(b) 主动索

图 11.12 拉索设计图

图 11.14 所示为模型压杆和节点组装过程示意图。图 11.14(a) 所示为节点定位，11.14(b) 为斜向压杆与节点连接，11.14(c) 为竖向压杆与节点连接，11.14(d) 为拉索安装前体系的折叠状态示意图。

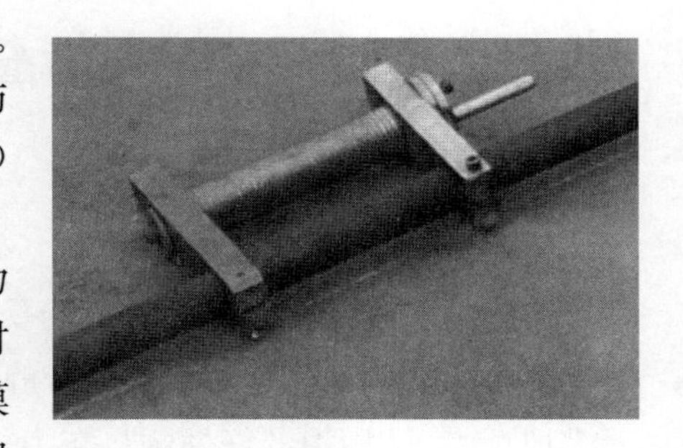

图 11.13 主动索的张拉装置

图 11.15 为体系的展开过程示意图。图 11.15(a) 为体系的折叠状态，11.15(b) 为体系的展开状态，但此时主动索未张拉，11.15(c) 为主动索张拉后的构形。在模型的试验过程中虽然主动索穿过节点处设置了滑轮，但是主动索和滑轮之间仍然存在摩擦，导致压杆两侧的主动索的索力不均匀，索杆单元成形后的几何构形发生了微小的变化。通过分析发现，如果将节点 1 处销轴与杆件之间的间隙减小，体系成形后可以得到较好的几何构形。

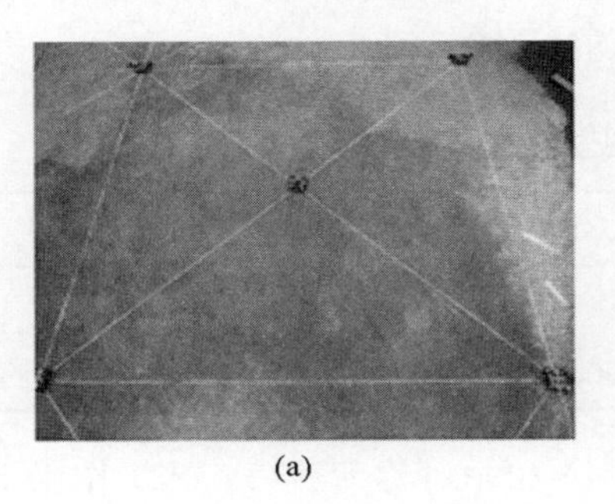

(a)

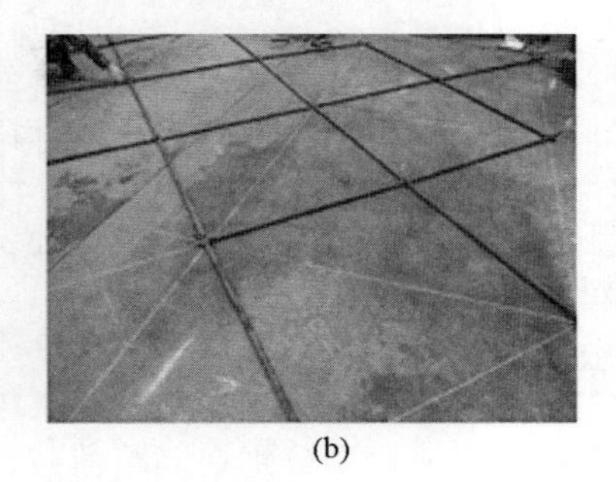

(b)

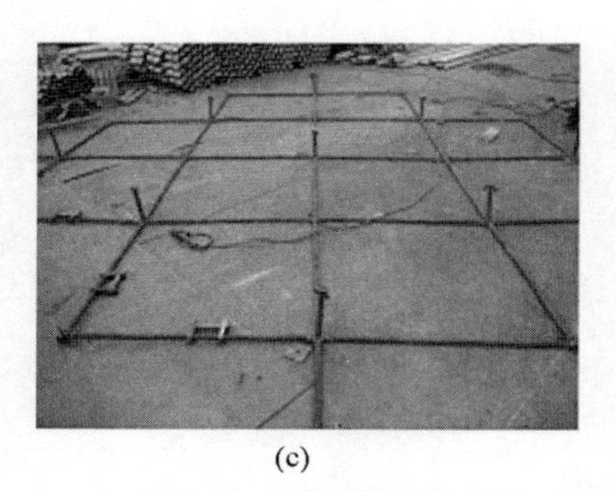

(c)

(d)

图 11.14　模型组装示意图

(a) 折叠状态

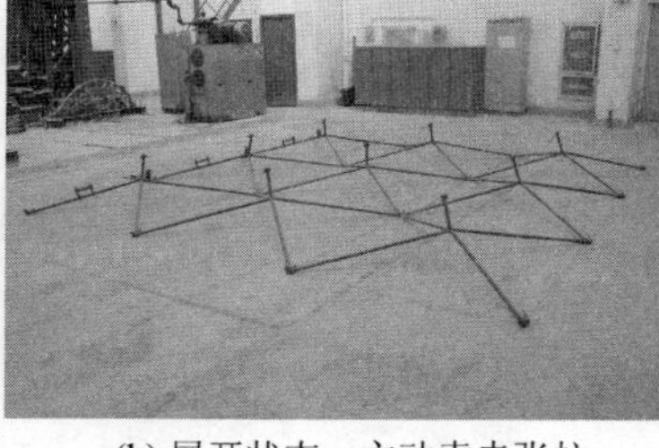

(b) 展开状态—主动索未张拉

(c) 展开状态—主动索张拉后

图 11.15　模型展开示意图

11.3　基于 CP 单元折叠网架的受力性能分析

11.3.1　静力性能分析

折叠结构在完全展开状态时的受力性能是评价体系是否优越的重要指标。本节采用有限元分析软件 ANSYS 对结构进行静力分析，其中采用 LINK8 单元模拟钢压杆，LINK10 单元模拟拉索。结构中各杆件的自应力模态分布如表 11.1 所示。结构承受恒载为 0.5 kN/m^2，承受活载为 0.5 kN/m^2。结构承受的静力荷载工况分为 2 种，一种为全跨荷载 1.0 kN/m^2，记为 Load1，另外一种为全跨恒载 0.5 kN/m^2，半跨活载 0.5 kN/m^2，记为 Load2。钢材弹塑性性能曲线采用理想弹塑性的双线型，钢材屈服应力为 235 MPa，弹性模量为 2.00×10^5 N/mm^2，泊松比为 0.3，拉索的屈服应力为 1 860 MPa。

表 11.1　构件自应力模态分布

构件编号	GJ1	GJ2	ZLS1	BLS1	BLS2	BLS3
构件数目	9	36	36	12	12	12
初始内力(N)	−5 116.8	−5 575.9	3 000	1 918.8	3 837.6	0

下面着重考察该模型分别在满跨荷载(Load1) 和非对称荷载(Load2) 作用下该结构的静力性能。为了更好地分析计算结果，选取不同的节点，压杆以及拉索来做对比。构件的选取

如图 11.16 所示，选取构件过程中，在 Load1 工况下，考虑结构以及荷载的对称性，而且考虑上层斜杆 GJ2 与竖杆 GJ1 的内力直接相关，故选取 3 根具有代表性钢压杆，如图 11.16(a) 所示；同时选取 5 个节点，上层 3 个，下层 2 个，如图 11.16(b) 所示；被动索选择 5 根，如图 11.16(c) 所示。在 Load2 工况下，由于荷载不对称，考虑到要与 Load1 做比较，故选取的杆件相同，只是选择处在荷载较大侧位置上的节点和构件。

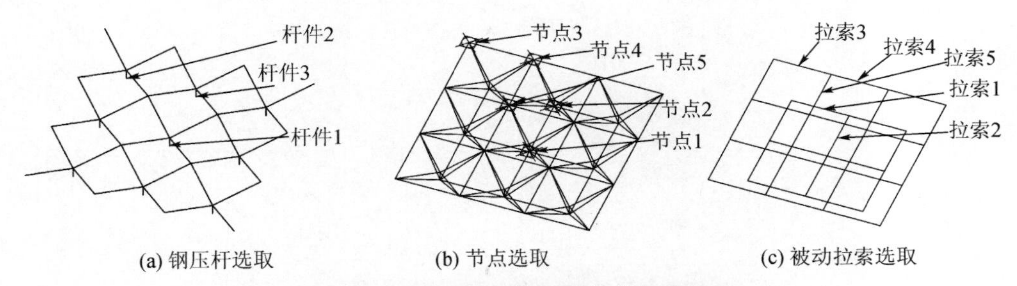

图 11.16　基本结构模型构件选取示意图

图 11.17 为结构在 1 倍荷载作用下的内力云图。从图 11.17(a) 可以看出，结构在 1 倍对称荷载作用下，内力分布呈现较好的对称性，处于角部以及处于中心位置的钢压杆内力较大，其余钢压杆的内力较小。处于角部拉索的内力要比其他位置拉索的内力大。从图 11.17(b) 可以看出，结构在 1 倍非对称荷载作用下，内力分布开始呈现一定的非对称性，处于结构左侧角部位置钢压杆的内力较大，结构右侧角部位置钢压杆的内力次之，其余钢压杆的内力较小。拉索内力分布和 Load 工况下的分布相差不大。

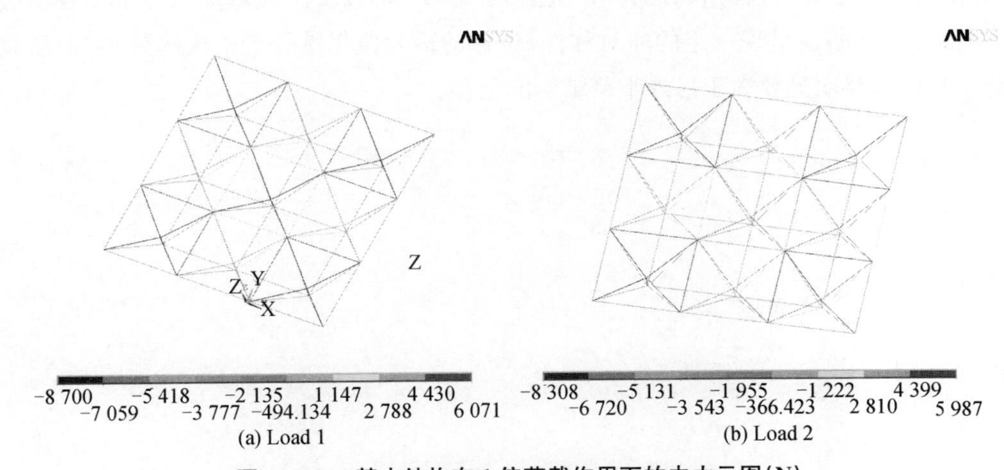

图 11.17　基本结构在 1 倍荷载作用下的内力云图(N)

图 11.18 为结构在 3 倍荷载作用下的内力云图。从图 11.18(a) 可以看出，结构在 3 倍的对称荷载作用下，内力分布仍然呈现较好的对称性，相对于 1 倍荷载而言，结构的整体内力均增大不少。但在结构角部位置上，相互交叉压杆的内力具有明显异于 1 倍荷载作用下的分布情况，在 1 倍荷载作用下角部相互交叉的压杆内力大致相同。其他压杆内力分布情况则与 1 倍荷载时相似。结构的拉索内力在 3 倍荷载作用下的分布情况和 1 倍荷载时差不多，处于角

部的拉索内力要比其他位置的拉索内力大，但需要注意的是，在 3 倍荷载时，处于结构角部最外一根拉索的内力明显增大。这说明随着结构承受荷载的增大，其角部构件的内力会明显增大，这从一方面说明了角部构件的重要性。从图 11.18(b) 可以看出，结构在 3 倍非对称荷载作用下，内力分布开始呈现明显的非对称性，处于活载作用半跨结构的角部位置，无论是钢压杆还是拉索，内力都明显比其他部位要大。

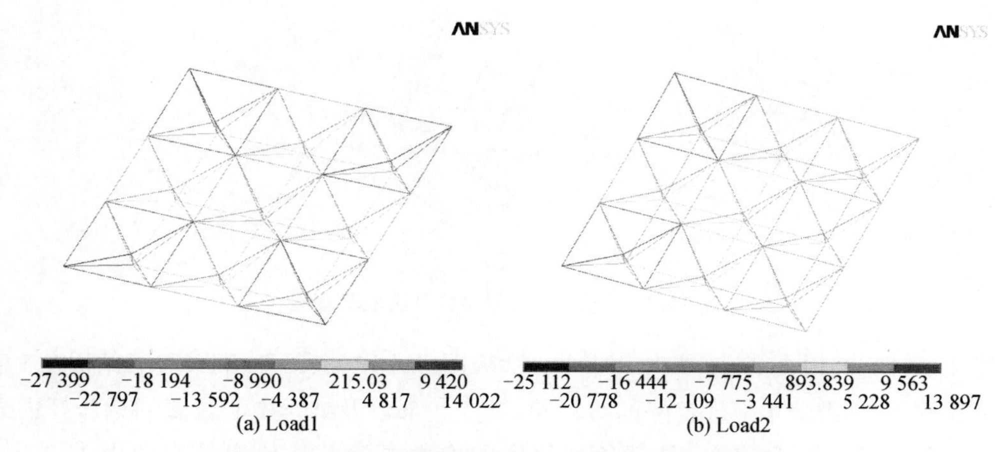

(a) Load1 (b) Load2

图 11.18 基本结构在 3 倍荷载作用下的内力云图(N)

图 11.19 为结构在 1 倍荷载作用下的位移云图。从图 11.19(a) 可以看出，结构在 1 倍对称荷载时，位移分布同样呈现较好的对称性。结构下层四个角部位置，由于支座的存在，位移为零。在结构正中心处，位移达到最大值。从图 11.19(b) 可以看出，结构在 1 倍非对称荷载作用下，位移分布开始也呈现一定的非对称性，位移的最大值仍然处于结构的跨中，但活载作用半跨结构的位移明显要大于另外半跨结构的位移。

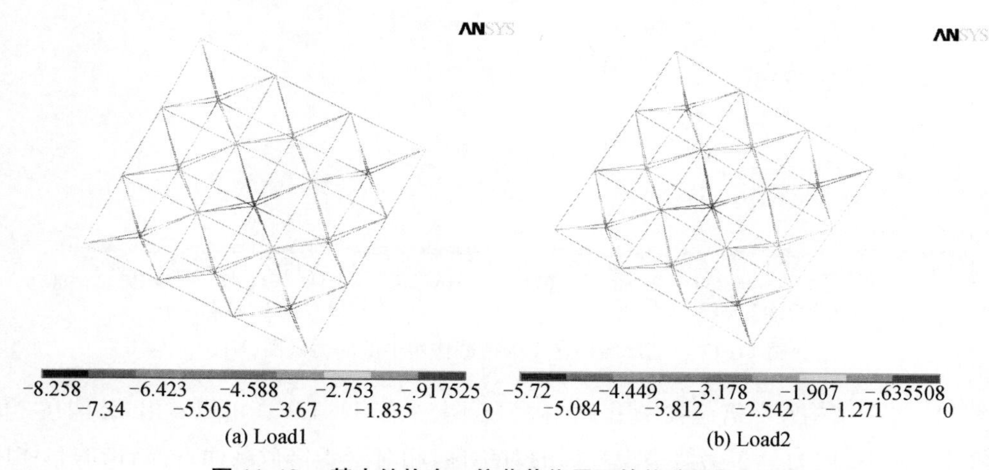

(a) Load1 (b) Load2

图 11.19 基本结构在 1 倍荷载作用下的位移云图(mm)

图 11.20 为结构在 3 倍荷载作用下的位移云图。从图 11.20(a) 可以看出，结构在 3 倍对称荷载时，位移分布也呈现较好的对称性。由于荷载的明显增大，结构的位移也要远大于 1

倍荷载时结构的位移。从图 11.20(b) 可以看出，结构在 3 倍非对称荷载作用下，内力分布呈现明显非对称性。结构的位移在活载作用半跨结构的边侧位置达到最大值。

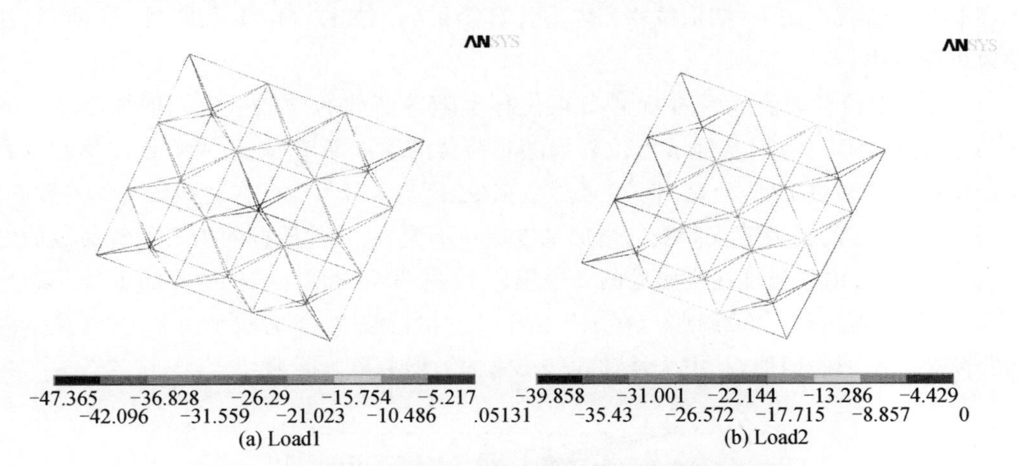

(a) Load1　　(b) Load2

图 11.20　基本结构在 3 倍荷载活载作用下的位移云图(mm)

以表 11.1 所给的初始内力作为该结构的初始预应力，考察结构在满跨荷载作用下的力学性能。结构位移和内力计算结果分别见图 11.21 和图 11.22。从计算结果可以看出，在满跨荷载作用下：

(1) 在本书荷载取值范围内，3 号节点位移随着荷载的增加呈现先增加后减小的趋势，而其他节点位移均随着荷载的增加而增加。最大节点位移出现在结构中部的节点 1 处。

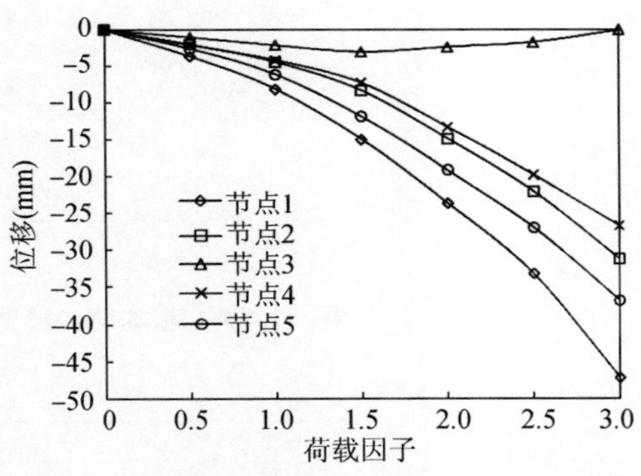

图 11.21　基本模型在 Load1 时的位移计算结果

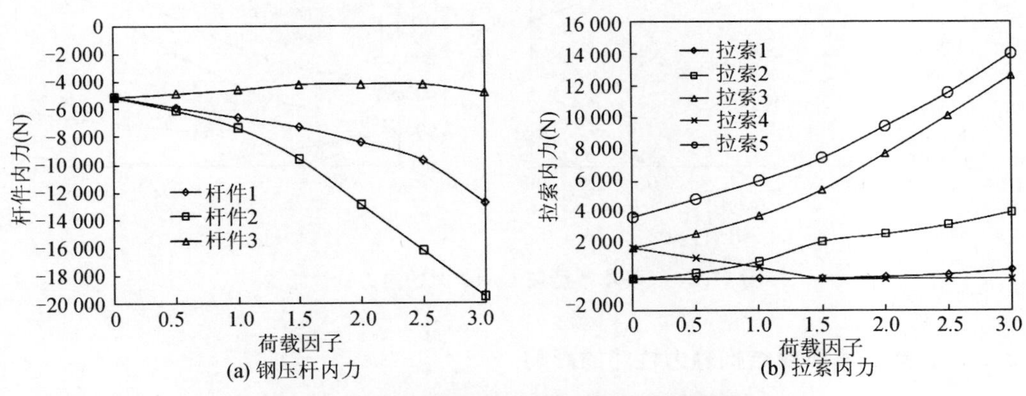

(a) 钢压杆内力　　(b) 拉索内力

图 11.22　基本模型在 Load1 时的内力计算结果

(2) 3 号构件的内力随着荷载的增加内力基本保持不变，其他压杆的内力随着荷载的增加而相应增大。2 号压杆的内力最大，这是因为该压杆处在结构的支座位置。

(3) 4 号拉索出现了卸载现象，大约在 1.5 倍荷载时，索力减小到零。其他拉索内力均随着荷载的增加而增加，其中 3 号和 5 号拉索内力增幅最为明显。

在非对称荷载作用下，结构位移和内力计算结果分别如图 11.23 和图11.24 所示。从计算结果可以看出：

(1) 在本书荷载取值范围内，3 号节点位移也随着荷载的增加呈现先增加后减小的趋势，但其变化范围不大；而其他节点位移均随着荷载的增加而增加。最大节点位移并没有出现在结构中部的节点 1 处，而是出现在 4 号节点处，这与 4 号节点处在荷载较大的一侧有关。

(2) 3 号压杆的内力随着荷载的增加基本保持不变，而其他压杆的内力随着荷载的增加而相应增加。最大内力出现在支座处的 2 号压杆上，并没有出现在结构中部的 1 号压杆上。

(3) 4 号拉索出现了卸载现象，在 1.5 倍至 2.0 倍荷载时，索力减小为零。其他拉索内力均随着荷载的增加而增加，其中 3 号和 5 号拉索内力增幅最为明显。

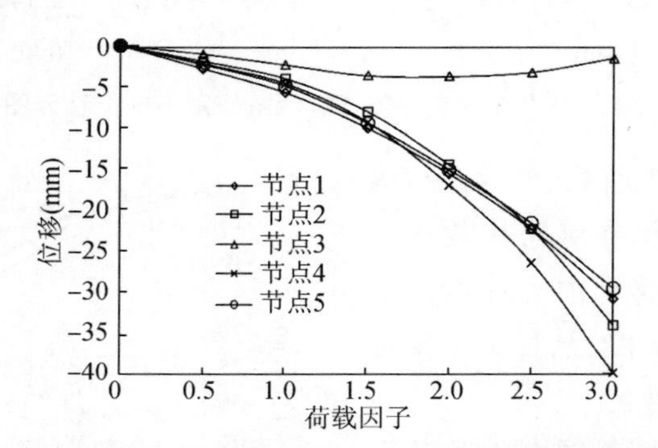

图 11.23　基本结构模型在 Load2 时的位移计算结果

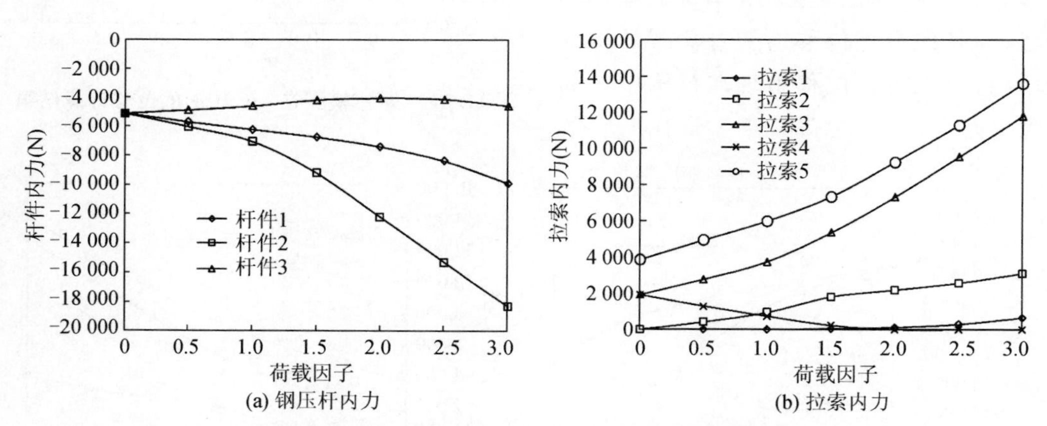

(a) 钢压杆内力　　(b) 拉索内力

图 11.24　基本模型在 Load2 时的内力计算结果

11.3.2　自应力水平对结构静力性能的影响

本章所研究的索杆体系，预应力对结构刚度的影响是不言而喻的。预应力的存在使结构能够成形，预应力为结构提供必要的刚度，同时预应力也会在一定程度上提高或者改善结构的刚度。

取表 11.1 所给的预应力作为结构的基准自应力水平，对于结构在不同自应力水平下的节点位移以及压杆、拉索内力的变化情况进行计算。图 11.25 和图 11.26 分别为结构在 Load1 以及 Load2 作用下的节点位移和杆件内力的变化情况。

从图 11.25 可以看出，各个节点在两种荷载工况下的位移变化趋势大致相同。当自应力水平因子小于 1.0 时，节点位移变化比较明显，角部节点(节点 3) 位移随着自应力水平的提高而增大，其余节点随着自应力的增大而减小；自应力水平因子大于 1.0 之后节点位移几乎无变化。这说明当预应力水平足够大时，增大预应力水平并不能显著改变体系的整体刚度。

从图 11.26(a) 和 11.26(b) 可以看出，各个压杆在两种荷载工况下的内力变化趋势大致相同。随着自应力水平的提高，构件的内力随之增大，而且基本上呈线性关系，这说明自应力水平的改变对结构中压杆的内力影响是最直接的。从图 11.26(c) 和 11.26(d) 可以看出，拉索在两种荷载工况下的内力变化趋势分为两种情况。其中，1 号和 2 号拉索随着自应力水平的增加而略微减小，这是由于 1 号拉索和 2 号拉索并无初始预应力，在自应力水平增加后，其他构件的内力相应增加，结构刚度增大，在承受相同荷载时，其他构件承受的部分就会相应增加，从而使这两根拉索的内力减小。其他拉索内力均随着自应力水平的增加而相应增加，并且在自应力水平因子大于 1.0 后，拉索内力基本呈线性变化。

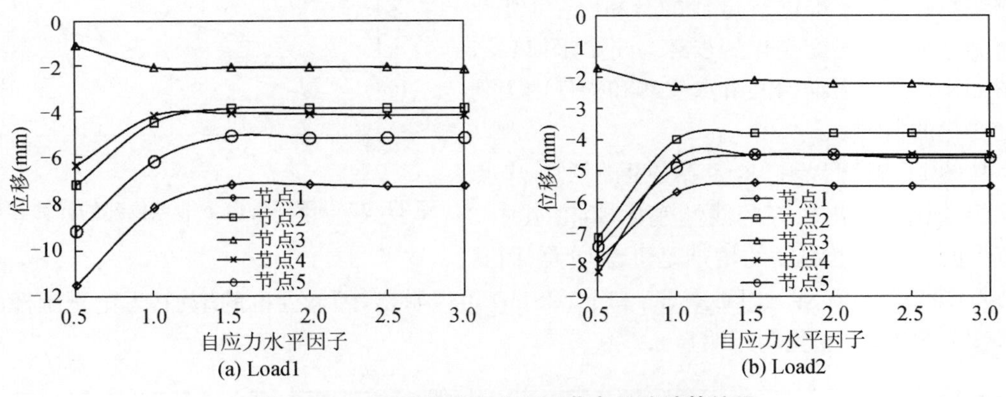

图 11.25 不同自应力水平下节点位移计算结果

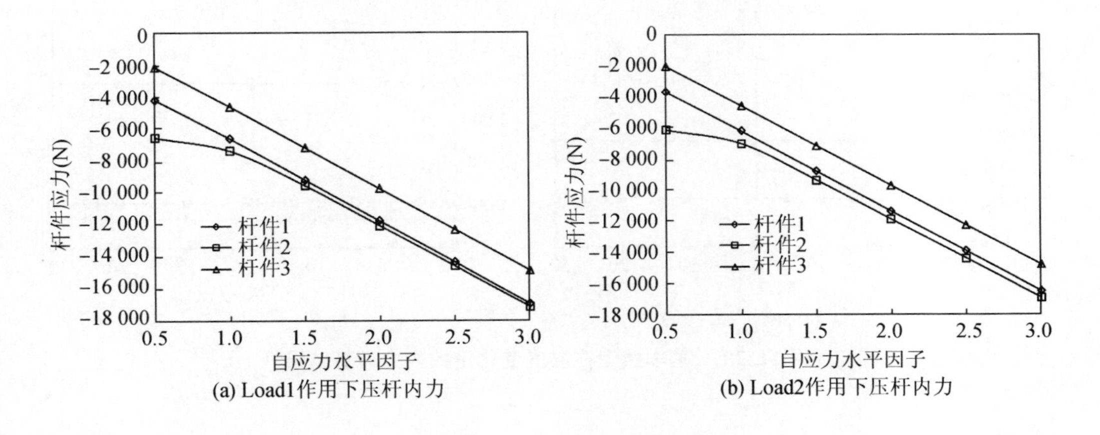

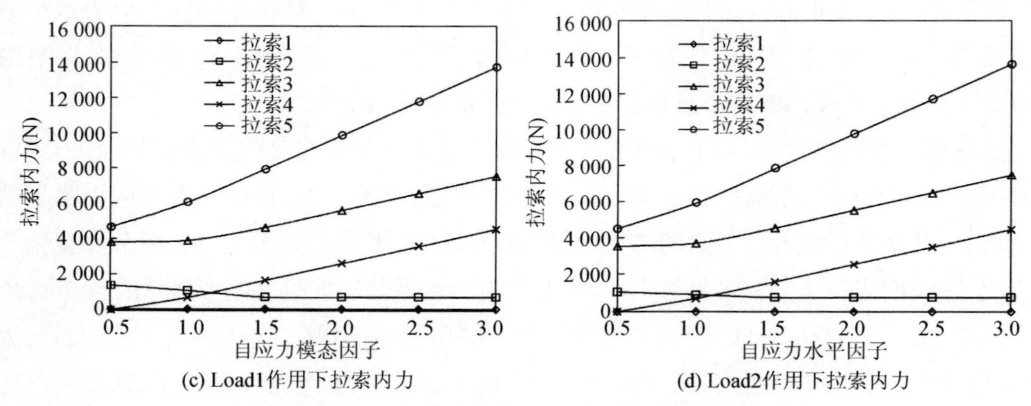

(c) Load1作用下拉索内力　　(d) Load2作用下拉索内力

图 11.26　不同自应力水平下的内力计算结果

11.3.3　温度变化对结构静力性能的影响

温度对索杆结构的影响较为复杂。一方面，温度的变化会使索杆的预应力发生变化，从而影响结构体系的刚度；另一方面温度的变化同样对刚性构件的变形和内力也有影响，两个方面的影响交织在一起，很难进行定性的分析。温度变化幅值为±30℃，温度变化的步距为5℃。图11.27和图11.28分别为结构的节点位移和构件内力随温度变化的情况。

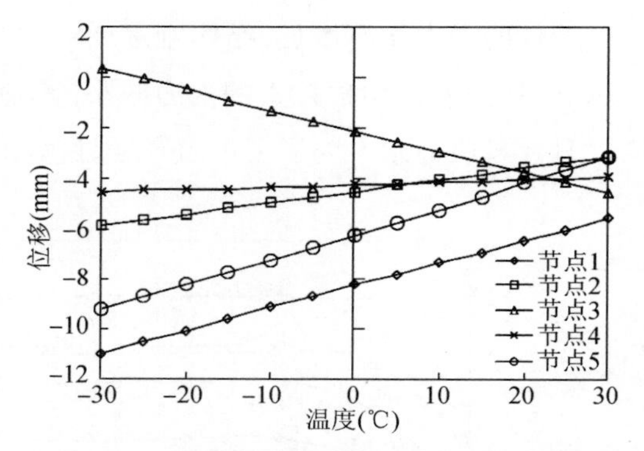

图 11.27　不同温度下节点位移的计算结果

从图11.27可以看出，随着温度的增加，节点位移的变化呈现出较好的线性变化规律。其中3号节点的位移随着温度的增加是逐渐增大，而其他节点则与之相反。从图11.28(a)和11.28(b)可以看出，随着温度的增加，无论是压杆内力还是拉索内力，其变化均不明显。

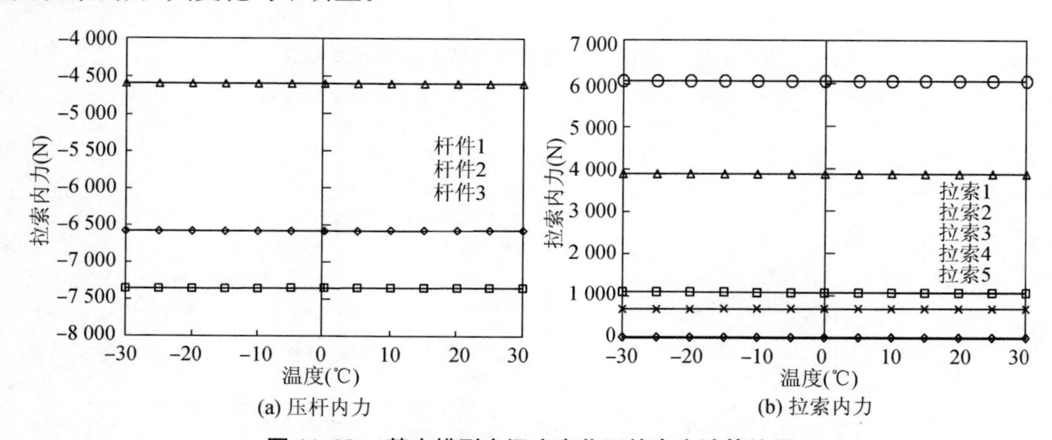

(a) 压杆内力　　(b) 拉索内力

图 11.28　基本模型在温度变化下的内力计算结果

11.3.4　拉索破断对结构静力性能的影响

拉索的健康状况对索杆结构的重要性是不言而喻的。为了进一步研究该结构的静力性能，特选取拉索破断后对结构进行静力分析，破断拉索的选取如图 11.29 所示，一共选取 6 根具有代表性的拉索。其中破断拉索的选取与图 11.16 中拉索的选取不重复，如果重复，破断拉索选取对称位置上的拉索作为失效拉索。经过计算发现，5 号和 6 号拉索破断后，结构遭到破坏，无法进行静力计算，可见角部单元的拉索对结构十分重要。其余拉索破断后结构的节点位移和构件内力计算结果如图 11.30 和图 11.31 所示，其横坐标为破断拉索编号，0 代表完善结构。

从图 11.30(a) 可以看出，在 Load1 工况下，拉索破断对结构节点位移的影响不大。仅仅节点 1 的位移在 2 号拉索破断时发生稍微明显的变化。从图 11.30b 可以看出，在 Load2 工况下，拉索破断对结构的节点位移影响基本与 Load1 相似。但节点 1 的位移在 2 号拉索破断时发生非常明显的变化，有较大幅度的减小。

从图 11.31(a) 和 11.31(b) 可以看出，结构在 Load1 和 Load2 工况下，拉索破断对结构的压杆内力影响基本相似。拉索破断对压杆 2 和 3 的影响均不大，压杆 1 的内力会随着拉索 2 的破断而减小。从图 11.31(c) 可以看出，结构在 Load1 工况下，拉索破断对结构中拉索的内力影响不大。从图 11.31(d) 可以看出，结构在 Load2 工况下，拉索破断对结构中拉索 1、3、5 的内力影响不大。拉索 2 的内力会随着 2 号拉索的破断而增大，拉索 4 的内力会随着 2 号拉索的破断而减小。

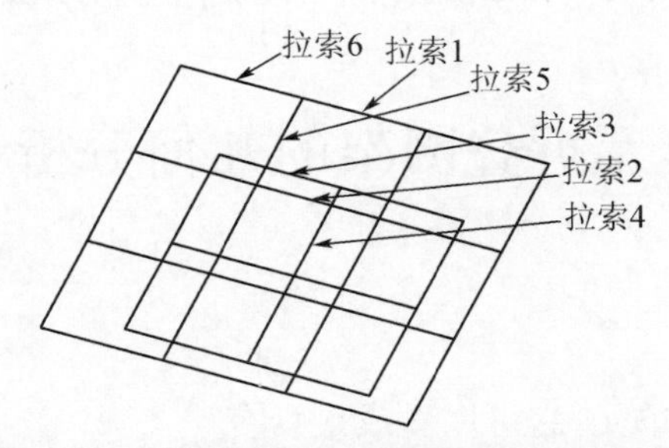

图 11.29　基本结构模型破断拉索编号示意图

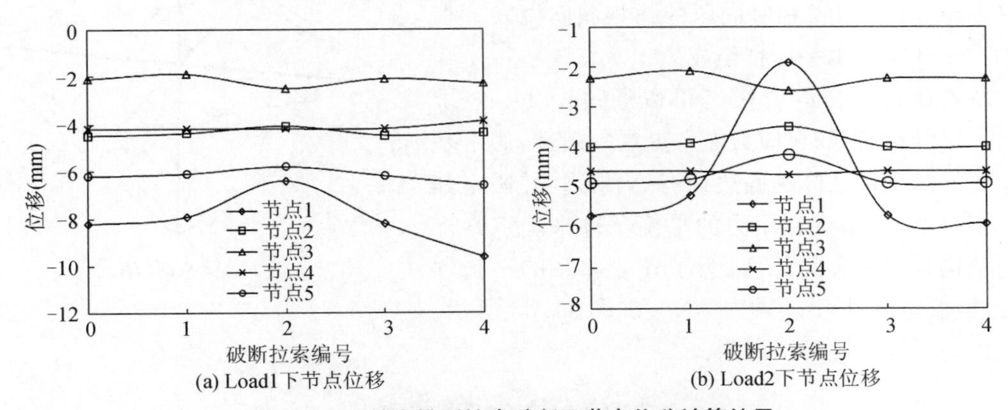

图 11.30　基本模型拉索破断下节点位移计算结果

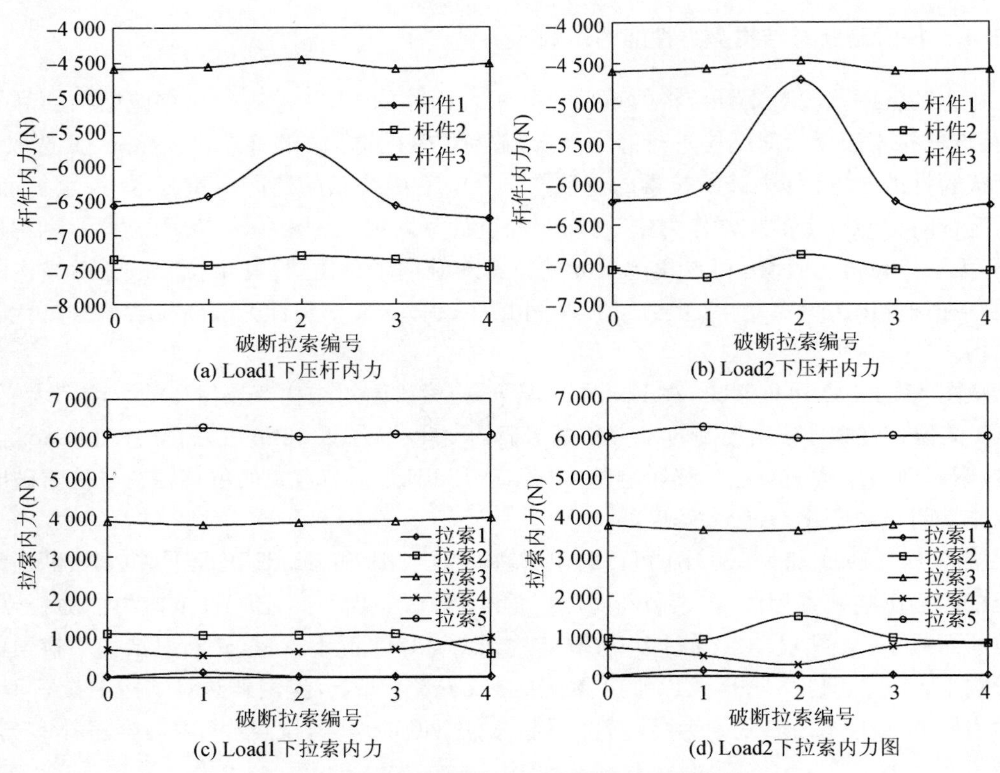

图 11.31　基本模型在拉索破断下的内力计算结果

11.4　基于 DP 单元折叠网架的几何分析

11.4.1　基本单元

如图 11.32 所示的 DP 单元，它可以看成是具有相同底边的两个棱锥体通过底边多边形相连而成。该基本单元总共由 2 根竖向压杆、8 根斜向拉索、4 根水平拉索和 4 根水平压杆组成。

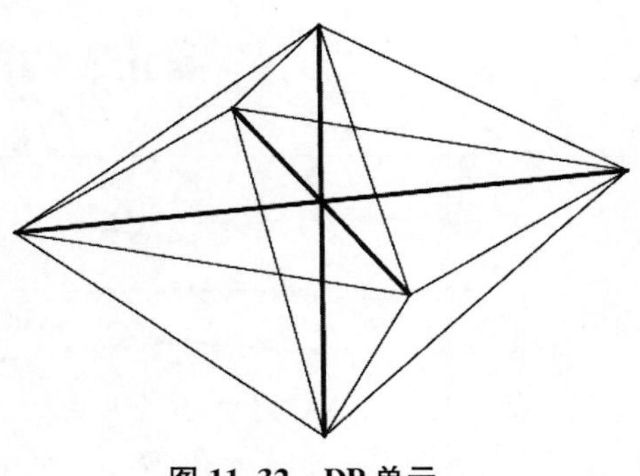

图 11.32　DP 单元

基本单元的自应力模态可以通过图 11.33 求得。为了使所求得的自应力模态更具一般性，假定基本单元的两个棱锥体的底边拥有 N 条边，并假定其为正多边形，下面将利用力的平衡条件来确定索杆张力结构预应力态的几何。为了建立体系的平衡方程，我们假定杆件 ij 的轴力为 q_{ij}。如图 11.33 所示，节点 1 的平衡方程可以写为：

$$q_{12}\cos\frac{\alpha}{2}-q_{13}\cos\frac{\alpha}{2}=0 \tag{11.4}$$

$$q_{14}\cos\theta_2 + q_{15}\cos\theta_1 + q_{12}\sin\frac{\alpha}{2} + q_{13}\sin\frac{\alpha}{2} + q_{16} = 0 \tag{11.5}$$

$$q_{14}\sin\theta_2 - q_{15}\sin\theta_1 = 0 \tag{11.6}$$

其中角度 α,θ_1和 θ_2可以表述为:

$$\alpha = \frac{2\pi}{N} \tag{11.7}$$

$$\tan\theta_1 = \frac{2n}{l} \tag{11.8}$$

$$\tan\theta_2 = \frac{2m}{l} \tag{11.9}$$

其中:N 为底部多边形的边数,m 和 n 分别为竖向压杆的长度,$l/2$ 为水平压杆的长度。

由式(11.4) 可得:

$$q_{12} = q_{13} \tag{11.10}$$

上式由结构的对称性也可以得到。

将式(11.10) 代入式(11.5) 和式(11.6),可以得到水平拉索、斜向拉索和水平压杆的内力关系为:

$$q_{14}\left(\cos\theta_2 + \frac{\sin\theta_2}{\tan\theta_1}\right) + 2q_{12}\sin\frac{\alpha}{2} + q_{16} = 0 \tag{11.11}$$

而由图 11.33(b) 以及体系的旋转对称性可以得到:

$$q_{46} = -N \times q_{14}\sin\theta_2 \tag{11.12}$$

而对于节点 6,可以得到:

$$q_{46} = q_{56} \tag{11.13}$$

由上述公式可以求得 DP 单元的自应力模态。

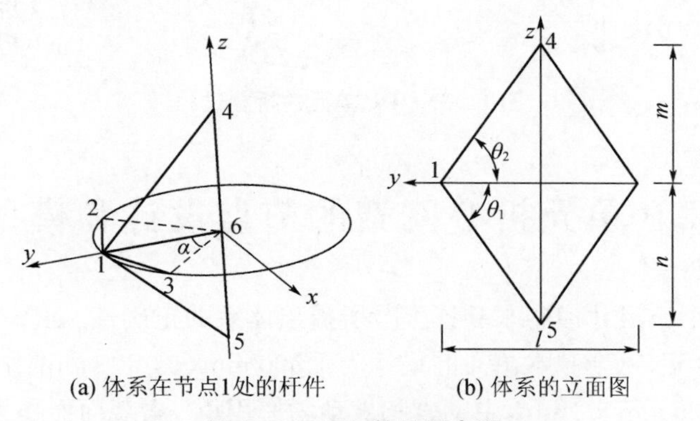

(a) 体系在节点1处的杆件　　(b) 体系的立面图

图 11.33　DP 单元示意图

11.4.2　折叠体系

用 DP 单元形成折叠体系时,需要在图 11.32 所示的上下棱锥体顶点处连接一层拉索。该层拉索的作用一是将所有单元连接成一个整体,另外还可以抵抗外荷载的作用。当体系承受重力和向下的外荷载时,需要在 DP 单元下部棱锥体顶点处设置一层拉索来承受拉力;而当体系承受向上的荷载时,需在上部棱锥体顶点处施加一层拉索来承受拉力。

当由单元组成体系时，相邻单元底部节点连接的拉索长度等于DP单元水平压杆长度的2倍时，就可以形成如图11.34所示的网架体系。而当连接单元相邻底部节点拉索的长度小于DP单元水平压杆长度的2倍时，可形成网壳体系。

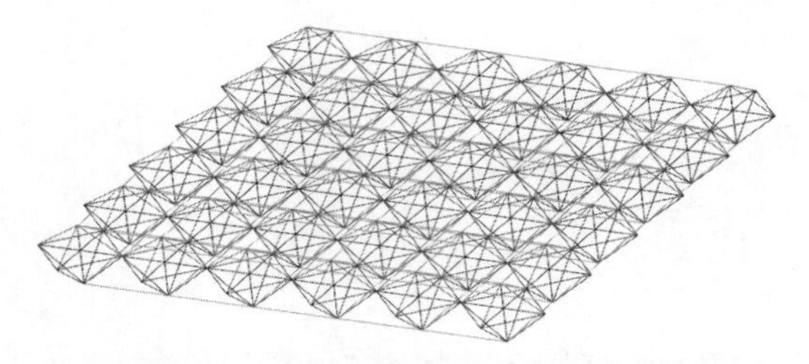

图11.34　DP单元组成的折叠网架体系

11.4.3　折叠展开方式

采用压杆驱动方式时，由于其需要的驱动力数量太多，所以本书选择了拉索驱动的方式。如图11.35所示，在体系折叠过程中，水平和下部斜向拉索松弛，上部斜索不断变长；而展开过程正好相反，上部拉索作为主动索，其长度不断缩短，而水平和下部拉索作为被动索，在展开过程中是松弛的，但是当其被拉紧时，体系的运动停止，如果此时主动索进一步缩短，则在DP单元内产生了自应力。

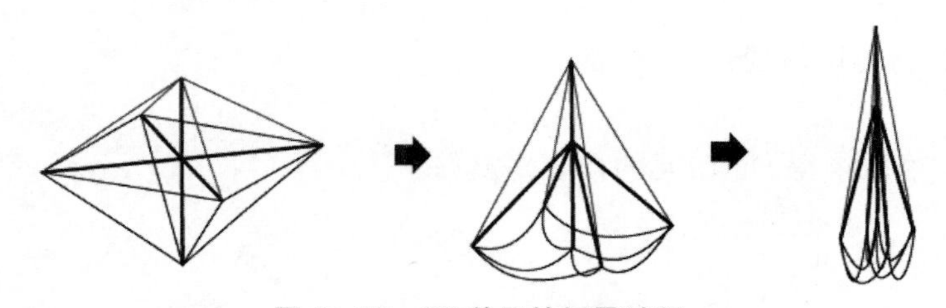

图11.35　DP单元的折叠过程

11.5　基于DP单元折叠网架的节点设计和模型制作

本节将制作一个小尺寸模型来验证上节所提出体系的正确性。如图11.36所示，该模型拥有3×3个DP单元，每个基本单元的尺寸为1 500 mm×1 500 mm，结构高度为500 mm。钢压杆截面为钢管25 mm×2 mm，主动索和被动索使用Φ3，索截面面积为19.625 mm^2，结构单侧跨度为4.5 m，在结构下层角部4点处与支座铰接。该结构的组成如图11.37所示，图11.37(a)所示为结构的钢压杆部分，由上部的斜杆和下部的短直杆构成，节点连接为铰接；图11.37(b)为基本结构的被动索部分，分为上层被动索和下层被动索；图11.37(c)为结构的主动索部分；图11.37(d)为整体结构成型后示意图。图11.38为试验模型图。

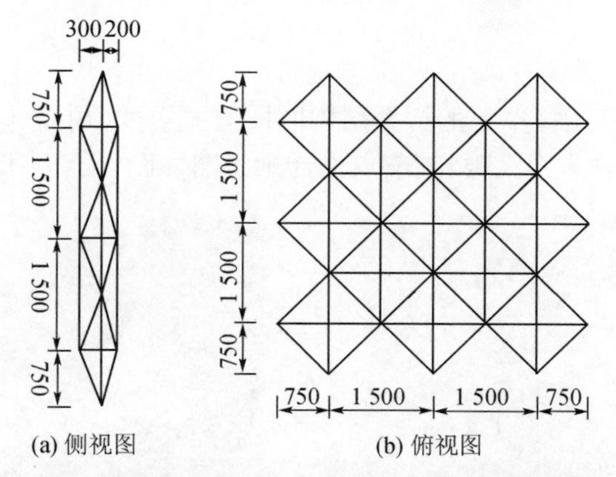

(a) 侧视图　(b) 俯视图

图 11.36　基于 DP 单元折叠网架基本结构模型具体参数

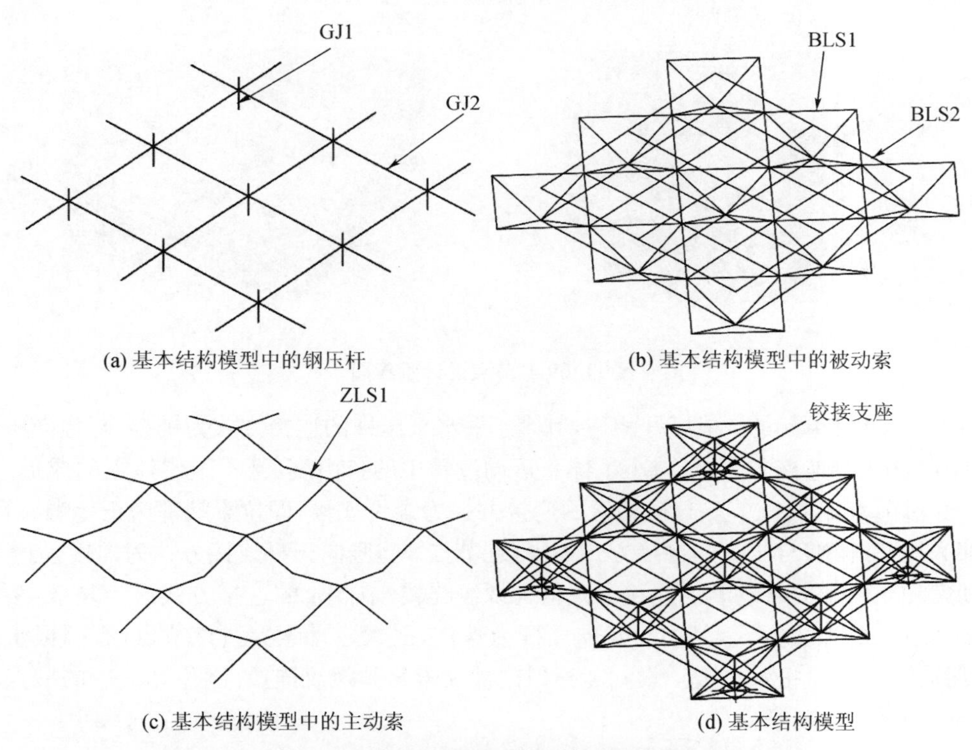

(a) 基本结构模型中的钢压杆　(b) 基本结构模型中的被动索

(c) 基本结构模型中的主动索　(d) 基本结构模型

图 11.37　基于 DP 单元折叠网架基本模型及其结构组成示意图

图 11.38　基于 DP 单元折叠网架试验模型图

11.5.1　节点设计

节点设计对基于 DP 索杆单元的折叠结构同样至关重要。由图 11.38 可以看出，本章折叠体系的连接节点可以分为四大类，其节点设计示意图如图 11.39 所示。

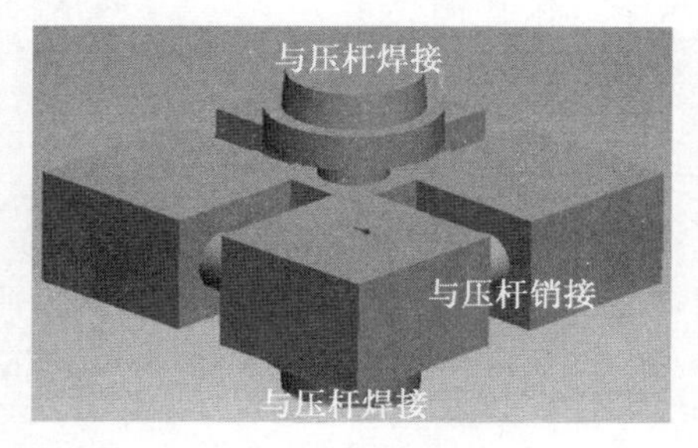

(a) 节点样式一

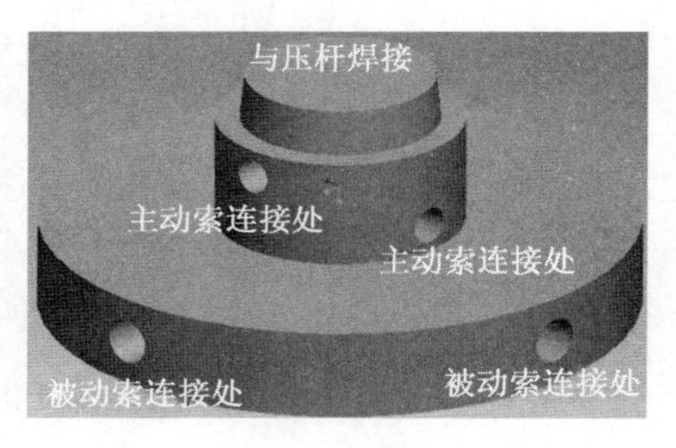

(b) 节点样式二

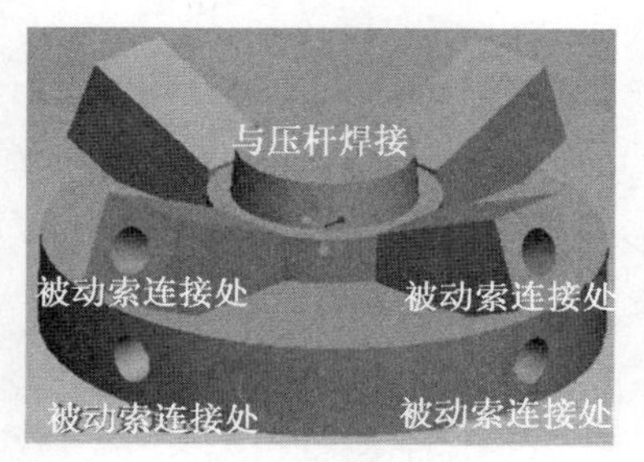

(c) 节点样式三

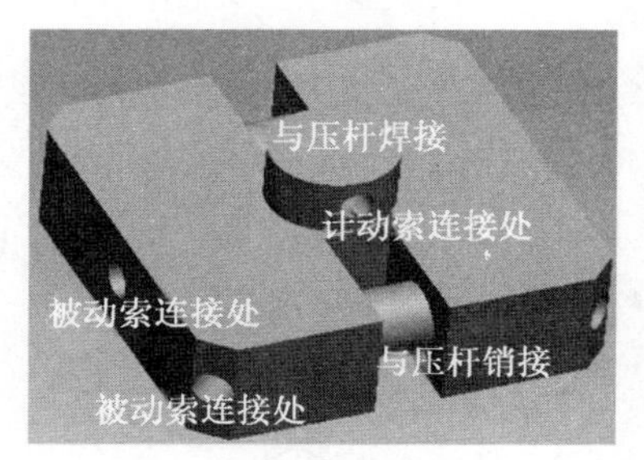

(d) 节点样式四

图 11.39　节点设计示意图

节点 1 与 DP 单元的 6 根压杆相连，其余 4 根水平压杆的连接方式为销接，与竖向压杆为焊接，采取这样的连接方式，既减小了体系运动过程中的自由度，又不阻碍体系的成形。主动索直接穿过节点 2，而该节点与被动索的连接方式为螺纹连接，即拉索端部为正牙螺纹，而节点内部为反牙螺纹，与压杆的连接方式为焊接。节点 3 与竖向压杆连接方式为焊接，与 4 根水平被动索和 4 根斜向被动索的连接方式均为螺纹连接。节点 4 的连接方式最为复杂，结合了前面 3 个节点的连接方式，其中与竖向压杆为焊接，一根主动索穿过该节点，有两根水平压杆与其销接，还有 4 根水平被动索和 2 根斜向被动索与其螺纹连接。制作完成后的节点如图 11.40 ～ 图 11.44 所示。

图 11.40　节点样式模型一

图 11.41　节点样式模型二

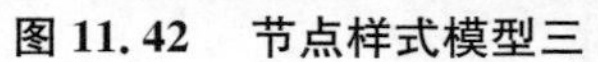
图 11.42　节点样式模型三

图 11.43　节点样式模型四

图 11.44　主动索的张拉装置

11.5.2　模型制作

构件的加工制作主要包括三个部分：① 节点；② 拉索；② 压杆。其中节点委托专业加工厂精加工制作完成，然后现场将其与压杆连接。拉索的设计和上章 CP 单元索杆结构相同。只是主动索的张拉装置进行了改进，如图 11.44 所示，该张拉装置索的张拉方向和压杆平行。

图 11.45 所示为模型压杆和节点组装过程示意图。图 11.45(a) 所示为节点的定位示意图，11.45(b) 为水平压杆与节点连接，11.45(c) 为竖向压杆与节点连接，11.45(d) 为拉索安装前体系的折叠状态示意图。

图 11.46 为体系的展开过程示意图。图 11.46(a) 为体系的折叠状态，11.46(b) 为体系的半展开状态，11.46(c) 为体系完全展开状态。

(a) 地上放样

(b) 水平杆件与节点连接

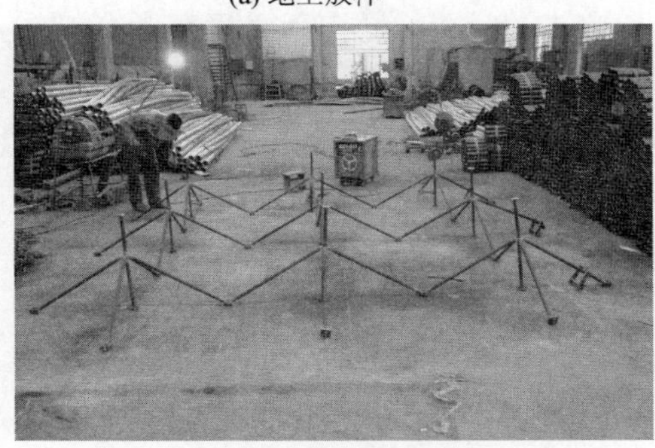
(c) 竖向杆件与节点连接

(d) 压杆组装完成

图 11.45　压杆组装过程示意图

(a) 折叠状态

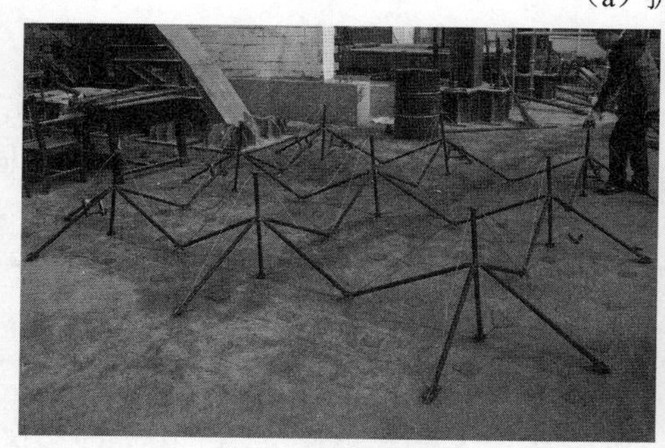

(b) 半展开状态

(c) 展开状态

图 11.46　体系展开过程示意图

11.6　基于 DP 单元折叠网架受力性能分析

11.6.1　静力性能分析

折叠结构在完全展开状态时的受力性能是评价体系是否优越的重要指标。本节采用有限元分析软件 ANSYS 对结构进行静力分析，其中采用 LINK8 单元模拟钢压杆，LINK10 单元模拟拉索。结构中各杆件的自应力模态分布如表 11.2 所示。结构承受恒载为 0.5 kN/m^2，活载为 0.5 kN/m^2。结构承受的静力荷载工况分为 2 种，一种为全跨荷载 1.0 kN/m^2，记为 Load1，另外一种为全跨恒载 0.5 kN/m^2，半跨活载 0.5 kN/m^2，记为 Load2。钢材弹塑性性能曲线采用理想弹塑性的双线型，钢材屈服应力为 235 MPa，弹性模量为 2.00×10^5 N/mm^2，泊松比为 0.3，拉索的屈服应力为 1 860 MPa。

表 11.2　构件自应力模态分布

构件编号	GJ1	GJ2	ZLS1	BLS1	BLS2
构件数目	18	36	36	72	32
初始内力(N)	−7 284	−2 896.8	4 324.2	3 000	0

下面着重考察该模型分别在满跨荷载(Load1) 和非对称荷载(Load2) 作用下该结构的静力性能。为了更好分析计算结果，选取不同的节点分析其位移，不同的压杆以及拉索分析

其内力。选取构件过程中，在 Load1 工况下，考虑结构以及荷载的对称性，分别选取 3 根具有代表性的竖向压杆和横向压杆，如图 11.47(a) 和 11.47(b) 所示；同时选取 4 个节点，如图 11.47(c) 所示；由于结构被动索较多，根据其空间位置分别选取 4 根斜索和 3 根平索，如图 11.47(d) 和 11.47(e) 所示。在 Load2 工况下，由于荷载不对称，考虑到要与 Load1 做比较，故选取的杆件相同，只是选择处在荷载较大侧位置上的节点和构件。

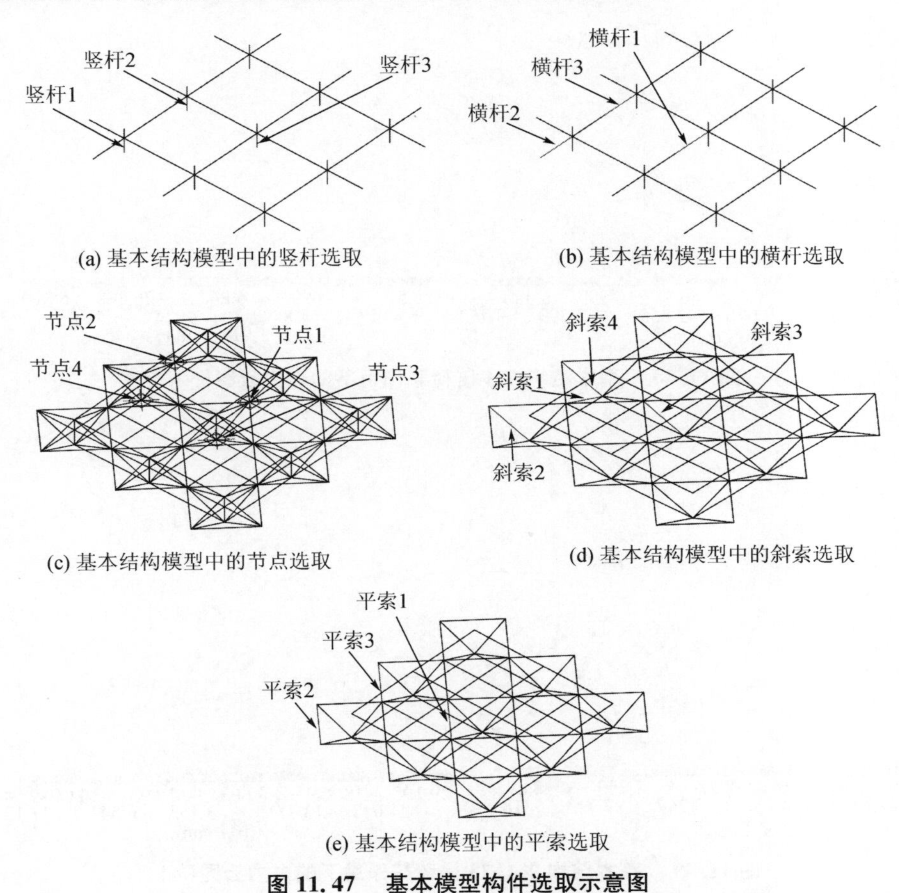

(a) 基本结构模型中的竖杆选取

(b) 基本结构模型中的横杆选取

(c) 基本结构模型中的节点选取

(d) 基本结构模型中的斜索选取

(e) 基本结构模型中的平索选取

图 11.47　基本模型构件选取示意图

图 11.48 为结构在 1 倍荷载作用下的内力云图。从图 11.48(a) 可以看出，结构在 1 倍对称荷载作用下，内力分布呈现较好的对称性，处于边部的横杆内力较大，其余压杆的内力较小。处于角部拉索的内力要比其他位置拉索的内力大。从图 11.48(b) 可以看出，结构在 1 倍的非对称荷载作用下，内力分布开始呈现一定的非对称性，处于活荷载作用半跨结构边部位置的横杆内力较大，其余钢压杆的内力较小。同样，处于活荷载作用半跨边部位置的拉索内力较大，其余位置拉索的内力较小。

图 11.49 为结构在 1.75 倍荷载作用下的内力云图。从图 11.49(a) 可以看出，结构在 1.75 倍对称荷载作用下，内力分布仍然呈现较好的对称性，相对于 1 倍荷载而言，结构的整体内力均增大不少；而且其分布形式也有所变化。在 1 倍荷载时，处于边部位置的压杆内力沿边部基本不变，而在 1.75 倍荷载时，处于角部的压杆内力明显变大，拉索的内力也是随着荷载的增大而增大，其角部位置拉索的内力变化十分明显。从此也可看出，随着结构承受荷

载的增大，结构角部构件的内力会明显增大，这也说明了角部构件对该结构体系的重要性。从图 11.49(b) 可以看出，结构在 1.75 倍非对称荷载作用下，内力分布呈现明显的非对称性，处于活荷载作用半跨结构的构件，无论是压杆还是拉索，内力都明显比其他位置的压杆要大。

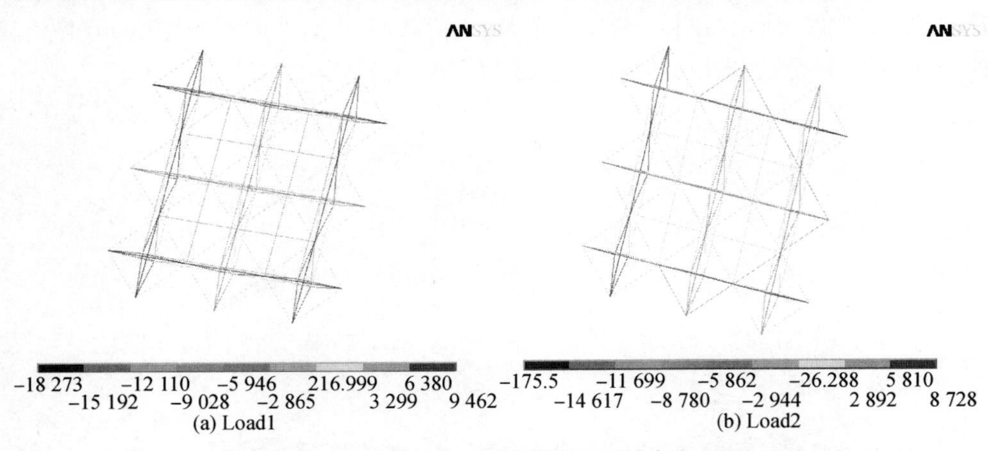

(a) Load1　　(b) Load2

图 11.48　基本结构在 1 倍荷载作用下的内力云图(N)

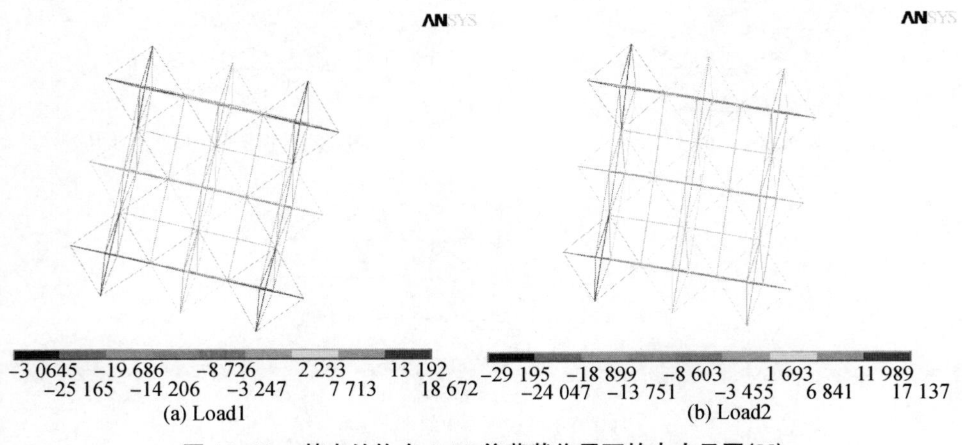

(a) Load1　　(b) Load2

图 11.49　基本结构在 1.75 倍荷载作用下的内力云图(N)

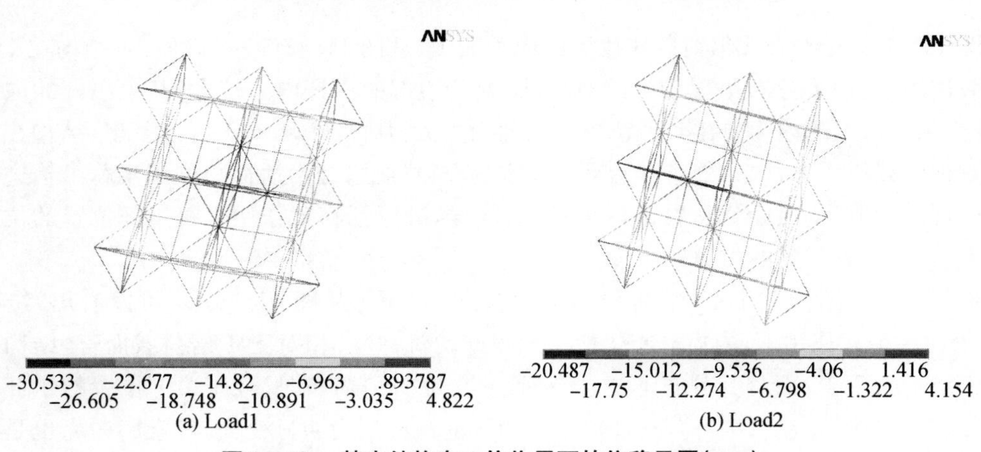

(a) Load1　　(b) Load2

图 11.50　基本结构在 1 倍作用下的位移云图(mm)

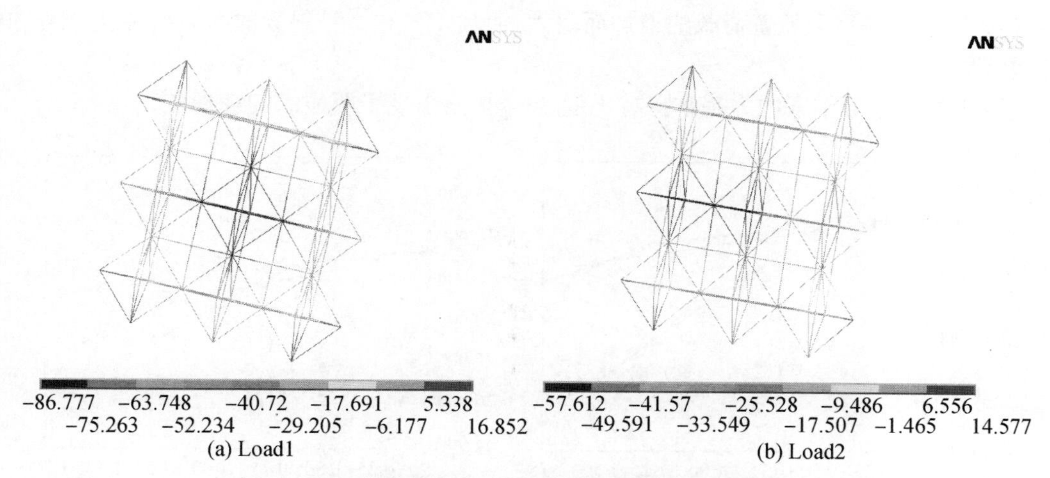

图 11.51　基本结构在 1.75 倍作用下的位移云图(mm)

图 11.50 为结构在 1 倍荷载作用下的位移云图。从图 11.50(a) 可以看出，结构在 1 倍对称荷载作用下，位移分布也呈现较好的对称性。位移的最大值在结构的跨中位置处；而在结构四个角部，出现“翘曲”的现象，位移会为正值。从图 11.50(b) 可以看出，结构在 1 倍的非对称荷载作用下，位移分布也开始呈现一定的非对称性，位移的最大值已偏于活荷载作用的一侧，而且该半跨结构的位移明显要大于另外半跨结构的位移。

图 11.51 为结构在 1.75 倍荷载作用下的位移云图。从图 11.51(a) 可以看出，结构在 1.75 倍对称荷载作用下，位移分布呈现较好的对称性。位移的最大值仍然出现在结构的跨中位置处，由于荷载的明显增大，其数值要远大于 1 倍荷载时的最大位移。从图 11.51(b) 可以看出，结构在 1.75 倍非对称荷载作用下，位移分布呈现明显的非对称性，位移的最大值出现在活荷载作用一侧的结构上。

以表 11.2 所给的初始内力作为该结构的初始预应力，考察结构在满跨荷载作用下的力学性能。结构位移和杆件内力计算结果分别如图 11.52 和图 11.53 所示。从计算结果可以看出：

(1) 在本书荷载取值范围内，节点位移均随着荷载的增加而增加。最大节点位移出现在结构中部的 3 号节点处。

(2) 2 号和 3 号竖杆的内力随着荷载的增加内力略有增大；1 号竖杆的内力最大，而且随着荷载的增加而明显增大，这是因为 1 号压杆处在结构的支座位置上。

(3) 横杆的内力随着荷载的增加内力略有增大；且其变化幅度是 2 号横杆大于 1 号横杆，1 号横杆大于 3 号横杆，这说明横向压杆所处的位置离支座越近，其内力变化越明显。

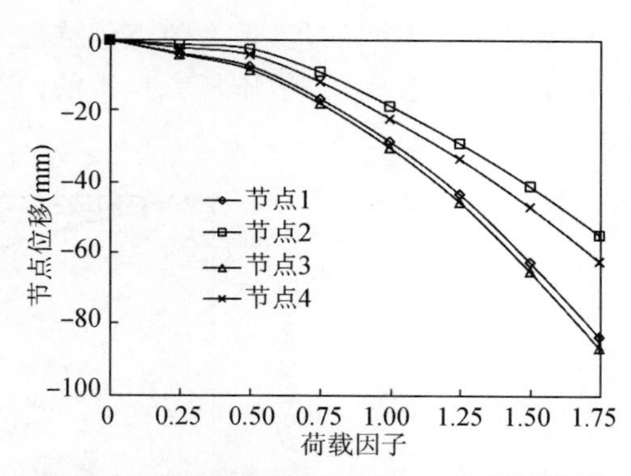

图 11.52　基本模型在 Load1 下位移计算结果

(4) 斜索的内力会随着荷载的增加而增大，而且 1 号和 2 号斜索的内力增幅比 3 号和 4 号斜索要大。

(5) 1 号和 3 号平索内力基本保持不变，2 号平索出现了明显的卸载现象。

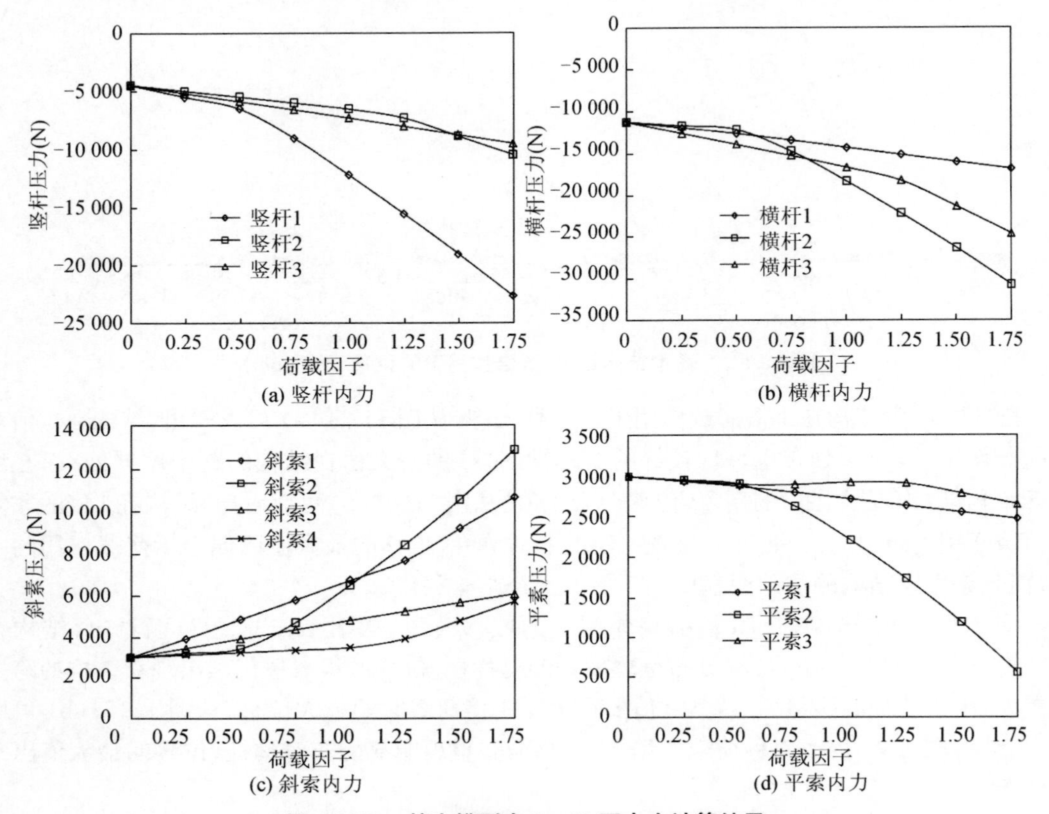

图 11.53　基本模型在 Load1 下内力计算结果

在非对称荷载作用下，结构位移和内力计算结果如图 11.54 和图 11.55 所示。从计算结果可以看出：在非对称荷载作用下，在本书荷载取值范围内，节点位移均随着荷载的增加而增加。与满跨荷载不同的是，最大节点位移出现在 1 号节点处，这也是由于荷载的不对称造成的。在非对称荷载作用下，压杆和拉索的内力变化情况和满跨荷载时相似，只是数值上有所减小。

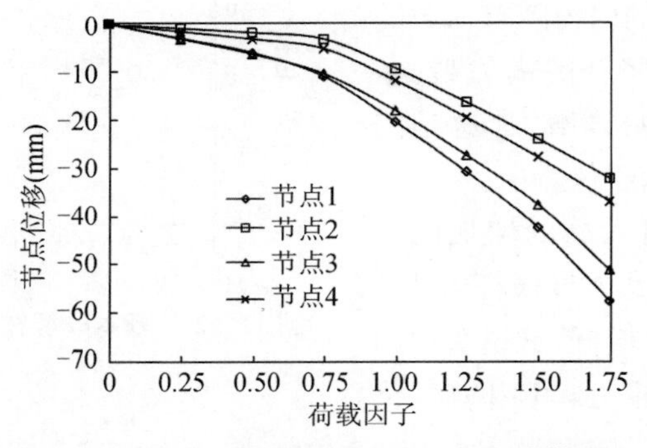

图 11.54　基本模型在 Load2 下位移计算结果

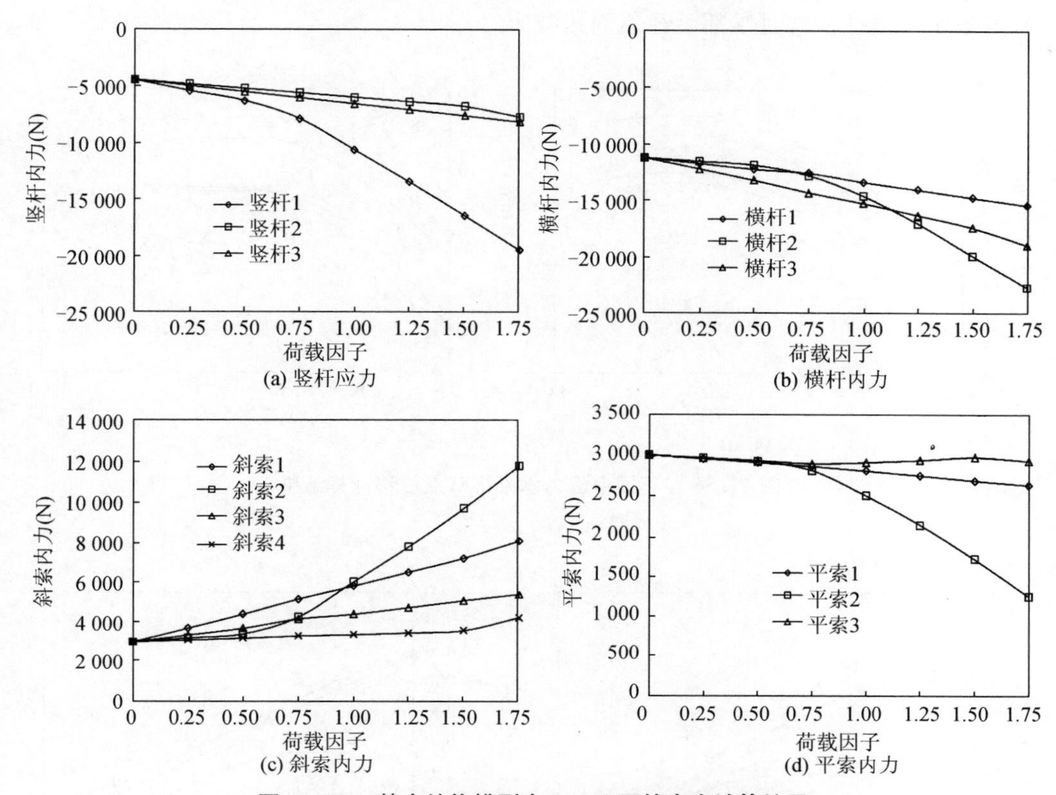

(a) 竖杆应力 (b) 横杆内力

(c) 斜索内力 (d) 平索内力

图 11.55 基本结构模型在 Load2 下的内力计算结果

11.6.2 自应力水平对结构静力性能的影响

预应力对本章提出的折叠索杆体系的结构刚度十分重要。预应力的存在使结构能够成形，预应力为结构提供必要的刚度，同时预应力也会在一定程度上提高或者改善结构的刚度。取表 11.2 所给的预应力作为结构的基准自应力水平，对于结构在不同自应力水平下的节点位移以及压杆、拉索内力的变化情况进行了计算。图 11.56 ～ 图 11.58 分别为结构在 Load1 以及 Load2 作用下的节点位移和构件内力变化情况。从图 11.56 可以看出，各个节点在两种荷载工况下的位移变化情况大致相同。随着自应力水平因子的增大，节点位移先增大而后趋于平稳。在不同的荷载工况下，此临界点有所不同。满跨荷载时，自应力水平因子小于 2.0 时，节点位移变化比较明显；自应力水平因子大于 2.0 之后节点位移几乎无变化。对于非对称荷载作工况，其临界值为 1.5。这说明当预应力水平足够大时，增大预应力水平并不能显著改变体系的整体刚度。

从图 11.57(a) 和 11.57(b) 可以看出，1 号竖杆的内力随着自应力水平的提高先略有减小；当自应力水平因子大于 1.5 后，构件的内力基本上呈线性增大。其余竖杆的内力随着自应力水平的提高而增大。这说明自应力水平的改变对结构中压杆内力的影响是最直接的。

从图 11.57(c) 和 11.57(d) 可以看出，各个横杆在两种荷载工况下的内力变化趋势大致相同。在荷载作用下，随着自应力水平的提高，构件的内力随之提高，在自应力水平因子小于 2.5 时，内力变化基本上呈线性关系，而当自应力水平因子接近 3.0 时，所有横杆的内力相等,原因是所有横杆在这时候都已经达到屈服应力。

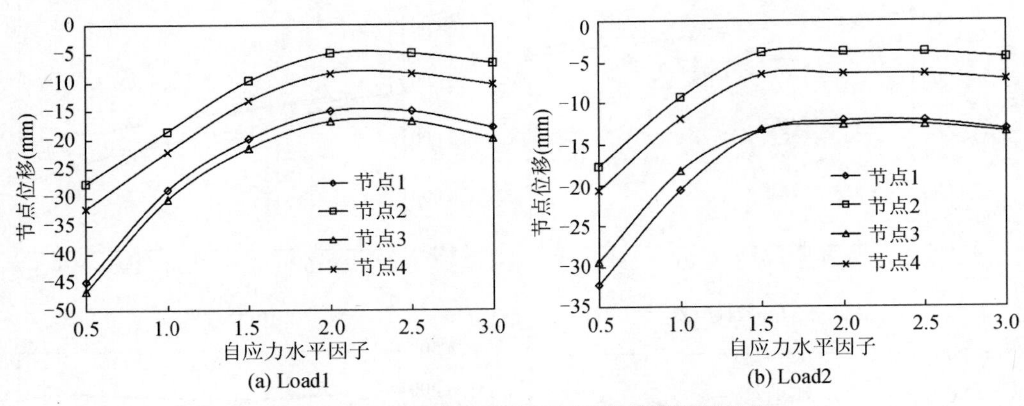

(a) Load1　(b) Load2

图 11.56　不同自应力水平下节点位移计算结果

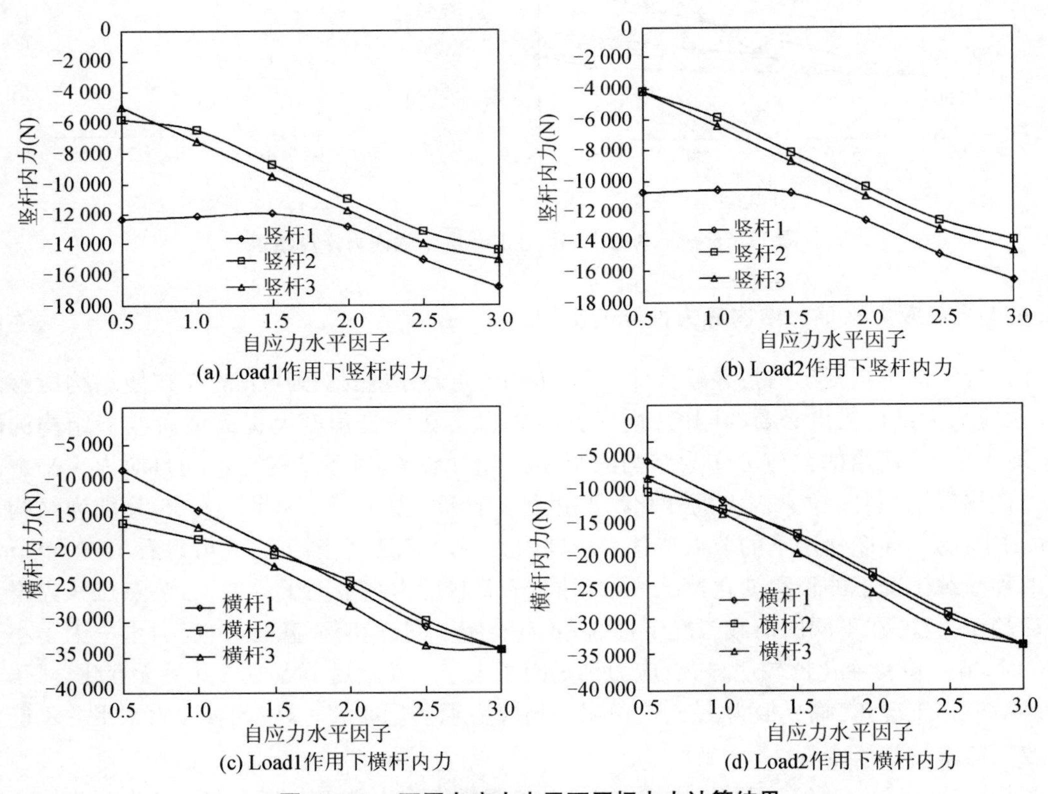

(a) Load1作用下竖杆内力　(b) Load2作用下竖杆内力

(c) Load1作用下横杆内力　(d) Load2作用下横杆内力

图 11.57　不同自应力水平下压杆内力计算结果

从图 11.58 可以看出,2 号斜索随着自应力水平的增加先略微减小而后增大;其他斜索和平索内力的变化趋势相同,均随着自应力水平的增加而相应增大,并且几乎呈线性变化规律。

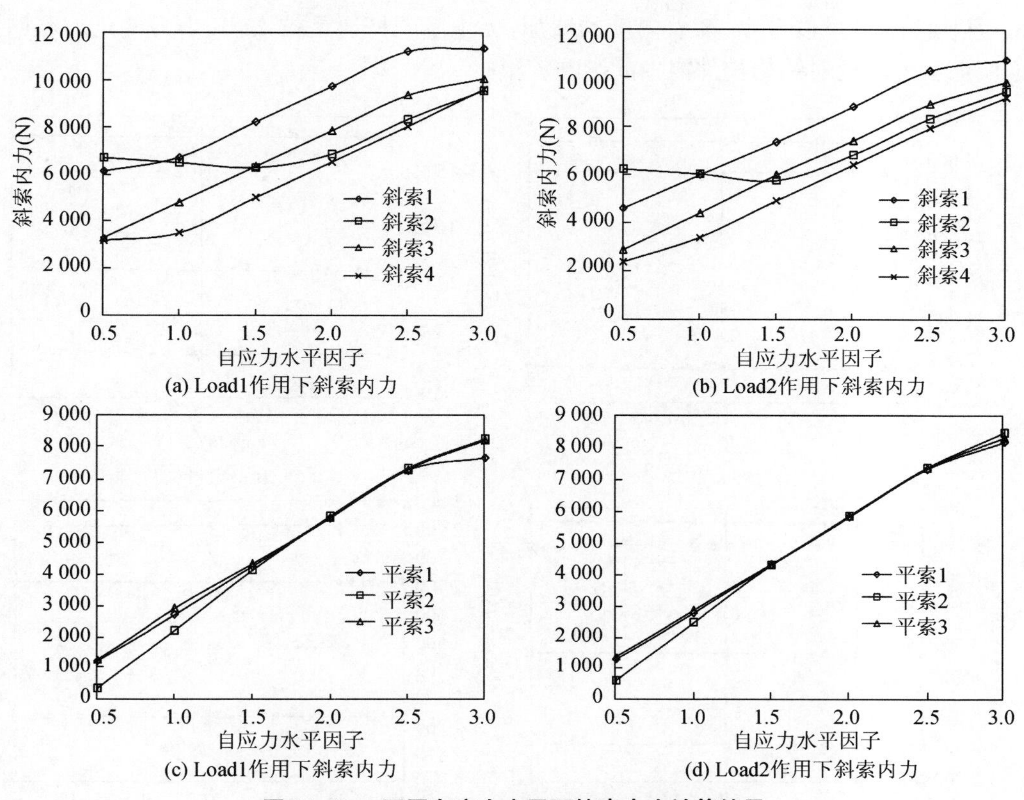

(a) Load1作用下斜索内力 (b) Load2作用下斜索内力

(c) Load1作用下斜索内力 (d) Load2作用下斜索内力

图 11.58 不同自应力水平下拉索内力计算结果

11.6.3 温度变化对结构静力性能的影响

温度变化对本章所提出的折叠索杆结构的影响较为复杂。温度的变化一方面会使索杆体系的预应力发生变化，从而影响结构体系的刚度，另一方面也会在钢构件中产生内力。温度变化幅值取为 ±30 ℃，温度变化的步距为 5 ℃。图 11.59 和图 11.60 分别为结构的节点位移和杆件内力随温度变化的情况。

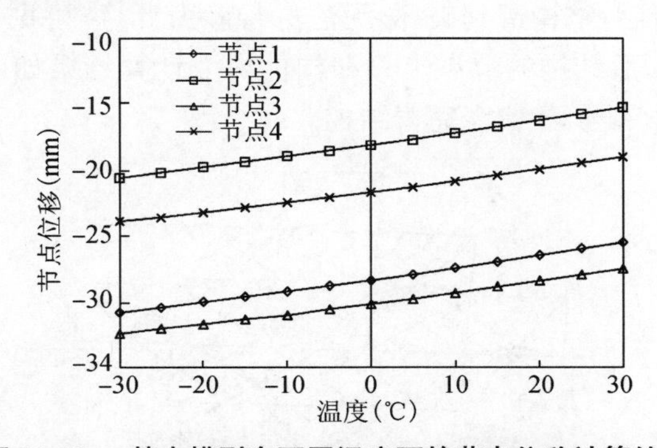

图 11.59 基本模型在不同温度下的节点位移计算结果

从图 11.59 可以看出，随着温度的增加，节点位移的变化呈现出较好的线性变化规律。节点位移均是随着温度的增加而逐渐增大，这说明随着环境温度的升高，结构的刚度会略有降低。从图 11.60 可以看出，随着温度的增加，无论是压杆还是拉索，其内力变化均不明显。这说明温度的改变对结构构件内力的影响较小。

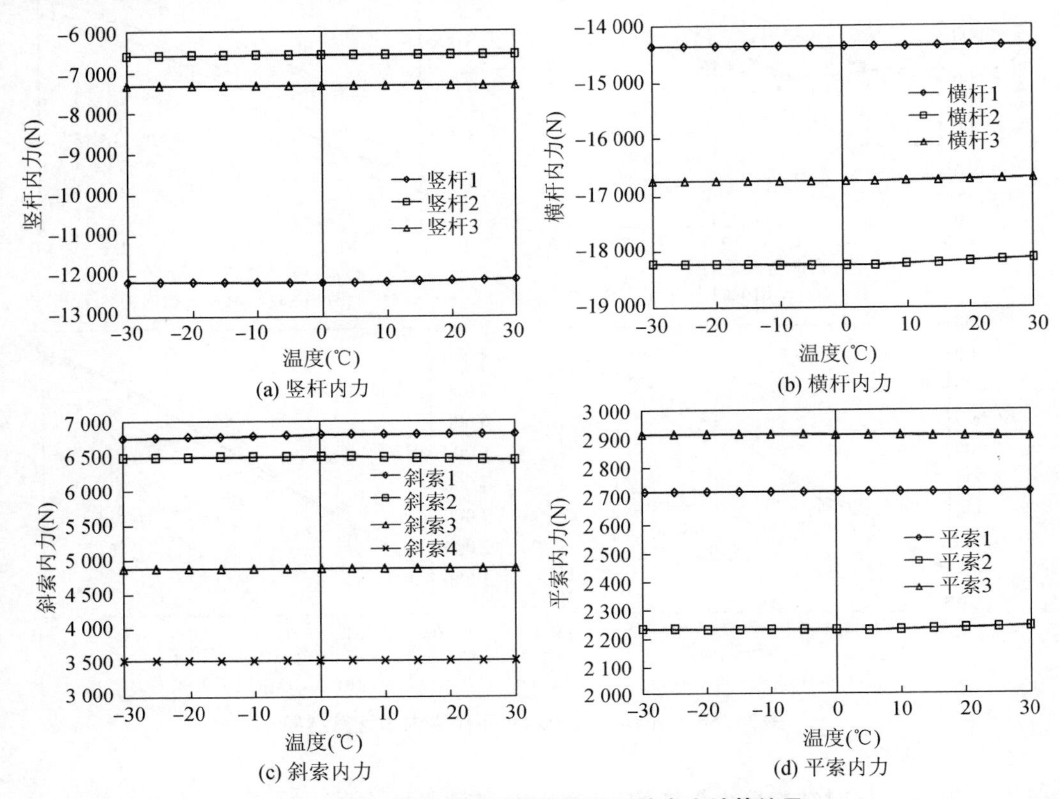

图 11.60　基本模型在温度变化下的内力计算结果

11.6.4　拉索破断对结构静力性能的影响

为了进一步研究基于 DP 索杆单元折叠结构的静力性能，特选取拉索破断后对结构进行静力分析，破断拉索的选取如图 11.61 所示，一共选取 6 根具有代表性的拉索。经过计算发现，5 号和 6 号拉索破断后，结构遭到破坏，无法进行静力计算，可见角部单元的拉索对结构十分重要。其余拉索破断后结构的节点位移和构件内力计算结果如图 11.62 ～ 图 11.63 所示，其横坐标为破断拉索编号，0 代表完善结构。

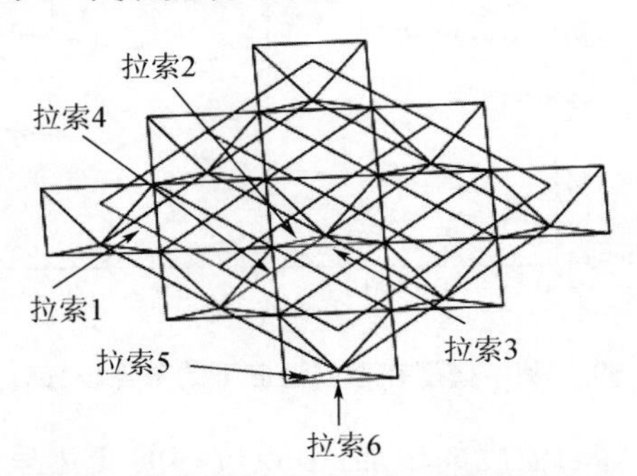

图 11.61　基本结构模型破断拉索编号示意图

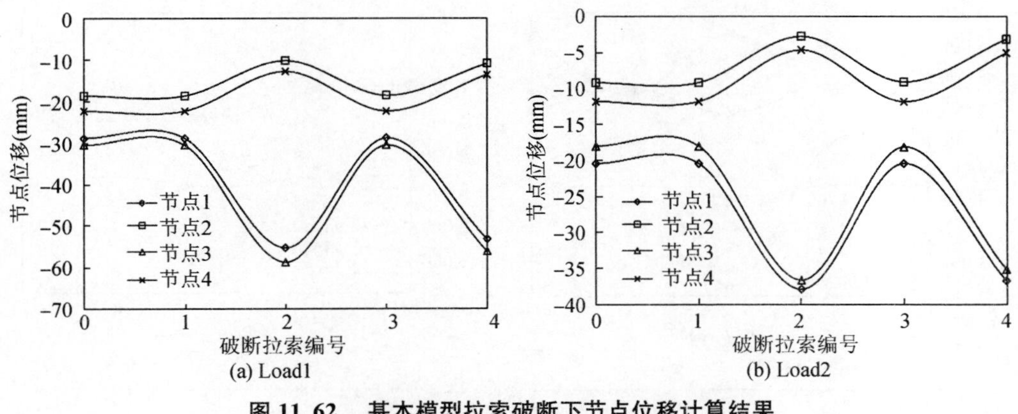

图 11.62 基本模型拉索破断下节点位移计算结果

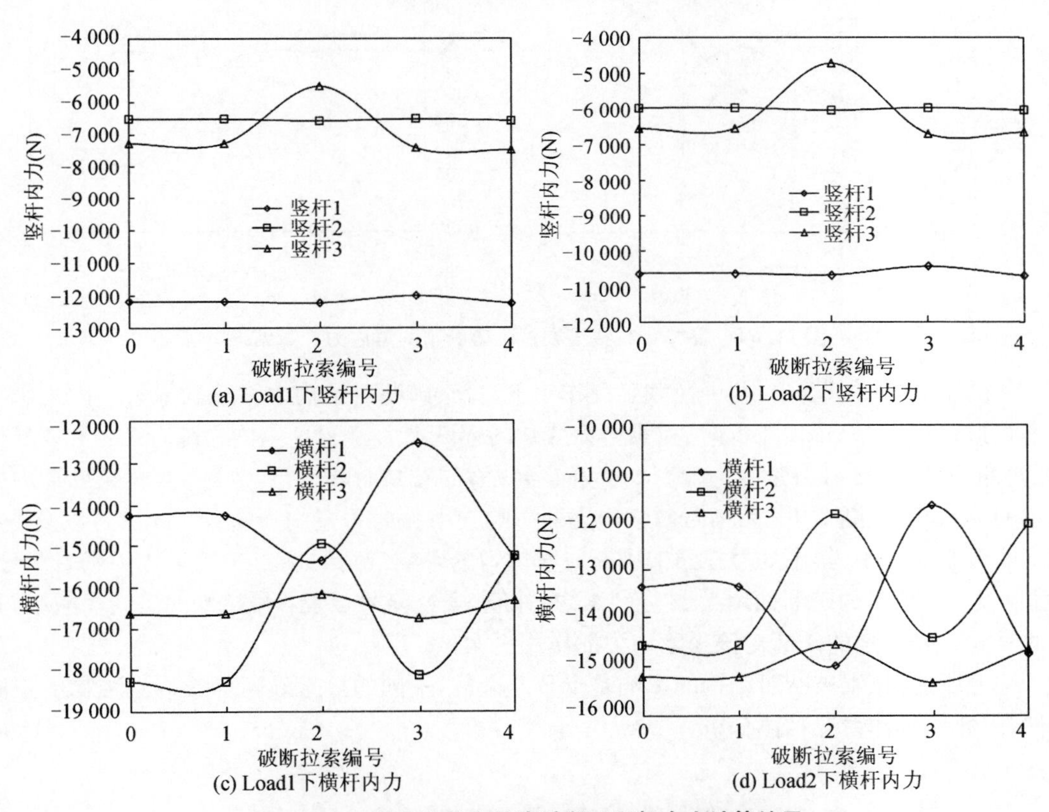

图 11.63 基本结构在拉索破断下压杆内力计算结果

从图 11.62 可以看出，在两种荷载工况下，拉索破断对结构的 2 号和 4 号节点位移影响不大。而 1 号和 3 号节点在 2 号和 4 号拉索破断后，其位移有较大程度的增加。

从图 11.63 可以看出，两种荷载工况作用下，拉索破断对结构竖杆的内力影响基本相似。拉索破断对 1 号和 2 号竖杆的影响均不大，3 号竖杆的内力随着 2 号拉索的破断而减小。同样，两种荷载工况作用下，拉索破断对结构中横杆的内力影响也基本相似。1 号横杆内力会随着 2 号和 4 号拉索的破断而增大，随着 3 号拉索的破断而明显减少。2 号横杆内力会随着 2 号和 4 号拉索的破断而减小，随着 3 号拉索的破断而明显增大。拉索破断对 3 号横杆的内力影响较小。

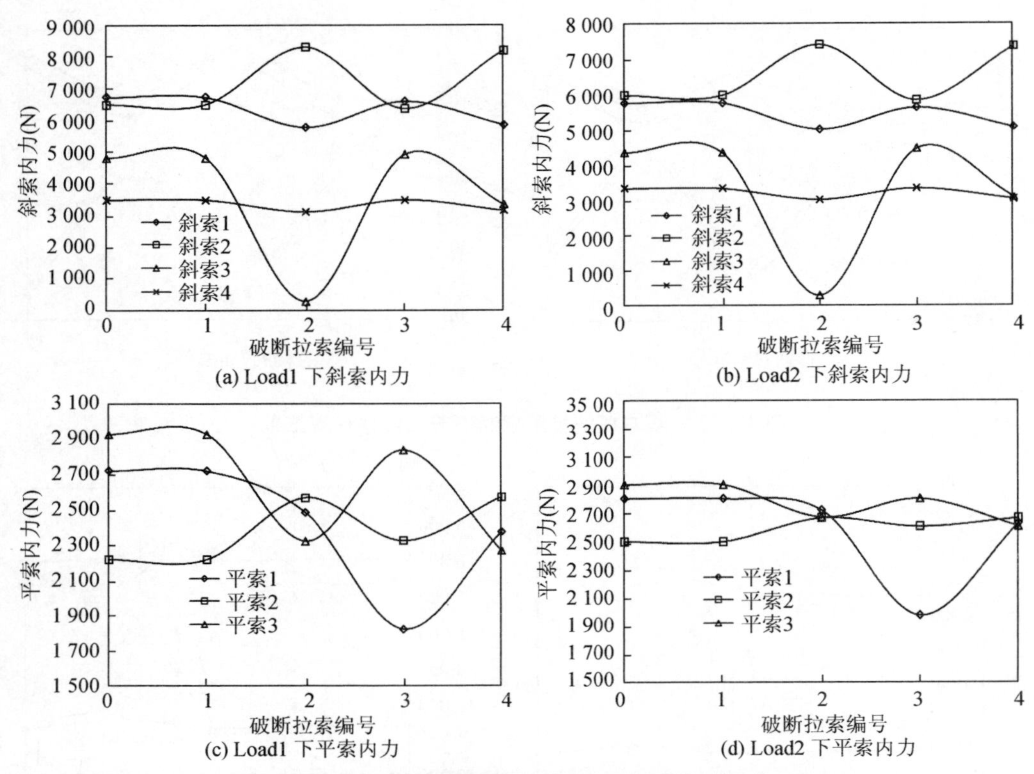

(a) Load1 下斜索内力　(b) Load2 下斜索内力

(c) Load1 下平索内力　(d) Load2 下平索内力

图 11.64　基本结构模型在拉索破断下的索内力计算结果

从图 11.64 可以看出，两种荷载工况作用下，拉索破断对结构中斜索和平索的内力影响基本相似；只是在 Load1 工况时，拉索内力变化的幅度更大。2 号斜索内力随着 2 号和 4 号拉索的破断而增大。3 号斜索内力随着 2 号和 4 号拉索的破断而减小，其中 2 号拉索破断后内力减小明显。拉索破断对 1 号和 4 号斜索内力的影响较小。1 号平索内力随着 2 号、3 号以及 4 号拉索的破断而减小，其中 3 号拉索的破断对其内力的影响最为明显。2 号斜索内力随着 2 号、3 号以及 4 号拉索的破断而增大。3 号斜索内力随着 2 号、3 号以及 4 号拉索的破断而减小，其中 2 号和 4 号拉索的破断对该平索内力的作用更明显。

综上所述，拉索破断对结构的影响是十分复杂的，不同的拉索破断会影响到结构的不同构件，因此要具体情况具体分析。

11.7　本章小结

本章分别基于 CP 索杆单元和 DP 索杆单元提出了两种折叠网架结构，并设计了相应模型，来验证理论分析的正确性。最后利用有限元软件对体系的受力性能进行了深入的研究。

通过本章分析，对于 CP 单元式折叠网架结构，可以得出如下结论：

(1) 通过试验研究验证了基于 CP 索杆单元提出的折叠网架结构设想。

(2) 体系在满跨荷载作用下，其杆件内力和位移均呈现较好的对称性。体系处于角部和中心位置的杆件内力较大，其余位置杆件内力较小；处于结构下层四个角部位置的节点，由于支座的存在，位移为零，在结构中心处，位移达到最大值。而在非对称荷载作用下，体系的响应也成一定的非对称性。

(3) 满跨荷载作用下，当自应力水平因子小于1.0时，节点位移变化较为明显；而当其大于1.0之后节点位移几乎无变化。非对称荷载工况时，节点位移的变化趋势类似。这说明当预应力水平足够大时，增大预应力水平并不能显著改变体系的整体刚度。而在两种荷载作用下，随着自应力水平的提高，构件的内力随之增大，而且基本呈线性关系。所以选择合适的初始预应力水平极为重要。

(4) 温度变化对折叠体系有较大影响，在正常使用荷载作用下，随着温度的变化，体系的杆件内力和位移均呈现出较好的线性变化规律。其中体系上层边节点的位移随着温度的增大而逐渐增大，其余节点位移随之减小。

(5) 在角部CP单元的拉索失效后，体系无法承受正常使用荷载。而中部单元的拉索破断对体系的影响也较大，有部分节点位移和杆件内力发生明显变化；而其余拉索破断对体系的影响较小。

对于DP单元式折叠网架结构，可以得出如下结论：

(1) 通过试验研究验证了基于DP索杆单元提出的折叠网架结构设想。

(2) 体系在满跨荷载作用下，其杆件内力和位移均呈现较好的对称性。体系处于边部的水平压杆内力较大，其余位置杆件内力较小；位移的最大值出现在结构的跨中位置；在结构角部，出现“翘曲”的现象，呈现向上的位移。而在非对称荷载作用下，体系的响应也成一定的非对称性。

(3) 满跨荷载作用下，节点的位移随着体系自应力水平的升高而增大；而当其自应力水平因子大于2.0之后节点位移几乎无变化。非对称荷载工况时，节点位移的变化趋势类似。这说明当预应力水平足够大时，增大预应力水平并不能显著改变体系的整体刚度。而在两种荷载作用下，随着自应力水平的提高，构件的内力随之增大，而且基本呈线性关系。所以选择合适的初始预应力水平极为重要。

(4) 在正常使用荷载作用下，随着温度的变化，体系的位移均呈现出较好的线性变化规律。节点的位移随着温度的增大而逐渐增大，说明随着环境温度的升高，结构的刚度会略有降低。而杆件内力受温度的影响较小。

(5) 在角部DP单元的拉索失效后，体系无法承受正常使用荷载。而其余单元拉索的破断对体系的影响也较大，有部分节点位移和杆件内力发生明显变化。

12　折叠索穹顶的几何及其预应力水平分布研究

索穹顶结构是由美国工程师 Geiger 首先提出的，并在 1986 年成功应用于韩国汉城奥运会体操馆和击剑馆[262]。随后，各国学者对 Geiger 索穹顶的受力性能等进行了深入的分析[11,232,263]。Geiger 索穹顶结构主要由外环梁、脊索、斜索、压杆和中心拉力环等构成，如图 12.1 所示。本章在此基础上，提出两种折叠索穹顶构想，并对其初始预应力水平分布进行研究。

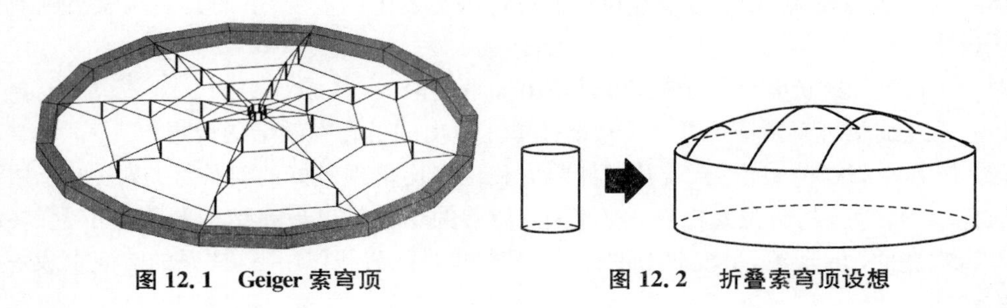

图 12.1　Geiger 索穹顶　　　图 12.2　折叠索穹顶设想

12.1　几何分析

12.1.1　折叠索穹顶

图 12.2 为一折叠索穹顶设想示意图。该设想是在折叠状态时，索穹顶的体积很小，而展开后其覆盖范围较大。该设想可以通过索穹顶环梁的折叠展开来实现。将索穹顶的环梁替换为环向连杆机构，则索穹顶可以自由地折叠展开。

图 12.3 所示的环向连杆机构首先由 NASA 的 Hedgepeth 等提出[264]，后来该连杆机构应用于航天可展结构中。其特点是每个节点由两个转动铰组成。针对此特点，Hedgepeth 等对此连杆机构进行了改进，提出了如图 12.4 所示的环向连杆机构。改进后的连杆机构每个节点由单个转动铰构成，所以改进后连杆机构的转动铰数量减少了一半。

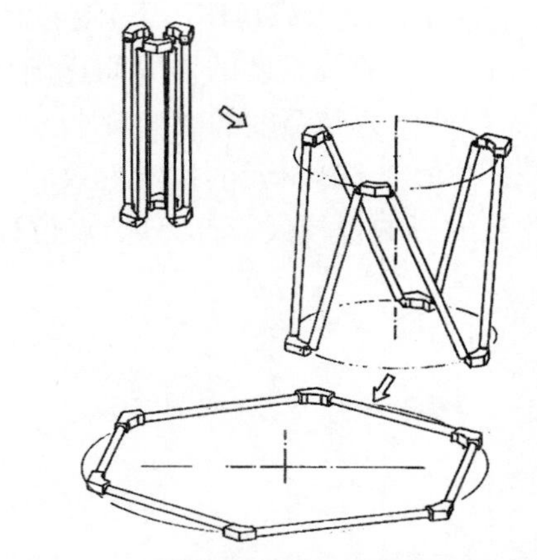

图 12.3　每个节点具有两个铰的环形连杆机构

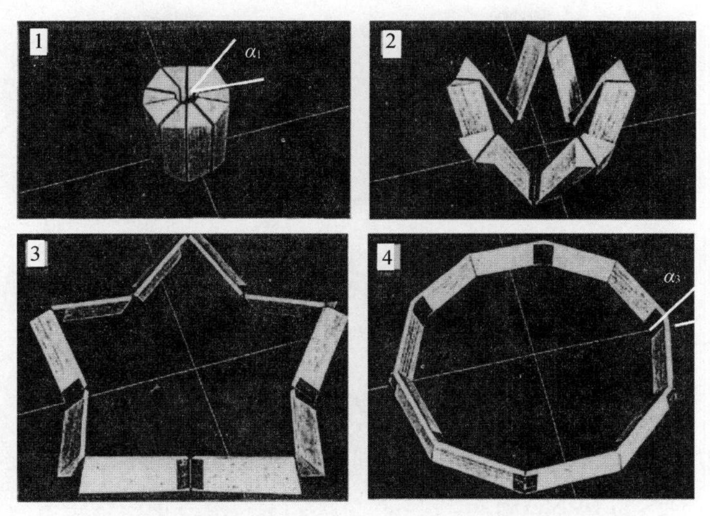

图 12.4　每个节点具有单个转动铰的环形连杆机构

12.1.2　径向可开启式索穹顶

图 12.5 所示为一径向可开启式结构设想。由图可知，该结构的边界条件是固定的，也即索穹顶的环梁是固定的。在开启状态，其中心部分有较大区域是没有覆盖；而闭合状态时，所有区域都被索穹顶覆盖。

图 12.6 所示为一闭合状态的索穹顶结构。径向可开启式索穹顶的闭合过程可以将如图 12.6 中的环向索作为主动索，径向索为被动索。由于每根主动索是连通的，所以张紧主动索并不能得到想要的状态。为了使其闭合状态能够得到如图 12.6 所示的构形，在每段主动索外面套一根钢管，其长度为闭合状态时拉索的长度(应去除节点的大小等)。如图 12.7 所示，其闭合过程中，钢管的长度小于每段主动索的长度时，其自由运动，当其长度和主动索长度相等时，即达到闭合状态。

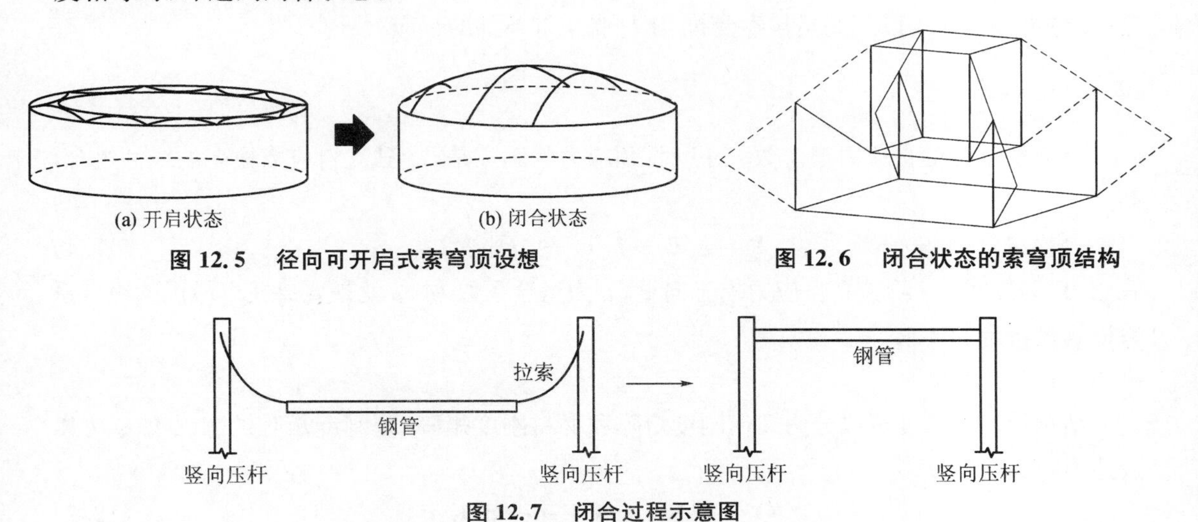

图 12.5　径向可开启式索穹顶设想

图 12.6　闭合状态的索穹顶结构

图 12.7　闭合过程示意图

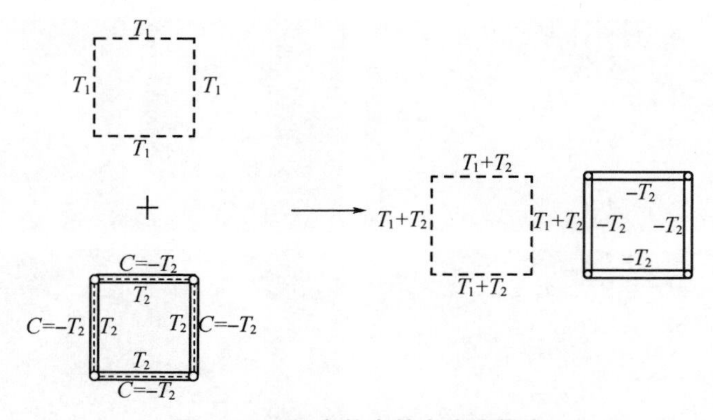

图 12.8　闭合状态的自应力模态

当主动索长度和钢管长度相等时，即达到闭合状态时，继续张紧主动索，将在主动索外部的钢管中产生压应力，其示意图如图 12.8 所示。T_1 为索穹顶结构本身自应力模态赋予环索的拉力；T_2 为与钢管中压力平衡的索拉力，所以其自应力模态中索的拉力为 $T_1 + T_2$。

12.2　预应力分布的确定

索杆张力结构是由拉索和压杆为基本单元组成的，它与一般传统结构的最大区别是结构内部存在自应力模态和机构位移。如果结构可通过施加预应力提供刚度，虽然结构内部存在一阶无穷小机构，但仍能像传统结构一样承受一定的荷载。在未施加预应力前，结构自身刚度无法维持形状，体系处于松弛态，只有施加一定大小的预应力才能成形和承受荷载；且其预应力的大小和分布直接影响着结构的受力性能，只有结构中的预应力大小和分布合理，结构才能有良好的力学性能。因此求解索杆张力结构初始预应力分布是首先需要解决的关键问题。本节以索穹顶和索桁架结构为研究对象，利用优化方法寻找能够保证结构几何稳定、预应力分布均匀以及满足拉索受拉、压杆受压等条件的预应力分布。

12.2.1　数学模型

当索杆结构的自应力模态数 $s > 1$ 时，预应力状态 T 是 s 个独立自应力模态的线性组合，即

$$\mathbf{T} = \alpha_1 \mathbf{T}_1 + \alpha_2 \mathbf{T}_2 + \cdots + \alpha_s \mathbf{T}_s \tag{12.1}$$

式中：$\mathbf{T}_i$ 为体系第 i 阶独立自应力模态向量；α_i 为组合系数。本节就是要寻找出最优的组合系数以满足特定的要求。

(a) 刚度最大

结构的切线刚度可以分为几何刚度矩阵和材料刚度矩阵，则刚度矩阵的二次型 $\mathbf{Q}$ 可以表述为：

$$\mathbf{Q} = \mathbf{d}^{\mathrm{T}} \mathbf{K} \mathbf{d} = \mathbf{d}^{\mathrm{T}} \mathbf{K}_{\mathrm{E}} \mathbf{d} + \mathbf{d}^{\mathrm{T}} \mathbf{K}_{\mathrm{G}} \mathbf{d} \tag{12.2}$$

而一般索穹顶以及索桁结构都是动不定结构，如果上式中的 $\mathbf{d}$ 为位移模态矩阵 $\mathbf{M}$，则

$\mathbf{K}_E\mathbf{M} = 0$。其刚度矩阵的二次型可以写为：

$$\mathbf{Q} = \mathbf{M}^T\mathbf{K}_G\mathbf{M} \tag{12.3}$$

根据式(12.3)给出的$\mathbf{Q}$的最小特征值λ_{min}可以判断结构的预应力稳定性能以及其刚度的大小。如果λ_{min}大于0，则结构是稳定的；如果λ_{min}小于0，则结构是不稳定的；如果λ_{min}等于0，则结构的稳定性需要更高阶的能量来判断。

文献[237]同时指出，结构抵抗外荷载的刚度和λ_{min}是密切相关的。λ_{min}越大，则结构的刚度越大。因此，如果希望在体系的材料和外荷载确定的情况下结构的刚度最大，预应力分布应该使$\mathbf{Q}$的最小特征值λ_{min}最大。

需要指出的是，结构使用的总预应力大小需要控制；否则的话，如果预应力分布全部放大k倍，则刚度矩阵的二次型对应的特征值也放大k倍。这样，寻找最大的特征值λ_{min}就变为寻找最大的k了。本节是通过给定所有杆件的内力平方和来限制总体预应力大小的，具体如下式表示为：

$$\text{constr}(\mathbf{T}) = \mathbf{T}^T\mathbf{T} = \sum_{i=1}^{b} t_i^2 \tag{12.4}$$

(b) 预应力分布的均匀性

均匀的预应力分布在结构的设计、施工甚至维护等方面都具有优越性。例如，均匀的预应力分布，将使同类构件拥有相同的截面，这样可以节省原材料以及方便施工，更重要的是使同类构件的安全储备相同。在这里，通过控制各单元内力偏差，具体由下式求得：

$$\sum_{i=1}^{b} (t_i - \bar{t})^2 \tag{12.5}$$

其中：$\bar{t} = \sum_{i=1}^{b} |t_i|$。

(c) 可行性条件

由于索杆结构的拉索只能受拉，压杆只能受压，所以需要在确定预应力分布时考虑杆件预应力的正负属性。设前b_1根杆件为拉索，后b_2根杆件为压杆，本书通过如下程序来判断结构中的杆件是否满足可行性条件。在杆件为拉索时，函数为：

$$\text{fun}tc_i = \begin{cases} 0 & \text{如果 } t_i \geqslant 0 \\ |t_i| & \text{如果 } t_i < 0 \end{cases} \tag{12.6}$$

在杆件为压杆时，函数为：

$$\text{fun}ts_i = \begin{cases} 0 & \text{如果 } t_i \leqslant 0 \\ |t_i| & \text{如果 } t_i > 0 \end{cases} \tag{12.7}$$

则结构的可行性条件的目标函数为：

$$\min\left(\sum_{i=1}^{b_1} \text{fun}tc_i + \sum_{i=1}^{b_2} \text{fun}ts_i\right) \tag{12.8}$$

通过上述分析，可以得到结构优化的总的目标函数为：

$$\min\left\{w_1(-\lambda_{\min})+w_2\left(\sum_{i=1}^{b_1}\text{funtc}_i+\sum_{i=1}^{b_2}\text{fun}ts_i\right)+w_3\left(\sum_{i=1}^{b}t_i^2-\delta\right)+w_4\left[\sum_{i=1}^{b}(t_i-\bar{t})^2-\varepsilon\right]\right\} \tag{12.9}$$

其中:δ 为给定的总预应力大小的限值条件;ε 为内力偏差限值。

根据上述理论编制了优化程序用来确定索杆张力结构初始预应力分布情况,程序的计算流程见图 12.9。

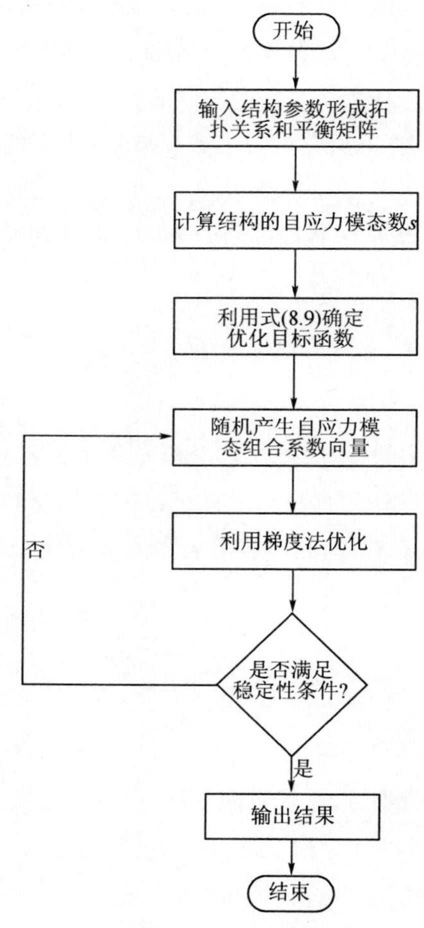

图 12.9　计算流程图

12.2.2　算例

算例 1　九压杆(不设内环) 索穹顶结构

九压杆(不设内环) 索穹顶结构设置一道环索,杆件数 $b=49$,其中压杆为 9,拉索为 40,非约束节点为 18,约束节点数为 8。其节点坐标见第 6 章表 6.2,该结构具有 6 个自应力模态,见表 6.3。确定力密度平方和的约束值为 30,力密度偏差限值为 0.001。由于初始模态向量组合系数对最终优化结果有一定的影响,因此程序采取搜寻 100 个,选取刚度矩阵二次型最小特征根最大的数据为最优的结果。100 组结果数据的比较如图 12.10 所示,得到最佳的刚度矩阵二次型最小特征根为 1.099 4。

利用优化方法得到最佳的独立自应力模态向量组合系数为：{－2.292 9　－0.235 2　－0.036 1　4.128 6　0.014 7　－2.764 1}^{T}。优化后得到的杆件的预应力分布见表 12.1。

表 12.1　九压杆(不设内环)索穹顶结构优化结果

杆件编号	力密度	杆件编号	力密度	杆件编号	力密度
1	1.038 4	18	0.303 0	35	0.974 0
2	1.038 2	19	0.209 1	36	0.974 0
3	1.038 1	20	0.363 5	37	0.974 1
4	1.038 0	21	0.266 6	38	0.974 2
5	1.038 0	22	0.228 2	39	0.974 2
6	1.038 2	23	0.263 0	40	0.974 2
7	1.038 4	24	0.362 1	41	－0.520 7
8	1.038 4	25	0.429 1	42	－0.520 6
9	1.171 5	26	0.240 6	43	－0.520 5
10	0.988 9	27	0.441 1	44	－0.520 5
11	1.182 9	28	0.111 4	45	－0.520 5
12	0.863 8	29	0.318 2	46	－0.520 6
13	1.064 0	30	0.400 3	47	－0.520 7
14	1.143 6	31	0.326 1	48	－0.520 7
15	1.071 8	32	0.114 3	49	－1.146 3
16	0.866 9	33	0.974 2		
17	0.214 7	34	0.974 1		

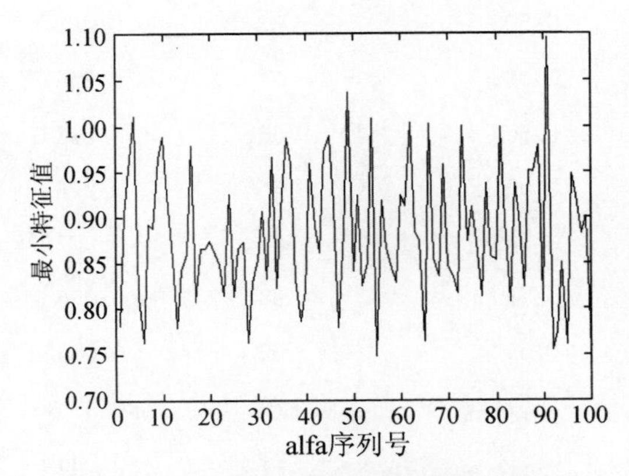

图 12.10　索穹顶结构优化结果的比较

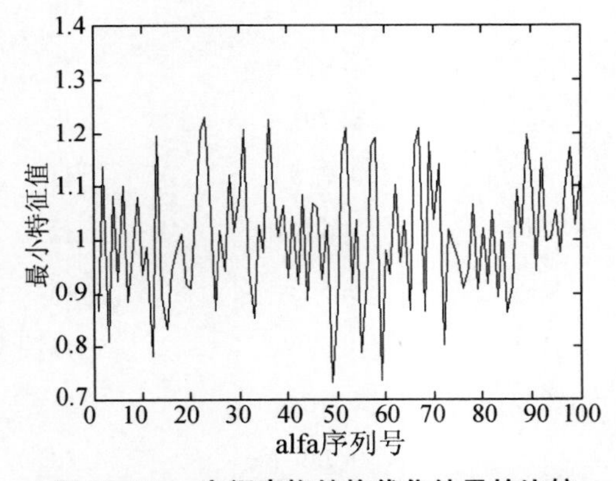

图 12.11　空间索桁结构优化结果的比较

算例 2　空间索桁结构

空间索桁结构，设置两道环索，杆件数 $b=73$，其中压杆数 13，拉杆数 60，总节点数 32，其中非约束节点数 26。其节点坐标见第 6 章表 6.4，该结构具有 6 个自应力模态，见表 6.5。确定力密度平方和的约束值为 30，力密度偏差限值为 0.001。由于初始模态向量组合系数对最终优化结果有一定的影响，因此程序采取搜寻 100 个，选取刚度矩阵二次型最小特征根最大的数据为最优的结果。100 组结果数据的比较如图 12.11 所示。得到最佳的刚度矩阵二次型的最小特征根为 1.229 3。

利用优化方法得到最佳的独立自应力模态向量组合系数为：$\{-0.5871\quad 0.3170\quad -0.1634\quad 4.0762\quad -3.5585\quad -0.4999\}^{T}$。优化后得到的杆件的力密度分布如表 12.2 所示。

表 12.2　空间索桁结构优化结果

杆件编号	力密度	杆件编号	力密度	杆件编号	力密度
1	0.859 7	26	0.854	51	0.431
2	1.027 1	27	0.570 8	52	0.430 9
3	0.907 9	28	0.471 9	53	0.430 6
4	0.866 3	29	0.838 2	54	0.430 7
5	1.020 6	30	0.586 5	55	0.429 7
6	0.914 7	31	0.455 8	56	0.429 9
7	0.859 6	32	0.852 9	57	0.429 8
8	1.026 7	33	0.570 3	58	0.429 7
9	0.907 7	34	0.471 5	59	0.429 5
10	0.866 2	35	0.837 1	60	0.429 5
11	1.020 2	36	0.585 9	61	−0.256 5
12	0.914 5	37	0.509 5	62	−0.262 4
13	0.700 1	38	0.509 5	63	−0.258 1
14	1.014 4	39	0.509 5	64	−0.256 7
15	0.791	40	0.509 6	65	−0.262 3
16	0.712 7	41	0.509 7	66	−0.258 5
17	1.001 8	42	0.509 6	67	−0.077 8
18	0.803	43	0.510 1	68	−0.096 6
19	0.699	44	0.51	69	−0.083 2
20	1.012 7	45	0.51	70	−0.078 6
21	0.789 7	46	0.510 1	71	−0.095 8
22	0.711 6	47	0.510 2	72	−0.083 9

续表 12.2

杆件编号	力密度	杆件编号	力密度	杆件编号	力密度
23	1.000 1	48	0.510 2	73	−0.270 3
24	0.801 6	49	0.430 9		
25	0.456 1	50	0.431		

12.3　考虑压杆初弯曲的张拉整体结构受力性能分析

国内外众多学者对索穹顶在完全展开状态时的静力性能、稳定性进行了研究。但其中绝大部分是基于有限元方法，本节采用解析法对包含索穹顶在内的张拉整体结构的受力性能进行分析。

12.3.1　基本模型

张拉整体结构是指连续的拉索和不连续的压杆所构成的自应力平衡体系。张拉整体结构的几何形式变化多样，但其力学特性存在着许多共性。本章采用文献[265]中的简单结构作为张拉整体结构的基本单元，如图 12.12 所示。所不同的是，本节考虑了压杆的初弯曲。需要指出的是，构件初偏心对受压构件的影响与初弯曲的类似，所以为了简化分析过程，本章将两种缺陷用初弯曲一种缺陷来代替。该基本张拉整体结构具有一个自应力模态和一个机构位移模态，同文献[265]类似，本章暂不考虑初始态预应力的影响。如图 12.12(a) 所示，在初始状态时，两根拉索位于同一直线上，结构的一端支座在 x 向和 y 向双向铰接约束；在另一支座上，y 向铰接，x 向自由。结构的跨度为 L，则两根拉索的初始长度均为 $L/2$。假定压杆的初始几何缺陷沿杆长为正弦分布，则其形状可表示为：

$$y_0(x) = a\sin\frac{\pi x}{L} \tag{12.10}$$

如图 12.12(b) 所示，结构在拉索节点处受一竖向力 P 的作用，结构发生变形。变形后结构的跨度为 l，压杆的线形为 $y(x)$，竖向力 P 作用点的位移为 Δ，拉索与水平线的夹角为 θ。

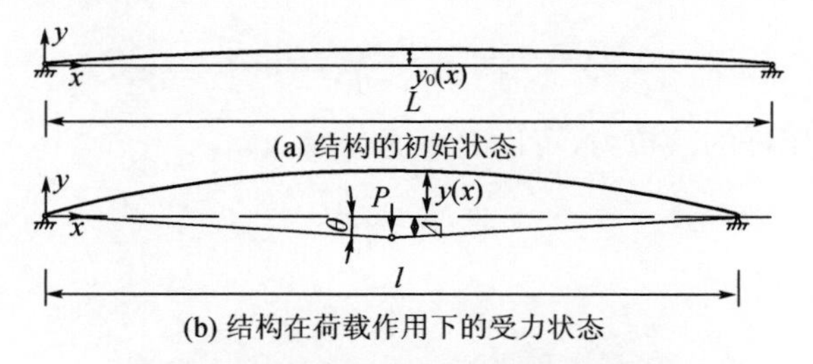

图 12.12　张拉整体结构基本模型

12.3.2　解析法

首先分析压杆的受力状态，取出压杆作为隔离体，如图 12.13(a) 所示。杆件微元的受力状况如图 12.13(b) 所示。所以杆件的平衡方程为：

$$EI\left(\frac{d^2 y}{dx^2}-\frac{d^2 y_0}{dx^2}\right)+Fy=0 \tag{12.11}$$

其中，EI 为压杆的抗弯刚度。

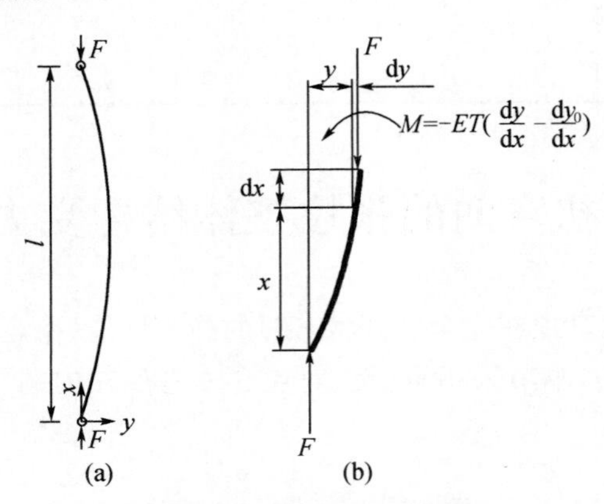

图 12.13　压杆受力示意图

将式(12.10) 代入式(12.11)，可得结构的平衡微分方程为：

$$EI\frac{d^2 y}{dx^2}+Fy=-EIa\left(\frac{\pi}{L}\right)^2\sin\frac{\pi x}{L} \tag{12.12}$$

式(12.12) 的边界条件为：$y(0)=y(l)=0$ 以及 $y''(0)=y''(l)=0$；也即在杆件的支座处($x=0$ 和 $x=l$) 杆件的 y 向位移和弯矩为 0。满足上述边界条件的解可以假定为：

$$y(x)=A\sin\frac{\pi x}{l} \tag{12.13}$$

将式(12.13) 代入式(12.12)，可得结构的平衡微分方程为：

$$-EIA\left(\frac{\pi}{l}\right)^2\sin\frac{\pi x}{l}+FA\sin\frac{\pi x}{l}=-EIa\left(\frac{\pi}{L}\right)^2\sin\frac{\pi x}{L} \tag{12.14}$$

当结构处于小变形状态时，式(12.14) 可以简化为：

$$EIA\left(\frac{\pi}{L}\right)^2-F=EIa\left(\frac{\pi}{L}\right)^2 \tag{12.15}$$

则结构变形后的曲线可以表示为：

$$y(x)=\frac{F_n}{F_n-F}a\sin\frac{\pi x}{l} \tag{12.16}$$

其中，F_n 为两端铰接压杆的欧拉力，可以表示为：

$$F_n=\frac{\pi^2 EI}{L^2} \tag{12.17}$$

则杆件的变形为：

$$y(x)-y_0(x)=\frac{F}{F_n-F}a\sin\frac{\pi x}{l} \tag{12.18}$$

式(12.18) 和文献[266,267] 给出的具有初始缺陷的压杆在轴向力作用下的变形相一致。

由图 12.12(b) 可知，外荷载 P 和压杆所受轴力 F 的关系为：

$$F=\frac{P}{2\tan\theta} \tag{12.19}$$

荷载作用点的位移 Δ 和变形后结构跨度 l 的关系为：

$$\Delta=\frac{l}{2}\tan\theta \tag{12.20}$$

而拉索的索力 N 和外荷载 P 的关系为：

$$N=\frac{F}{\cos\theta}=EA\left(\frac{l}{L\cos\theta}-1\right) \tag{12.21}$$

其中，EA 为拉索的轴向刚度。

由式(12.19)、(12.20) 和(12.21) 可知，如果变形前后结构跨度 l/L 的关系已知，则结构的外荷载 P 及其作用点的位移 Δ 以及拉索的转角 θ 都可以求得。

假设压杆在受力阶段是不可伸展的(即沿杆件轴线方向的伸长量为零)。则结构在初始状态压杆的长度为：

$$S=\int_0^L\sqrt{1+[y_0'(x)]^2}\,\mathrm{d}x=\int_0^L\sqrt{1+\frac{a^2\pi^2}{L^2}\cos^2\left(\frac{\pi x}{L}\right)}\,\mathrm{d}x=2aHE\left(\frac{1}{H}\right) \tag{12.22}$$

其中，参数 H 可以表示为：

$$H=\sqrt{\frac{L^2}{a^2\pi^2}+1} \tag{12.23}$$

$E()$ 表示第二类完全椭圆积分。

压杆在受外荷载作用后，其长度仍然为 S，可以表示为：

$$S=\int_0^l\sqrt{1+[y'(x)]^2}\,\mathrm{d}x=\int_0^l\sqrt{1+\frac{w^2\pi^2}{l^2}\cos^2\left(\frac{\pi x}{l}\right)}\,\mathrm{d}x=2whE\left(\frac{1}{h}\right) \tag{12.24}$$

其中，参数 h 和 w 分别表示为：

$$h=\sqrt{\frac{l^2}{w^2\pi^2}+1}\quad 和\quad w=a\frac{F_n}{F_n-F} \tag{12.25}$$

从而由式(12.22) 和(12.24) 可以求得结构变形前后结构跨度 l/L 的关系。

12.3.3　分析结果

如果假定张拉整体结构压杆的初弯曲的大小 a 等于 0.001 L、0.002 L 和 0.005 L，图 12.14 给出了压杆的位移随着外荷载的变化趋势，其横坐标为压杆跨中位移最大点 y 向位移与结构跨度 L 的比值 δ；纵坐标为压杆所受轴力与其欧拉力的比值 F/F_n。从图中可以看出：随着外荷载的增大，压杆跨中位移最大点的 y 向位移表现出很强的非线性。在压杆承受荷载的初期，杆件的变形很小；但杆件的轴力大于一定值后，杆件的变形迅速增大；直至最后轴力增加很小，但杆件的变形迅速增大。图 12.14 还可知，随着压杆初始弯曲的增大，结构的非线性变得更加显著，而且当压杆承受相同荷载时，压杆的跨中变形越大。

图 12.15 给出了压杆跨中相对位移 δ 和相对位移与轴力的比值 δ/F 的关系。从图中可以看出，δ/F 基本随着相对位移 δ 的增加而线性增加。当压杆的初始弯曲大小改变时，压杆的这一属性没有改变；而且 δ/F 和相对位移 δ 的斜率随着初弯曲大小的改变而基本保持不变。假定张拉整体结构压杆的欧拉力和拉索的轴向刚度 F_n/EA 的比值为 0.1，则可以利用

式(12.21)求出结构受力前后跨度 l/L 的关系。图12.16给出了其与压杆轴力的关系图。从中可知:当压杆轴力较小时,结构的跨度几乎没有改变;随着轴力的增大,其跨度成非线性减小,直至最后轴力增加很小,但结构的跨度迅速减小。

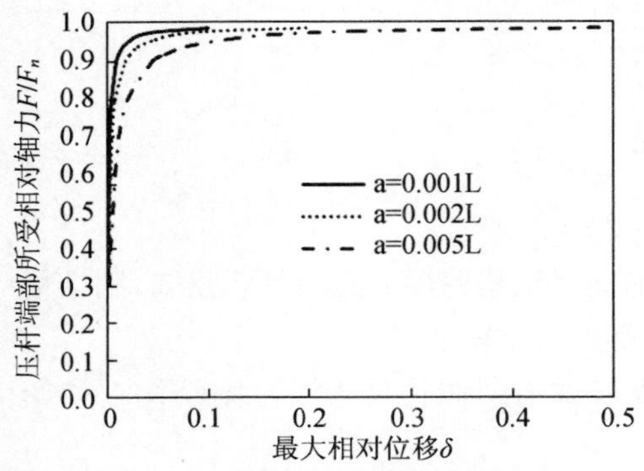

图 12.14 压杆的荷载位移曲线图

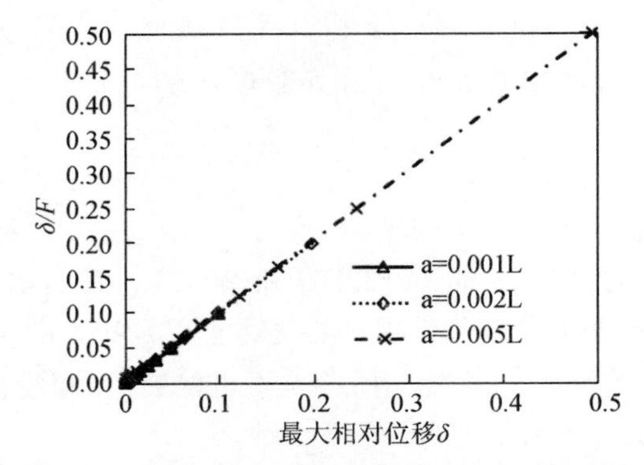

图 12.15 压杆位移与轴力的比值和跨中位移的关系图

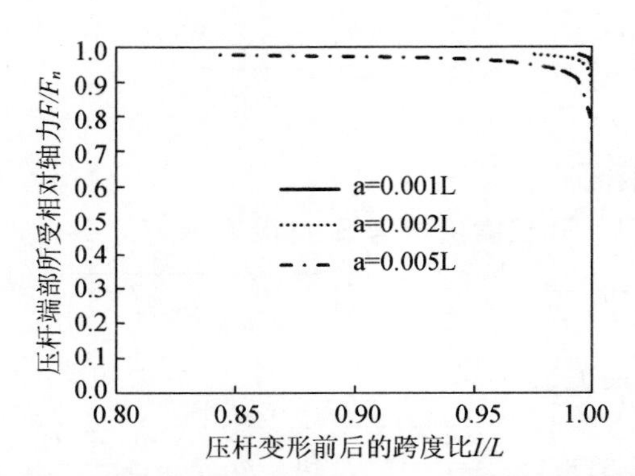

图 12.16 结构变形前后的跨度比 l/L 随压杆轴力的变化趋势图

结构受力前后跨度比 l/L 求出后,利用式(12.19)和式(12.20)可以求得张拉整体结构所受外荷载 P 和其作用点 y 向位移 Δ 的关系。不同压杆初始缺陷所对应的张拉整体结构的 P—Δ 曲线如图12.17所示,其横坐标为外荷载作用点 y 向位移和其初始跨度的比值 Δ/L,纵坐标为外荷载与压杆欧拉力的比值 P/F_n。由图可见,在结构受荷初期,荷载作用点的位移随着荷载的增加呈现非线性的增长关系。当荷载达到一定值后,其位移几乎与荷载呈线性关系。相应地,结构刚度在受荷初期很小,随着荷载的增大,其刚度迅速增大;但当荷载达到一定值后,其刚度会突然减小,然后保持不变。而对于更为广泛的索杆式结构,压杆和拉索将对其相邻压杆提供弹性支承条件,依然可以利用本节的方法推导,或者利用作者在文献[268]～[272]中的能量法推导。文献[268]～[272]中作者对多种支承条件的柱或者梁在温度荷载和外荷载作用下的受力性能进行分析,只需将其中的温度荷载替换为外荷载,即可推导得到结果,本书不再赘述。

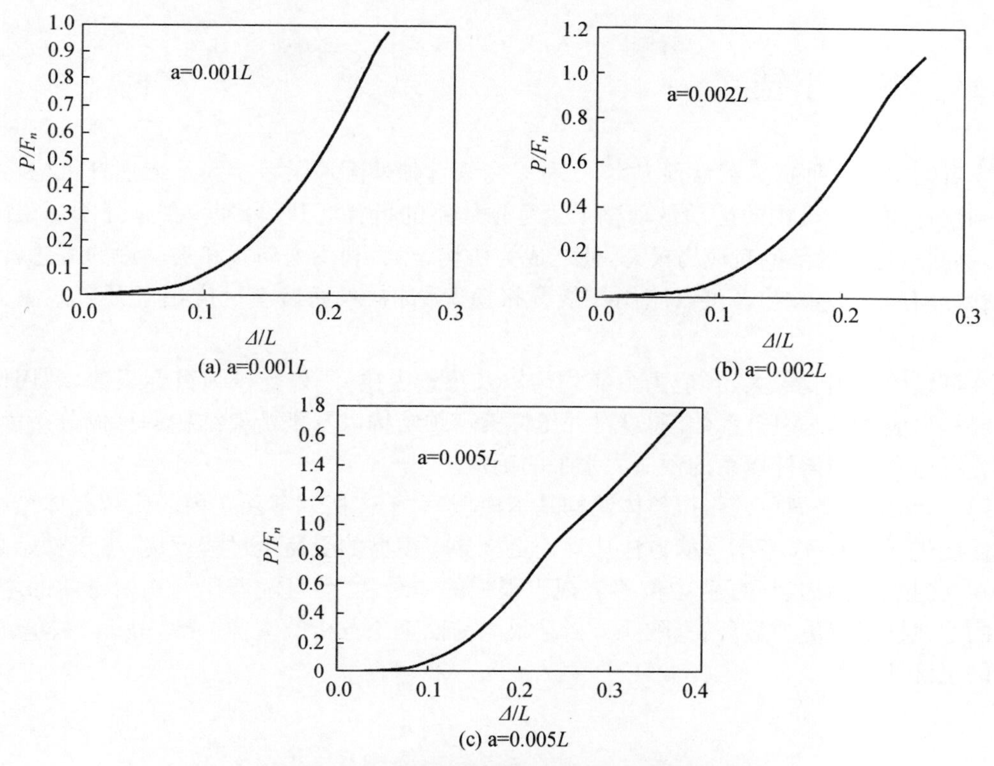

(a) a=0.001L　(b) a=0.002L

(c) a=0.005L

图 12.17　张拉整体结构的 P—Δ 曲线图

12.3.4　有限元验证

为验证前文理论的正确性，本节采用商用有限元软件 ANSYS 对如图 12.12 所示的张拉整体结构进行受力分析。其中压杆采用 BEAM189 单元，拉索采用 LINK10 单元，不考虑材料的非线性，但考虑几何非线性，采用软件自带的 Newton-Raphson 求解方法求解相应的有限元方程。其中拉索和压杆的弹性模量都为 2.0×10^5 MPa。结构的跨度为 2000 mm，压杆的初弯曲考虑两种情况，a 分别为 2 mm 和 20 mm。压杆采用圆管，其直径为 150 mm，拉索截面为 612.3 mm^2。有限元和理论分析结果的比较如图 12.18 所示。由图可见，有限元分析结果和前文理论分析结果基本一致。

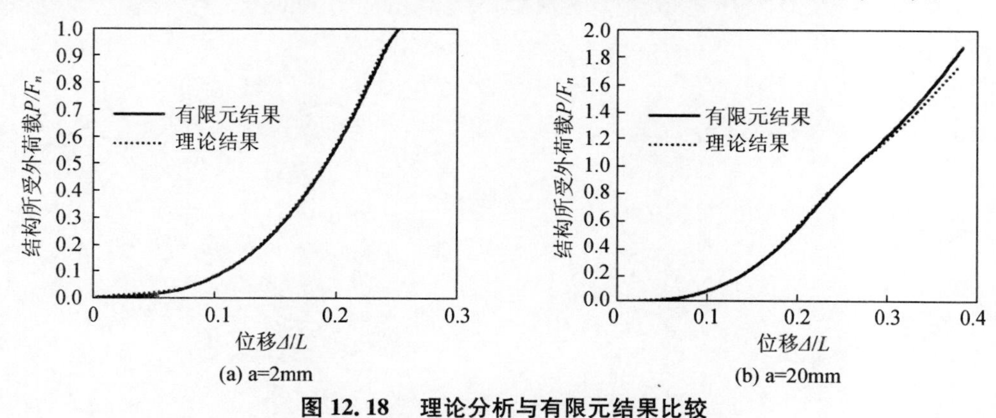

(a) a=2mm　(b) a=20mm

图 12.18　理论分析与有限元结果比较

12.4　本章小结

本章给出了两种折叠索穹顶方案，一种是将索穹顶外圈环梁替换为环形连杆机构，这样可以利用环向连杆机构的运动带动整个索穹顶体系的折叠展开。另外一种是外圈环梁固定不动，移除索穹顶内部的自应力模态，使之成为机构，然后利用主动索和被动索的概念，使体系能够径向展开折叠。前者可以应用在折叠帐篷等结构中，而后者可应用于开启式屋盖体系中。

本章以体系刚度最大、预应力分布均匀以及拉索受拉、压杆受拉为目标函数，利用优化方法寻找自应力模态组合系数。通过对九压杆索穹顶结构以及索桁架结构的算例分析表明，本章方法适合各种索杆体系的预应力水平的确定。

随后，利用一个简单的张拉整体结构基本模型，对于包括索穹顶在内的张拉整体结构的受力性能进行了研究，基于平衡方法从理论上推导了模型的受荷全过程反应。由于初始缺陷的存在，张拉整体结构压杆跨中位移表现出很强的非线性。而且随着压杆初始弯曲的增大，结构的非线性变得更加显著。有限元分析结果与前面理论分析的基本一致，验证了本章理论分析的正确性。

13　基于 2 V 型索杆单元折叠结构的受力性能研究

可折叠的张拉整体结构一直是国内外众多学者研究的热点课题[273]。对张拉整体结构进行折叠处理后，它的应用领域已经大大地拓展，甚至在人类征服太空的过程中也将采用这一技术。这主要是因为张拉整体结构的刚度由预应力提供，所以可以节省大量材料；另外由于其应力态恒定，也是一种结构效率很高的体系。由于张拉整体结构是由高强度索和压杆组成，其质量较小，收缩率较大，而且其索杆接触的节点很简单，所以张拉整体结构可以运用于大尺寸可展空间结构。

张拉整体结构的折叠的方式主要有：改变拉索的长度，改变压杆的长度或者两者混合式[161,165,250]。自应力和机构是张拉整体结构密不可分的两个因素。当体系中的拉索变长了或者压杆缩短了，体系的自应力消失，形成机构。反之，则体系的自应力刚化机构，形成可以承受荷载的结构。相比于其他体系，张拉整体结构作为折叠结构的优点之一是不需要通过减少构件的数量就可以使体系成为机构；而同样也不需要增加构件就能使体系变为结构。此外，张拉整体结构可以通过增大自应力的方式来增加体系的整体刚度。本章将对 Motro 等提出的基于 2 V 型张拉整体单元的折叠结构进行改进[274,275]，并研究该种体系的受力性能。

13.1　几何分析

13.1.1　基于拉索方式的折叠模型

Smaili 和 Morto 提出了如图 13.1 所示的索杆式折叠结构，其基本单元如图 13.1(b) 所示，为一 2 V 型四面体索杆结构；该单元拥有 1 个自应力模态和 2 个机构模态。

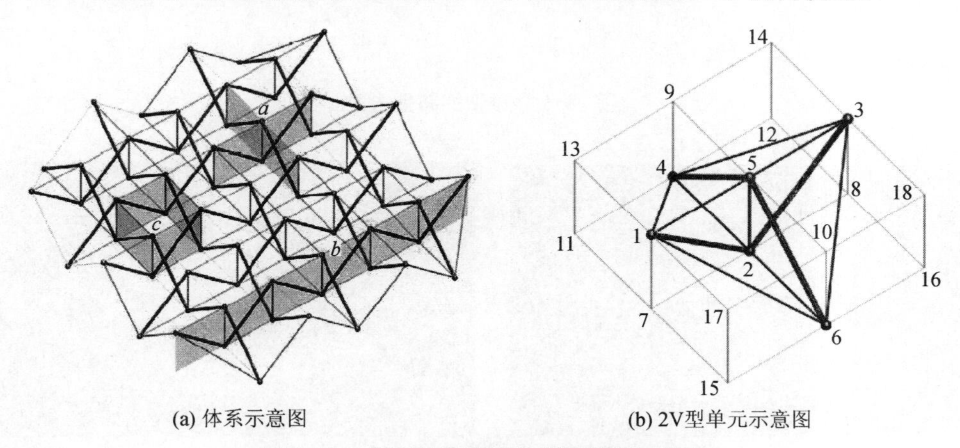

(a) 体系示意图　　(b) 2V型单元示意图

图 13.1　基于拉索方式的折叠模型示意图

2 V型基本单元的折叠过程如图13.2所示。首先在外力作用下可以将节点1和节点3向平面 P_1 靠拢，实现在 y 向的折叠；然后在将节点4和节点6向 P_2 平面靠拢，实现体系在 x 方向上的折叠。在这个过程中节点2和节点5之间的拉索在不断变长。所以其拉索的布置方式如图13.3所示。在节点2和节点5上布置滑轮，拉索首先穿过节点1到节点2，然后穿过节点5后再返回节点2，最后固定在节点3上。

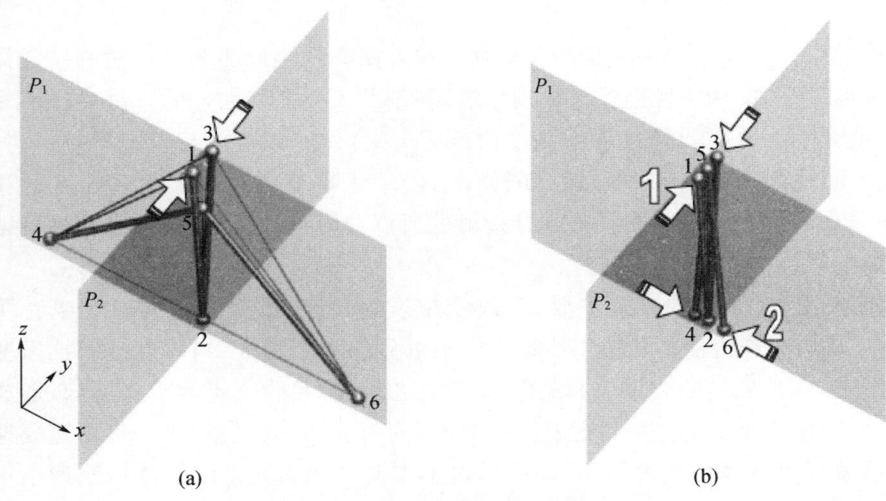

图13.2　2 V型单元的折叠方式

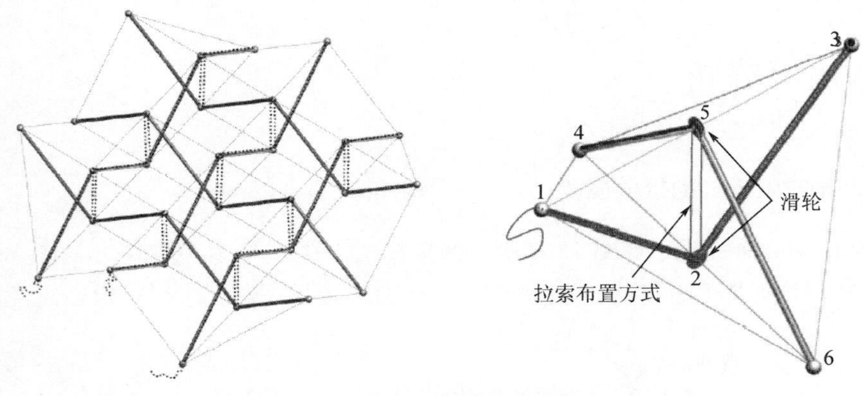

图13.3　拉索的布置方式

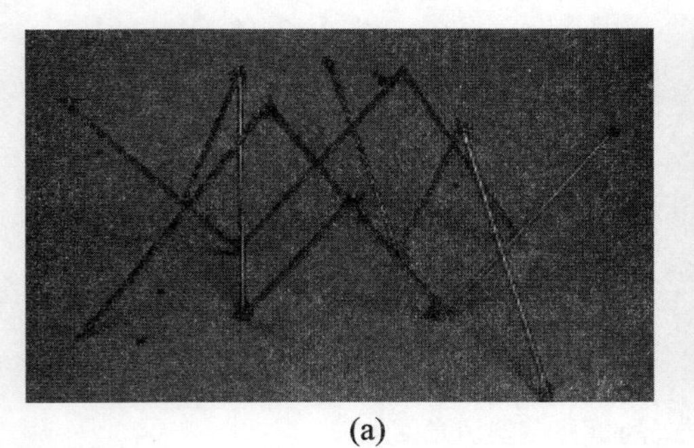
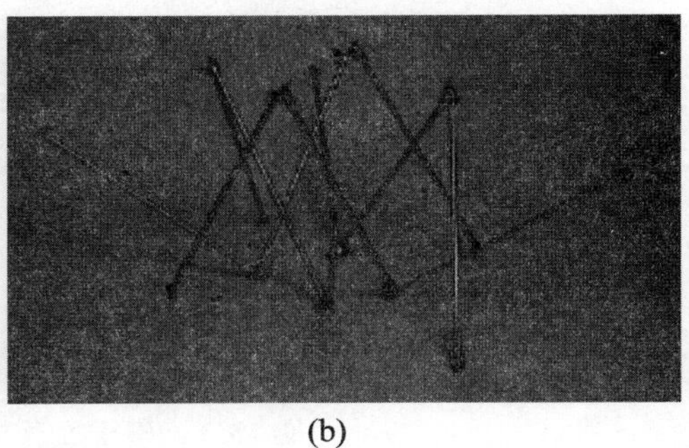

(a)　　(b)

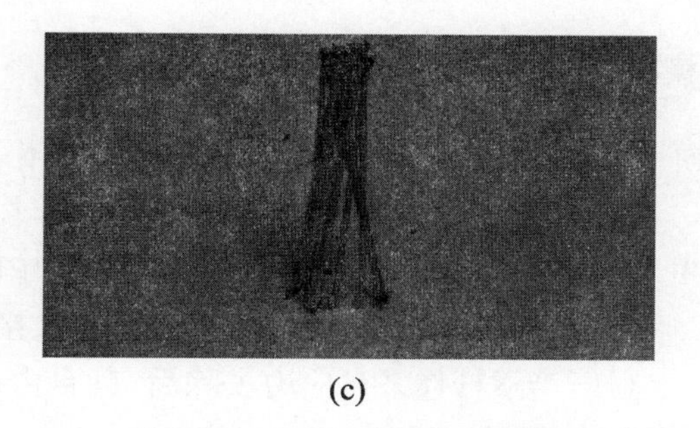

(c)

图 13.4 实际模型的折叠示意

图 13.4 为 Motro 等试验的照片。从图中可以看出，体系在折叠过程中，伴随着杆件的平动和转动，体系的构形及节点的运动轨迹在模型折叠过程中较难控制。

13.1.2 基于压杆方式的折叠模型

针对采用拉索作为折叠手段模型的缺点，本课题组在大学生科研训练计划项目的资助下，尝试利用压杆来作为体系的折叠方式。模型的制作过程如图 13.5 所示，该模型采用可伸缩的压杆来代替图 13.3 中节点 2 和节点 5 之间的拉索；其中压杆的伸长和缩短是靠旋转螺纹来实现的。制作完成后发现，由于采用压杆驱动的方式，该体系需要众多驱动力，而且随着体系网格数的增加，需要驱动力的数量呈指数增加。而且，这些驱动力还涉及同步控制的问题。所以利用该种压杆驱动的模型在实际土木工程中应用的可能性不大。

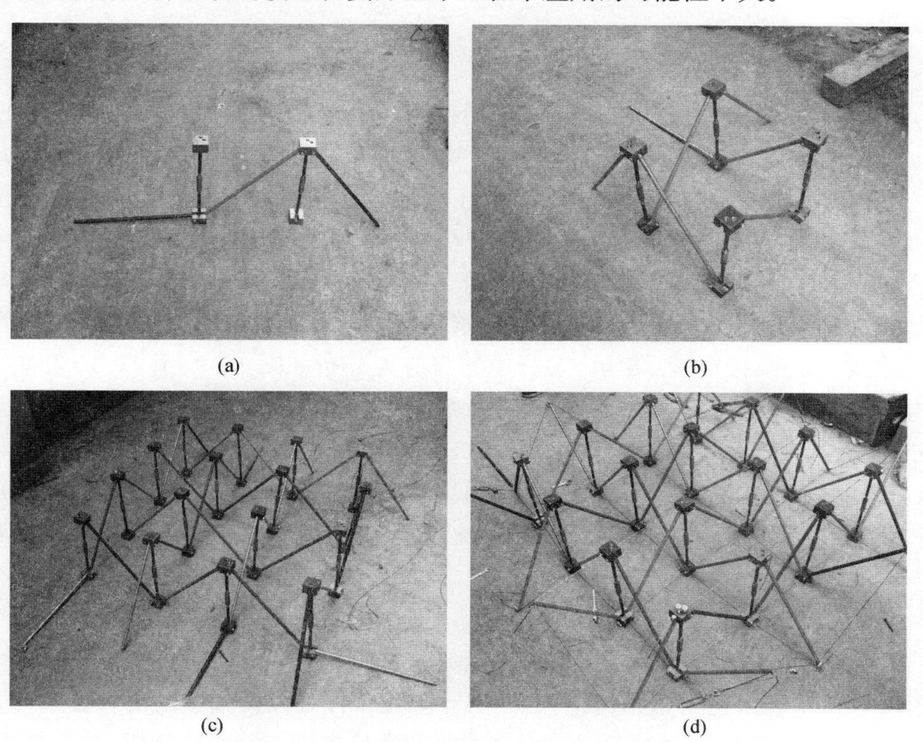

(a) (b) (c) (d)

图 13.5 基于压杆方式折叠体系制作示意

13.1.3　改进后的折叠模型

为了弥补上述两种模型的缺点，可以将图 13.1(a) 中的单层体系关于顶层平面镜像后形成双层网格体系，如图 13.6 所示。如图中 13.1(a) 取出 *b* 所示的单片网格分析，Motro 等给出的体系的单片网格的自由度数目较多；而形成双层网格后，每个中间节点有 4 个压杆相连，如图 13.7 所示，如果将 1 和 3 杆件连接为一根杆件；2 和 4 杆件连接为 1 根杆件，则图中所示的双层网格的自由度为 1。这样，当索杆体系自应力去除后，其自由度数目将会减小很多，从而使体系在运动过程中达到可控的目的。

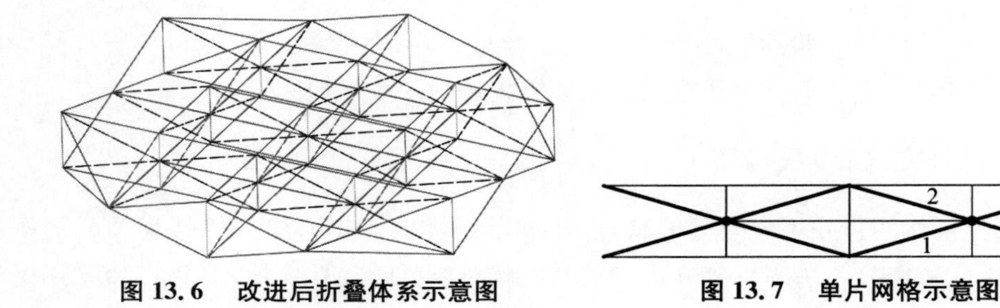

图 13.6　改进后折叠体系示意图　　图 13.7　单片网格示意图

13.2　受力性能分析

13.2.1　基本模型

本小节研究内容为索杆结构运动成型后的静力特性。模型的组成如图 13.8 所示。图 13.8(a) 所示为结构的钢杆件部分，由交叉的斜杆构成，节点连接为销接；图 13.8(b) 为基本结构的被动索部分，分为上中下三层被动索和外围被动索；图 13.8(c) 为结构的主动索部分；图 13.8(d) 为整体结构成型后示意图。本书分析的基本结构具体参数如图 13.9 所示：结构基本单元数目为 36 个，每个基本单元的尺寸为 5000 mm × 5 000 mm，结构高度为 3 000 mm。钢杆件截面为 219 mm × 10 mm，主动索和被动索的索截面面积为 50.24 mm^2，结构下层边角部四点的连接方式为铰接支座。结构中各杆中的自应力分布如图 13.9、图 13.10 和表 13.1 所示。结构承受恒载为 0.5 kN/m^2，承受活载为 0.5 kN/m^2。结构承受的静力荷载工况分为 2 种，一种为全跨荷载 1.0 kN/m^2，记为 Load1，另外一种为全跨恒载 0.5 kN/m^2，半跨活载 0.5 kN/m^2，记为 Load2。钢材弹塑性性能曲线采用理想弹塑性的双线型，钢材屈服应力为 235 MPa，弹性模量为 2.00×10^5 N/mm^2，泊松比为 0.3，拉索的屈服应力为 1 860 MPa。

13.2.2　拉索滑移的考虑

由图 13.8(c) 可以看出，体系中的主动索是连续的，受力过程中在节点处可以产生相对滑动，通过滑移使索力达到相等。目前的通用有限元软件难以模拟索的滑移效果，造成结构计算结果与实际情况不符。国内外众多学者对索的滑移进行了深入的分析，并取得了丰硕的成果。但这些理论中绝大部分难以与现有大型通用有限元软件相融合[276-281]。清华大学郭彦

林等提出了冷冻 — 升温法，能和有限元软件相结合有效地解决索滑移对结构内力和变形计算造成的困难[282,283]。浙江大学郭佳民等针对弦支穹顶的特点对该方法提出了改进[284]。本节将利用主动索在滑动前后位移协调的原则，通过虚加温度荷载的办法，对索在节点处的滑移问题进行模拟。

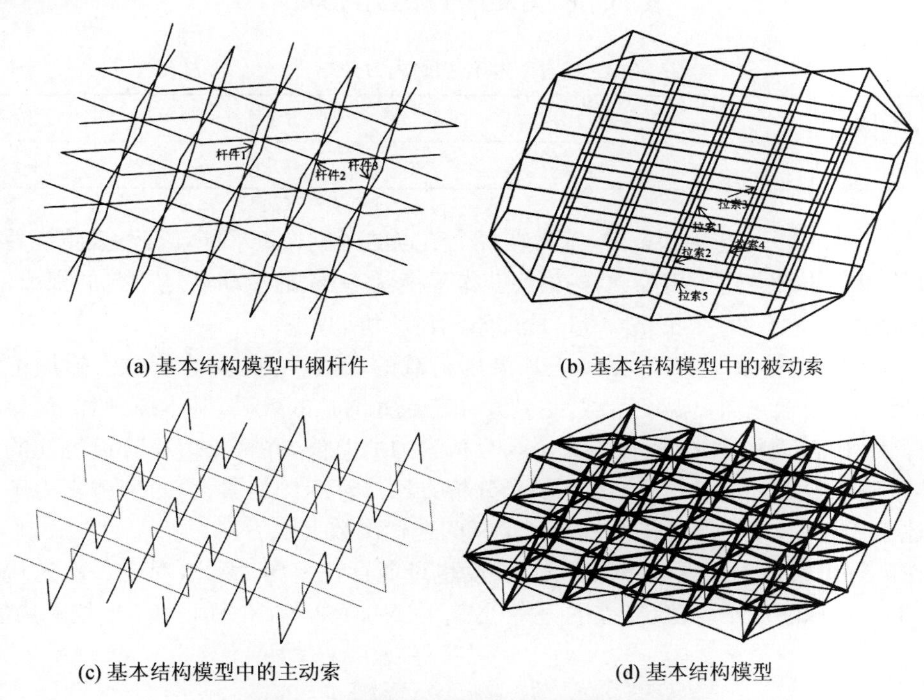

(a) 基本结构模型中钢杆件　　(b) 基本结构模型中的被动索

(c) 基本结构模型中的主动索　　(d) 基本结构模型

图 13.8　基本结构模型以及其结构组成示意图

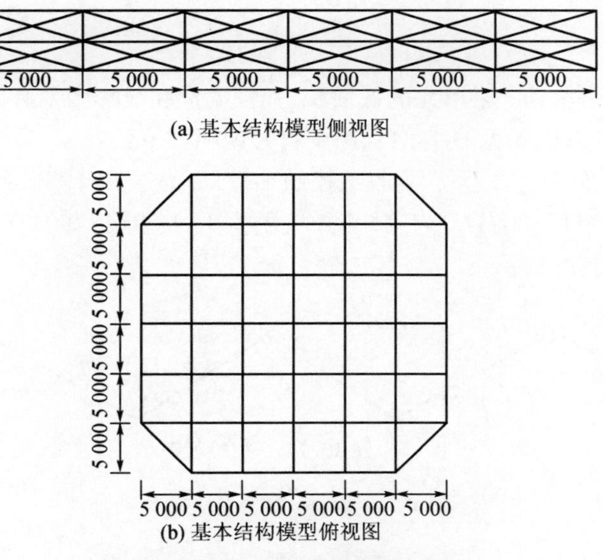

(a) 基本结构模型侧视图

(b) 基本结构模型俯视图

图 13.9　基本结构模型具体参数

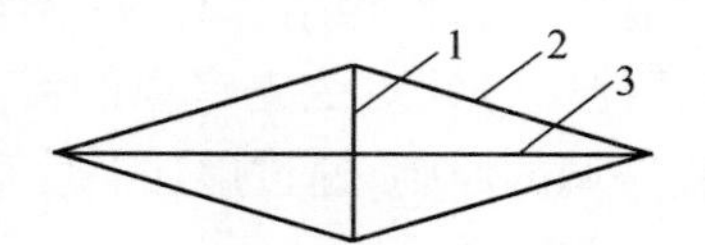

图 13.10　与表 13.1 对应的构件编号

表 13.1　构件初始内力分布

构件编号	1	2	3
初始内力(N)	－3 444	6 001	－11 496

如图 13.11 所示，初始状态时，索力在每个节点的两侧均不平衡，因此，索将绕着滑轮滑动，使滑轮两侧的索力趋于相等，结构最终获得平衡状态。索的滑动满足一定的规律，即索满足一侧的滑出量等于另一侧的滑入量，此即索的位移协调关系。

基于这个协调关系，本书采用了虚加温度荷载的方法，对需要伸长的索施加正温度荷载，对需要缩短的索施加负温度荷载，达到索在节点处滑移的效果。基本原理如下：首先估算一个目标索力 N^*，计算每个索段的索力与目标索力的差值，并将差值换算成等同的温度荷载，施加相应索段上，然后采用普通有限元分析方法计算两侧的索力，若两侧索力不平衡则继续上述迭代过程，直至满足平衡或达到定义的迭代次数上限为止。

考虑到每个索段不仅索力不同，而且长度也可能存在差异，因此，对于每次迭代的目标索力，不能单纯取索的平均值，极差的一半$(N_{\max}-N_{\min})/2$ 等，本书采用了加权平均值为：

$$N^* = \frac{\sum N_i l_i}{\sum l_i} \tag{13.1}$$

对于与滑轮相连的索单元，施加的虚拟温度荷载的大小可由以下公式导出：

$$t_i = \frac{N_i - N^*}{A_i E_i \alpha_i} \tag{13.2}$$

式中：A_i、E_i、α_i 分别为第 i 索单元的截面积、弹性模量和线膨胀系数。

其计算流程计算框图见图 13.12。图中符号说明如下：

ε_k 为第 k 索段的索力方差；ε_0 为收敛控制参数；n_j 为迭代计算次数；n 为迭代次数的上限；N_k^* 为第 k 索段的目标索力；N_i 为第 i 索单元的索力；l_i 为第 i 索单元的长度；t_i 为第 i 索单元施加的虚拟温度荷载。

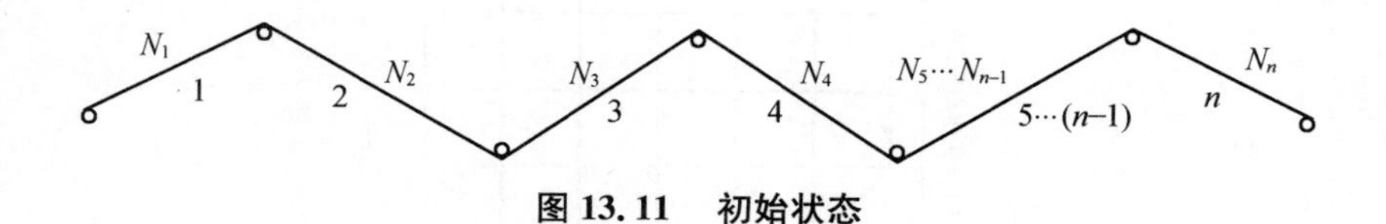

图 13.11　初始状态

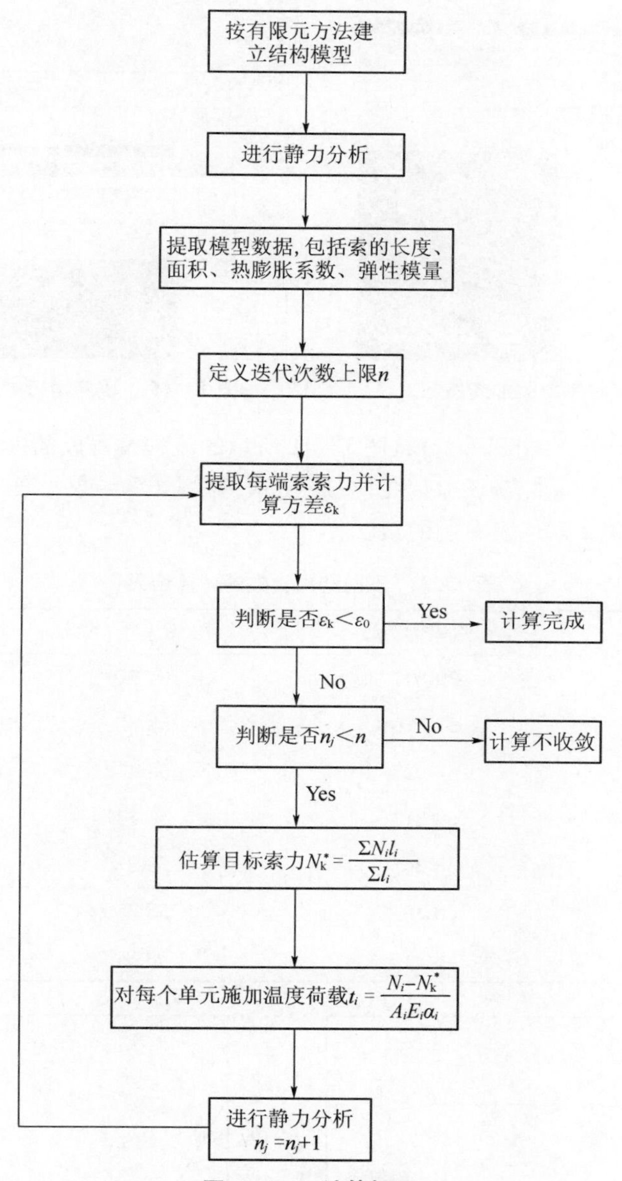

图 13.12　计算框图

算例分析

如图 13.13 所示的工型截面悬臂钢梁,通过一跨过滑轮的钢索悬挂。在梁上作用均布荷载 3.16 kN/m,梁的截面如图所示,弹性模量为 2.1×10^5 MPa,索的截面积为 350 mm^2,弹性模量为 1.35×10^5 MPa,泊松比均为 0.3,比较滑移和不滑移的计算结果。

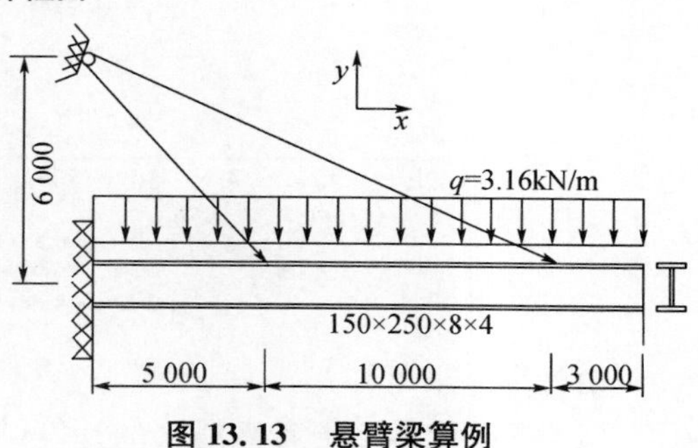

图 13.13　悬臂梁算例

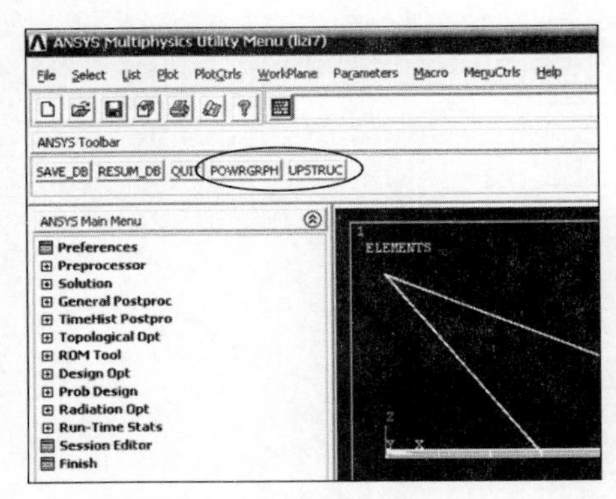

图 13.14　程序中添加的按钮

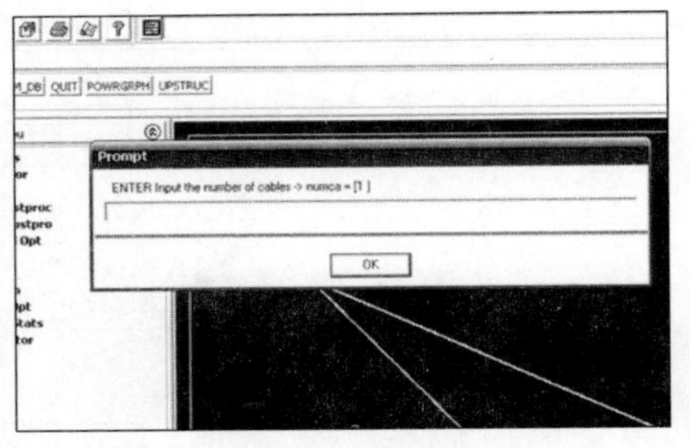

图 13.15　程序运行中显示的图框

利用ANSYS软件的APDL语言将图13.12所示的流程编写成插件，程序中添加的按钮和程序运行中显示的图框如图13.14和13.15所示。算例计算结果见表13.2和图13.16。其中1索代表左边的索，2索代表右边的索。

表 13.2　不同迭代次数的计算结果

迭代次数	1索索力(N)	2索索力(N)	最大位移(mm)
0	39 841	64 501	－67.5
29	57 329	58 659	－192.3
41	58 028	58 412	－197.2
51	58 211	58 347	－198.5
58	58 263	58 329	－198.8
73	58 301	58 315	－199.1
96	58 310	58 312	－199.1

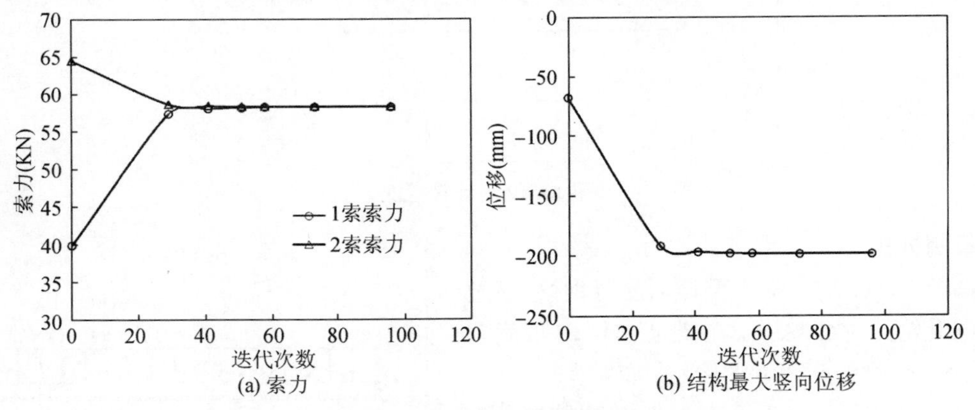

图 13.16　不同迭代次数的计算结果

由计算结果可知：

(1) 考虑滑移和不考虑滑移的计算结果相差很大，特别是最大位移，两者为近3倍的关系。

(2) 迭代30次即可达到所需的精度,并且迭代具有收敛性,增加迭代次数只会使结果更精确,没有出现发散的情况。

(3) 迭代进行96次后,索力只差2 N,误差为0.003 4%。

13.2.3　计算结果

采用有限元分析软件ANSYS对结构进行静力分析,其中采用BEAM188单元模拟钢杆件,LINK10单元模拟拉索。下面着重考察该模型分别在满跨荷载(Load1)和半跨荷载(Load2)作用下该结构的静力力学特性和特点。为了更好分析计算结果,特选取不同的节点、杆件以及拉索来作为对比。构件的选取如图13.8和13.17所示:选取具有代表性钢杆件数目为3根,如图13.8(a)所示,同时节点选取5个,下层3个、上层2个,如图13.17所示,被动拉索选择5根,如图13.8(b)所示。在Load2工况下,由于荷载不对称,考虑到要与Load1做比较,故选取的杆件相同,只是选择处在荷载较大那侧位置上的节点和构件。

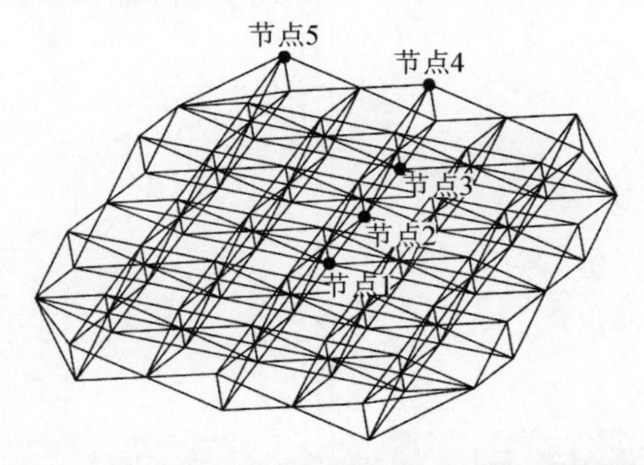

图13.17　基本结构模型中的节点选取示意图

图13.18为结构在1倍荷载作用下的内力云图。从图13.18(a)可以看出,结构在1倍的对称荷载下,内力分布呈现较好的对称性,处于两边部的杆件内力较大,其余的钢杆件内力较小,拉索内力相差不大。从图13.18(b)可以看出,结构在1倍的非对称荷载下,内力分布开始呈现一定的非对称性,处于结构下侧边部位置的钢管内力较大,其余的钢杆件内力较小,拉索内力相差不大。

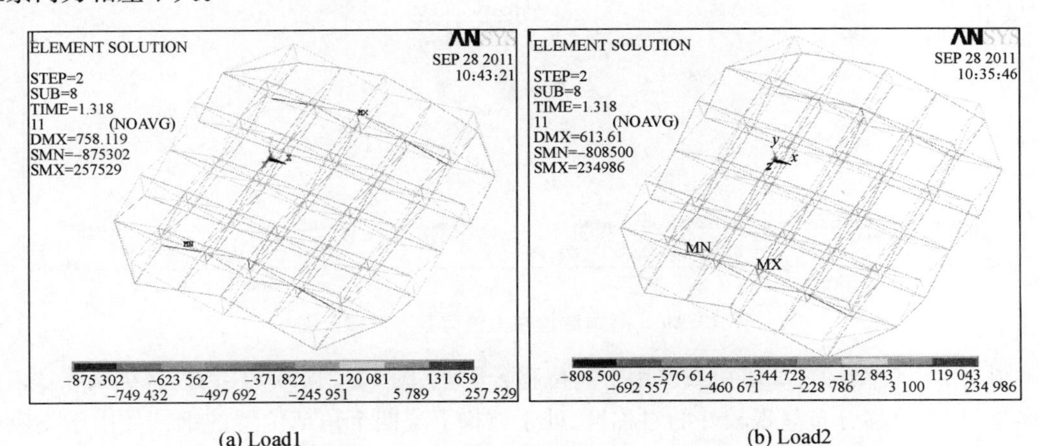

(a) Load1　　(b) Load2

图13.18　基本结构在1倍荷载下内力云图

图 13.19 为结构在 2 倍荷载作用下的内力云图。从图 13.19(a) 可以看出,结构在 2 倍的对称荷载下,内力分布呈现较好的对称性,相对于 1 倍荷载而言,结构的整体内力均增大不少,但是总体分布情况一致。拉索的内力也是随着荷载增加而增大,总体分布情况与 Load1 一致。从图 13.19(b) 可以看出,结构在 2 倍的非对称荷载下,内力分布开始呈现明显的非对称性,处于结构下侧边部位置的,无论是钢杆件还是拉索,内力都明显比其他部位要大。

图 13.20 为结构在 1 倍荷载作用下的位移云图。从图 13.20(a) 可以看出,结构在 1 倍的对称荷载下,位移分布呈现较好的对称性。处于结构下层四个角部位置的钢杆件由于支座的存在,位移为零。在结构左右两侧边部,位移达到负最大值,在结构上下两侧边部,位移达到正最大值,结构出现"翘曲"的现象。从图 13.20(b) 可以看出,结构在 1 倍的非对称荷载下,位移分布开始呈现一定的非对称性,处于结构下层四个角部位置的钢杆件位移为零,结构最大正位移出现在上部,结构最大负位移出现在左部,其值均比 Load1 时小。

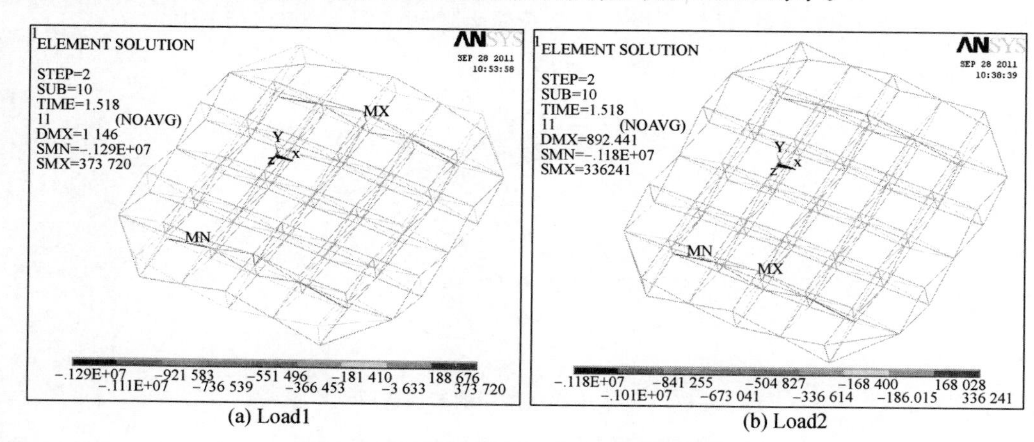

(a) Load1　　　　(b) Load2

图 13.19　基本结构在 2 倍荷载下内力云图

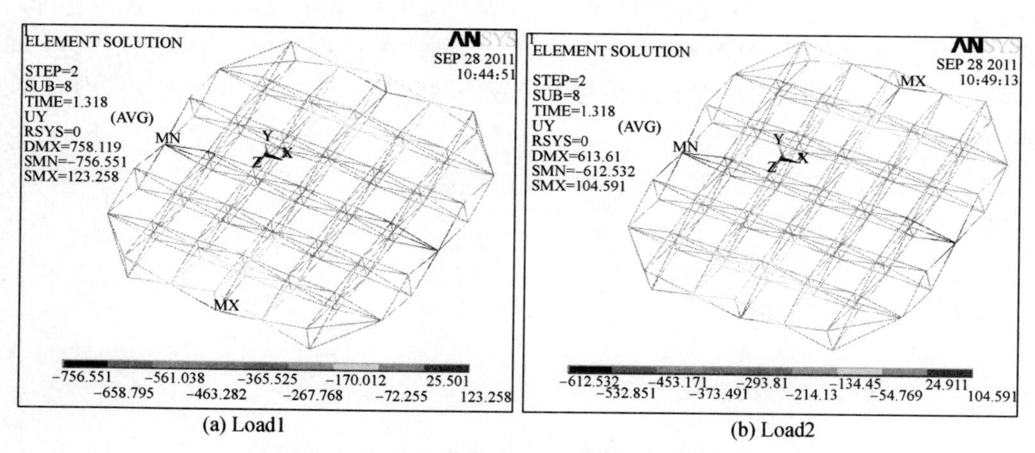

(a) Load1　　　　(b) Load2

图 13.20　基本结构在 1 倍荷载下位移云图

图 13.21 为结构在 2 倍荷载作用下的位移云图。从图 13.21(a) 可以看出,结构在 2 倍的对称荷载下,位移分布呈现较好的对称性。处于结构下层四个角部位置的钢杆件由于支座的存在,位移为零。在结构左右两侧边部,位移达到负最大值,在结构上下两侧边部,位移达到

正最大值，结构出现“翘曲” 的现象。由于荷载的明显增大，其数值要远大于 1 倍荷载下的结构最大位移。从图 13. 21(b) 可以看出，结构在 2 倍的非对称荷载下，位移分布开始呈现明显非对称性。结构最大正位移出现在上部，结构最大负位移出现在左部，其值均比 Load1 时大。

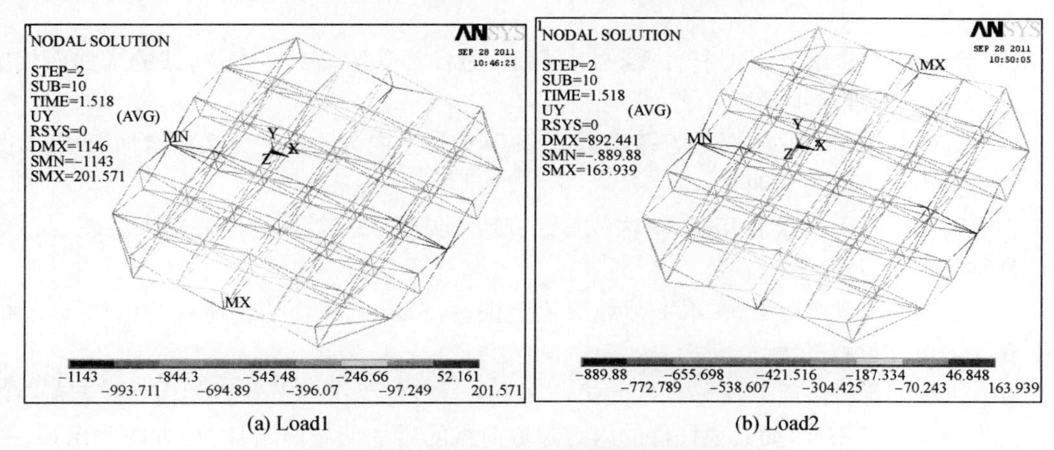

(a) Load1　(b) Load2

图 13. 21　基本结构在 2 倍荷载下位移云图

以表 13. 1 索给出的初始内力作为该结构的初始预应力，考察结构在满跨荷载作用下的力学性能。结构位移计算结果件图 13. 22，内力结算结果见图 13. 23。

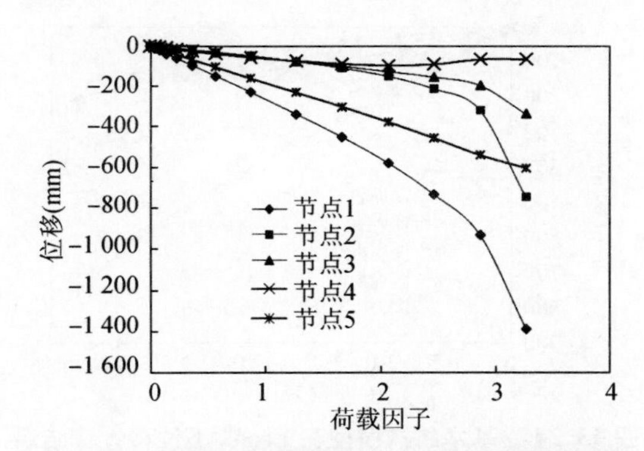

图 13. 22　基本结构模型在 Load1 下位移计算结果

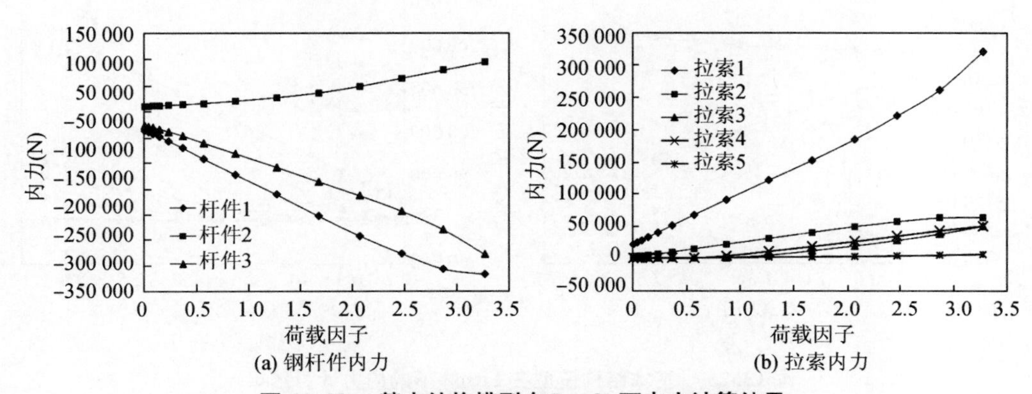

(a) 钢杆件内力　(b) 拉索内力

图 13. 23　基本结构模型在 Load1 下内力计算结果

从计算结果可以看出：

(1) 满跨荷载作用下，在本书荷载取值范围内，4 号节点位移随着荷载的增加呈现先增加后减小的趋势，而其他节点位移均随着荷载的增加而增加。最大节点位移出现在结构中部的节点 1 处。

(2) 满跨荷载作用下，2 号杆件受拉，1 号和 3 号杆件受压，内力随着荷载的增加而相应增加。最大内力出现在 1 号杆件上。

(3) 满跨荷载作用下，4 号拉索基本不受力。其他拉索内力均随着荷载的增加而增加，其中 1 号拉索内力增幅最为明显。

在非对称荷载 Load2 作用下，结构位移计算结果见图 13.24，内力结算结果见图 13.25。从计算结果可以看出：

(1) 非对称荷载作用下，在本书荷载取值范围内，节点位移均随着荷载的增加而增加，1 号 和 5 号节点位移较大。

(2) 非对称荷载作用下，2 号杆件受拉，1 号和 3 号杆件受压。2 号构件的内力随着荷载的增加内力基本保持不变，而其他杆件的内力随着荷载的增加而相应增加。最大内力出现在 1 号杆件上。

(3) 非对称荷载作用下，4 号拉索基本不受力。其他拉索内力均随着荷载的增加而增加，其中 1 号拉索内力增幅最为明显。

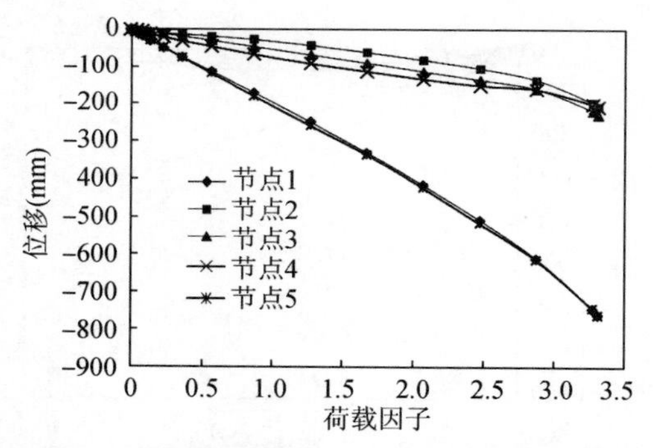

图 13.24　基本结构模型在 Load2 下位移计算结果

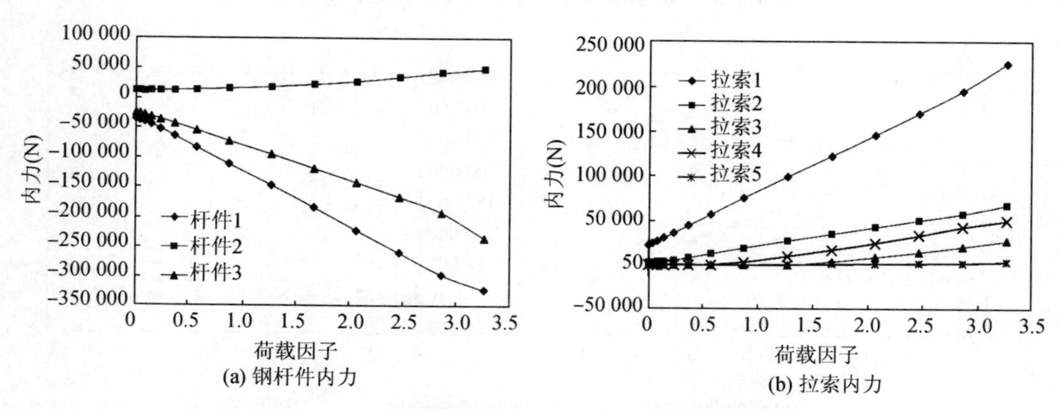

(a) 钢杆件内力　　(b) 拉索内力

图 13.25　基本结构模型在 Load2 下的内力计算结果

13.3 温度变化对结构静力性能的影响

对于这种索杆体系，温度对结构的影响较为复杂。一方面温度会使索杆体系的预应力发生变化，从而影响索杆体系的刚度，另一方面温度同样对刚性杆件的变形和内力也有影响，两个方面的影响交织在一起，很难进行定性的判断。模型的结构的初始预应力按照表 13.1 取，假定结构在均布荷载 1.0 kN/m^2 作用下，温度变化幅值为 ± 50 ℃，温度变化的步距为 10 ℃。图 13.26 为结构的节点位移随温度变化的情况，图 13.27 为结构构件内力随温度变化的情况。

从图 13.26 可以看出，随着温度的增加，节点位移的变化呈现出较好的线性变化规律。节点的位移随着温度的增加逐渐增大。

从图 13.27(a) 和(b) 可以看出，随着温度的增加，无论是杆件内力还是拉索内力，其变化均不明显。

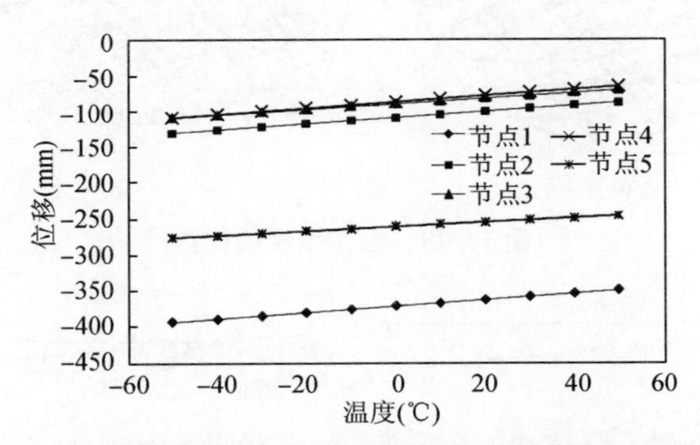

图 13.26 基本结构模型在不同温度下的节点位移计算结果

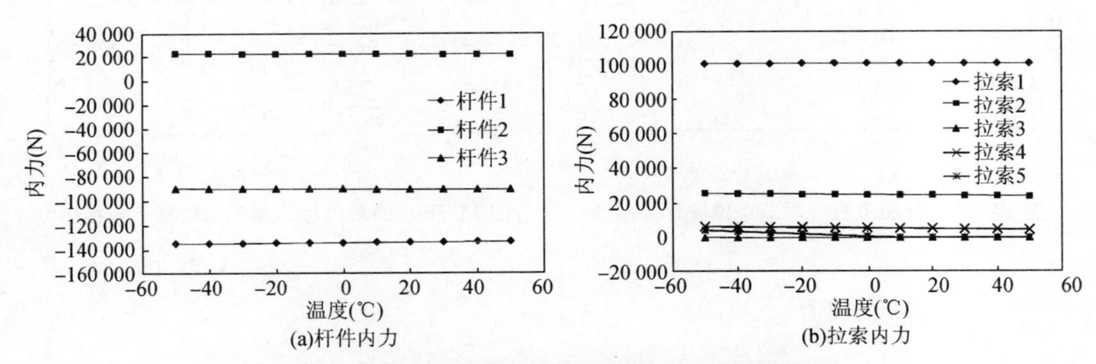

图 13.27 基本结构模型在温度变化下的内力计算结果

13.4 拉索断裂对结构静力性能的影响

对于这种索杆体系，拉索的健康状况对结构的重要性是不言而喻的。为了进一步研究该结构的静力性能，特选取拉索断裂对结构进行静力分析，断裂拉索的位置如图 13.28 所示。

此处主要比较了拉索断裂后节点位移的变化情况。模型计算采用 Load1 工况，断裂拉索后结构的节点位移计算结果如图 13.29 和 13.30 所示。

从图 13.29 可以看出，断裂拉索对结构的节点位移影响各不相同。节点 3 的位移基本不变，原因是节点 3 位于边部，比较靠近支座，位移变化幅度有限。但是节点 1 和节点 2 的位移在断裂拉索时发生较明显的变化。因为本身节点 2 和节点 3 处在位移较大区域，且靠近断裂拉索。

从图 13.30 可以看出，断裂拉索对结构位移的影响与断裂位置一基本相似。而从两图的比较可以发现断裂两根拉索和断裂一根拉索对体系位移的影响相差不大。表明体系中部断裂一根索后，与其相邻的拉索工作性能下降，其是否断裂对结构的受力性能影响不大。

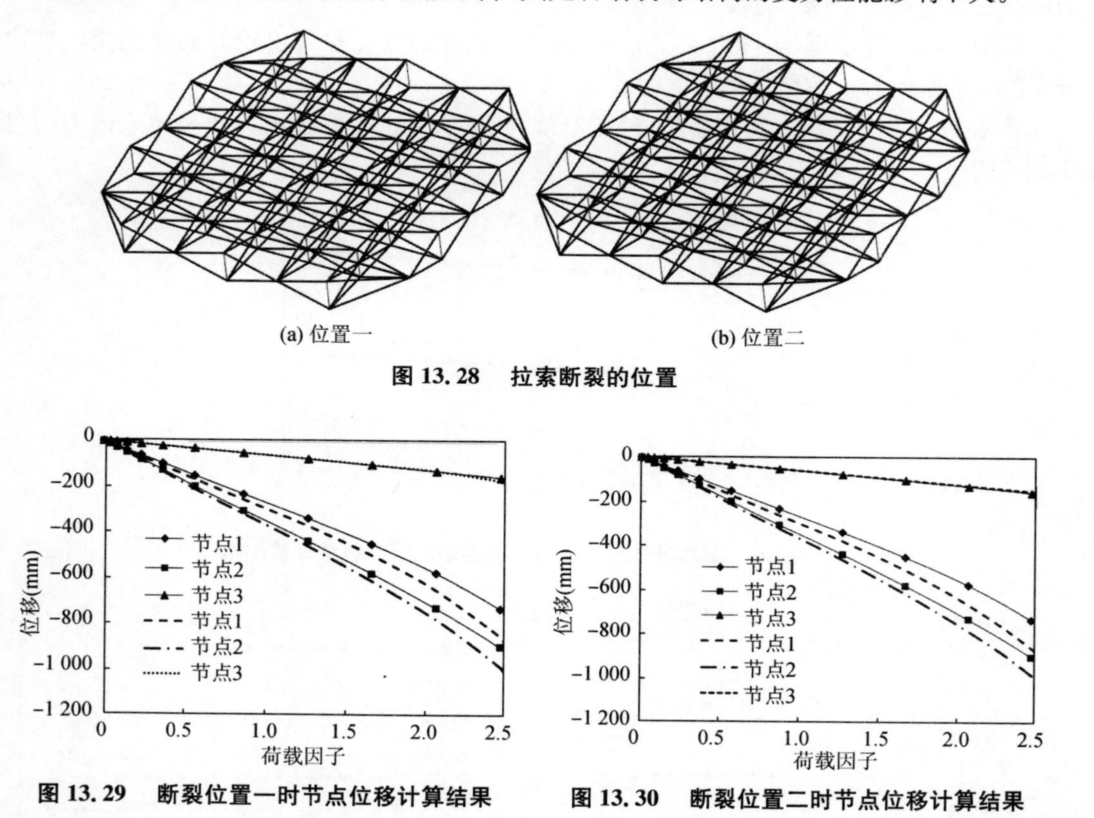

(a) 位置一　　　(b) 位置二

图 13.28　拉索断裂的位置

图 13.29　断裂位置一时节点位移计算结果

图 13.30　断裂位置二时节点位移计算结果

13.5　本章小结

本章首先介绍了已有的基于 2 V 索杆单元的折叠展开方式，讨论了现有方法的优缺点。在此基础上，提出了新的折叠体系。并对该体系的受力性能进行了深入的研究。通过本章分析，可以得出如下结论：

(1) 本章所提出的基于 2 V 型索杆单元的折叠体系具有较好的运动性能，可以克服现有模型的某些缺点。

(2) 是否考虑拉索滑移对结构的受力性能影响很大。算例分析表明：是否考虑滑移时，算例结构的最大位移相差近3倍。

(3) 体系在满跨荷载作用下，其杆件内力和位移均呈现较好的对称性。体系处于边部的杆件内力较大，其余位置杆件内力较小；在结构左右两侧边部，位移达到负最大值，在结构上下两侧边部，位移达到正最大值，结构出现"翘曲"的现象。而在非对称荷载作用下，体系的响应也成一定的非对称性，其数值均比满跨荷载时小。

(4) 温度变化对折叠体系有较大影响，在正常使用荷载作用下，随着温度的变化，体系的杆件内力和位移均呈现出较好的线性变化规律。节点位移随着温度的增大而逐渐增大，而杆件内力随着温度的升高也有较小的增大，拉索内力基本不变。

(5) 拉索断裂对体系节点位移的影响各不相同。靠近断裂拉索区域的节点位移影响较大，而远离该区域的节点位移变化幅度优点。而且拉索断裂后，与其相邻的拉索工作性能下降，其是否断裂对体系的受力性能影响不大。

参考文献

[1] Gantes G J. Deployable Structures: Analysis of Design [M]. WIT Press, Southampton, Boston, 2001

[2] 刘锡良. 现代空间结构[M]. 天津:天津大学出版社, 2003

[3] Mele T V. Scissor-Hinged Retractable Membrane Roofs [D]. Vrije Universiteit Brussel, 2008

[4] Lan X, Liu Y, Lv H, et al. Fiber reinforced shape-memory polymer composite and its application in a deployable hinge [J]. Smart Materials and Structures, 2009, 18: 1 - 6

[5] 熊天齐. 可展结构理论分析与研究[D]. 上海:同济大学, 2006

[6] 殷国卓. 空间可展结构的几何构成及力学分析[D]. 北京: 北京交通大学, 2008

[7] Calladine C R. Buckminster Fuller's: "Tensegrity" structure and Clerk Maxwell's rules for the construction of stiff frames [J]. International Journal of Solids and Structures, 1978, 14: 161 - 172

[8] Calladine C R. Modal stiffness of a pretensioned cable net [J]. International Journal of Solids and Structures, 1982, 18(7):829 - 846

[9] Pellegrino S, Calladine C R. Two step matrix analysis of prestressed cable nets [A]// Space Structures 3, 1984: 744 - 749

[10] Pellegrino S, Calladie C R. Matrix analysis of statically and kinematically indeterminate framework [J]. International Journal of Solids and Structures, 1986, 22(4):409 - 428

[11] Pellegrino S. Analysis of prestressed mechanisms [J]. International Journal of Solids and Structures, 1990, 26(12):1329 - 1350

[12] Calladine C R, Pellegrino S. First order infinitesimal mechanisms [J]. International Journal of Solids and Structures, 1991, 27(4):505 - 515

[13] Pellegrino S. A class of Tensegrity domes [J]. International Journal of Space structure, 1992, 7(2):127 - 142

[14] Pellegrino S. Structural computations with the singular value decomposition of the equilibrium matrix [J]. International Journal of Space structure, 1993, 30(21):3025 - 3035

[15] Kumar P, Pellegrino S. Computation of kinematic paths and bifurcation point [J]. International Journal of Solids and Structures, 2000, 37: 7003 - 7027

[16] Kumar P, Pellegrino S. Kinematic bifurcations in the simulation of deployable structures [A]//Computational Methods for Shell and Spatial Structures IASS-IACM [C], 2000

[17] Schulz M, Pellegrino S. Equilibrium paths of mechanical systems with unilateral constraints - I. Theory [J]. Proceedings of the Royal Society of London Series A - Mathematical Physical and Engineering Sciences, 2001, 456: 2223 - 2242

[18] Schulz M, Pellegrino S. Equilibrium paths of mechanical systems with unilateral constraints - Ⅱ. Deployable reflector[J]. Proceedings of the Royal Society of London Series A - Mathematical Physical and Engineering Sciences, 2001, 456: 2243 - 2262

[19] Kuzentsov E N. Underconstrained structural systems [J]. International Journal of Solids and Structures, 1988, 24(2):153 - 163

[20] Kuzentsov E N. On immobile kinematic chains and a fallacious matrix analysis [J]. Journal of Applied Mechanics, 1989, 56(1):222 - 224

[21] Kuzentsov E N. Systems with infinitesimal mobility [J]. Journal of Applied Mechanics, 1991, 58(3):10 - 26

[22] Vassart N, Laporte R, Motro R. Determination of mechanism's order for kinematically and statically indetermined systems [J]. International Journal of Solids and Structures, 2000, 37: 3807 - 3839

[23] Maurin B, Bagneris M, Motro R. Mechanisms of prestressed reticulate systems with unilateral stiffened components [J]. European Journal of Mechanics A/Solids, 2008, 27: 61 - 68

[24] Maurin B, Motro R. Stability and mechanism order of isotropic prestressed surfaces [J]. International Journal of Solids and Structures, 2004, 41: 2731 - 2741

[25] El - lishani S, Nooshin H, Disney P. Investigating the statical stability of pin - jointed structures using genetic algorithm [J]. International Journal of Space Structures, 2005, 20(1): 53 - 67

[26] Kawaguchi K, Hangai Y. Shape and stress control analysis of prestressed truss structures [J]. Journal of Reinforced Plastic and Composities, 1996, 15: 1226 - 1236

[27] 刘郁馨. 伪可变体系的几何构造分析[J]. 计算结构力学及其应用, 1994, 11(1): 50 - 62

[28] 刘郁馨, 吕志涛. 伪可变复杂系统的计算机识别方法[J]. 计算结构力学及其应用, 1995, 12(3): 267 - 275

[29] 刘郁馨, 惠卓, 胡朝斌. 不稳定体系的形态及内力分析[J]. 南京建筑工程学院学报, 1997, 1:1 - 6

[30] 刘郁馨, 吕志涛, 惠卓. 可变体系的几何稳定平衡状态及受力分析[J]. 计算力学学报, 1998, 15(1): 45 - 51

[31] Luo Yaozhi, Lu Jinyu. Geometrically non-linear force method for assemblies with infinitesimal mechanisms [J]. Computers and Structures, 2006, 84: 2194 - 2199

[32] 谢艳花. 杆件撤除体系几何稳定性判断及机构体系多平衡形态研究[D]. 杭州: 浙江大学, 2006

[33] 罗尧治, 陆金钰. 杆系结构可动性判定准则[J]. 工程力学, 2006, 23(11): 70 - 75

[34] 陆金钰. 动不定结构的平衡矩阵分析方法与理论研究[D]. 杭州：浙江大学，2008
[35] 陶亮. 铰接杆系的机构运动研究[D]. 杭州：浙江大学，2008
[36] Deng H, Kwan A S K. Unified classification of stability of pin-jointed bar assemblies [J]. International Journal of Solids and Structures, 2005, 42: 4393 - 4413
[37] 伍晓顺. 索杆张力结构的施工成型和平面连杆机构的运动形态分析[D]. 杭州：浙江大学，2006
[38] 张其林，罗晓群，杨晖柱. 索杆体系的机构运动及其与弹性变形的混合问题[J]. 计算力学学报，2004，21(4)：470 - 474
[39] 杨晖柱，张其林，丁洁民，等. 索杆体系机构展开问题的有限元求解方法[J]. 同济大学学报，2003，31(7)：788 - 792
[40] 姜峰. 可变结构体系运动过程分析[D]. 上海：同济大学，2005
[41] 赵洪斌. 力法在可展开结构分析中的应用[D]. 哈尔滨：哈尔滨工业大学，2003
[42] 赵洪斌，吴知丰，谢礼立. SVD方法在折叠结构分析中的应用[J]. 工程力学，2006，23(3)：11 - 16
[43] 程万海，钱志伟. 几何可变杆系结构的形状分析[J]. 建筑结构学报，2002，23(2)：70 - 74
[44] 袁士杰，吕哲勤. 多刚体系统动力学[M]. 北京：北京理工大学出版社，1992
[45] 陈务军，关富玲，陈向阳. 可折叠航天结构展开动力学分析[J]. 计算力学学报，1999，16(4)：397 - 402
[46] 刘锦阳，洪嘉振. 空间伸展机构接触碰撞的动力学分析[J]. 宇航学报，1997，18(3)：14 - 20
[47] 刘锦阳，洪嘉振. 柔性机械臂接触碰撞问题的研究[J]. 机械科学与技术，1997，16(1)：100 - 104
[48] 刘明治，刘春霞. 空间大型可展开天线展开末瞬时速度控制研究[J]. 宇航学报，2000，21(4)：84 - 89
[49] 刘明治，刘春霞. 柔性机械臂动力学建模和控制研究[J]. 力学进展，2001，31(1)：1 - 8
[50] 胡其彪. 空间可伸展结构的设计及动力学分析研究. 杭州：浙江大学，2001
[51] Hu Qibiao, Guan Fuling, Hou Pengfei. Computerized kinematic and dynamic analysis of large deployable structures[J]. Journal of Zhejiang University (Science), 2001, 2(2): 152 - 156
[52] 刘银虎. 空间可展开桁架展开动力学分析及其仿真程序设计[D]. 杭州：浙江工业大学，2003
[53] 李莉，任茶仙，张铎. 折叠翼机构展开动力学仿真及优化[J]. 强度与环境，2007，34(1)：17 - 21
[54] 王泽云，苏晓韵. 可展空间索杆结构展开过程的仿真计算[J]. 四川建筑科学研究，2005，31(3)：10 - 13
[55] 张春. 径射状空间可展天线的多体动力学分析[D]. 西安：西北工业大学，2007

[56] 陈务军，关富玲，董石麟. 空间展开折叠桁架结构动力学分析研究[J]. 计算力学学报，2000，17(4)：410-416
[57] 陈务军，董石麟，付功义，等. 不稳定空间展开折叠桁架结构稳定过程分析[J]. 工程力学，2000，17(5)：1-6
[58] 陈务军，董石麟，付功义，等. 基于零空间基的非线性结构分析方法[J]. 计算力学学报，2001，18(4)：409-413
[59] 陈务军，付功义，龚景海，等. 空间可展桁架拟静力展开分析的违约稳定方法[J]. 力学季刊，2001，22(4)：464-470
[60] 聂润兔，王学孝，邹振祝，等. 可变几何桁架展开运动学和动力学分析[J]. 哈尔滨工业大学学报，1997，29(1)：33-36
[61] 陈向阳. 可展桁架展开过程模拟的违约校正[J]. 计算力学学报，2002，19(1)：74-77
[62] 余永辉，关富玲，陈向阳. 可展桁架运动过程动力学模拟[J]. 计算力学学报，2005，22(2)：197-201
[63] 赵孟良，关富玲，侯国勇. 考虑弹性变形的可展杆系结构展开分析[J]. 工程力学，2007，24(8)：100-104
[64] Martin M, Mikulas J. Structural Efficiency and Isogrid Columns of Long Lightly Loaded Truss for Space Applications [R]. NASA Technical Memorandum 78687, 1978
[65] Mikulas M M, Harold J, Bush G, et al. Structural Stiffness, Strength and Dynamic Characteristics Large Tetrahedral Space Truss Structures [R]. NASA Technical Memorandum, 1978
[66] Rogers C A, Stutzman W L, Campbell T G, et al. Technology assessment and development of large deployable antennas [J]. Journal of Aerospace Engineering, 1993, 6(1): 34-54
[67] Lake M S, Hachkozaski M R. Design of Mechanisms for Deployable, Optical Instruments: Guidelines for Reducing Hysteresis [R]. NASA/TM-2000-210089
[68] Ario I, Pawlowskit P, Holnicki-Szulc J. Dynamic analysis of folding patterns for multi-folding structures [A]//Ⅲ European Conference on Computational Mechanics Solids, Structures and Coupled Problems in Engineering [C], C. A. Mota Soares et al. (eds.) Lisbon, Portugal, 5-8 June 2006
[69] Bastiaan W D. Kinematic synthesis of deployable-foldable truss structures using graph theory [D]. Old Dominion University, 1991
[70] Nagaraj B P, Pandiyan R, Ghosal A. Kinematics of pantograph masts [J]. Mechanism and Machine Theory, 2008, 4: 1-5
[71] Ingham M D. Microdynamics and Thermal Snap Response of Deployable Space Structures [D]. McGill University, 1995
[72] Raskin I, Roorda J. Nonlinear analysis columns uniform pantographic compression [J]. Journal of Engineering Mechanics, 1999, 12: 1344-1348

[73] 陈务军，关富玲，陈向阳，裘红妹. 正八面体单元空间伸展臂研究[J]. 宇航学报，1999,20(2)：41－47

[74] Chen W J, Luo Y Z, Fu G Y, et al. A Study on space masts based on octahedral truss family [J]. International Journal of Space Structures, 2001, 16(1): 75－82

[75] Chen W J, Luo Y Z, Fu G Y, et al. Design conception and deployment simulation for a highly synchronized extendable/retractable space mast [J]. International Journal of space Structures, 2001, 16(4): 261－269

[76] 陈务军，付功义，何艳丽，等. 八面体桁架单元及其派生系所构成的空间伸展臂[J]. 上海交通大学学报，2001，35(4)：509－513

[77] 岳建如，关富玲，陈向阳，等. 可展构架式抛物面天线背架模型设计[J]. 工程设计，2000，2：32－37

[78] 岳建如，关富玲，胡其彪. 一类空间可展桁架结构的几何协调性分析[J]. 土木工程学报，2001，34(4)：15－21

[79] 岳建如. 空间可动结构设计与控制分析[D]. 杭州：浙江大学，2002

[80] 张淑杰，关富玲，张京街. 大型空间可展网状天线的形面分析[J]. 空间结构，2001，7(2)：44－48

[81] 张淑杰. 空间可展桁架结构的设计与热分析[D]. 杭州：浙江大学，2001

[82] 张京街，关富玲，胡其彪. 大型切割旋转抛物面展开结构的设计[J]. 工程设计，2000，1：46－48

[83] 张京街. 弹簧驱动可展桁架结构设计与分析理论研究[D]. 杭州：浙江大学，2001

[84] 胡其彪，关富玲，陈昌义，岳建如. 四边形单元构造旋转抛物面结构的研究——基于可变对角杆技术[J]. 空间结构，2001，7(1)：51－58

[85] 关富玲，侯国勇，赵孟良. 构架式可展开天线结构设计的程序实现[J]. 工程设计学报，2006，13(2)：108－113

[86] 侯国勇. 桁架式展开结构设计、分析及试验. 杭州：浙江大学，2008

[87] Thomson M W. The AstroMesh deployable reflector [A]//Proc. Fifth International Mobile Satellite Conference (IMSC'97) [C], 16－18 June 1997, Pasadena, CA: 393－398

[88] 李刚. 空间可展天线结构的设计分析与索膜结构分析[D]. 杭州：浙江大学，2004

[89] 李刚，关富玲. 环形桁架可展天线抛物面索网的预拉力优化[J]. 浙江大学学报(工学版)，2005，39(10)：1557－1560

[90] 李刚，关富玲. 环形桁架展开天线索网的预拉力优化技术及工程应用[J]. 固体力学学报，2006，27：174－178

[91] 赵孟良，吴开成，关富玲. 空间可展桁架结构动力学分析[J]. 浙江大学学报(工学版)，2005，39(11)：1669－1674

[92] Zhao M, Guan F. Kinematic analysis of deployable toroidal spatial truss structures for large mesh antenna [J]. Journal of the International Association for Shell and Spatial Structures, 2005, 10: 195－204

[93] 赵孟良，关富玲．考虑摩擦的周边桁架式可展天线展开动力学分析[J]．空间科学学，2006，26(3)：220－226

[94] 关富玲，杨玉龙，赵孟良．星载可展开网状天线的网面成形与防缠绕设计工程[J]．工程设计学报，2006，13(4)：271－276

[95] 赵孟良．空间可展结构展开过程动力学理论分析、仿真及试验[D]．杭州：浙江大学，2007

[96] 陈向阳．可展桁架结构展开过程和动力响应分析与结构设计[D]．杭州：浙江大学，2000

[97] 韦娟芳．空间4～10米可展开天线的动力耦合分析及实验技术研究[D]．杭州：浙江大学，2002

[98] 缪炳棋，曲广吉，杨雷，等．折叠式桁架机构展收运动动力学建模和分析[J]．中国空间科学技术，2004，2(1)：1－6

[99] 杨玉龙，关富玲．可展桁架天线温度场和热变形分析[J]．空间科学学报，2005，25(3)：235－240

[100] Yang Y. Geometric Design of deployable retractable mast [J]. Transaction of Nanjing University of Aeronautics & Astronautics，2006，23(4)：250－256

[101] 占甫，关富玲．具有非线性 homologous 变形约束的桁架结构形态分析计算力学学[J]．2007，24(5)：648－653

[102] 侯国勇，关富玲，赵孟良．桁架式可展开天线的关节运动可靠度分析[J]．中国机械工程，2008，19(8)：959－963

[103] 戈冬明，陈务军，付功义，等．铰接盘绕式空间伸展臂屈曲分析理论研究[J]．工程力学，2008，25(6)：176－180

[104] 阎绍泽，叶青申，陈永胜，等．间隙对空间可展结构动力学性能的影响[J]．导弹与航天运载技术，2002，6：42－46

[105] 阎绍泽，陈鹿民，吴德隆，等．空间可展结构非线性动力学特性实验研究[J]．宇航学报，2002，23(4)：1－3

[106] 陈鹿民，阎绍泽，金德闻，等．含间隙铰空间可展桁架结构的动力学实验[J]．清华大学学报(自然科学版)，2003，43(8)：1027－1030

[107] 阎绍泽，申永胜，陈洪彬．考虑杆件柔性和铰间隙的可展结构动力学数值模拟[J]．清华大学学报(自然科学版)，2003，43(2)：145－148

[108] 陈鹿民，阎绍泽，金德闻．微小间隙转动副的接触碰撞模型及离散算法[J]．清华大学学报(自然科学版)，2004，44(5)：629－632

[109] Shan W. Computer analysis of foldable structures [J]. Computer & Structures，1992，42(6)：903－912

[110] Kaveh A，Davaranl A. Analysis of pantograph foldable structures [J]. Computers & Structures，1996，59(1)：131－140

[111] Kaveh A，Jafarvand A，Barkhordari M A. Optimal design of pantograph foldable structures [J]. International Journal of Space Structures，1999，14(4)：295－302

[112] Kaveh A, Koohestani K. Graph products for configuration processing of space structures [J]. Computers & Structures, 2008, 86: 1219 - 1231

[113] Chen W, Fu G, Gong J, et al. A new design conception for large span deployable flat grid structures [J]. International Journal of Space Structures, 2002, 17(4):293 - 299

[114] Gantes C J, Connor J J, Logcher R D. Simple friction model for scissor - type mobile structures [J]. Journal of Engineering Mechanics, 1993, 119(3):456 - 475

[115] Gantes C J, Connor J J, Logcher R D. Equivalent continuum model for deployable flat lattice structures [J]. Journal of Aerospace Engineering, 1994, 7(1): 72 - 91

[116] Gantes C J. An Improved Analytical model for the prediction of the nonlinear behavior of flat and curved deployable space frames [J]. Journal of Constructional Steel Research, 1997, 44(1 - 2): 129 - 158

[117] Gantes C J, Giakoumakis A, Vousvounis P. Symbolic manipulation as a tool for design of deployable domes [J]. Computers & Structures, 1997, 64(14): 865 - 878

[118] Gantes C J, Konitopoulou E. Geometric design of arbitrarily curved bi - stable deployable arches with discrete joint size [J]. International Journal of Solids and Structures, 2004, 41: 5517 - 5540

[119] You Z, Pellegrino S. Expandable/collapsible structures [P]. British Patent Application No. 9601450.1, 1996

[120] You Z. Deployable Structure of curved profile for space antennas [J]. Journal of Aerospace Engineering, 2000, 13(4): 139 - 143

[121] You Z, Pellegrino S. Cable-stiffened pantographic deployable structures Part 2: mesh reflector [J]. AIAA Journal, 1997, 35(8): 1348 - 1355

[122] Gutierrez E M, Valcarcel J P. Foldable systems based on bundle modules with quadrangular base [J]. International Journal of Space Structures, 2004, 19(3): 155 - 165

[123] Langbecker T. Kinematic analysis of deployable scissor structures [J]. International Journal of Space Structures, 1999, 14(1): 1 - 15

[124] Langbecker T, Albermani F. Kinematic and non-linear analysis of foldable barrel vaults [J]. Engineering Structures, 2001, 23: 158 - 171

[125] Zhao J S, Chu F L, Feng Z J. The mechanism theory and application of deployable structures based on SLE [J]. Mechanism and Machine Theory, 2009, 44(2): 324 - 335

[126] Schmidt L C, Li H. Geometric models of deployable metal domes [J]. Journal of Architectural Engineering, 1995, 1(3): 115 - 120

[127] 陈向阳，关富玲，陈务军. 折叠结构的主从自由度分析[J]. 工程力学，1999，16(5)：83 - 88

[128] 陈向阳，关富玲. 折叠结构几何非线性分析[J]. 计算力学学报，2000，17(4)：435 - 440

[129] 李桃. 天线系统中可折叠刚性杆的设计与分析[D]. 杭州：浙江大学，2007
[130] 王永丽. 可展结构的几何非线性分析[D]. 北京：北京交通大学，2006
[131] 钱志伟，程万海，刘锡良. 折叠结构的受力分析[J]. 建筑结构学报，1996，17(2)：48－57
[132] 刘锡良，朱海涛. 折叠网架节点的设计与构造[J]. 空间结构，1997，3(1)：36－42
[133] 刘锡良，朱海涛. 折叠网架动力特性研究[J]. 建筑结构学报，1999，20(5)：66－69
[134] 朱海涛，刘锡良. 折叠网架计算模型分析与试验[J]. 天津大学学报，1999，32(1)：1－5
[135] 计飞翔. 折叠结构体系及结构静力性能研究[D]. 西安：长安大学，2005
[136] 乔海军. 折叠式双层柱面网壳在地震作用下的动力响应[D]. 西安：长安大学，2006
[137] 向华. 折叠式网壳帐篷结构的足尺试验研究[D]. 西安：长安大学，2004
[138] 李源，殷继刚，闫文魁，等. 折叠式网壳足尺寸试验[J]. 工业建筑，2007，37(3)：95－100
[139] 李源，殷继刚，闫文魁，等. 折叠网架轴心受压铝合金杆件的稳定系数[J]. 工业建筑，2005，35(增刊)：357－358,413
[140] 杨媛媛. 折叠网壳结构的稳定性分析[D]. 西安：长安大学，2006
[141] 赵士平. 阶越失稳现象在自稳定折叠结构的应用[D]. 哈尔滨：哈尔滨工业大学，2005
[142] 安耀波. 利用阶跃现象的自锁式双拱折叠结构展开过程研究[D]. 哈尔滨：哈尔滨工业大学，2005
[143] 赵洪斌，吴知丰，谢礼立. 自锁式平板折叠网架折展过程参数设计[J]. 哈尔滨工业大学学报，2007，39(8)：1201－1205
[144] 陈务军，关富玲，裘红妹，等. 索杆可展结构的体系分析[J]. 空间结构，1997，3(4)：28－32
[145] 陈务军，关富玲，陈向阳，等. 一个空间伸展臂方案设计、展开过程与受力分析[J]. 空间结构，1997，3(2)：18－24
[146] 胡其彪，关富玲，陈务军，等. 一种新型展开/折叠式空间伸展臂结构方案的设计研究[J]. 工程设计，1999，4：36－40
[147] 谢铁华. 空间索杆式展开结构的动力学分析及组合式膜结构的整体分析研究[D]. 杭州：浙江大学，2004
[148] 谢铁华，关富玲，苏斌，等. 空间索杆式展开结构的动力学研究与分析[J]. 空间结构，2004，10(3)：48－54
[149] 苏斌，关富玲，石卫华，等. 索杆式伸展臂的结构设计与分析[J]. 工程设计学报，2003，10(5)：288－294
[150] 苏斌，关富玲，杨大彬，等. 索杆式伸展臂的展开驱动设计与动力学分析[J]. 空间科学学报，2004，24(4)：312－320
[151] 关富玲，杨大彬，苏斌，杨治. 索杆式伸展臂系统的实验分析[J]. 工程设计学报，2004，11(3)：132－138
[152] 石卫华. 索杆式展开结构的设计与分析及骨架式膜结构研究[D]. 杭州：浙江大学，2003
[153] Vu K K，Liew J Y R，Anandasivam K. Deployable tension-strut structures：struc-

tural morphology study and alternative form creations [J]. International Journal of Space Structures, 2006, 21(3): 149 - 164

[154] Vu K K, Liew J Y R, Anandasivam K. Deployable tension-strut structures: from concept to implementation [J]. Journal of Constructional Steel Research, 2006, 62: 195 - 209

[155] Mitsugi J, Ando K, Senbokuya Y, et al. Deployment analysis of large space antenna using flexible multibody dynamics simulation [J]. Acta Astronautica, 2000, 47(1): 19 - 26

[156] Smeltzer Ⅲ S S. Development of bonded joint technology for a rigidizable-inflatable deployable truss [A]//Proceedings of SPIE [C], 2006, 6222

[157] Pellegrino S, Kukathasan S, Tibert A G, et al. Small satellite deployment mechanisms [R]. Defence Evaluation Research Agency and the University of Cambridge, 2000

[158] Tibert A G, Pellegrino S. Deployable tensegrity reflectors for small satellites [J]. Journal of Spacecraft and Rockets, 2002, 39(5):701 - 709

[159] Tibert A G, Pellegrino S. Furlable reflector concept for small satellites [A]//42nd AIAA/ASME/ASCE/AHS/ASC Structures, Structural Dynamics, and Materials Conference and Exhibit [C], 16 - 19 April 2001, Seattle, WA

[160] Tibert A G. Optimal design of tension truss antennas [A]//44th AIAA/ASME/ASCE/AHS/ASC Structures, Structural Dynamics, and Materials Conference and Exhibit [C], 7 - 10 April 2003, Norfolk, VA

[161] Tibert A G. Deployable tensegrity structures for space applications [D]. Sweden: Stockholm, 2002

[162] Tibert A G, Pellegrino S. Deployable Tensegrity Masts [A]//44th AIAA/ASME/ASCE/AHS/ASC Structures, Structural Dynamics, and Materials Conference and Exhibit [C], 7 - 10 April 2003, Norfolk, VA

[163] Russell C, Tibert A G. Deployment simulations of inflatable tensegrity structures [J]. International Journal of Space Structures, 2008, 23(2):1 - 10

[164] Masic M R, Skelton R E. Deployable plates made from stable-element class 1 tensegrity [J]. Proceedings of SPIE, 2002, 4698

[165] Sultan C, Skelton R. Deployment of tensegrity structures [J]. International Journal of Solids and Structures, 2003, 40: 4637 - 4657

[166] Pinauda J P, Masica M R. Skelton E. Path planning for the deployment of tensegrity [A]//Proceedings of SPIE [C], 2003, 5049

[167] Pinauda J P, Solaria S, Skelton R E. Deployment of a class 2 tensegrity boom [A]//Proceedings of SPIE [C], 2004, 5390

[168] Knight B F. Deployable antenna kinematics using tensegrity structure design [D]. University of Florida, 2000

[169] Swartz M A, Hayes M J D. Kinematic and dynamic analysis of spatial one-DOF foldable tensegrity mechanism [J]. CSME Transactions, 2007, 31(4): 421 - 431

[170] Powell J, Maise G, Paniagua J. MIC-a self deploying magnetically inflated cable system for large scale space structures [J]. Acta Astronautica, 2001, 48(5): 331 - 352

[171] Smaili A, Motro R. A self-stress maintening folding tensegrity system by finite mechanism activation [J]. Journal of International Association for Shell and Spatial Structures, 2005, 20: 85 - 93

[172] Ishii K. Structural Design of Retractable Roof Structures [M]. WIT Press, Southampton, Boston, 2000

[173] Rosenfeld Y, Logcher R D. New concepts for deployable collapsible structures [J]. International Journal of Space Structures, 1988, 3 (1):20 - 32

[174] Escrig F, Valcarcel J P, Sanchez J. Deployable cover on a swimming pool in Seville [J]. Journal of the International Association for Shell and Spatial Structures, 1996, 37 (1): 39 - 70

[175] 赵景山，冯之敬，褚福磊. 机器人机构自由度分析理论[M]. 北京：科学出版社，2009，175

[176] You Z, Pellegrino S. Foldable bar structures. International Journal of Solids and Structures [J]. 1997, 34(15): 1825 - 1847

[177] Patel J, Ananthasuresh G K. A kinematic theory for radially foldable planar linkages [J]. International Journal of Solids and Structures. 2007, 44: 6279 - 6298

[178] Wohlhart K. Double - chain mechanism [A]//IUTAM-IASS Symposium on Deployable Structures: Theory and Application [C]. 2000, 457 - 466

[179] 毛德灿. 双链形连杆机构设计原理及其在开合结构中的应用[D]. 杭州：浙江大学，2008

[180] Mao D C, Luo Y Z, You Z. Planar closed loop double chain linkages [J]. Mechanism and Machine Theory, 2009, 44(4): 850 - 859

[181] Mao D C, Luo Y Z. Analysis and design of a type of retractable roof structure [J]. Advances in Structural Engineering, 2008, 11(4): 343 - 354

[182] Kumar P, Pellegrino S. Computation of kinematic paths and bifurcation points [J]. International Journal of Solids and Structures, 2000, 37: 7003 - 7027

[183] 赵洪斌. 力法在可展开结构中的应用[D]. 哈尔滨：哈尔滨工业大学，2003

[184] Lengyel A, You Z. Bifurcations of SDOF mechanisms using catastrophe theory [J]. International Journal of Solids and Structures, 2004, 41: 559 - 568

[185] Tarnai T, Szabo J. On the exact equation of inextensional, kinematically indeterminate assemblies [J]. Computers and Structures, 2000, 75: 145 - 155

[186] 邓华，楼俊晖，徐静. 铰接杆系机构的运动路径及其极值点跟踪——一种几何学方法[J]. 工程力学，2009，26(10)：30 - 36，49

[187] 沈金，楼俊晖，邓华. 杆系机构的可动性和运动分岔分析[J]. 浙江大学学报(工学版)，2009，43(6)：1083－1089
[188] Gan W W, Pellegrino S. Numerical approach to the kinematic analysis of deployable structures forming a closed loop [J]. Proceeding of the Institute of Mechanical Engineers Part C: Journal of Mechanical Engineering Science, 2006, 220: 1045－1056
[189] Hoberman C. Reversibly expandable doubly-curved truss structures [P]. US Patent 4,942,700, 1990
[190] Hoberman C. Radial expansion/retraction truss structure [P]. US Patent 5,024,031, 1991
[191] Hoberman C. Art and science of folding structures [J]. Sites, 1992, 24: 61－69
[192] Kassabian PE, You Z, Pellegrino S. Retractable roof structures [J]. Proceedings of Institution of Civil Engineers: Structures & Buildings, 1999, 134: 45－56
[193] Jensen F. Concepts for retractable roof structures [D]. University of Cambridge, UK, 2005
[194] Luo Yaozhi, Mao Decan, You Zhong. On a type of radially retractable plate structures [J]. International Journal of Solids and Structures, 2007, 44(10): 3452－3467
[195] Kovács F. Symmetry-adapted Mobility and Stress Analysis of Spherical and Polyhedral Generalized Bar－and-Joint Structures [D]. Budapest University of Technology and Economics, 2004
[196] Schlaich J. Conceptual design of light structures [J]. Journal of the International Association for Shell and Spatial Structures, 2004, 45: 157－168
[197] Bulenda T, Knippers J. Stability of grid shells [J]. Computers and Structures, 2001, 79: 1161－1174
[198] Douthe C, Banverel O, Caron J F. Form-finding of a grid shell in composite Materials [J]. Journal the International Association for Shell and Spatial structures, 2006, 47: 53－62
[199] Paoli C. Past and future of grid shell structures [D]. Massachusetts Institute of Technology, 2007
[200] 李欣，武岳. 索撑网壳——一种新型空间结构形式[J]. 空间结构，2007，13(2)：17－21
[201] 汪凯，赵耀宗，冯健，等. 单层柱面索拉网壳结构静力特性分析[J]. 空间结构，2010，16 (3)：25－29
[202] 汪凯，韩云龙，冯健，等. 单层柱面索拉网壳结构动力特性分析[J]. 钢结构，2010，25 (135)：8－11
[203] Harris R, Romer J, Kelly O, et al. Design and construction of the Downland Gridshell [J]. Building Research & Information, 2003, 31(6): 427－454
[204] 沈世钊，陈昕. 网壳结构稳定性[M]. 北京：科学出版社，1999
[205] 沈祖炎，陈扬骥. 网架与网壳[M]. 上海：同济大学出版社，1997

[206] 李阳. 索承网壳结构的稳定性分析与静力试验研究[D]. 天津：天津大学，2003
[207] 张明山，董石麟，张志宏. 索承网壳初始预应力分布的确定及稳定性分析[J]. 空间结构，2004,10(2)：8 - 12
[208] Sharifi P, Popov E P. Nonlinear buckling analysis of sandwich arches [J]. Journal of the Engineering Mechanics Division ASCE 1971, 97：1721 - 1731
[209] Bergan P G. Solution algorithms for nonlinear structural problems [J]. Computer & Structures, 1980, 12(10)：497 - 509
[210] Chan S L. Geometric and material non-linear analysis of beam-columns and frames using the minimum residual displacement method [J]. International Journal for Numerical Methods in Engineering, 1988, 26(12)：2657 - 2669
[211] 沈祖炎，罗永峰. 网壳结构分析中节点大位移迭加及平衡路径跟踪技术的修正[J]. 空间结构，1994，1(1)：11 - 16
[212] 朱忠义，董石麟. 单层穹顶网壳结构的几何非线性跳跃失稳及分歧屈曲的研究[J]. 空间结构，1995，5(2)：8 - 17
[213] 石开荣. 大跨椭圆形索承网壳结构理论分析与施工实践研究[D]. 南京：东南大学，2007
[214] 葛家琪，张国军，王树，等. 2008 奥运会羽毛球馆弦支穹顶结构整体稳定性能分析研究[J]. 建筑结构学报，2007，28(6)：22 - 30
[215] 蔡建国，冯健，张晋，等. 新广州站中央采光带结构强度与稳定性分析[J]. 建筑结构学报，2011，32(8)：1 - 9
[216] Zuk W, Clark R. Kinetic Architecture [M]. Van Nostrand Reinhold Press, New York, 1970
[217] Fox M A. Novel Affordances of Computation to the Design Process of Kinetic Structures [D]. MSc Thesis, MIT, USA, 1996
[218] 关富玲，杨治，程媛，等. 杭州黄龙体育中心网球馆开合屋面设计[J]. 工程设计学报，2005，12(2)：118 - 123
[219] 姜东升，薛伟辰. 上海旗忠网球中心施工全过程有限元分析[J]. 建筑科学与工程学报，2008，25(2)：90 - 95
[220] 陈以一，陈扬骥，刘魁. 南通市体育会展中心主体育场曲面开闭钢屋盖结构设计关键问题研究[J]. 建筑结构学报，2007，28(1)：14 - 20
[221] Kwan A S K, You Z, Pellegrino S. Active and passive cable elements in deployable/retractable masts [J]. International Journal of Space Structures, 1993, 8(1/2)：29 - 40
[222] 中华人民共和国建设部. 网壳结构技术规程(JGJ61—2003)[S]. 北京：中国建筑工业出版社，2003
[223] 石开荣. 大跨椭圆形弦支穹顶结构理论分析与施工实践研究[D]. 南京：东南大学，2007
[224] 胡宁，罗尧治. 机构设计在大型柱面网壳结构施工中的应用[J]. 工程设计学报，2003，10(1)：47 - 51，54

[225] 罗尧治，陈晓光，沈雁彬，等. 网壳结构"折叠展开式"提升过程中动力响应分析 [J]. 浙江大学学报(工学版)，2003，37(6)：639 - 645
[226] 川口卫，陈志华，译. 奈良大会堂与攀达穹顶体系[J]. 空间结构，1998，4(4)：56 - 60
[227] 王小盾，余建星，陈志华. 攀达穹顶技术工法的原理和应用前景[J]. 建筑技术，2004，35(5)：383 - 387
[228] Schlaich J，Schober H. Glass roof for the Hippo house at the Berlin zoo. Structural Engineering International，1997，7：252 - 254
[229] Pellegrino S. Structural computation with the singular value decomposition of equilibrium matrix [J]. International Journal of Solids and Structures，1993，30(21)：3025 - 3035
[230] 罗尧治，董石麟. 索杆张力结构初始预应力分布计算[J]. 建筑结构学报，2000，21(5)：59 - 64
[231] 袁行飞，董石麟. 索穹顶结构整体可行预应力概念及其应用[J]. 土木工程学报，2001，34(2)：33 - 37
[232] Yuan X F，Dong S L. Integral feasible prestress of cable domes [J]. Computers and Structures，2003，81：2111 - 2119
[233] Tran H C，Lee J. Self - stress design of tensegrity grid structures with exostress [J]. International Journal of Solids and Structures，2010，47：2660 - 2671
[234] 董石麟，袁行飞. 肋环型索穹顶初始预应力分布的快速计算法[J]. 空间结构，2003，9(2)：3 - 8
[235] 董石麟，袁行飞. 葵花型索穹顶初始预应力分布的快速计算法[J]. 建筑结构学报，2004，25(6)：9 - 14
[236] Xu X，Luo Y Z. Force finding of tensegrity systems using simulated annealing algorithm [J]. Journal of Structural Engineering ASCE，2010，136(8)：1027 - 1031
[237] Zhang J Y. Structural Morphology and Stability of Tensegrity Structures [D]. Kyoto University，Japan，2007
[238] 陈联盟，袁行飞，董石麟. 索杆张力结构自应力模态分析及预应力优化[J]. 土木工程学报，2006，39(2)：11 - 15
[239] Tran H C，Lee J. Advanced form-finding of tensegrity structures [J]. Computers and Structures，2010，88 (3 - 4)：237 - 246
[240] Tran H C，Lee J. Advanced form-finding for cable-strut structures [J]. International Journal of Solids and Structures，2010，47 (14 - 15)：1785 - 1794
[241] Zhang J Y，Ohsaki M，Kanno Y. A direct approach to design of geometry and forces of tensegrity systems [J]. International Journal of Solids and Structures，2006，43 (7 - 8)：2260 - 2278
[242] Zhang J Y，Ohsaki M. Adaptive force density method for form-finding problem of tensegrity structures [J]. International Journal of Solids and Structures，2006，43 (18 - 19)，5658 - 5673

[243] 董智力，何广乾，林春哲. 张拉整体结构平衡状态的寻找[J]. 建筑结构学报，1999，20(5)：24 - 28

[244] 唐建民，钱若军，蔡新. 索穹顶结构非线性有限元分析[J]. 空间结构，1996(1)：12 - 17

[245] Motro R，Najari S，Jouanna P. Static and dynamic analysis of tensegrity systems [A]//Proceedings of the International Symposium on Shell and Spatial Structures，Computational Aspects[C]. Springer，NY，1986，270 - 279

[246] Barnes M R. Form finding and analysis of tension structures by dynamic relaxation [J]. International Journal of Space Structures，1999，14 (2)：89 - 104

[247] Xu X，Luo Y Z. Form-finding of nonregular tensegrities using a genetic algorithm [J]. Mechanics Research Communications，2010，37(1)：85 - 91

[248] 钱若军，杨联萍. 张力结构的分析 · 设计 · 施工[M]. 南京：东南大学出版社，2003：248

[249] Zhang J Y，Ohsaki M. Stability conditions for tensegrity structures [J]. International Journal of Solids and Structures，2007，44 (11 - 12)：3875 - 3886

[250] Wang B B. Free - standing tension structures：from tensegrity systems to cable-strut systems [M]. Spon Press，London and New York，2004

[251] Ohsaki M，Zhang J Y. Stability conditions for prestressed pin-jointed structures [J]. International Journal of Non-Linear Mechanics，2006，41：1109 - 1117

[252] 许贤. 张拉整体结构的形态理论与控制方法研究[D]. 杭州：浙江大学，2009

[253] Miki M，Kawaguchi K. Extended force density method on form-finding of tension structures [A]//Proceeding of the International Association for Shell and Spatial Structures Symposium 2010 [C]，Shanghai，China，2010，1171 - 1180

[254] Schek H J. The force density method for form-finding and computation of general networks [J]. Computer Methods in Applied Mechanics and Engineering，1974，3：115 - 134

[255] Vassart N，Motro R. Multiparametered form-finding method：application to tensegrity systems [J]. International Journal of Space structures，1999，14(2)：147 - 154

[256] Connelly R，Whiteley W. Second-order rigidity and prestress stability for tensegrity frameworks [J]. SIAM Journal of Discrete Mathematics，1996，9(3)：453 - 491

[257] Wang B B. Cable-strut systems：part Ⅱ-Cable-strut [J]. Journal of Constructional Steel Research，1998，45(3)：291 - 299，257

[258] Wang B B，Li Y Y. Novel cable-strut grids made of prisms：part I. Basic theory and design [J]. Journal of the IASS，2003，44：93 - 108

[259] Wang B B，Li Y Y. Novel cable-strut grids made of prisms：part Ⅱ. Deployable and architectural studies [J]. Journal of the IASS，2003，44：109 - 125

[260] Liew J Y R，Lee B H，Wang B B. Innovative use of star prism (SP) and di-pyramid (DP) for spatial structures [J]. Journal of Constructional Steel Research，2003，59

(3)：335 - 357

[261] Makowski Z S. Analysis，design and construction of double-layer grids [M]. London：Applied Science Publishers Ltd，1981

[262] Geiger DH. Roof structure [P]. US Patent，No. 4736553，1988

[263] 袁行飞. 索穹顶体系的理论分析与试验研究[D]. 浙江大学，2000

[264] Crawford R F，Hedgepeth J M，Preiswerk P R. Spoked wheels to deploy large surfaces in space：weight estimates for solar arrays [R]. NASA - CR - 2347，1973

[265] Xu X，Luo Y Z. Tensegrity structures with buckling members explain nonlinear stiffening and reversible softening of actin networks [J]. Journal of Engineering Mechanics ASCE，2009，135(12)：1368 - 1374

[266] Timoshenko G. Theory of Elastic Stability [M]. McGraw-Hill International Book Company，1963

[267] Simitses G J. An Introduction to the Elastic Stability of Structures [M]. Prentice-Hall，Inc.，Englewood Cliffs，New Jersey，1976

[268] Cai Jianguo，Feng Jian. Thermal buckling of rotationally restrained steel columns [J]. Journal of Constructional Steel Research. 2010，66:835 - 841

[269] Cai Jianguo，Feng Jian，Han Yunlong. Effects of temperature change on elastic behavior of steel beams with semi-rigid connections [J]. Journal of Central South University of Technology. 2010，17(4)：845 - 851

[270] Cai Jianguo，Feng Jian，Zhao Yaozong，Xu Yixiang. Stability of axially restrained steel columns under temperature effects [J]. Science China：Technological Sciences. 2010，53(12)：3349 - 3355

[271] Cai Jianguo，Feng Jian，Zhang Jin. Thermoelastic buckling of steel columns with load-dependent supports [J]. International Journal of Non-Linear Mechanics. 2012，47(4)：8 - 15

[272] Cai Jianguo，Xu Yixiang，Feng Jian，et al. Buckling and post-buckling of rotationally restrained columns with imperfections [J]. Science China：Physics，Mechanics & Astronomy. 2012，55(8)：1519 - 1522

[273] Motro R. Tensegrity：structural systems for the future [M]. Hermes Science Publishing Limited，2003

[274] Smaili A，Motro R. A self-stress maintaining folding tensegrity system by finite mechanism activation [J]. Journal of the IASS，2005，46(148)：85 - 93

[275] Smaili A，Motro R. Folding/unfolding of tensegrity systems by removal of self-stress [A]//Proceedings of IASS [C]，2005，595 - 602

[276] 唐建明，沈祖炎. 悬索结构非线性分析滑移索单元法[J]. 计算力学学报，1999，16(2)：143 - 149

[277] 张志宏，董石麟. 张拉结构中连续索滑移问题的研究[J]. 空间结构，2001，7(3)：26 - 32

[278] Faure M A. A three-node cable element ensuring the continuity of the horizontal

tension：a clamp cable [J]. Computer and structures，2000，74(2)：243 - 251
[279] 魏建东，刘忠玉. 一种连续索滑移的处理方法[J]. 计算力学学报，2003，20(4)：495 - 499
[280] 聂建国，陈必磊，肖建春. 多跨连续长索在支座处存在滑移的非线性静力分析[J]. 计算力学学报，2003，20(3)：320 - 324
[281] 汪凯. 考虑弹性变形索结构的运动过程分析[D]. 南京：东南大学，2011
[282] 郭彦林，崔晓强. 滑动索系结构的统一分析方法——冷冻—升温法[J]. 工程力学，2003，20(4)：156 - 160
[283] 崔晓强，郭彦林，叶可明. 滑动环索连接节点在弦支穹顶结构中的应用[J]. 同济大学学报(自然科学版)，2004，32(10)：1300 - 1303
[284] 郭佳民，袁行飞，董石麟. 弦支穹顶环索连续贯通的摩擦问题分析[J]. 工程力学，2011，28(9)：9 - 16